数学物理方法

严镇军　编著

U0324030

中国科学技术大学出版社

内 容 简 介

本书是作者在中国科学技术大学近四十年的教学实践中编写的,其内容分复变函数和数学物理方程两部分.复变函数部分内容包括复数和平面点集、复变数函数、解析函数的积分表示、解析函数的级数表示、留数及其应用、保形变换、拉普拉斯变换等 7 章.数学物理方程部分内容包括数学物理中的偏微分方程、分离变量法、特殊函数、积分变换方法、基本解和解的积分表示等 5 章.各章都配备了较多的习题,书末附有全部习题的答案.

本书在注重科学性与严密性的同时,又注意了它的使用性,具有由浅入深、便于学生自学等特点,可供高等院校"偏工"的系及专业作为数学物理方法课的教材或教学参考书.

图书在版编目(CIP)数据

数学物理方法/严镇军编著. —合肥:中国科学技术大学出版社,1999.1(2024.8 重印)

ISBN 978-7-312-01033-0

Ⅰ.数… Ⅱ.严… Ⅲ.数学物理方法 Ⅳ.O411.1

中国版本图书馆 CIP 数据核字(98)第 33409 号

中国科学技术大学出版社出版发行

安徽省合肥市金寨路 96 号,230026

http://press.ustc.edu.cn

https://zgkxjsdxcbs.tmall.com

安徽国文彩印有限公司印刷

*

开本:880 mm×1230 mm 1/32 印张:12.125 字数:335 千

1999 年 1 月第 1 版 2024 年 8 月第 10 次印刷

印数:27001—30000 册

定价:28.00 元

前　　言

　　本书是在中国科学技术大学一些"偏工"的系及专业使用的数学物理方法讲义的基础上编写的.原讲义写于 1980 年,18 年间重印了 3 次,每次重印都作了一些修改.开设这门课的目的,是为了适应部分系和专业的要求,用较少的学时讲授原来开设的复变函数和数学物理方程这两门课.近年来,随着学校体制等各方面的改革,新设置了很多的系和专业,开设这门课的系和专业越来越多,为适应这种情况,才决定把原讲义修改出书.

　　这次成书,根据诸位同仁的意见,并参照我历年来的讲稿,对原讲义作了很大的修改,删去了一些不必要的内容,并增加了保形变换一章,对许多问题自以为处理得比较简洁.根据多年的教学经验,全书内容除极少量带星号的外(打星号的内容全书不超过 4 学时),可以在一学期(每周 4 学时)内讲完.书中有些小节的例题较多,是供学生自学之用的,不一定讲授.书末附有全部习题的答案,供使用本书的教师和学生参考.

　　根据多年经验,各章的学时分配可大致如下表:

复变函数	第1章	第2章	第3章	第4章	第5章	第6章	第7章
学　时	3	6	7	7	5	6	4
数学物理方程	第1章	第2章	第3章	第4章	第5章		
学　时	7	7	8	3	9		

　　这个学时分配表仅供教学参考(如果学时紧张,可不讲复变函数部分第 6 章).笔者教这门课近十届,虽积累了许多教学经验,但不敢说这本教材能尽如人意.复变函数和数学物理方程的内容都极为丰富,且后者(尤其是其中的特殊函数)内容很庞杂,在学时少的情况下,内容越庞杂的教材是越难写好的.

　　最后还是老话一句,书中这样那样的不妥之处在所难免,不过笔者在中国科学技术大学39年的教学生涯已打句号,只好留待诸君去修正了.

　　本书承教研室多年的同事季孝达和陆英老师协助校对,他们两位也多次教过这门课,在这里向他们表示感谢.

严镇军

1998年2月

于中国科学技术大学

目　　次

复　变　函　数

数学物理方程

复 变 函 数

第1章 复数和平面点集

复变函数这门学科的一切讨论都是在复数范围内进行的.本章内容是中学复数知识的复习和补充.

1.1 复 数

1.1.1 复数集

我们知道,由于负数在实数范围内不能开平方,就由关系 $i^2 = -1$ 引进了虚单位 $i = \sqrt{-1}$. 并把由一切有序实数对 (x, y) 所确定的集合

$$\{z \mid z = x + iy, \ x, y \in \mathbf{R}\}$$

称为复数集.实数 x, y 分别称为复数 $z = x + iy$ 的实部及虚部,记作

$$x = \mathrm{Re}z, \quad y = \mathrm{Im}z.$$

特别地,当 $\mathrm{Im}z = 0$ 时,$z = \mathrm{Re}z = x$ 是实数;当 $\mathrm{Re}z = 0$ 且 $\mathrm{Im}z \neq 0$ 时,$z = i\mathrm{Im}z = iy$ 称为纯虚数.

两个复数相等,是指它们的实部和虚部分别相等.如果一个复数的实部和虚部都等于零,就称这个复数等于零.两个复数 $x + iy$ 和 $x - iy$ 称为相互共轭,如果其中一个用 z 表示,则另一个用 $\bar{z}$ 表示.显然,实数的共轭仍为该实数.

设有两个复数 $z_1 = x_1 + iy_1$ 和 $z_2 = x_2 + iy_2$,它们的四则运算规则定义如下:

1) 加法和减法. z_1 及 z_2 的和与差分别为

$$z_1 + z_2 = (x_1 + x_2) + i(y_1 + y_2)$$

及

$$z_1 - z_2 = (x_1 - x_2) + i(y_1 - y_2).$$

2）乘法. z_1 和 z_2 相乘,可以按多项式的乘法法则来进行,只是必须将结果中的 i^2 代之以 -1,即

$$z_1 \cdot z_2 = (x_1 x_2 - y_1 y_2) + i(x_1 y_2 + x_2 y_1).$$

特别地,当 $z = x + iy$ 时,有

$$z\bar{z} = x^2 + y^2.$$

通常,称非负实数 $\sqrt{x^2 + y^2}$ 为复数 z 的模,记为 $|z|$. 于是,上式可写成

$$z\bar{z} = |z|^2.$$

3）除法. z_1 除以 $z_2(z_2 \neq 0)$ 的商定义为

$$\frac{z_1}{z_2} = \frac{z_1 \bar{z}_2}{z_2 \bar{z}_2}$$

$$= \frac{(x_1 + iy_1)(x_2 - iy_2)}{|z_2|^2}$$

$$= \frac{(x_1 x_2 + y_1 y_2) + i(x_2 y_1 - x_1 y_2)}{x_2^2 + y_2^2}.$$

读者很容易利用乘法运算规则直接验证,这样定义的除法运算是乘法运算的逆运算,即有

$$z_2 \cdot \frac{z_1}{z_2} = z_1.$$

由上面的运算规则可见,复数运算满足下列规律:设 z_1, z_2, z_3 是复数,则

$$z_1 + z_2 = z_2 + z_1,$$
$$z_1 \cdot z_2 = z_2 \cdot z_1 \quad （交换律）;$$
$$(z_1 + z_2) + z_3 = z_1 + (z_2 + z_3),$$
$$(z_1 \cdot z_2) \cdot z_3 = z_1 \cdot (z_2 \cdot z_3) \quad （结合律）;$$
$$z_1(z_2 + z_3) = z_1 z_2 + z_1 z_3 \quad （分配律）.$$

1.1.2 共轭复数

共轭复数的运用,在复数运算上有着特殊的意义. 先把它的一些运算性质罗列如下:

1) $\bar{\bar{z}} = z$;

2) $z+\bar{z}=2\text{Re}z$，$z-\bar{z}=2\text{Im}z$；

3) $\overline{z_1\pm z_2}=\bar{z}_1\pm\bar{z}_2$；

4) $\overline{z_1z_2}=\bar{z}_1\cdot\bar{z}_2$，$\overline{\left(\dfrac{z_1}{z_2}\right)}=\dfrac{\bar{z}_1}{\bar{z}_2}$；

5) $z\bar{z}=(\text{Re}z)^2+(\text{Im}z)^2=|z|^2$.

这些性质都不难证明，留给读者做练习. 此外，由性质 2)的第二个式子可知，复数 z 是实数的充分必要条件为 $z=\bar{z}$；由性质 2)的第一个式子得知，z 是纯虚数的充分必要条件为 $z=-\bar{z}$，且 $z\neq0$.

例 1 设 $z=x+\text{i}y$，$y\neq0$，$y\neq\pm\text{i}$. 证明：当且仅当 $x^2+y^2=1$ 时，$\dfrac{z}{1+z^2}$ 是实数.

证 $\dfrac{z}{1+z^2}$ 是实数等价于

$$\frac{z}{1+z^2}=\overline{\left(\frac{z}{1+z^2}\right)}=\frac{\bar{z}}{1+\bar{z}^2},$$

即

$$z+z\bar{z}^2=\bar{z}+\bar{z}z^2，$$

亦即

$$(z-\bar{z})(1-z\bar{z})=0.$$

因 $y\neq0$，故 $2\text{i}y=z-\bar{z}\neq0$，从而

$$1-z\bar{z}=0,$$
$$|z|^2=1,$$

即

$$x^2+y^2=1.$$

由于上述推导的每一步都是可逆的，故命题得证.

例 2 设 z_1,z_2 为任意复数，证明恒等式

1) $|z_1z_2|=|z_1\bar{z}_2|=|z_1|\cdot|z_2|$；

2) $|z_1+z_2|^2=|z_1|^2+|z_2|^2+2\text{Re}(z_1\bar{z}_2)$.

证 1) 由共轭复数的性质，有

$$|z_1\bar{z}_2|=\sqrt{z_1\bar{z}_2\cdot\overline{z_1\bar{z}_2}}$$
$$=\sqrt{z_1\bar{z}_1\cdot z_2\bar{z}_2}$$

$$= |z_1| \cdot |z_2|.$$

同理

$$|z_1 z_2| = |z_1| \cdot |z_2|.$$

2) 因为

$$
\begin{aligned}
|z_1 + z_2|^2 &= (z_1 + z_2)\overline{(z_1 + z_2)} \\
&= (z_1 + z_2)(\bar{z}_1 + \bar{z}_2) \\
&= |z_1|^2 + |z_2|^2 + z_1 \bar{z}_2 + z_2 \bar{z}_1,
\end{aligned}
$$

又

$$
\begin{aligned}
z_1 \bar{z}_2 + z_2 \bar{z}_1 &= z_1 \bar{z}_2 + \overline{(z_1 \bar{z}_2)} \\
&= 2\text{Re}(z_1 \bar{z}_2),
\end{aligned}
$$

所以

$$|z_1 + z_2|^2 = |z_1|^2 + |z_2|^2 + 2\text{Re}(z_1 \bar{z}_2).$$

例 3 试证明实系数多项式的根共轭存在.

证 设 z_0 是 n 次多项式

$$P(z) = z^n + a_1 z^{n-1} + \cdots + a_{n-1} z + a_n$$

的根,其中,各系数 $a_1, a_2, \cdots, a_n$ 都是实数. 由共轭复数的性质,有

$$
\begin{aligned}
P(\bar{z}_0) &= (\bar{z}_0)^n + a_1 (\bar{z}_0)^{n-1} + \cdots + a_{n-1} \bar{z}_0 + a_n \\
&= \overline{z_0^n} + \bar{a}_1 \overline{z_0^{n-1}} + \cdots + \overline{a_{n-1}} \bar{z}_0 + \bar{a}_n \\
&= \overline{z_0^n + a_1 z_0^{n-1} + \cdots + a_{n-1} z_0 + a_n} \\
&= \overline{P(z_0)} \\
&= 0.
\end{aligned}
$$

这就证得 $\bar{z}_0$ 也是 $P(z)$ 的根.

1.1.3 关于复数模的不等式

不等式是复变函数中的一个重要工具,常用的基本不等式有

1) $\left.\begin{array}{l} |\text{Re} z| \\ |\text{Im} z| \end{array}\right\} \leqslant |z| \leqslant |\text{Re} z| + |\text{Im} z|$;

2) $||z_1| - |z_2|| \leqslant |z_1 \pm z_2| \leqslant |z_1| + |z_2|$;

3) $|z_1 + z_2 + \cdots + z_n| \leqslant |z_1| + |z_2| + \cdots + |z_n|$.

不等式 1) 的成立是显然的. 不等式 2) 在中学里通常是用几何方法

证明的,下面给出其纯代数证明.例如,由本节例 2 中的恒等式,有

$$|z_1 + z_2|^2 = |z_1|^2 + |z_2|^2 + 2\mathrm{Re}(z_1\bar{z}_2)$$
$$\leqslant |z_1|^2 + |z_2|^2 + 2|z_1\bar{z}_2|$$
$$= |z_1|^2 + |z_2|^2 + 2|z_1 \cdot z_2|$$
$$= (|z_1| + |z_2|)^2,$$

所以

$$|z_1 + z_2| \leqslant |z_1| + |z_2|.$$

至于不等式 2)中的其余不等式,可类似证明. 不等式 3)用归纳法即可证得.

例 4 对任意复数 a, b,定义"弦距"

$$d(a,b) = \frac{2|a-b|}{\sqrt{(1+|a|^2)(1+|b|^2)}},$$

证明三角不等式

$$d(a,b) \leqslant d(a,c) + d(b,c). \tag{1}$$

证 不等式(1)等价于

$$|a-b|\sqrt{1+|c|^2} \leqslant |a-c|\sqrt{1+|b|^2}$$
$$+ |b-c|\sqrt{1+|a|^2}. \tag{2}$$

因

$$(a-b)(1+|c|^2) = (a-b)(1+c\bar{c})$$
$$= (a-c)(1+b\bar{c}) + (c-b)(1+a\bar{c}),$$

故

$$|a-b|(1+|c|^2) \leqslant |a-c| \cdot |1+b\bar{c}|$$
$$+ |b-c| \cdot |1+a\bar{c}|. \tag{3}$$

又

$$|1+b\bar{c}|^2 \leqslant (1+|b\bar{c}|)^2$$
$$= 1 + 2|b||c| + |b|^2|c|^2$$
$$\leqslant 1 + |b|^2 + |c|^2 + |b|^2|c|^2$$
$$= (1+|b|^2)(1+|c|^2),$$

故

$$|1+b\bar{c}| \leqslant \sqrt{1+|b|^2}\sqrt{1+|c|^2}.$$

同理
$$|1+a\bar{c}|\leqslant\sqrt{1+|a|^2}\sqrt{1+|c|^2}.$$
所以,由不等式(3)即得不等式(2).

1.1.4 复数的几何表示

在平面上取定直角坐标系 Oxy,命坐标为(x,y)的点与复数 z $=x+iy$ 相对应.显然,对于每一个复数,平面上有唯一的一个点与之相应;反之,对于平面上的每一个点,有唯一的复数与之相应.这就是说,复数的全体和平面上的点之间建立了一一对应关系.当平面上的点被用来代表复数时,我们就把这个平面叫做复数平面.复平面中,x 轴上的点代表实数,故 x 轴称为实轴.y 轴上的点(除坐标原点外)代表纯虚数 iy($y\neq 0$),故 y 轴也称为虚轴.今后,我们对复数和平面上的点将不加区别,代表复数 z 的点就称为点 z.例如,说点 $3+2i$,也是指这个复数.按照表示复数的字母 $z,w,\cdots$ 不同,把相应的复平面简称为 z 平面、w 平面、……

复数 z 也可以用平面上的一个自由向量来表示,这个自由向量在实轴和虚轴上的投影分别为 x 和 y,它的起点可以是平面上任意一点.如果起点是原点,则向量的终点即是平面上的点 z.点 z 的

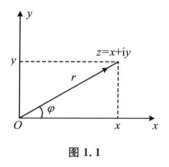

图 1.1

位置也可以用它的极坐标 r 和 φ 来确定(见图 1.1):
$$r=\sqrt{x^2+y^2},\quad \mathrm{tg}\varphi=\frac{y}{x},$$
r 就是复数 z 的模,φ 称为复数 z 的辐角,记作
$$r=|z|,\quad \varphi=\mathrm{Arg}z.$$
关于辐角,有两点必须注意:

（1）对于任一复数 $z\neq 0$,有无穷多个辐角.我们约定,用 $\arg z$ 表示 $\mathrm{Arg}z$ 中的某一个特定值,则
$$\mathrm{Arg}z=\arg z+2n\pi\ (n\ 为任意整数)$$
给出了 z 的全部辐角.又把落在 $-\pi<\varphi\leqslant\pi$ 这个范围内的值称为辐角的主值,也记作 $\arg z$.显然,主值 $\arg z$ 是由 z 唯一确定的.例如

8

$$\arg 1 = 0,$$
$$\arg 3\mathrm{i} = \frac{\pi}{2},$$
$$\arg(-5) = \pi,$$
$$\arg(1-\mathrm{i}) = -\frac{\pi}{4}.$$

根据辐角主值范围的规定,可得

$$\arg z = \begin{cases} \operatorname{arctg} \dfrac{y}{x} & (z \text{ 在第一、四象限内}) \\[2mm] \pi + \operatorname{arctg} \dfrac{y}{x} & (z \text{ 在第二象限内}) \\[2mm] -\pi + \operatorname{arctg} \dfrac{y}{x} & (z \text{ 在第三象限内}). \end{cases}$$

(2) 当 $z = 0$ 时,辐角是无意义的.

设复数 $z\ (z \neq 0)$ 的模为 r,辐角为 φ,则由

$$\operatorname{Re} z = r\cos\varphi,$$
$$\operatorname{Im} z = r\sin\varphi,$$

得

$$z = r(\cos\varphi + \mathrm{i}\sin\varphi).$$

这就是复数的三角表示. 例如

$$-2\mathrm{i} = 2\left[\cos\left(-\frac{\pi}{2}\right) + \mathrm{i}\sin\left(-\frac{\pi}{2}\right)\right],$$
$$1 + \mathrm{i} = \sqrt{2}\left(\cos\frac{\pi}{4} + \mathrm{i}\sin\frac{\pi}{4}\right).$$

如果定义复指数

$$\mathrm{e}^{\mathrm{i}\varphi} = \cos\varphi + \mathrm{i}\sin\varphi,$$

就可以把复数写成指数形式:

$$z = r\mathrm{e}^{\mathrm{i}\varphi}.$$

不难用三角恒等式证明(略),这样定义的复指数服从指数律:

$$\mathrm{e}^{\mathrm{i}\varphi_1} \cdot \mathrm{e}^{\mathrm{i}\varphi_2} = \mathrm{e}^{\mathrm{i}(\varphi_1 + \varphi_2)},$$

即

$$(\cos\varphi_1 + \mathrm{i}\sin\varphi_1)(\cos\varphi_2 + \mathrm{i}\sin\varphi_2)$$
$$= \cos(\varphi_1 + \varphi_2) + \mathrm{i}\sin(\varphi_1 + \varphi_2).$$

两个指数形式(或三角形式)的复数 $z_1 = r_1 e^{i\varphi_1}$ 及 $z_2 = r_2 e^{i\varphi_2}$ 相等的充分必要条件是

$$r_1 = r_2, \quad \varphi_1 = \varphi_2 + 2k\pi,$$

这里,k 为任意正、负整数或零. 而两个复数共轭的条件则可以用关系

$$|\bar{z}| = |z|, \quad \arg\bar{z} = -\arg z \ (z \neq 0, \arg z \neq \pi)$$

来表示,这里,$\arg z$ 是主值.

现在说明复数四则运算的几何意义. 先讲加减法的几何意义. 两个复数相加减时,其实部和虚部分别相加减,因此代表复数的向量应按平行四边形法则或三角形法则相加减,如图 1.2 所示. 由图 1.2 可立即从几何上得到前面已讲过的两个不等式:

$|z_1 + z_2| \leqslant |z_1| + |z_2|$(三角形两边和大于等于第三边);

$||z_1| - |z_2|| \leqslant |z_1 - z_2|$(三角形两边差小于等于第三边).

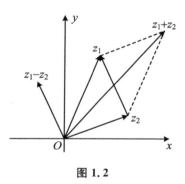

图 1.2

在这两个不等式中,等号当且仅当 z_1 和 z_2 有相同的辐角时才成立. 这时,三角形成为退化的(即三点共线).

至于更一般的三角不等式

$$|z_1 + z_2 + \cdots + z_n|$$
$$\leqslant |z_1| + |z_2| + \cdots + |z_n|,$$

其几何意义就是:连接平面上任意两点的线段长不大于这两点间的折线长,因而等号成立的充分必要条件是 n 个复数 $z_1, z_2, \cdots, z_n$ 有相同的辐角.

利用复数的指数形式作乘除法不仅比较简单,而且有明显的几何意义. 设有两个复数

$$z_1 = r_1 e^{i\varphi_1}, \quad z_2 = r_2 e^{i\varphi_2} \quad (z_1, z_2 \neq 0),$$

则由前述的指数律,有

$$z_1 z_2 = r_1 r_2 e^{i(\varphi_1 + \varphi_2)}.$$

这就是说,两个复数的乘积是这样一个复数,它的模等于原两复数模的乘积,它的辐角等于原两复数的辐角之和. 即

$$\begin{cases} \mid z_1 z_2 \mid = \mid z_1 \mid \mid z_2 \mid, \\ \mathrm{Arg}(z_1 z_2) = \mathrm{Arg} z_1 + \mathrm{Arg} z_2. \end{cases} \tag{4}$$

由于第二个等式的两边各是无穷多个数,应这样来理解:对于 $\mathrm{Arg}(z_1 z_2)$ 的任一值,一定有 $\mathrm{Arg} z_1$ 及 $\mathrm{Arg} z_2$ 的各一值与它相应,使得等式成立;反过来也是这样.

由上述讨论得知,把表示 z_1 的那个向量转动一个角度 φ_2,并将长度"放大"r_2 倍,就得到代表 $z_1 z_2$ 的向量.应该注意,当 $r_2 < 1$ 时,所谓的"放大"其实是缩小(图 1.3).例如,复数 $e^{i\theta}$ 的模为 1,辐角为 θ,因此把向量 z 转动一个角 θ 就得到向量 $e^{i\theta} z$.特别地,由于 $i = e^{i\frac{\pi}{2}}$,所以向量 iz 是一个与向量 z 垂直、且与 z 长度相等的向量.

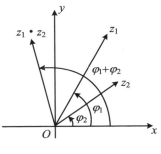

图 1.3

对于除法,同样有公式

$$\frac{z_1}{z_2} = \frac{r_1}{r_2} e^{i(\varphi_1 - \varphi_2)}$$

$$= \frac{r_1}{r_2} \big[\cos(\varphi_1 - \varphi_2) + i\sin(\varphi_1 - \varphi_2) \big],$$

即

$$\left| \frac{z_1}{z_2} \right| = \frac{\mid z_1 \mid}{\mid z_2 \mid},$$

$$\mathrm{Arg} \left(\frac{z_1}{z_2} \right) = \mathrm{Arg} z_1 - \mathrm{Arg} z_2.$$

对于后一个等式,应与前面(4)式中的第二个等式一样理解.

注意,$\mid z_1 - z_2 \mid$ 就是点 z_1 和 z_2 之间的距离,因此对任意固定的复数 z_0 和实数 $\rho > 0$,由条件

$$\mid z - z_0 \mid = \rho$$

确定的复数 z 的全体,就是以 z_0 为中心、ρ 为半径的圆周,$\mid z - z_0 \mid < \rho$ 表示圆的内部,而 $\mid z - z_0 \mid > \rho$ 则表示圆的外部.

下面举几个例子,说明如何利用复数表示平面曲线.

例 5 试将圆的方程

$$A(x^2 + y^2) + mx + ny + C = 0$$

改写成复数形式,这里,A, m, n, C 为实常数,$A \neq 0$,且 $\frac{1}{4}(m^2 + n^2)$ $-AC > 0$.

解 令 $z = x + \mathrm{i}y$,则有

$$x = \frac{z + \bar{z}}{2}, \quad y = \frac{z - \bar{z}}{2\mathrm{i}}$$

及

$$x^2 + y^2 = z\bar{z}.$$

将以上三式代入圆的方程,即得复方程

$$Az\bar{z} + \bar{B}z + B\bar{z} + C = 0, \qquad (5)$$

这里,$B = \frac{1}{2}(m + n\mathrm{i})$. 反之. 若 A, C 为实数,$A \neq 0$,且复数 B 满足 $|B|^2 - AC > 0$,则(5)式是一个圆的方程. 这是因为不难把(5)式改写成

$$\left| z + \frac{B}{A} \right|^2 = \frac{|B|^2 - AC}{A^2}.$$

从这个例子可以看出,任何一条用隐式方程 $F(x, y) = 0$ 表示的平面曲线都可表示为复数方程

$$F\left(\frac{z + \bar{z}}{2}, \frac{z - \bar{z}}{2\mathrm{i}} \right) = 0.$$

例 6 求方程

$$|z - 1| + |z + 2 - \mathrm{i}| = 6$$

所表示的复数集合;又若将上式中的等号改成不等号,求其所表示的复数集合.

解 上式表示点 z 到点 1 及点 $-2 + \mathrm{i}$ 的距离之和为 6,所以这个方程表示以 1 和 $-2 + \mathrm{i}$ 为焦点,长、短半轴分别为 3 及 $\frac{\sqrt{26}}{2}$ 的椭圆周. 而不等式

$$|z - 1| + |z + 2 - \mathrm{i}| < 6$$

及

$$|z-1|+|z+2-i|>6$$

则分别表示上述椭圆周的内部及外部.

例 7 方程 $\arg(z-\mathrm{i})=\dfrac{\pi}{4}$ 表示从点 i 出发、与 x 轴的交角为 $\dfrac{\pi}{4}$ 的半射线(不包括起点 i).

1.1.5 复数的乘方和开方

设 n 是正整数,z^n 表示 n 个 z 的乘积. 当 $z=0$ 时,$z^n=0$. 当 $z\neq 0$ 时,设 $z=r\mathrm{e}^{\mathrm{i}\varphi}$,由乘法规则,得

$$z^n=r^n\mathrm{e}^{\mathrm{i}n\varphi}=r^n(\cos n\varphi+\mathrm{i}\sin n\varphi). \tag{6}$$

显然,上式对 $n=0$(定义 $z^0=1$)也成立. 如果定义

$$z^{-n}=\frac{1}{z^n},$$

则

$$\begin{aligned}z^{-n}&=r^{-n}[\cos(-n\varphi)+\mathrm{i}\sin(-n\varphi)]\\&=r^{-n}\mathrm{e}^{-\mathrm{i}n\varphi}.\end{aligned} \tag{7}$$

特别地,在(6)式及(7)式中,令 $r=1$,得

$$(\cos\varphi+\mathrm{i}\sin\varphi)^n=\cos n\varphi+\mathrm{i}\sin n\varphi.$$

这个公式称为棣莫弗(De Moivre)公式,它对任意整数 n 都成立.

设 z 为已给复数,方程

$$w^n=z \tag{8}$$

的所有解称为 z 的 n 次方根,记作 $\sqrt[n]{z}$. 当 $z=0$ 时,方程(8)只有唯一解 $w=0$. 当 $z\neq 0$ 时,设 $z=r\mathrm{e}^{\mathrm{i}\varphi}$,$w=\rho\mathrm{e}^{\mathrm{i}\theta}$,代入(8)式,并利用棣莫弗公式,得

$$\rho^n\mathrm{e}^{\mathrm{i}n\theta}=r\mathrm{e}^{\mathrm{i}\varphi},$$

再比较等式两端,得

$$\rho^n=r,$$
$$n\theta=\varphi+2k\pi \ (k=0,\pm1,\pm2,\cdots).$$

由于 ρ 和 r 都是正实数,故由第一式即可唯一确定 ρ,并记为

$$\rho=(\sqrt[n]{r}),$$

其中,圆括号表示 ρ 是 r 的唯一正实根(算术根). 由第二式可得

$$\theta = \frac{\varphi + 2k\pi}{n}.$$

由此即得出公式

$$\sqrt[n]{z} = (\sqrt[n]{r})\left(\cos\frac{\varphi + 2k\pi}{n} + i\sin\frac{\varphi + 2k\pi}{n}\right)$$
$$(k = 0, 1, 2, \cdots, n-1).$$

例 8　求 $\sqrt[3]{-8}$ 的全部值.

解　把 -8 表示成三角形式,为

$$-8 = 2^3(\cos\pi + i\sin\pi),$$

故有

$$\sqrt[3]{-8} = 2\left(\cos\frac{\pi + 2k\pi}{3} + i\sin\frac{\pi + 2k\pi}{3}\right) (k = 0, 1, 2),$$

即

$$\sqrt[3]{-8} = \begin{cases} 1 + \sqrt{3}i & (k = 0) \\ -2 & (k = 1) \\ 1 - \sqrt{3}i & (k = 2). \end{cases}$$

1.2　复数序列的极限、无穷远点

定义　设 $z_1, z_2, \cdots, z_n, \cdots$ 是一个复数序列,z_0 是已给复数,如果

$$\lim_{n \to +\infty} |z_n - z_0| = 0,$$

就称复数 z_0 是复数列 $\{z_n\}$ 的极限,记作 $\lim\limits_{n \to +\infty} z_n = z_0$ 或 $z_n \to z_0$.

上述定义用"ε-N"的语言来说就是:对任给正数 $\varepsilon > 0$,存在自然数 N,使得当 $n > N$ 时,总有

$$|z_n - z_0| < \varepsilon.$$

也就是说,当 $n > N$ 时,点 z_n 全部落入以 z_0 为圆心、ε 为半径的圆内.

设 $z_0 = x_0 + iy_0, z_n = x_n + iy_n$ $(n = 1, 2, \cdots)$,则由不等式

$$|x_n - x_0| \text{ (或 } |y_n - y_0|) \leqslant |z_n - z_0|$$
$$\leqslant |x_n - x_0| + |y_n - y_0|$$

立即得到下述定理:

定理 复极限 $\lim\limits_{n\to+\infty} z_n = z_0$ 等价于两个实极限:

$$\lim_{n\to+\infty} x_n = 0, \qquad \lim_{n\to+\infty} y_n = y_0.$$

如果复数列 $z_1, z_2, \cdots, z_n, \cdots$ 具有这样的性质:对任意正数 M,总可以找到一个自然数 N,使得当 $n>N$ 时有 $|z_n|>M$,即当 n 增大时,z_n 的模可以变得大于任意预先指定的界限,那么我们就说这个数列收敛于无穷远点,并记作

$$\lim_{n\to+\infty} z_n = \infty.$$

通过上面的定义,实际上是在复数平面上增加了一个"理想点"——无穷远点,记作 ∞. 对此,我们通过复数的球面表示法来作出一个直观的解释.

取一个在原点 O 与 z 平面相切的球面,过 O 点作 z 平面的垂线与球面交于 N 点,N 称为北极或球极(图 1.4). 对于平面上的任一点 z,用一条空间直线把它和球极 N 连接起来,这条直线还和球面相交于另一点 Z. 显然,对于每一个复数 z,都对应于球面上不是 N 的唯一的点 Z;反之,球面上除 N 以外的每一个点 Z,也对应于唯一的复数 z. 这样,就建立起了球面上的点(不包括北极点 N)与复平面上的点之间的一一对应,因而可以用球面上的点 Z 表示复数 $z=x+\mathrm{i}y$. 从几何上很容易看出,z 平面上每一个以原点为圆心的圆周都对应着球面上的某一个纬圈,这个圆周外面的点则对应于相应纬圈以北的点. 而且,点 z 的模越大,与它相应的点 Z 就越

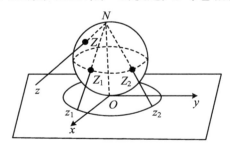

图 1.4

靠近北极点 N. 为了使得球面上的北极点 N 也在 z 平面上有一个对应点,我们就约定在 z 平面上引进一个理想点,称为无穷远点.

增加了 ∞ 点的复数平面称为扩充平面或闭复平面,与它对应的就是整个球面,称为复数球面或黎曼(Riemann)球面. 由上面的讨论可知,扩充平面的一个几何模型就是复数球面. 原来的复数平面则称为开平面或有限平面.

关于无穷远点,我们还作如下一些约定:

1)∞ 点的实部、虚部及辐角都无意义,其模 $|\infty|=+\infty$.

2)若 $a\neq0$,则 $a\cdot\infty=\infty\cdot a=\infty$,$\dfrac{a}{0}=\infty$.

3)若 $a\neq\infty$,则 $a\pm\infty=\infty\pm a=\infty$,$\dfrac{a}{\infty}=0$,$\dfrac{\infty}{a}=\infty$.

4)在闭复平面上,任何一个以原点 O 为中心的圆的外部区域 $|z|>R$ 都称为无穷远点的邻域,从复数球面上看,它对应着某个纬圈以北的部分.

我们还约定,以后某些论断涉及到闭平面时,则强调这个"闭"字;凡是没有特别指明的地方,均指开复平面.

1.3 平面点集

1.3.1 基本概念

关于平面点集的一些基本概念,在高等数学中已经学过,这里先把这些概念回顾一下.

设 z_0 是复平面上一点,ρ 是任一正数,点集

$$\left\{z \bigm| |z-z_0|<\rho\right\}$$

称为 z_0 的 ρ 邻域.

设已给集 E,利用邻域可以把复平面上的点分类. 设 M 是复平面上一点,如果 M 有一个 ρ 邻域完全属于集 E,则 M 称为 E 的内点. 若 M 的任一 ρ 邻域内既有集 E 的点,也有非 E 的点,则 M 称为 E 的边界点. 边界点可以属于集 E,也可不属于集 E. 若 M 有一个 ρ

邻域完全不属于集 E,则 M 称为集 E 的外点.

如果集 E 的点全部是内点,则 E 称为开集. E 的全部边界点的集合称为 E 的边界. 如果 E 的边界全属于 E,则 E 称为闭集. 如果集 E 可以包含在原点的某个邻域内,则 E 称为有界集;否则,集 E 称为无界集.

1.3.2 区域与曲线

定义 具有下列性质的非空点集 D 称为区域:

1) D 是开集;

2) D 中任意两点可以用一条全在 D 中的折线连接起来(连通性).

区域 D 加上它的边界 C 后称为闭域,记为 $\overline{D}=C+D$.

为了研究区域的边界,下面介绍若尔当(Jordan)意义下的曲线概念. 设 $x(t)$ 及 $y(t)$ 是定义在 $[\alpha,\beta]$ 上的连续函数,则由方程

$$\begin{cases} x = x(t), \\ y = y(t) \end{cases} \quad (\alpha \leqslant t \leqslant \beta)$$

或

$$z = z(t) = x(t) + \mathrm{i}y(t) \ (\alpha \leqslant t \leqslant \beta)$$

所决定的点集 l 称为复平面上的一条连续曲线. 设已给一条连续曲线 l,如果 t_1, t_2 是 $[\alpha,\beta]$ 上两个不同的参数值,且它们不同时是 $[\alpha,\beta]$ 的端点,那么它们就对应着曲线 l 上不同的点,即 $z(t_1) \neq z(t_2)$,这样的曲线叫做若尔当曲线或简单曲线. 一条若尔当曲线,如果满足 $z(\alpha)=z(\beta)$,则称为若尔当闭曲线或简单闭曲线. 由定义可见,简单曲线是一条无重点的连续曲线.

显然,圆是一条简单闭曲线,它把平面分成两个没有公共点的区域,其中一个有界,一个无界,并且这两个区域都以已给圆为边界. 任意一条简单闭曲线也把整个平面分成两个没有公共点的区域,其中一个有界,称为它的内区域,一个无界,称为它的外区域,这两个区域都以这条简单闭曲线作为边界. 这个结果看来很直观,但它的严格证明比较复杂,超出了本课程的范围. 用简单闭曲线围成的区域是比较简单的区域,也是通常所考虑的区域.

若尔当闭曲线的内区域 D 有这样一个性质:域 D 中任何简单闭曲线的内区域中的每一点都属于 D. 一般地,我们把具有这种性质的区域叫做单连通区域,简称单连域. 不是单连通的区域称为多连通区域.

复平面上的区域通常是由复数的实部、虚部、模及辐角的不等式所确定的点集. 例如,上半平面:$\mathrm{Im}z > 0$,左半平面:$\mathrm{Re}z < 0$,水平带:$y_1 < \mathrm{Im}z < y_2$(y_1, y_2 是实常数),上半圆:$|z| < 1, \mathrm{Im}z > 0$(也可表示为 $0 < \arg z < \pi$),等等,都是单连通区域;而圆环:$r < |z - a| < R$(r 及 R 是正实常数)及去掉实数轴上的线段 $-1 \leqslant \mathrm{Re}z \leqslant 1$ 的竖直带 $-2 < \mathrm{Re}z < 2$(图 1.5)是多连通区域. 如果把一个单连通域挖去若干个点,所得的区域也是多连通域. 例如,a 点的去心邻域

$$0 < |z - a| < \delta$$

即是二连通域,这种多连通域以后常用到. 一般来说,多连通区域的边界是由有限条闭曲线及一些割痕和点组成的(图 1.6).

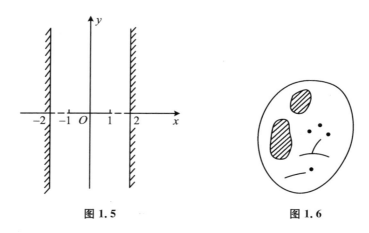

图 1.5   图 1.6

习　　题

1. 计算下列各题:

(1) $(3 - \sqrt{3}\mathrm{i})(3 + \sqrt{3}\mathrm{i})$;

(2) $(x-\mathrm{i}\sqrt{y})(-x-2\mathrm{i}\sqrt{y})$；

(3) $\dfrac{3-4\mathrm{i}}{4+3\mathrm{i}}$；

(4) $\dfrac{5\mathrm{i}}{\sqrt{2}-\sqrt{3}\mathrm{i}}$.

2. 用三角式及指数式表示下列复数,并求辐角的一般值:

(1) $z=2-2\mathrm{i}$；

(2) $z=-\sqrt{3}\mathrm{i}$；

(3) $z=-\dfrac{1}{2}-\sqrt{3}\mathrm{i}$；

(4) $z=1-\cos\theta+\mathrm{i}\sin\theta$.

3. 利用复数的三角式或指数式计算下列各题:

(1) $\mathrm{i}(1-\sqrt{3}\mathrm{i})(\sqrt{3}+\mathrm{i})$；

(2) $(\sqrt{3}+\mathrm{i})^{-3}$；

(3) $\sqrt[3]{1+\mathrm{i}}$.

4. 解下列方程:

(1) $z^3=-1+\sqrt{3}\mathrm{i}$；

(2) $z^3=-\mathrm{i}$；

(3) $z^4=-1$.

5. 如果 ω 是 1 的立方根中的一个复根,求证:
$$1+\omega+\omega^2=0.$$

6. 设 $x+\mathrm{i}y=\sqrt{a+\mathrm{i}b}$,求 x,y (这里,要求用 a,b 的代数式表示 x,y).

7. 利用复数的指数式证明下列等式:

(1) $\displaystyle\sum_{k=1}^{n}\cos k\theta=-\dfrac{1}{2}+\dfrac{\sin\left(n+\dfrac{1}{2}\right)\theta}{2\sin\dfrac{1}{2}\theta}$；

(2) $\displaystyle\sum_{k=1}^{n}\sin k\theta=\dfrac{1}{2}\mathrm{ctg}\,\dfrac{\theta}{2}-\dfrac{\cos\left(n+\dfrac{1}{2}\right)\theta}{2\sin\dfrac{1}{2}\theta}$ $(0<\theta<\pi)$.

8. 证明：
$$|z_1+z_2|^2+|z_1-z_2|^2=2(|z_1|^2+|z_2|^2),$$
并说明其几何意义.

9. 设 n 是正整数, a 是已知复数, 试求当 $|z|\leqslant1$ 时 $|z^n+a|$ 的最大值.

10. (1) 如果 $|z|=1$, 证明 $\left|\dfrac{z-a}{1-\bar{a}z}\right|=1$；

(2) 如果 $|z|<1,|a|<1$, 证明 $\left|\dfrac{z-a}{1-\bar{a}z}\right|<1$.

11. (1) 证明：
$$|z_1+z_2+\cdots+z_n|\geqslant|z_1|-|z_2|-\cdots-|z_n|;$$
(2) 设 $0<a_0\leqslant a_1\leqslant\cdots\leqslant a_n$, 证明：方程
$$P(z)=a_0z^n+a_1z^{n-1}+\cdots+a_{n-1}z+a_n=0$$
在圆 $|z|<1$ 内无根.

[提示：证明 $|(1-z)P(z)|>0\ (|z|<1)$.]

12. 证明下列三个条件中的任意一个都是三点 z_1,z_2,z_3 共线的充分必要条件：

(1) $\dfrac{z_1-z_2}{z_2-z_3}=$ 实数；

(2) $\bar{z}_1z_2+\bar{z}_2z_3+\bar{z}_3z_1=$ 实数；

(3) 存在不全为零的实数 $\lambda_1,\lambda_2,\lambda_3$, 使得
$$\begin{cases}\lambda_1+\lambda_2+\lambda_3=0,\\\lambda_1z_1+\lambda_2z_2+\lambda_3z_3=0.\end{cases}$$

13. 如果 $|z_1|=|z_2|=|z_3|=1$, 且 $z_1+z_2+z_3=0$. 证明：z_1, z_2,z_3 构成一内接于单位圆的内接正三角形.

14. 设 z_1,z_2 是两个复数. 如果 z_1+z_2 和 z_1z_2 都是实数, 证明：z_1 和 z_2 或者都是实数, 或者是一对共轭复数.

15. 设 a,b 是正方形的两个顶点, 求在所有可能情况下的其他两个顶点.

16. 下面的复数列是否有极限? 如果有的话, 求出其极限值；如果没有, 则说明理由：

(1) $\dfrac{3+4i}{6}, \left(\dfrac{3+4i}{6}\right)^2, \cdots, \left(\dfrac{3+4i}{6}\right)^n, \cdots$;

(2) $1, \dfrac{i}{2}, -\dfrac{1}{3}, -\dfrac{i}{4}, \dfrac{1}{5}, \dfrac{i}{6}, -\dfrac{1}{7}, -\dfrac{i}{8}, \cdots$;

(3) $1, i, -1, -i, 1, i, -1, -i, \cdots$.

17. 设 $z_n \to z_0$, $\arg z$ 表示主值. 证明:

(1) $\bar{z}_n \to \bar{z}_0$;

(2) 当 z_0 不为零及负数时, $\arg z_n \to \arg z_0$. 又问, 当 z_0 为零或负数时结论如何?

(3) 当 $z_0 = \infty$ 时, 上述结论是否成立?

18. 求满足下列关系的点 z 是什么曲线, 并作图:

(1) $|z-a| = |z-b|$;

(2) $|z-a| + |z-b| = R\ (R > |b-a|)$;

(以上 a, b 为复常数, R 为正实常数.)

(3) $\mathrm{Re}\ \dfrac{1}{z} = \alpha$;

(4) $\arg \dfrac{z-1}{z+1} = \alpha$;

(5) $\left|\dfrac{z-1}{z+1}\right| = \alpha$.

(以上 α 为实常数.)

19. 试在复平面上画出满足下列关系的点集的图形, 其中哪些关系确定的点集是区域? 它们的边界是什么?

(1) $\mathrm{Re}\, z < 2$;

(2) $\mathrm{Im}\, z \geqslant 3$;

(3) $|\arg z| < \dfrac{\pi}{4}$;

(4) $\dfrac{\pi}{4} < \arg z < \dfrac{\pi}{3}$, 且 $1 < |z| < 2$;

(5) $0 < \arg(z-i) < \dfrac{\pi}{6}$;

(6) $2 < |z+1| < 3$, 且 $-2 < \mathrm{Re}\, z \leqslant \dfrac{3}{2}$;

(7) $|z|>2$，且 $|z-2|<2$；

(8) $\text{Im}z>1$，且 $|z|<2$；

(9) $y_1<\text{Im}z\leqslant y_2$；

(10) $\left|\dfrac{z-1}{z+1}\right|>1$.

20. 证明：复平面上的直线方程可以写成

$$\alpha\bar{z}+\bar{\alpha}z=c \ (\alpha\neq0,\alpha \text{ 为复常数},c \text{ 为实常数}).$$

21. 求下列方程(t 为实参数)所给出的曲线：

(1) $z=(1+\text{i})t \ (-\infty<t<+\infty)$；

(2) $z=a\cos t+\text{i}b\sin t \ (0\leqslant t\leqslant2\pi,a>0,b>0)$；

(3) $z=t+\dfrac{\text{i}}{t} \ (t\neq0)$；

(4) $z=t^2+\dfrac{\text{i}}{t^2} \ (t>0)$.

22. 试写出方程 $x^2+2x+y^2=1$ 的复数形式.

第 2 章 复变数函数

本章先引入复变数函数、极限、连续和导数的概念,然后讨论复变函数论的主要研究对象——解析函数,这类函数在理论和实际问题中都有着广泛的应用,接着介绍一些常用的复初等函数及它们的基本性质.

2.1 复变数函数

定义 1 设 E 是复平面上的一个点集,若对于 E 中的每一点 z,按一定规律有一个复数 w 与之对应,则称在 E 上定义了一个复单值函数,记作 $w=f(z)$ $(z\in E)$;如果对于自变量 z 的一个值,按规律与之对应的 w 不止一个,则称 $w=f(z)$ 是多值函数.

例如,$w=|z|$,$w=z^2$,$f(z)=\dfrac{1}{z}$ $(z\neq 0)$ 都是单值函数;而 $w=\sqrt[n]{z}$(n 为自然数,$n\geq 2$),$w=\mathrm{Arg}\,z$ $(z\neq 0)$ 都是多值函数. 在以下的讨论中,如不作特殊声明,所谈到的函数都是单值函数.

设 $z=x+\mathrm{i}y$,$w=u+\mathrm{i}v$,则一个复函数 $w=f(z)$ 相当于两个以 x,y 为自变量的实二元函数:
$$u=u(x,y),\quad v=v(x,y).$$

例如函数 $w=z^2$,令 $z=x+\mathrm{i}y$,$w=u+\mathrm{i}v$,则由
$$u+\mathrm{i}v=(x+\mathrm{i}y)^2=(x^2-y^2)+\mathrm{i}2xy,$$
有
$$u=x^2-y^2,\quad v=2xy.$$

为了赋予复变数函数 $w=f(z)$ 以几何意义,我们取两张复数平面:z 平面和 w 平面. 对于 z 平面上点集 E 中的每个点 z,我们在 w 平面上描出相应的点 w(即 $f(z)$). 当 z 在 z 平面上跑遍 E 时,w 就相应地跑遍 w 平面上的一个点集 E'(图 2.1). 这样一来,函数 w

$=f(z)$ 就可以看成是一个变换(或映照),它把 z 平面上的一个点集 E 变换成 w 平面上的一个点集 E',E' 常记作 $f(E)$. 在映照 $w=f(z)$ 下,$w_0=f(z_0)$ 及 $E'=f(E)$ 分别称为点 z_0 及点集 E 的像,而点 z_0 及点集 E 则分别称为 w_0 及 E' 的原像.

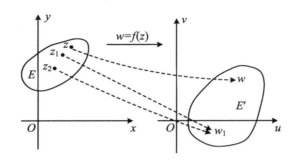

图 2.1

对于单值函数 $w=f(z)$,每个点 z 只能对应一个像点 w,但是一个像点的原像却可能不止一个. 例如函数 $w=z^2$,点 $z=\pm 1$ 的像点都是 $w=1$,即点 $w=1$ 有两个原像 $z=1$ 和 $z=-1$.

定义 2 设 $w=f(z)$ 是集合 E 上的单值函数,如果对于 E 中的任意两个不同点 z_1 及 z_2,它们在(函数值)集合 E' 中对应的点 $w_1=f(z_1)$ 及 $w_2=f(z_2)$ 也不同,则称 $w=f(z)$ 是集 E 中的一个一一映照(或双方单值映照). 或者说,$w=f(z)$ 双方单值地把集 E 映成集 E'.

上述概念(即把一个复变函数看成一个变换)虽然非常简单,可是在复变函数理论的发展中却起着重要作用. 下面举几个具体例子来说明这些概念.

例 1 考虑函数 $w=az$,其中,a 是不为零的复常数. 显然,这是一个把整个 z 平面映为整个 w 平面的一一映照. 依我们对 ∞ 所规定的运算,它把 z 平面上的无穷远点映为 w 平面上的无穷远点,因此它把闭 z 平面双方单值地映为闭 w 平面.

令

$$a = r(\cos\theta + \mathrm{i}\sin\theta),$$

则函数 $w=az$ 是由下面两个函数复合而成的:
$$\omega = (\cos\theta + \mathrm{i}\sin\theta)z,$$
$$w = r\omega.$$

如果把 z,ω,w 都看作是同一个平面上的点,由于 ω 与 z 的模相同,而 ω 的辐角等于 z 的辐角加 θ,因此上面的第一个映照是 z 平面上的一个旋转. 由于 w 与 ω 有相同的辐角,w 的模是 ω 的模的 r 倍,因此第二个映照是一个以原点为中心的相似变换(图 2.2).综上所述,映照 $w=az$ 是由一个旋转映照和一个相似映照复合而得的.

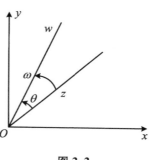

图 2.2

例 2　求下列点集在映照 $w=z^2$ 下的像:

1) 平行于坐标轴的直线;

2) 双曲线族 $x^2-y^2=c_1$ 及 $2xy=c_2$;

3) 半圆环域:$1<|z|<2,0<\arg z<\pi$.

解　1) 先求直线 $x=c_1$ 的像.令 $z=x+\mathrm{i}y,w=u+\mathrm{i}v$,则
$$u = x^2 - y^2, \quad v = 2xy.$$
将 $x=c_1$ 代入上面两式,得
$$u = c_1{}^2 - y^2, \quad v = 2c_1 y.$$
从这两个方程中消去 y,得(当 $c_1\neq 0$ 时)
$$u = c_1{}^2 - \frac{v^2}{4c_1{}^2},$$
这是 w 平面上一族开口朝左的抛物线.此外,易见 z 平面上的虚轴 $x=0$ 被变换成
$$u = -y^2, \quad v = 0,$$
这是 w 平面上的负实轴(包括原点).同样道理,它把 $y=c$ 变换成
$$u = x^2 - c^2, \quad v = 2cx,$$
消去 x,得
$$u = \frac{v^2}{4c^2} - c^2 \quad (c \neq 0),$$

这是 w 平面上一族开口朝右的抛物线,而实轴 $y=0$ 则被变换成 w 平面上的正实轴(包括原点).

2) 因为 $u=x^2-y^2$,所以双曲线 $x^2-y^2=c_1$ 的像曲线上的点 (u,v) 满足方程

$$u=c_1.$$

又点 (x,y) 在双曲线上变化时,$v=2xy$ 可取全体实数,故 $x^2-y^2=c_1$ 在映照 $w=z^2$ 下的像是 w 平面上的直线 $u=c_1$.

同理,双曲线 $2xy=c_2$ 在映照 $w=z^2$ 下的像是直线 $v=c_2$.

3) 令 $z=re^{i\theta}$,则 $w=z^2=r^2e^{i2\theta}$. 由题设

$$1<r<2, \quad 0<\theta<\pi,$$

故

$$1<r^2<4, \quad 0<2\theta=\arg w<2\pi.$$

所以,要求的像区域是 w 平面上沿 u 轴(实轴)上线段 $[1,4]$ 剪开了的圆环:$1<|w|<4,0<\arg w<2\pi$.

2.2 函数的极限和连续性

定义 1 设函数 $w=f(z)$ 在点 z_0 的某个去心邻域 $0<|z-z_0|<\rho$ 内有定义,而且实极限

$$\lim_{z\to z_0}|f(z)-w_0|=0,$$

就称当 z 趋于 z_0 时 $f(z)$ 的极限值为 w_0,记作

$$\lim_{z\to z_0}f(z)=w_0.$$

这个定义用"ε-δ"的语言来说就是:对任意 $\varepsilon>0$,存在 $\delta>0$,使得当 $0<|z-z_0|<\delta$ $(\delta\leqslant\rho)$ 时,有 $|f(z)-w_0|<\varepsilon$.

这个定义在几何上意味着:当变点进入 z_0 的一个充分小的 δ 邻域时,它们的像点就落入 w_0 的一个给定的 ε 邻域(图 2.3).

有了极限的概念,就可以定义函数的连续性.

定义 2 如果等式

$$\lim_{z\to z_0}f(z)=f(z_0)$$

成立,就称函数 $f(z)$ 在点 z_0 连续. 如果 $f(z)$ 在区域 D 中的每点都

连续,就称 $f(z)$ 在区域 D 中连续.

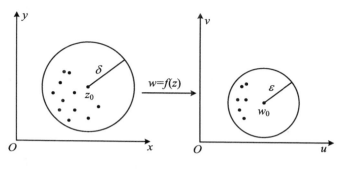

图 2.3

定理 函数 $f(z)=u(x,y)+iv(x,y)$ 在点 $z_0=x_0+iy_0$ 处连续的充分必要条件是 $u(x,y)$ 和 $v(x,y)$ 作为二元函数在 (x_0,y_0) 处连续.

证 由不等式

$$|u(x,y)-u(x_0,y_0)| \text{ (或 } |v(x,y)-v(x_0,y_0)|)$$
$$\leqslant |f(z)-f(z_0)|$$
$$\leqslant |u(x,y)-u(x_0,y_0)|+|v(x,y)-v(x_0,y_0)|$$

立即得知,等式

$$\lim_{z\to z_0} f(z) = f(z_0)$$

和下面两个等式

$$\lim_{(x,y)\to(x_0,y_0)} u(x,y) = u(x_0,y_0)$$

及

$$\lim_{(x,y)\to(x_0,y_0)} v(x,y) = v(x_0,y_0)$$

等价,因而定理得证.

上面引进的复变函数的极限和连续性的定义与实变数函数的极限和连续性的定义在形式上完全相同,因此,高等数学中证明过的关于连续函数的和、差、积、商(分母不为零的点)及复合函数仍然连续的定理依然成立. 由此,即可断定幂函数

$$w = z^n \quad (n \text{ 为正整数})$$

27

连续;更一般地,多项式
$$P(z) = a_0 z^n + a_1 z^{n-1} + \cdots + a_n$$
是全平面上的连续函数;而有理函数
$$R(z) = \frac{a_0 z^n + a_1 z^{n-1} + \cdots + a_n}{b_0 z^m + b_1 z^{m-1} + \cdots + b_m}$$
除去若干个使分母为零的点外,在全平面上处处连续.

2.3 导数和解析函数的概念

复变数函数的导数的概念,从形式上看,与实变数函数的导数概念完全相同.

定义 1 设 $w = f(z)$ 在点 z 的某个邻域 U 内有定义,$z + \Delta z \in U$. 如果极限
$$\lim_{\Delta z \to 0} \frac{f(z + \Delta z) - f(z)}{\Delta z}$$
存在,就称函数 $f(z)$ 在点 z 可微,而且这个极限称为 $f(z)$ 在点 z 的导数或微商,记为 $f'(z), \dfrac{\mathrm{d}f}{\mathrm{d}z}$ 或 $\dfrac{\mathrm{d}w}{\mathrm{d}z}$. 即
$$f'(z) = \lim_{\Delta z \to 0} \frac{f(z + \Delta z) - f(z)}{\Delta z}. \tag{1}$$

设 $f(z)$ 在点 z 可微,令
$$\alpha = \frac{f(z + \Delta z) - f(z)}{\Delta z} - f'(z),$$
则
$$\lim_{\Delta z \to 0} \alpha = 0.$$
所以
$$f(z + \Delta z) - f(z) = f'(z)\Delta z + o(|\Delta z|), \tag{2}$$
其中,$o(|\Delta z|) = \alpha \Delta z$ 是 $|\Delta z|$ 的高阶无穷小量. 由(2)式立即得到
$$\lim_{\Delta z \to 0} f(z + \Delta z) = f(z).$$
这就证得,若 $f(z)$ 在点 z 可微,则在此点连续.

定义 2 如果 $f(z)$ 在区域 D 内的每一点可微,则称 $f(z)$ 在 D 内解析,或者说 $f(z)$ 是 D 内的解析函数;如果 $f(z)$ 在点 z_0 的某个

邻域内可微,则称 $f(z)$ 在点 z_0 解析;如果 $f(z)$ 在点 z_0 不解析,则 z_0 称为 $f(z)$ 的奇点.

由定义可见,函数的解析性概念是与一个区域联系在一起的.即使是说到 $f(z)$ 在点 z_0 解析,也是指它在 z_0 的某个邻域内解析.由于区域是开集,所以函数在区域内解析和函数在区域内每一点解析的说法是等价的.解析函数是复变函数中一类加了很强条件的函数,它有许多完美的性质,将在以后各章中陆续讨论.

例 1 幂函数 $w=z^n$(n 为自然数)是全平面上的解析函数,且

$$\frac{\mathrm{d}z^n}{\mathrm{d}z} = nz^{n-1}.$$

事实上,由二项式定理,有

$$
\begin{aligned}
(z^n)' &= \lim_{\Delta z \to 0} \frac{(z+\Delta z)^n - z^n}{\Delta z} \\
&= \lim_{\Delta z \to 0} \frac{1}{\Delta z} \big[C_n^1 z^{n-1} \Delta z + C_n^2 z^{n-2} (\Delta z)^2 + \cdots + (\Delta z)^n \big] \\
&= nz^{n-1}.
\end{aligned}
$$

这说明 $w=z^n$ 在全平面上每一点都可微,因而是全平面上的解析函数.

例 2 证明:函数 $w=x+\mathrm{i}\lambda y$ 在全平面上每一点都不可微,这里,λ 为复常数,且 $\lambda \neq 1$.

证 由所设,对任意点 z,有

$$
\begin{aligned}
\frac{\Delta w}{\Delta z} &= \frac{(x+\Delta x) + \mathrm{i}\lambda(y+\Delta y) - x - \mathrm{i}\lambda y}{\Delta x + \mathrm{i}\Delta y} \\
&= \frac{\Delta x + \mathrm{i}\lambda \Delta y}{\Delta x + \mathrm{i}\Delta y}.
\end{aligned}
$$

当 Δz 沿实轴方向(即令 $\Delta y=0$,这时 $\Delta z=\Delta x$)趋于零时,它趋于 1;而让 Δz 沿虚轴方向(即 $\Delta z=\mathrm{i}\Delta y$)趋于零时,它趋于 $\lambda \neq 1$. 所以,当 $\Delta z \to 0$ 时,$\frac{\Delta w}{\Delta z}$ 的极限不存在,即不存在导数.

由于复变函数的导数定义在形式上与实变数函数的定义完全一样,因此,关于微商运算的基本法则也与实变函数的情形相同.现将几个求导法则罗列如下:

1) $[f(z) \pm g(z)]' = f'(z) \pm g'(z)$;

2) $[f(z)g(z)]' = f'(z)g(z) + f(z)g'(z)$;

3) $\left[\dfrac{f(z)}{g(z)}\right]' = \dfrac{1}{g^2(z)}[g(z)f'(z) - f(z)g'(z)] \; [g(z) \neq 0]$;

4) $\{f[g(z)]\}' = f'(w)g'(z)$, 这里, $w = g(z)$;

5) $f'(z) = \dfrac{1}{\varphi'(w)}$, 这里, $w = f(z)$ 与 $z = \varphi(w)$ 是两个互为反函数的单值函数, 且 $\varphi'(w) \neq 0$.

当然, 这些法则的成立, 要求各式右边出现的微商都存在. 这些公式的证明建议由读者自己来完成.

根据这些法则及 z^n 的可微性, 我们立刻可以断定, 多项式

$$P(z) = a_0 z^n + a_1 z^{n-1} + \cdots + a_n$$

是全平面上的解析函数; 有理函数

$$R(z) = \frac{a_0 z^n + a_1 z^{n-1} + \cdots + a_n}{b_0 z^m + b_1 z^{m-1} + \cdots + b_m}$$

除掉分母为零的点外, 也在全平面上处处解析.

2.4　柯西-黎曼方程

前面已经讲过, 复函数 $f(z) = u(x,y) + iv(x,y)$ 在点 $z = x + iy$ 连续, 等价于二元函数 $u(x,y)$ 和 $v(x,y)$ 在点 (x,y) 连续. 函数 $f(z)$ 在点 z 可微, 自然也与 $u(x,y)$ 和 $v(x,y)$ 在点 (x,y) 的可微性有关, 但两者却不等价. 例如, 2.3 节例 2 中讨论的函数 $f(z) = x + i\lambda y$ ($\lambda \neq 1$), 它的实部 $u = x$ 及虚部 $v = \lambda y$ 在全平面上处处可微, 而复函数 $f(z) = x + i\lambda y$ 却处处不可导. 那么, 为使 $f(z)$ 可微, 还要对 u, v 添加什么条件呢? 下面的定理回答了这个问题.

定理 1　函数 $f(z) = u(x,y) + iv(x,y)$ 在点 $z = x + iy$ 可微的充分必要条件是:

1) 二元函数 $u(x,y), v(x,y)$ 在点 (x,y) 可微;

2) $u(x,y)$ 及 $v(x,y)$ 在点 (x,y) 满足柯西-黎曼方程(简称C-R方程)

$$\begin{cases} \dfrac{\partial u}{\partial x} = \dfrac{\partial v}{\partial y}, \\[2mm] \dfrac{\partial u}{\partial y} = -\dfrac{\partial v}{\partial x}. \end{cases}$$

证 先证必要性. 设 $f(z)$ 在点 $z = x + \mathrm{i}y$ 可微, 记 $f'(z) = a + \mathrm{i}b$, 则由 2.3 节的(2)式, 有

$$f(z + \Delta z) - f(z) = (a + \mathrm{i}b)\Delta z + o(|\Delta z|)$$
$$= (a + \mathrm{i}b)(\Delta x + \mathrm{i}\Delta y) + o(\rho). \quad (1)$$

其中, $\Delta z = \Delta x + \mathrm{i}\Delta y, \rho = |\Delta z| = \sqrt{(\Delta x)^2 + (\Delta y)^2}$, 这里, Δx 及 Δy 是实增量. (1)式两边分别取实部及虚部, 就得到

$$u(x + \Delta x, y + \Delta y) - u(x, y) = a\Delta x - b\Delta y + o(\rho), \quad (2)$$
$$v(x + \Delta x, y + \Delta y) - v(x, y) = b\Delta x + a\Delta y + o(\rho). \quad (3)$$

这就是说, 二元函数 $u(x, y)$ 及 $v(x, y)$ 在点 (x, y) 可微, 并且

$$\frac{\partial u}{\partial x} = a, \quad \frac{\partial u}{\partial y} = -b,$$

$$\frac{\partial v}{\partial x} = b, \quad \frac{\partial v}{\partial y} = a.$$

从而

$$\begin{cases} \dfrac{\partial u}{\partial x} = \dfrac{\partial v}{\partial y}, \\[2mm] \dfrac{\partial u}{\partial y} = -\dfrac{\partial v}{\partial x}. \end{cases} \quad (4)$$

再考虑条件的充分性. 容易看出, 上述推导是可逆的. 事实上, 由于(4)式成立, 且二元函数 $u(x, y)$ 及 $v(x, y)$ 可微, 从而(2)式及(3)式成立, (2)+i×(3)即得(1)式. 这就证得 $f(z)$ 在点 z 有导数 $a + \mathrm{i}b$.

由上面的讨论可见, 当定理 1 的条件满足时, 可按下列公式中的任意一个计算 $f'(z)$:

$$f'(z) = \frac{\partial u}{\partial x} + \mathrm{i}\frac{\partial v}{\partial x}$$

$$= \frac{\partial v}{\partial y} + \mathrm{i}\frac{\partial v}{\partial x}$$

$$= \frac{\partial u}{\partial x} - \mathrm{i} \frac{\partial u}{\partial y}$$

$$= \frac{\partial v}{\partial y} - \mathrm{i} \frac{\partial u}{\partial y}.$$

从定理 1 还可立即得到解析函数的一个判别法：

定理 2 函数 $f(z) = u(x,y) + \mathrm{i}v(x,y)$ 在区域 D 内可微（即在 D 内解析）的充分必要条件是：

1）二元函数 $u(x,y)$ 及 $v(x,y)$ 在 D 内可微；

2）$u(x,y)$ 及 $v(x,y)$ 在 D 内处处满足 C-R 方程.

例 1 讨论下列函数的可微性及解析性，并在其各可微点求出导数：

1）$f(z) = x^3 - y^3 + 2\mathrm{i}x^2 y^2$；

2）$f(z) = \mathrm{e}^x(\cos y + \mathrm{i}\sin y)$.

解 1）此时，$u = x^3 - y^3$ 及 $v = 2x^2 y^2$ 都是二元初等函数，它们在全平面上处处可微，其 C-R 方程组为

$$\begin{cases} \dfrac{\partial u}{\partial x} = 3x^2 = \dfrac{\partial v}{\partial y} = 4x^2 y, \\[2mm] \dfrac{\partial u}{\partial y} = -3y^2 = -\dfrac{\partial v}{\partial x} = -4xy^2, \end{cases}$$

解得 $(x,y) = (0,0)$ 及 $\left(\dfrac{3}{4}, \dfrac{3}{4}\right)$. 故由定理 1，这个函数只在点 $z_1 = 0$ 及 $z_2 = \dfrac{3}{4}(1+\mathrm{i})$ 可微，其导数分别为

$$f'(0) = \frac{\partial u}{\partial x} + \mathrm{i}\frac{\partial v}{\partial x}\Big|_{z_1} = 0,$$

$$f'\left[\frac{3}{4}(1+\mathrm{i})\right] = \frac{\partial u}{\partial x} + \mathrm{i}\frac{\partial v}{\partial x}\Big|_{z_2} = \frac{27}{16}(1+\mathrm{i}).$$

又由定义知，这个函数在全平面上处处不解析.

2）此时，$u = \mathrm{e}^x \cos y$ 和 $v = \mathrm{e}^x \sin y$ 都是全平面上的可微函数，且

$$\frac{\partial u}{\partial x} = \mathrm{e}^x \cos y = \frac{\partial v}{\partial y},$$

$$\frac{\partial u}{\partial y} = -\mathrm{e}^x \sin y = -\frac{\partial v}{\partial x},$$

即 C-R 方程处处成立. 由定理 2，这个函数在全平面内解析，且

$$f'(z) = \frac{\partial u}{\partial x} + \mathrm{i}\,\frac{\partial v}{\partial x}$$
$$= \mathrm{e}^x(\cos y + \mathrm{i}\sin y)$$
$$= f(z).$$

例 2 研究分式线性函数

$$w = \frac{az+b}{cz+d}$$

的解析性，式中，a,b,c,d 为复常数，且 $ad-bc \neq 0$.

解 由导数的运算法则，除了使得分母为零的点 $z = -\dfrac{d}{c}$ 外，这个函数在全平面上处处可微. 因而，除奇点 $z = -\dfrac{d}{c}$ 外，它在全平面上处处解析，且

$$w' = \frac{a(cz+d) - c(az+b)}{(cz+d)^2}$$
$$= \frac{ad-bc}{(cz+d)^2}.$$

2.5 初 等 函 数

2.5.1 指数函数

对任何复数 $z = x + \mathrm{i}y$，定义指数函数为

$$\mathrm{e}^z = \mathrm{e}^x(\cos y + \mathrm{i}\sin y) = \mathrm{e}^x \mathrm{e}^{\mathrm{i}y},$$

也记作 $\exp\{z\}$. 例如

$$\mathrm{e}^{1+\mathrm{i}} = \mathrm{e}(\cos 1 + \mathrm{i}\sin 1),$$
$$\mathrm{e}^{\pi\mathrm{i}} = \mathrm{e}^0(\cos\pi + \mathrm{i}\sin\pi) = -1,$$
$$\exp\left\{\frac{\pi}{2}\mathrm{i}\right\} = \mathrm{i},$$
$$\exp\{2k\pi\mathrm{i}\} = 1 \ (k \in \mathbf{Z}).$$

当 $z = x$ 为实数时，由定义有 $\mathrm{e}^z = \mathrm{e}^x$，即此时就回到了普通的实指数函数. 在 2.4 节例 1 的 2) 中，已证明了指数函数在全平面内

解析,且$(e^z)' = e^z$.

指数函数还具有如下的一些性质:

1) 对任何复数 z, $e^z \neq 0$. 这是因为 $|e^z| = e^x \neq 0$.

2) $\lim\limits_{z \to \infty} e^z$ 不存在. 这是因为当 z 沿正实轴方向趋于 ∞ 时, e^z 趋于 ∞; 而当 z 沿负实轴方向趋于 ∞ 时, e^z 趋于 0.

3) 加法公式:

$$\exp\{z_1\} \cdot \exp\{z_2\} = \exp\{z_1 + z_2\}.$$

这由实指数 e^x 及第 1 章 1.1 节中已讲过的复指数 e^{iy} 都服从加法律立即得到.

4) e^z 是一个以 $2\pi i$ 为周期的周期函数(注意,这个性质是实指数函数所没有的). 事实上,由加法公式,得

$$\exp\{z + 2\pi i\} = \exp\{z\} \cdot \exp\{2\pi i\}$$
$$= \exp\{z\}.$$

5) $e^{z_1} = e^{z_2}$ 的充分必要条件是

$$z_1 - z_2 = 2k\pi i \ (k \in \mathbf{Z}).$$

事实上,若 $e^{z_1} = e^{z_2}$,令 $z_1 = x_1 + iy_1$, $z_2 = x_2 + iy_2$,则

$$e^{z_1 - z_2} = e^{x_1 - x_2} \cdot e^{i(y_1 - y_2)} = 1,$$

所以 $x_1 - x_2 = 0$, $y_1 - y_2 = 2k\pi \ (k \in \mathbf{Z})$,即 $z_1 - z_2 = 2k\pi i$. 相反的结论由加法公式及性质 4)即得.

2.5.2 三角函数和双曲函数

这两类函数都是通过复指数函数定义的. 由指数函数的定义,对任何实数 x,有

$$e^{ix} = \cos x + i \sin x,$$
$$e^{-ix} = \cos x - i \sin x.$$

两式相加、减后可分别解得

$$\cos x = \frac{1}{2}(e^{ix} + e^{-ix}),$$

$$\sin x = \frac{1}{2i}(e^{ix} - e^{-ix}).$$

因此,对任何复数 z,定义复正弦函数及复余弦函数为

$$\sin z = \frac{1}{2i}(e^{iz} - e^{-iz}),$$

$$\cos z = \frac{1}{2}(e^{iz} + e^{-iz}).$$

类似地,定义复双曲正弦函数及复双曲余弦函数为

$$\mathrm{sh}z = \frac{1}{2}(e^{z} - e^{-z}),$$

$$\mathrm{ch}z = \frac{1}{2}(e^{z} + e^{-z}).$$

由定义,立即得到它们有下列关系:

$$\begin{cases} \mathrm{sh}z = -\mathrm{i}\sin\mathrm{i}z, \\ \mathrm{ch}z = \cos\mathrm{i}z. \end{cases} \tag{1}$$

由指数函数的解析性及导数的运算法则,复正弦函数及复余弦函数都是全平面上的解析函数,而且

$$(\cos z)' = \frac{1}{2}(e^{iz} + e^{-iz})'$$

$$= \frac{i}{2}(e^{iz} - e^{-iz})$$

$$= -\frac{e^{iz} - e^{-iz}}{2i}$$

$$= -\sin z.$$

类似地,有

$$(\sin z)' = \cos z,$$

$$(\mathrm{sh}z)' = \mathrm{ch}z,$$

$$(\mathrm{ch}z)' = \mathrm{sh}z.$$

它们还具有如下一些重要性质(请读者自行与实函数的情形相比较):

1) $\sin z$,$\cos z$ 都是以 2π 为周期的函数;$\mathrm{sh}z$,$\mathrm{ch}z$ 都以 $2\pi\mathrm{i}$ 为周期.

这由 e^z 以 $2\pi\mathrm{i}$ 为周期即得,例如

$$\cos(z + 2\pi) = \frac{1}{2}\left[e^{i(z+2\pi)} + e^{-i(z+2\pi)}\right]$$

$$= \frac{1}{2}(e^{iz} + e^{-iz})$$

$$= \cos z.$$

2）这 4 个函数在复平面上的零点（即使函数值为零的点）集分别为

$$\{z \mid \sin z = 0\} = \{n\pi, \ n \in \mathbf{Z}\};$$

$$\{z \mid \cos z = 0\} = \left\{ \left(n + \frac{1}{2}\right)\pi, \ n \in \mathbf{Z} \right\};$$

$$\{z \mid \mathrm{sh} z = 0\} = \{n\pi \mathrm{i}, \ n \in \mathbf{Z}\};$$

$$\{z \mid \mathrm{ch} z = 0\} = \left\{ \left(n + \frac{1}{2}\right)\pi \mathrm{i}, \ n \in \mathbf{Z} \right\}.$$

事实上，$\sin z = 0$ 等价于 $\mathrm{e}^{\mathrm{i}z} - \mathrm{e}^{-\mathrm{i}z} = 0$，即 $\mathrm{e}^{2\mathrm{i}z} = 1$，亦即 $2\mathrm{i}z = 2n\pi\mathrm{i}$，故 $z = n\pi$（$n \in \mathbf{Z}$）. 其余类似.

3）所有实三角函数及实双曲函数的恒等式对复变数的情形仍然成立. 例如，有

$$\sin(-z) = -\sin z,$$

$$\cos(-z) = \cos z,$$

$$\sin^2 z + \cos^2 z = 1,$$

$$\sin(z_1 \pm z_2) = \sin z_1 \cos z_2 \pm \cos z_1 \sin z_2;$$

$$\mathrm{sh}(-z) = -\mathrm{sh} z,$$

$$\mathrm{ch}(-z) = \mathrm{ch} z,$$

$$\mathrm{ch}^2 z - \mathrm{sh}^2 z = 1,$$

$$\mathrm{sh}(z_1 \pm z_2) = \mathrm{sh} z_1 \mathrm{ch} z_2 \pm \mathrm{ch} z_1 \mathrm{sh} z_2,$$

等等，它们都不难从定义出发直接证明. 例如：

$$\cos^2 z + \sin^2 z = \left(\frac{\mathrm{e}^{\mathrm{i}z} + \mathrm{e}^{-\mathrm{i}z}}{2} \right)^2 + \left(\frac{\mathrm{e}^{\mathrm{i}z} - \mathrm{e}^{-\mathrm{i}z}}{2\mathrm{i}} \right)^2$$

$$= \frac{\mathrm{e}^{2\mathrm{i}z} + 2 + \mathrm{e}^{-2\mathrm{i}z}}{4} - \frac{\mathrm{e}^{2\mathrm{i}z} - 2 + \mathrm{e}^{-2\mathrm{i}z}}{4}$$

$$= 1.$$

4）这 4 个函数在复平面上都是无界的. 事实上，当 x 为实数时，$\mathrm{ch} x$ 与 $\mathrm{sh} x$ 就已是无界函数；而对于三角函数，例如，当 y 为实数时，由（1）式，$\cos \mathrm{i}y = \mathrm{ch} y = \dfrac{1}{2}(\mathrm{e}^y + \mathrm{e}^{-y})$，故 $\lim\limits_{y \to +\infty} \cos \mathrm{i}y = \infty$.

其他的三角函数及双曲函数仿照实变数的情形定义. 例如

36

$$\mathrm{tg}z = \frac{\sin z}{\cos z},$$

$$\mathrm{ctg}z = \frac{\cos z}{\sin z};$$

$$\mathrm{th}z = \frac{\mathrm{sh}z}{\mathrm{ch}z},$$

$$\mathrm{cth}z = \frac{\mathrm{ch}z}{\mathrm{sh}z}.$$

显然,它们在除去各自分母的零点的全平面上解析. 由导数的运算法则,易求得

$$(\mathrm{tg}z)' = \frac{1}{\cos^2 z},$$

$$(\mathrm{ctg}z)' = \frac{1}{\sin^2 z};$$

$$(\mathrm{th}z)' = \frac{1}{\mathrm{ch}^2 z},$$

$$(\mathrm{cth}z)' = \frac{1}{\mathrm{sh}^2 z}.$$

例 1 求 $\cos z$ 的实部、虚部及模.

解 由和角公式及(1)式,有

$$\begin{aligned}
\cos z &= \cos(x + \mathrm{i}y) \\
&= \cos x \cos \mathrm{i}y - \sin x \sin \mathrm{i}y \\
&= \cos x \mathrm{ch}y - \mathrm{i}\sin x \mathrm{sh}y.
\end{aligned}$$

故

$$\mathrm{Re}(\cos z) = \cos x \mathrm{ch}y,$$

$$\mathrm{Im}(\cos z) = -\sin x \mathrm{sh}y,$$

$$\begin{aligned}
|\cos z| &= \sqrt{\cos^2 x \mathrm{ch}^2 y + \sin^2 x \mathrm{sh}^2 y} \\
&= \sqrt{\mathrm{ch}^2 y - \sin^2 x}.
\end{aligned}$$

2.5.3 对数函数

对数函数定义为指数函数的反函数. 设已给复数 $z \neq 0$,满足方程 $\mathrm{e}^w = z$ 的复数 w 称为 z 的对数,记作 $w = \mathrm{Ln}z$. 把 z 看成复变数,

它就是复对数函数.

设 $w = u + \mathrm{i}v$,由 $\mathrm{e}^w = \mathrm{e}^u \cdot \mathrm{e}^{\mathrm{i}v} = z$,得

$$u = \ln|z|, \quad v = \operatorname{Arg}z.$$

这里,$\ln|z|$ 是实对数. 所以

$$\begin{aligned}
\operatorname{Ln}z &= \ln|z| + \mathrm{i}\operatorname{Arg}z \\
&= \ln|z| + \mathrm{i}(\arg z + 2k\pi) \\
&\qquad (k = 0, \pm 1, \pm 2, \cdots).
\end{aligned} \tag{2}$$

由此可见,任何不为零的复数都有无穷多个对数,其中任意两个相差 $2\pi\mathrm{i}$ 的整数倍. 相应于 $\operatorname{Arg}z$ 的主值,也常取

$$\ln z = \ln|z| + \mathrm{i}\arg z \quad (-\pi < \arg z \leqslant \pi)$$

作 $\operatorname{Ln}z$ 的主值. 例如:

$$\begin{aligned}
\ln(-1) &= \ln|-1| + \mathrm{i}\arg(-1) \\
&= \mathrm{i}\pi, \\
\operatorname{Ln}(-1) &= \ln(-1) + 2k\pi\mathrm{i} \\
&= (2k+1)\pi\mathrm{i}; \\
\ln(1+\mathrm{i}) &= \ln|1+\mathrm{i}| + \mathrm{i}\arg(1+\mathrm{i}) \\
&= \ln\sqrt{2} + \mathrm{i}\frac{\pi}{4}, \\
\operatorname{Ln}(1+\mathrm{i}) &= \ln\sqrt{2} + \mathrm{i}\left(\frac{\pi}{4} + 2k\pi\right) \\
&\qquad (k = 0, \pm 1, \pm 2, \cdots).
\end{aligned}$$

对数有以下运算法则:

1) $\operatorname{Ln}(z_1 z_2) = \operatorname{Ln}z_1 + \operatorname{Ln}z_2$;

2) $\operatorname{Ln}\left(\dfrac{z_1}{z_2}\right) = \operatorname{Ln}z_1 - \operatorname{Ln}z_2$.

下面只证明 1):

$$\begin{aligned}
\operatorname{Ln}(z_1 z_2) &= \ln|z_1 z_2| + \mathrm{i}\operatorname{Arg}(z_1 z_2) \\
&= \ln|z_1| + \ln|z_2| + \mathrm{i}(\operatorname{Arg}z_1 + \operatorname{Arg}z_2) \\
&= \operatorname{Ln}z_1 + \operatorname{Ln}z_2.
\end{aligned}$$

这两个等式与通常的运算规则相同,但对它们必须这样理解: 对于等式左边的多值函数的任意一个值,一定有右边的两个多值函数的各一个值与它对应,使得等式成立;反过来也是这样.

下面讨论对数主值的解析性. 其实部 $\ln|z|$ 在全平面上除 $z=0$ 外处处连续,而 $\arg z$ 除去 $z=0$ 及负实轴外在全平面上连续(参看第 1 章习题 17 的(2)). 所以,在除去原点和负实轴的全平面 D: $-\pi<\arg z<\pi$ 内 $\ln z$ 连续. 由于 $w=\ln z$ 是 $z=\mathrm{e}^w$ 在区域 D 内的单值反函数,因而由反函数的求导法则,有

$$\frac{\mathrm{d}\ln z}{\mathrm{d}z}=\frac{1}{(\mathrm{e}^w)'}=\frac{1}{\mathrm{e}^w}=\frac{1}{z}.$$

所以,$\ln z$ 是沿负实轴割开了的 z 平面区域 D:$-\pi<\arg z<\pi$ 内的解析函数.

对数主值 $\ln z$ 是在(2)式中取 $k=0$ 而得到的. 如果在(2)式中取 k 为其他的固定值,又可以得到无穷多个单值函数,记为

$$\begin{aligned}w_k&=(\mathrm{Ln}z)_k\\&=\ln|z|+\mathrm{i}(\arg z+2k\pi)\ (-\pi<\arg z<\pi)\\&\qquad(k=0,\pm1,\pm2,\cdots),\end{aligned}$$

它们分别称为 $\mathrm{Ln}z$ 的一个单值分支. 显然,与对数主值 $\ln z$ 完全一样,这些分支都是前述区域 D 内的解析函数,而且各分支的导数仍为 $\frac{1}{z}$.

上面 $\mathrm{Ln}z$ 的单值解析分支是认定(2)式中 $\arg z$ 为主值而得到的. 但 $\arg z$ 也可以取其他的特定值,例如,限制 $0<\arg z<2\pi$,也可得到一个沿正实轴割开了的 z 平面区域 D':$0<\arg z<2\pi$ 内的单值解析分支

$$\ln z=\ln|z|+\mathrm{i}\arg z\ (0<\arg z<2\pi).$$

2.5.4 一般幂函数

设 α 是任意给定的复数,对于复变数 $z\neq0$,定义 z 的 α 次幂函数为

$$\begin{aligned}w&=z^\alpha\\&=\exp\{\alpha\mathrm{Ln}z\}\\&=\exp\{\alpha[\ln|z|+\mathrm{i}(\arg z+2k\pi)]\}\\&\qquad(k=0,\pm1,\pm2,\cdots).\end{aligned}\tag{3}$$

若 α 为正实数,且当 $z=0$ 时,补充规定 $z^{\alpha}=0$. 随 α 的取值不同, w $= z^{\alpha}$ 可能是单值、有限多值或无限多值的函数. 具体讨论如下:

1) 当 α 为正整数 n 时,因为 $\exp\{\mathrm{i}2kn\pi\}=1$,所以由(3)式得

$$z^n = \exp\{n(\ln|z| + \mathrm{i}\arg z)\}$$
$$= |z|^n \exp\{\mathrm{i}n\arg z\}.$$

与通常的乘幂一致,它是一个单值函数.

2) 当 $\alpha=\dfrac{1}{n}$(n 为正整数)时,由(3)式得

$$z^{\frac{1}{n}} = |z|^{\frac{1}{n}} \exp\left\{\mathrm{i}\,\frac{\arg z + 2k\pi}{n}\right\}$$
$$(k = 0,1,2,\cdots,n-1).$$

由复数的开方公式可知,它是幂函数 z^n 的反函数——根式函数 $\sqrt[n]{z}$,这是一个 n 值函数. 类似于对数函数,用限制辐角的办法,例如取定 $-\pi < \arg z < \pi$,可以得到根式函数的 n 个单值分支

$$w_k = (\sqrt[n]{z})_k$$
$$= \sqrt[n]{|z|} \exp\left\{\mathrm{i}\,\frac{\arg z + 2k\pi}{n}\right\} \ (-\pi < \arg z < \pi)$$
$$(k = 0,1,\cdots,n-1).$$

它们都是沿负实轴割开了的 z 平面区域 D:$-\pi < \arg z < \pi$ 内的解析函数,并且

$$w_k{}' = (\sqrt[n]{z})_k{}'$$
$$= \left[\exp\left\{\frac{1}{n}(\mathrm{Ln}z)_k\right\}\right]'$$
$$= \frac{1}{n} \cdot \frac{1}{z} \exp\left\{\frac{1}{n}(\mathrm{Ln}z)_k\right\}$$
$$= \frac{1}{nz}(\sqrt[n]{z})_k.$$

类似地,当 α 为有理数时,设 α 为既约分数 $\dfrac{m}{n}$($n \geqslant 1$),则 z^{α} 是 n 值函数,且有

$$z^{\frac{m}{n}} = \sqrt[n]{z^m}.$$

3) 当 α 为无理数或一般复数($\mathrm{Im}\alpha \neq 0$)时,由(3)式可知, z^{α} 是

无穷多值的. 例如：

$$i^i = \exp\{iLni\}$$
$$= \exp\left\{i^2\left(\frac{\pi}{2} + 2k\pi\right)\right\}$$
$$= \exp\left\{-\frac{\pi}{2} - 2k\pi\right\}$$
$$(k = 0, \pm 1, \pm 2, \cdots),$$
$$2^{1+i} = \exp\{(1+i)(\ln2 + i2k\pi)\}$$
$$= \exp\{\ln2 - 2k\pi + i(\ln2 + 2k\pi)\}$$
$$= 2e^{-2k\pi}(\cos\ln2 + i\sin\ln2)$$
$$(k = 0, \pm 1, \pm 2, \cdots).$$

例 2 说明 e^{1+i} 分别作为 $f(z) = e^z$ 在 $z = 1+i$ 的值和 $g(z) = z^{1+i}$ 在 $z = e$ 的值时是不同的.

解 依定义,有

$$f(1+i) = e(\cos1 + i\sin1),$$
$$g(e) = \exp\{(1+i)Lne\}$$
$$= \exp\{(1+i)(1+2k\pi i)\}$$
$$= e^{1-2k\pi}(\cos1 + i\sin1)$$
$$(k = 0, \pm 1, \pm 2, \cdots).$$

故两者不同.

由于本例所出现的情况,为不致引起混淆,在复变函数里约定 e^z 为指数函数.

2.5.5 反三角函数

三角函数 $\sin z$ 及 $\cos z$ 的反函数的定义如常. 如果 $z = \sin w$,则 w 称为 z 的反正弦函数,记作 $w = \text{Arcsin}z$；如果 $z = \cos w$,则 w 称为 z 的反余弦函数,记作 $w = \text{Arccos}z$. 其他的反三角函数类似定义.

如果 $z = \sin w$,则由

$$z = \frac{1}{2i}(e^{iw} - e^{-iw}),$$

得

$$e^{iw} - 2iz - e^{-iw} = 0,$$

或

$$e^{2iw} - 2ize^{iw} - 1 = 0.$$

把上面这个方程当作 e^{iw} 的二次方程,解之得

$$e^{iw} = iz + \sqrt{1-z^2},$$

或

$$iw = \mathrm{Ln}(iz + \sqrt{1-z^2}),$$

即

$$w = \mathrm{Arcsin}z = -i\mathrm{Ln}(iz + \sqrt{1-z^2}).$$

这里,根式理解为双值函数,所以就不必像平常解二次方程时一样,在根号前添加 $\pm$ 号. 由于平方根和对数函数的多值性,$\mathrm{Arcsin}z$ 是无穷多值函数.

其余的反三角函数及反双曲函数可仿照上例讨论,不再赘述,兹集录其表达式如下:

$$\mathrm{Arccos}z = -i\mathrm{Ln}(z + \sqrt{z^2-1}),$$

$$\mathrm{Arctg}z = -\frac{i}{2}\mathrm{Ln}\frac{1+iz}{1-iz},$$

$$\mathrm{Arcsh}z = \mathrm{Ln}(z + \sqrt{z^2+1}),$$

$$\mathrm{Arcch}z = \mathrm{Ln}(z + \sqrt{z^2-1}),$$

$$\mathrm{Arcth}z = \frac{1}{2}\mathrm{Ln}\frac{1+z}{1-z}.$$

习　题

1. 函数 $w = \dfrac{1}{z}$ 把 z 平面上的下列曲线变成 w 平面上的什么曲线?

(1) $x = 1$;

(2) $y = 0$;

(3) $y = x$;

(4) $x^2 + y^2 = 4$;

(5) $(x-1)^2+y^2=5$.

2. 设 $f(z)=\dfrac{1}{2\mathrm{i}}\left(\dfrac{z}{\bar{z}}-\dfrac{\bar{z}}{z}\right)$，试证明：当 $z\to0$ 时，$f(z)$ 的极限不存在.

3. 设

$$f(z)=\begin{cases}\dfrac{xy}{x^2+y^2} & (z\neq0)\\ 0 & (z=0),\end{cases}$$

试证 $f(z)$ 在 $z=0$ 处不连续.

4. 设 $P_n(z)$ 是 n（$n\geqslant1$）次多项式，证明：当 $z\to\infty$ 时，$P_n(z)\to\infty$.

5. 证明下列函数在 z 平面上处处不可导：

(1) $f(z)=|z|$；

(2) $f(z)=x+y$；

(3) $f(z)=\dfrac{1}{\bar{z}}$.

6. 求下列函数的解析区域：

(1) $f(z)=xy+\mathrm{i}y$；

(2) $f(z)=\begin{cases}|z|z & (|z|<1)\\ z^2 & (|z|\geqslant1).\end{cases}$

7. 利用 C-R 方程证明下列函数在全平面上解析，并求出其导数：

(1) z^3；

(2) $\mathrm{e}^x(x\cos y-y\sin y)+\mathrm{i}\mathrm{e}^x(y\cos y+x\sin y)$；

(3) $\cos x\mathrm{chy}-\mathrm{i}\sin x\mathrm{shy}$.

8. 证明区域 D 内满足下列条件之一的解析函数必为常数：

(1) $f'(z)=0$；

(2) $\overline{f(z)}$ 解析；

(3) $\mathrm{Re}f(z)=$ 常数；

(4) $\mathrm{Im}f(z)=$ 常数；

(5) $|f(z)|=$ 常数；

(6) $\arg f(z)=$ 常数.

9. 证明:在极坐标系下,C-R 方程变为

$$\begin{cases} \dfrac{\partial u}{\partial r} = \dfrac{1}{r}\dfrac{\partial v}{\partial \theta}, \\[2mm] \dfrac{1}{r}\dfrac{\partial u}{\partial \theta} = -\dfrac{\partial v}{\partial r}. \end{cases}$$

并验证函数 $f(z)=z^n$ 及 $\ln z = \ln r + i\theta$ ($z=re^{i\theta}$, $-\pi < \theta \leqslant \pi$) 满足 C-R 方程.

10. 求下列函数的解析区域,并求出其微商:

(1) $\dfrac{1}{z^2-3z+2}$;

(2) $\dfrac{1}{z^3+a}$ $(a>0)$.

11. 判定下列极限是否存在:

(1) $\lim\limits_{z\to\infty}\dfrac{z}{e^z}$;

(2) $\lim\limits_{z\to 0} z\sin\dfrac{1}{z}$;

(3) $\lim\limits_{z\to 1}\dfrac{z\exp\left\{\dfrac{1}{z-1}\right\}}{e^z-1}$.

12. 设 z 沿通过原点的射线趋于 ∞ 点,试讨论函数 $z+e^z$ 的极限.

13. 求下列方程的全部解:

(1) $\sin z=2$;

(2) $\mathrm{ch}\,z=0$;

(3) $e^z=A$ (A 为复常数,且 $A\neq 0$, $A\neq\infty$).

14. 求下列函数的解析区域,并求出其微商:

(1) $\dfrac{1}{1+e^z}$;

(2) $\dfrac{1}{\sin z-2}$;

(3) $z\exp\left\{\dfrac{1}{z-1}\right\}$.

15. 证明下列恒等式:

44

(1) $\cos(z_1 + z_2) = \cos z_1 \cos z_2 - \sin z_1 \sin z_2$;

(2) $\operatorname{sh}(z_1 \pm z_2) = \operatorname{sh} z_1 \operatorname{ch} z_2 \pm \operatorname{ch} z_1 \operatorname{sh} z_2$;

(3) $\operatorname{Arccos} z = -i \operatorname{Ln}(z + \sqrt{z^2 - 1})$.

16. 试求 $\cos z$ 在哪些曲线上取实数值.

17. 求下列各值：

(1) $\operatorname{Ln}(-1)$, $\ln(-1)$；$\operatorname{Ln} i$, $\ln i$；$\operatorname{Ln}(3-2i)$, $\ln(-2+3i)$;

(2) $1^{\sqrt{2}}$, $(-2)^{\sqrt{2}}$, 2^i, $(3-4i)^{1+i}$;

(3) $\cos(2+i)$, $\sin 2i$, $\operatorname{ctg}\left(\dfrac{\pi}{4} - i\ln 2\right)$, $\operatorname{cth}(2+i)$;

(4) $\operatorname{Arcsin} i$, $\operatorname{Arccos} 2$, $\operatorname{Arctg}(1+2i)$, $\operatorname{Arcch} 2i$.

18. 试证明下列等式：

(1) $\exp\{\bar{z}\} = \overline{\exp\{z\}}$;

(2) $\sin \bar{z} = \overline{\sin z}$.

第3章 解析函数的积分表示

复积分是研究解析函数的一个重要工具,解析函数的许多重要性质都是通过它的积分表示得到的,这是复变函数论在方法上的一个特点.

3.1 复变函数的积分

3.1.1 定义和计算方法

我们约定以下提到的曲线(包括简单曲线)都是光滑或逐段光滑的.

定义 设 C 是平面上的一条有向曲线,其起点是 z_0,终点是 $Z, f(z)$ 是定义在 C 上的单值函数. 任意用一列分点

$$z_k = x_k + \mathrm{i} y_k \quad (k = 0, 1, \cdots, n, \ z_n = Z)$$

把曲线 C 分成 n 个小段(图 3.1),在每个小段 $\overparen{z_{k-1} z_k}$ 上任取点 ζ_k,作和

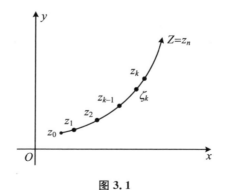

图 3.1

$$\sum_{k=1}^{n} f(\zeta_k) \Delta z_k \quad (\Delta z_k = z_k - z_{k-1}).$$

记 $\lambda = \max_{k} |\Delta z_k|$，如果当 $\lambda \to 0$ 时，上述和式的极限存在，而且其值与弧段的分法和各 ζ_k 的取法无关，就称这个极限为 $f(z)$ 沿曲线 C 自 z_0 到 Z 的积分，记作

$$\int_C f(z) \mathrm{d}z.$$

定理　设 $f(z) = u(x,y) + iv(x,y)$ 在曲线 C 上连续，则复积分 $\int_C f(z) \mathrm{d}z$ 存在，而且

$$\int_C f(z)\mathrm{d}z = \int_C u(x,y)\mathrm{d}x - v(x,y)\mathrm{d}y$$

$$+ i\int_C v(x,y)\mathrm{d}x + u(x,y)\mathrm{d}y. \tag{1}$$

证　设 $z_k = x_k + iy_k, \Delta x_k = x_k - x_{k-1}, \Delta y_k = y_k - y_{k-1}, \Delta z_k = \Delta x_k + i\Delta y_k, \zeta_k = \xi_k + i\eta_k \ (k = 1, 2, \cdots, n)$，则

$$\sum_{k=1}^{n} f(\zeta_k) \Delta z_k = \sum_{k=1}^{n} [u(\xi_k, \eta_k) + iv(\xi_k, \eta_k)](\Delta x_k + i\Delta y_k)$$

$$= \sum_{k=1}^{n} [u(\xi_k, \eta_k)\Delta x_k - v(\xi_k, \eta_k)\Delta y_k]$$

$$+ i\sum_{k=1}^{n} [v(\xi_k, \eta_k)\Delta x_k + u(\xi_k, \eta_k)\Delta y_k].$$

令 $\lambda \to 0$，由高等数学中关于第二型曲线积分的结果，上式右端有极限

$$\int_C u(x,y)\mathrm{d}x - v(x,y)\mathrm{d}y + i\int_C v(x,y)\mathrm{d}x + u(x,y)\mathrm{d}y.$$

这就证得 $f(z)$ 沿曲线 C 的积分存在，且(1)式成立.

（1）式提供了计算复积分的方法，为了记忆上的方便，可把它形式地写成

$$\int_C f(z)\mathrm{d}z = \int_C (u + iv)(\mathrm{d}x + i\mathrm{d}y).$$

利用公式（1），还可以把复积分化成普通的定积分. 设 C 是简

单光滑曲线,$x=x(t),y=y(t)$ ($a \leqslant t \leqslant b$),且 a 与 b 分别对应于起点 z_0 及终点 Z. 把 C 的方程写成复形式

$$z = z(t) = x(t) + \mathrm{i}y(t),$$

且 $z'(t)=x'(t)+\mathrm{i}y'(t)$. 于是,由(1)式便有

$$
\begin{aligned}
\int_C f(z)\mathrm{d}z &= \int_C u\,\mathrm{d}x - v\,\mathrm{d}y + \mathrm{i}\int_C v\,\mathrm{d}x + u\,\mathrm{d}y \\
&= \int_a^b [ux'(t) - vy'(t)]\mathrm{d}t + \mathrm{i}\int_a^b [vx'(t) + uy'(t)]\mathrm{d}t \\
&= \int_a^b (u + \mathrm{i}v)[x'(t) + \mathrm{i}y'(t)]\mathrm{d}t \\
&= \int_a^b f(z(t))z'(t)\mathrm{d}t.
\end{aligned} \tag{2}
$$

由于复积分实际上是两个曲线积分的和,因此曲线积分的一些基本性质对复积分也成立. 例如,我们有

1) 如果 k 为复常数,则

$$\int_C kf(z)\mathrm{d}z = k\int_C f(z)\mathrm{d}z;$$

2) $\int_C [f(z) \pm g(z)]\mathrm{d}z = \int_C f(z)\mathrm{d}z \pm \int_C g(z)\mathrm{d}z;$

3) $\int_C f(z)\mathrm{d}z = -\int_{C^-} f(z)\mathrm{d}z,$

这里,C^- 表示与 C 相同但方向相反的曲线;

4) 如果曲线 C 由 C_1 和 C_2 组成,则

$$\int_C f(z)\mathrm{d}z = \int_{C_1} f(z)\mathrm{d}z + \int_{C_2} f(z)\mathrm{d}z.$$

性质 1)～4)的证明很容易,只要利用复积分的定义或者把曲线积分的有关性质移过来就可以了.

例 1 设 C 是如图 3.2 所示的半圆环的边界,求积分

$$I = \int_C \frac{z}{\bar{z}}\mathrm{d}z.$$

解 设 $C = C_1 + C_2 + C_3 + C_4$(图 3.2),在大半圆周 C_1 上,$z = 2\mathrm{e}^{\mathrm{i}\theta}$($0 \leqslant \theta \leqslant \pi$),从而 $\bar{z} = 2\mathrm{e}^{-\mathrm{i}\theta}$,$\mathrm{d}z = 2\mathrm{i}\mathrm{e}^{\mathrm{i}\theta}\mathrm{d}\theta$,故由(2)式得

$$\int_{C_1} \frac{z}{\bar{z}} \mathrm{d}z = 2\mathrm{i}\int_0^{\pi} \mathrm{e}^{3\mathrm{i}\theta}\mathrm{d}\theta = -\frac{4}{3}.$$

同理

$$\int_{C_3} \frac{z}{\bar{z}} \mathrm{d}z = -\mathrm{i}\int_0^{\pi} \mathrm{e}^{3\mathrm{i}\theta}\mathrm{d}\theta = \frac{2}{3}.$$

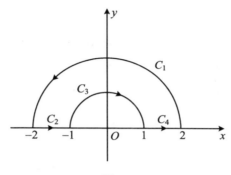

图 3. 2

在直线段 C_2 上,$z=\bar{z}=x$ $(-2{\leqslant}x{\leqslant}-1)$,$\mathrm{d}z=\mathrm{d}x$,故

$$\int_{C_2} \frac{z}{\bar{z}} \mathrm{d}z = \int_{-2}^{-1} \mathrm{d}x = 1.$$

同理

$$\int_{C_4} \frac{z}{\bar{z}} \mathrm{d}z = 1.$$

所以

$$I = \int_{C_1} \frac{z}{\bar{z}} \mathrm{d}z + \int_{C_2} \frac{z}{\bar{z}} \mathrm{d}z + \int_{C_3} \frac{z}{\bar{z}} \mathrm{d}z + \int_{C_4} \frac{z}{\bar{z}} \mathrm{d}z$$

$$= \frac{4}{3}.$$

例 2(一个重要积分) 设 n 是整数,C 是以 a 点为中心、R 为半径的圆周,试按逆时针方向计算积分

$$I = \int_C \frac{\mathrm{d}z}{(z-a)^n}.$$

解 曲线 C 的参数方程为 $z=a+R\mathrm{e}^{\mathrm{i}\theta}$ $(0{\leqslant}\theta{\leqslant}2\pi)$,于是 $\mathrm{d}z=$

$iR\mathrm{e}^{i\theta}\mathrm{d}\theta$,故

$$I = \frac{\mathrm{i}}{R^{n-1}} \int_0^{2\pi} \mathrm{e}^{\mathrm{i}(1-n)\theta} \mathrm{d}\theta$$
$$= \begin{cases} 2\pi\mathrm{i} & (n=1) \\ 0 & (n \neq 1). \end{cases}$$

3.1.2 长大不等式

在复变函数的许多论证和计算中,常要利用下面的不等式作积分估计. 设 $f(z)$ 在曲线 C 上连续,则

$$\left| \int_C f(z)\mathrm{d}z \right| \leqslant \int_C |f(z)| \, \mathrm{d}s. \tag{3}$$

上式右端是实连续函数 $|f(z)|$ 沿曲线 C 的第一型曲线积分.

事实上,有

$$\left| \sum_{k=1}^n f(\zeta_k)\Delta z_k \right| \leqslant \sum_{k=1}^n |f(\zeta_k)| \, |\Delta z_k| \leqslant \sum_{k=1}^n |f(\zeta_k)| \, \Delta s_k,$$

这里,Δs_k 是小弧段 $\overparen{z_{k-1}z_k}$ 的长. 将此不等式两边取极限,即得不等式(3). 它也常写成

$$\left| \int_C f(z)\mathrm{d}z \right| \leqslant \int_C |f(z)| \, |\mathrm{d}z|.$$

特别地,若在曲线 C 上有 $|f(z)| \leqslant M$,曲线 C 的长为 l,则(3)式成为

$$\left| \int_C f(z)\mathrm{d}z \right| \leqslant Ml. \tag{4}$$

(4)式叫做长大不等式.

例3 如果当 ρ 充分小时,$f(z)$ 在圆弧 C_ρ (图3.3):

$$z = a + \rho\mathrm{e}^{i\theta} \quad (\alpha \leqslant \theta \leqslant \beta)$$

上连续,且

$$\lim_{z \to a} (z-a)f(z) = k, \tag{5}$$

则

$$\lim_{\rho \to 0} \int_{C_\rho} f(z)\mathrm{d}z = \mathrm{i}(\beta-\alpha)k. \tag{6}$$

证　由所设条件(5),对任意 $\varepsilon>0$,存在 $\delta>0$,当 $|z-a|<\delta$ 时,有

$$|(z-a)f(z)-k|<\varepsilon.$$

再注意到

$$\int_{C_\rho}\frac{\mathrm{d}z}{z-a}=\int_\alpha^\beta\frac{\mathrm{i}\rho\mathrm{e}^{\mathrm{i}\theta}}{\rho\mathrm{e}^{\mathrm{i}\theta}}\mathrm{d}\theta$$

$$=\mathrm{i}(\beta-\alpha),$$

于是取 $\rho<\delta$,由长大不等式,即得下面的估计:

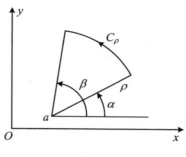

图 3.3

$$\left|\int_{C_\rho}f(z)\mathrm{d}z-\mathrm{i}(\beta-\alpha)k\right|=\left|\int_{C_\rho}f(z)\mathrm{d}z-\int_{C_\rho}\frac{k\,\mathrm{d}z}{z-a}\right|$$

$$=\left|\int_{C_\rho}\frac{(z-a)f(z)-k}{z-a}\mathrm{d}z\right|$$

$$\leqslant\frac{\varepsilon}{\rho}\rho(\beta-\alpha)$$

$$=\varepsilon(\beta-\alpha).$$

这就证明了(6)式.

3.2　柯西积分定理

前面已经见到,函数 $f(z)$ 沿曲线 C 的积分归结为通常的第二型曲线积分.因此,一般说来,复积分不仅依赖于起点和终点,而且还与积分路径有关.那么,在什么条件下 $f(z)$ 的积分与路径无关呢?下面的柯西积分定理回答了这个问题.它是解析函数理论中最基本的定理之一,其他许多结果都是建立在这个定理的基础上的.

今后把简单闭曲线叫做闭路,如非特别声明,凡沿闭路的积分都是按正向(即逆时针方向)取的.

定理 1(柯西积分定理)　设 D 是由闭路 C 所围成的单连通区域,$f(z)$ 在闭域 $\overline{D}=C+D$ 上解析,则

51

$$\int_C f(z)\mathrm{d}z = 0.$$

这里,所谓 $f(z)$ 在闭域 $\overline{D}$ 上解析,是指存在区域 G,使得 $\overline{D} \subset G$,且 $f(z)$ 在 G 内解析.

证 这个定理本来不作进一步假设就可证明,但为节省时间起见,我们还假定 $f'(z)$ 在所围成的域 D 内是连续的. 这时,可以利用格林(Green)公式,得

$$\int_C f(z)\mathrm{d}z = \int_C u\,\mathrm{d}x - v\,\mathrm{d}y + \mathrm{i}\int_C v\,\mathrm{d}x + u\,\mathrm{d}y$$

$$= -\iint_D \left(\frac{\partial v}{\partial x} + \frac{\partial u}{\partial y}\right)\mathrm{d}x\mathrm{d}y + \mathrm{i}\iint_D \left(\frac{\partial u}{\partial x} - \frac{\partial v}{\partial y}\right)\mathrm{d}x\mathrm{d}y.$$

但依 C-R 方程,有

$$\frac{\partial v}{\partial x} + \frac{\partial u}{\partial y} \equiv 0,$$

$$\frac{\partial u}{\partial x} - \frac{\partial v}{\partial y} \equiv 0,$$

所以

$$\int_C f(z)\mathrm{d}z = 0.$$

推论 1 设 $f(z)$ 在单连通域 D 内解析,C 是 D 内的任意封闭曲线,则

$$\int_C f(z)\mathrm{d}z = 0.$$

事实上,如果 C 是简单封闭曲线,结论由定理 1 即得. 如果 C 不是简单封闭曲线,则可将它分解成几个简单封闭曲线的和,$f(z)$ 沿每个简单封闭曲线的积分为零,从而沿 C 的积分亦为零.

推论 2 设 $f(z)$ 在单连通域 D 内解析,C 是 D 内任一条起于点 z_0 而终于点 z 的简单曲线,则积分

$$\int_C f(\zeta)\mathrm{d}\zeta$$

的值不依赖于积分路径 C,而只由 z_0 及 z 确定. 所以,这个积分也可记作

$$\int_{z_0}^{z} f(\zeta)\mathrm{d}\zeta$$

或

$$\int_{z_0}^{z} f(z)\mathrm{d}z.$$

推论 2 由推论 1 立即可以得到.

下面把柯西积分定理推广到多连通区域. 设有 $n+1$ 条简单闭曲线 $C_0, C_1, C_2, \cdots, C_n$, 其中, $C_1, C_2, \cdots, C_n$ 中的每一条都在其余各条的外区域内, 而且它们又全在 C_0 的内部. 由 C_0 及 $C_1, C_2, \cdots, C_n$ 围成一个多连通区域 D, 这种区域 D 的全部边界 C 称为一个复闭路. 当观察者在 C 上行进时, 区域 D 总在它的左边的方向称为 C 的正向. 所以, 沿正向的复闭路 C 包括在外取逆时针方向的闭路 C_0 及在内取顺时针方向的闭路 $C_1, C_2, \cdots, C_n$. 常把复闭路记作 $C = C_0 + C_1^- + C_2^- + \cdots + C_n^-$. 以后讲到沿复闭路的积分, 如不作特殊声明, 都是沿正向取的.

定理 2(多连通区域的柯西积分定理) 设 $f(z)$ 在复闭路 $C = C_0 + C_1^- + C_2^- + \cdots + C_n^-$ 及其所围成的多连通区域内解析, 则

$$\int_{C_0} f(z)\mathrm{d}z = \int_{C_1} f(z)\mathrm{d}z + \int_{C_2} f(z)\mathrm{d}z + \cdots + \int_{C_n} f(z)\mathrm{d}z,$$

或

$$\int_{C} f(z)\mathrm{d}z = 0.$$

证 为简便起见, 我们只就 $n=2$ 的情形进行讨论(图 3.4). 以曲线 γ_1, γ_2 及 γ_3 将 C_0, C_1 及 C_2 连接起来, 把域 D 分成两个单连通区域 D_1 及 D_2, 分别用 l_1 及 l_2 记它们的边界. 由柯西积分定理, 有

$$\int_{l_1} f(z)\mathrm{d}z = 0$$

及

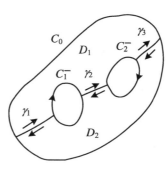

图 3.4

$$\int_{l_2} f(z)\mathrm{d}z = 0,$$

因而

$$\int_{l_1} f(z)\mathrm{d}z + \int_{l_2} f(z)\mathrm{d}z = 0.$$

在上式左端,沿辅助路线 γ_1, γ_2 及 γ_3 的积分正好依不同方向各取了一次,在相加时它们互相抵消,并把曲线 C_0, C_1 及 C_2 的各个弧段上的积分合并起来,就得到

$$\int_{C_0} f(z)\mathrm{d}z - \int_{C_1} f(z)\mathrm{d}z - \int_{C_2} f(z)\mathrm{d}z = 0,$$

即

$$\int_{C_0} f(z)\mathrm{d}z = \int_{C_1} f(z)\mathrm{d}z + \int_{C_2} f(z)\mathrm{d}z.$$

例 设 a 是闭路 C 内任一点,则

$$\int_C \frac{\mathrm{d}z}{(z-a)^n} = \begin{cases} 2\pi\mathrm{i} & (n = 1) \\ 0 & (n \text{ 为整数}, n \neq 1). \end{cases}$$

证 在 C 内作一个以 a 为中心的圆周 C_1,由定理 2 得

$$\int_C \frac{\mathrm{d}z}{(z-a)^n} = \int_{C_1} \frac{\mathrm{d}z}{(z-a)^n},$$

再由 3.1 节例 2 的结果即得.

3.3 柯西积分公式

柯西积分定理是解析函数理论的基础,但在许多情形下,柯西积分定理的作用是通过柯西积分公式表现出来的.

定理 1 设函数 $f(z)$ 在闭路(或复闭路)C 及其所围区域 D 内解析,则对 D 内任一点 z,有

$$f(z) = \frac{1}{2\pi\mathrm{i}} \int_C \frac{f(\zeta)}{\zeta - z}\mathrm{d}\zeta.$$

证 因 z 是 D 内一点,故可作 z 的邻域 $|\zeta - z| < \rho$,使它完全落在 D 内(图 3.5),用 Γ 记圆周 $|\zeta - z| = \rho$,于是自变量 ζ 的函数

$\dfrac{f(\zeta)}{\zeta-z}$ 在由 C 和 Γ 所围的多连通区域内解析. 由 3.2 节定理 2,得

$$\int_C \frac{f(\zeta)}{\zeta-z}\mathrm{d}\zeta = \int_\Gamma \frac{f(\zeta)}{\zeta-z}\mathrm{d}\zeta$$

$$= f(z)\int_\Gamma \frac{1}{\zeta-z}\mathrm{d}\zeta + \int_\Gamma \frac{f(\zeta)-f(z)}{\zeta-z}\mathrm{d}\zeta$$

$$= 2\pi\mathrm{i}f(z) + \int_\Gamma \frac{f(\zeta)-f(z)}{\zeta-z}\mathrm{d}\zeta.$$

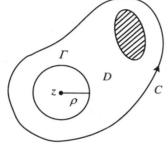

图 3.5

由于 $f(\zeta)$ 在点 $\zeta=z$ 连续,故对任意 $\varepsilon>0$,存在 $\delta>0$,当 $|\zeta-z|<\delta$ 时,有 $|f(z)-f(\zeta)|<\varepsilon$. 现在取 $\rho<\delta$,则对圆 $|\zeta-z|\leqslant\rho$ 中的点 ζ,都有 $|f(\zeta)-f(z)|<\varepsilon$. 特别地,当 ζ 在 Γ 上变动时,有

$$\left|\frac{f(\zeta)-f(z)}{\zeta-z}\right| = \frac{1}{\rho}|f(\zeta)-f(z)|$$

$$< \frac{\varepsilon}{\rho},$$

从而由长大不等式得

$$\left|\int_C \frac{f(\zeta)}{\zeta-z}\mathrm{d}\zeta - 2\pi\mathrm{i}f(z)\right| = \left|\int_\Gamma \frac{f(\zeta)-f(z)}{\zeta-z}\mathrm{d}\zeta\right|$$

$$\leqslant \frac{\varepsilon}{\rho}\cdot 2\pi\rho$$

$$= 2\pi\varepsilon.$$

上述不等式的左端是一个常数,而右端可以任意小,因此左端这个

常数必须是零,由此即得

$$f(z) = \frac{1}{2\pi i}\int_C \frac{f(\zeta)}{\zeta - z}\mathrm{d}\zeta.$$

这个公式叫做柯西积分公式. 它告诉我们,对于解析函数,只要知道了它在区域边界上的值,那么通过这个公式,区域内部任一点上的值就完全确定了. 由此可以得到下述重要结论:如果两个解析函数在区域的边界上处处相等,则它们在整个区域上也恒等.

特别地,如果定理 1 中的边界 C 是圆周:$\zeta = a + Re^{i\theta}$($0 \leqslant \theta \leqslant 2\pi$),把柯西积分公式应用于圆心 a,则得

$$f(a) = \frac{1}{2\pi}\int_0^{2\pi} f(\zeta)\mathrm{d}\theta$$

$$= \frac{1}{2\pi R}\int_C f(\zeta)\mathrm{d}s.$$

由于 $\mathrm{d}s = R\mathrm{d}\theta$ 是 C 上弧长的微分,故上式意味着:解析函数在圆心 a 的值,等于它在圆周上的值的平均值. 这个公式叫做平均值公式.

下面证明解析函数在区域内存在任意阶导数,而且这些导数也可以通过函数在边界上的值表示.

定理 2 在定理 1 的条件下,对于区域 D 内任一点 z,$f(z)$ 有任意阶导数,且

$$f^{(n)}(z) = \frac{n!}{2\pi i}\int_C \frac{f(\zeta)}{(\zeta - z)^{n+1}}\mathrm{d}\zeta,$$

这个公式也叫做柯西积分公式.

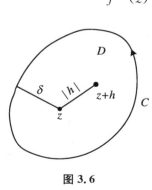

图 3.6

证 先证 $n = 1$ 的情形. 令 δ 表示由 z 到边界 C 的最短距离. 若 $|h| < \delta$,则点 $z + h$ 在 D 内(图 3.6). 于是,由柯西积分公式,有

$$f(z) = \frac{1}{2\pi i}\int_C \frac{f(\zeta)}{\zeta - z}\mathrm{d}\zeta,$$

$$f(z + h) = \frac{1}{2\pi i}\int_C \frac{f(\zeta)}{\zeta - z - h}\mathrm{d}\zeta,$$

作差商,得

$$\frac{f(z+h)-f(z)}{h}=\frac{1}{2\pi i}\int_C \frac{f(\zeta)}{(\zeta-z-h)(\zeta-z)}d\zeta.$$

当 $h\to 0$ 时,左边的极限是 $f'(z)$,因此只要证明

$$\lim_{h\to 0}\int_C \frac{f(\zeta)}{(\zeta-z-h)(\zeta-z)}d\zeta=\int_C \frac{f(\zeta)}{(\zeta-z)^2}d\zeta.$$

为此目的,我们对差式

$$\int_C \frac{f(\zeta)}{(\zeta-z)(\zeta-z-h)}d\zeta-\int_C \frac{f(\zeta)}{(\zeta-z)^2}d\zeta$$

$$=\int_C f(\zeta)\left[\frac{1}{(\zeta-z)(\zeta-z-h)}-\frac{1}{(\zeta-z)^2}\right]d\zeta$$

$$=\int_C \frac{hf(\zeta)}{(\zeta-z)^2(\zeta-z-h)}d\zeta \qquad (1)$$

进行估计. 由于 $f(\zeta)$ 在 C 上连续,故存在 M,使得 $|f(\zeta)|\leqslant M$. 其次,当 ζ 在 C 上时,还有

$$|\zeta-z|\geqslant\delta,$$
$$|\zeta-z-h|\geqslant|\zeta-z|-|h|\geqslant\delta-|h|,$$

所以

$$\left|\frac{hf(\zeta)}{(\zeta-z)^2(\zeta-z-h)}\right|\leqslant\frac{|h|M}{\delta^2(\delta-|h|)}.$$

再对(1)式用长大不等式,得

$$\left|\int_C \frac{f(\zeta)}{(\zeta-z)(\zeta-z-h)}d\zeta-\int_C \frac{f(\zeta)}{(\zeta-z)^2}d\zeta\right|$$

$$\leqslant\frac{|h|Ml}{\delta^2(\delta-|h|)}$$

$$\to 0 \ (\text{当}\ |h|\to 0\ \text{时}).$$

这里,l 是 C 的长. 由此即得

$$\lim_{h\to 0}\int_C \frac{f(\zeta)}{(\zeta-z)(\zeta-z-h)}d\zeta=\int_C \frac{f(\zeta)}{(\zeta-z)^2}d\zeta.$$

这就证明了 $n=1$ 的情形.

再利用等式

$$f'(z)=\frac{1}{2\pi i}\int_C \frac{f(\zeta)}{(\zeta-z)^2}d\zeta,$$

又可作出差商

$$\frac{f'(z+h)-f'(z)}{h},$$

令 $h \to 0$，类似地可以证明

$$f''(z) = \frac{2!}{2\pi i} \int_C \frac{f(\zeta)}{(\zeta-z)^3} d\zeta.$$

一般的情形可利用数学归纳法证明.

例 1 计算积分

$$I = \int_C \left[\frac{e^z}{z(z-2i)} + \frac{\cos z}{(z-i)^3} \right] dz,$$

这里，C 是圆周 $|z-3i| = r$ ($2 < r < 3$).

解 由于函数 $f(z) = \dfrac{e^z}{z}$ 及 $\cos z$ 在以 C 为边界的闭圆内解析，

故由定理 1 及定理 2，得

$$I = \int_C \frac{f(z)}{z-2i} dz + \int_C \frac{\cos z}{(z-i)^3} dz$$

$$= 2\pi i \left[f(2i) + \frac{1}{2!} \frac{d^2}{dz^2} \cos z \Big|_{z=i} \right]$$

$$= \pi [\cos 2 + i(\sin 2 - \mathrm{ch}1)].$$

例 2 设 $f(z)$ 在 $|z-a| < R$ 内解析，试证明对任何 r ($0 < r < R$)，都有

$$f'(a) = \frac{1}{\pi r} \int_0^{2\pi} \mathrm{Re}[f(a+re^{i\theta})] e^{-i\theta} d\theta.$$

证 令 $f(a+re^{i\theta}) = u(r,\theta) + iv(r,\theta)$，$C$ 为圆周 $|z-a| = r$，由柯西积分公式，得

$$f'(a) = \frac{1}{2\pi i} \int_C \frac{f(z)}{(z-a)^2} dz$$

$$= \frac{1}{2\pi r} \int_0^{2\pi} (u+iv) e^{-i\theta} d\theta. \tag{2}$$

又由柯西积分定理，有

$$0 = \int_C f(z) dz = ir \int_0^{2\pi} (u+iv) e^{i\theta} d\theta,$$

两端乘以 $\dfrac{1}{2\pi r^2 i}$ 后再取共轭，得

$$\frac{1}{2\pi r}\int_0^{2\pi} (u - \mathrm{i}v)\mathrm{e}^{-\mathrm{i}\theta}\mathrm{d}\theta = 0. \tag{3}$$

将(2)式和(3)式相加,得

$$f'(a) = \frac{1}{\pi r}\int_0^{2\pi} u\mathrm{e}^{-\mathrm{i}\theta}\mathrm{d}\theta$$

$$= \frac{1}{\pi r}\int_0^{2\pi} \mathrm{Re}[f(a + r\mathrm{e}^{\mathrm{i}\theta})]\mathrm{e}^{-\mathrm{i}\theta}\mathrm{d}\theta.$$

3.4 原 函 数

定义 如果在区域 D 内有 $F'(z) = f(z)$,则 $F(z)$ 称为 $f(z)$ 在区域 D 内的一个原函数.

下面证明一个类似于积分学基本定理的结果:

定理 1 设 $f(z)$ 在单连通区域 D 内连续,且对 D 内任意闭路 C,有 $\int_C f(z)\mathrm{d}z = 0$. 那么,由变上限的积分所确定的函数

$$F(z) = \int_{z_0}^z f(z)\mathrm{d}z$$

(z_0 是 D 内一定点)是 D 内的解析函数,而且

$$F'(z) = f(z) \ (z \in D).$$

证 只要证明对 D 内任一点 z,都有

$$\lim_{\Delta z \to 0} \frac{F(z + \Delta z) - F(z)}{\Delta z} = f(z) \tag{1}$$

即可. 以点 z 为圆心作一个含于 D 内的圆(图 3.7),在此圆内任取一点 $z + \Delta z$,于是

$$\frac{F(z + \Delta z) - F(z)}{\Delta z}$$

$$= \frac{1}{\Delta z}\left[\int_{z_0}^{z+\Delta z} f(\zeta)\mathrm{d}\zeta - \int_{z_0}^z f(\zeta)\mathrm{d}\zeta\right]$$

$$= \frac{1}{\Delta z}\int_z^{z+\Delta z} f(\zeta)\mathrm{d}\zeta.$$

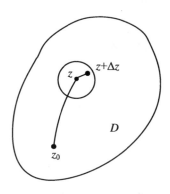

图 3.7

由于积分与路径无关,故不妨把上式中的积分路径取作从 z 到 $z+\Delta z$ 的直线段. 又由复积分的定义,易得

$$\frac{1}{\Delta z}\int_z^{z+\Delta z}\mathrm{d}\zeta = 1.$$

两端乘以 $f(z)$,得

$$f(z) = \frac{1}{\Delta z}\int_z^{z+\Delta z}f(z)\mathrm{d}\zeta.$$

所以

$$\frac{F(z+\Delta z)-F(z)}{\Delta z}-f(z) = \frac{1}{\Delta z}\int_z^{z+\Delta z}[f(\zeta)-f(z)]\mathrm{d}\zeta.$$

由于 $f(\zeta)$ 在点 z 连续,故对任意 $\varepsilon>0$,存在 $\delta>0$,当 $|\zeta-z|<\delta$ 时,便有 $|f(z)-f(\zeta)|<\varepsilon$. 这样,若取 $0<|\Delta z|<\delta$,则由长大不等式,即得

$$\left|\frac{F(z+\Delta z)-F(z)}{\Delta z}-f(z)\right|$$

$$= \frac{1}{|\Delta z|}\left|\int_z^{z+\Delta z}[f(z)-f(\zeta)]\mathrm{d}\zeta\right|$$

$$\leqslant \frac{1}{|\Delta z|}\cdot\varepsilon|\Delta z|$$

$$= \varepsilon.$$

再由 ε 的任意性,即得(1)式.

推论 1 设 $f(z)$ 在单连通区域 D 内解析,则定理 1 的结论成立.

推论 2 在推论 1 的条件下,对 $f(z)$ 的任一原函数 $H(z)$,有牛顿-莱布尼兹公式

$$F(z) = \int_{z_0}^z f(z)\mathrm{d}z = H(z)-H(z_0).$$

事实上,由定义,对任意 $z\in D$,有 $[H(z)-F(z)]'=0$,故 $H(z)-F(z)=C$(见第 2 章习题 8 的(1)),即

$$H(z) = \int_{z_0}^z f(z)\mathrm{d}z+C.$$

令 $z=z_0$,得 $C=H(z_0)$. 牛-莱公式得证.

例如,因 $\sin z$ 是 $\cos z$ 的一个原函数,故

$$\int_a^b \cos z \mathrm{d}z = \sin z \Big|_a^b = \sin b - \sin a.$$

下面的定理在某种意义下是柯西积分定理的逆定理:

定理 2(莫累拉(Morera)定理) 在定理 1 的条件下, $f(z)$ 是 D 内的解析函数.

证 由于 $F(z) = \int_{z_0}^z f(z)\mathrm{d}z$ 在 D 内解析,且 $F'(z) = f(z)$,由 3.3 节定理 2,解析函数的各阶导数仍是解析函数,从而 $f(z)$ 在 D 内解析.

3.5 解析函数与调和函数的关系

调和函数是在解决许多数学问题时常要遇到的一类实二元函数,这类函数与解析函数有着密切的关系.

定义 如果实二元函数 $u(x,y)$ 在区域 D 内有二阶连续偏导数,且在 D 内满足拉普拉斯(Laplace)方程

$$\frac{\partial^2 u}{\partial x^2} + \frac{\partial^2 u}{\partial y^2} = 0,$$

则称 $u(x,y)$ 是域 D 内的调和函数.

定理 1 设 $f(z) = u(x,y) + \mathrm{i}v(x,y)$ 在域 D 内解析,那么它的实部 u 及虚部 v 都是 D 内的调和函数.

证 由于解析函数有任意阶导数,故其实部及虚部有任意阶连续偏导数,将 C-R 方程

$$\frac{\partial u}{\partial x} = \frac{\partial v}{\partial y},$$

$$\frac{\partial u}{\partial y} = -\frac{\partial v}{\partial x}$$

分别对 x 和 y 求偏导数,得

$$\frac{\partial^2 u}{\partial x^2} = \frac{\partial^2 v}{\partial y \partial x},$$

$$\frac{\partial^2 u}{\partial y^2} = -\frac{\partial^2 v}{\partial x \partial y}.$$

由于上面两式右端的两个混合偏导数连续,故必相等. 将两式相

加,即得

$$\frac{\partial^2 u}{\partial x^2} + \frac{\partial^2 u}{\partial y^2} = 0.$$

同理可证

$$\frac{\partial^2 v}{\partial x^2} + \frac{\partial^2 v}{\partial y^2} = 0.$$

当 $f(z)=u(x,y)+\mathrm{i}v(x,y)$ 解析时,常称 v 是 u 的共轭调和函数.这样,定理 1 也可以叙述为:解析函数的虚部为其实部的共轭调和函数.

下述定理是一个在物理上很有用的几何性质:

定理 2 设 $f(z)=u+\mathrm{i}v$ 是一解析函数,且 $f'(z)\neq 0$,那么等值曲线族

$$u(x,y) = K_1$$

与

$$v(x,y) = K_2$$

在其公共点上永远是互相正交的,这里,K_1 及 K_2 为常数.

证 这两族曲线的法向量分别为

$$\boldsymbol{n}_1 = \frac{\partial u}{\partial x}\boldsymbol{i} + \frac{\partial u}{\partial y}\boldsymbol{j},$$

$$\boldsymbol{n}_2 = \frac{\partial v}{\partial x}\boldsymbol{i} + \frac{\partial v}{\partial y}\boldsymbol{j},$$

在两者的交点上,有

$$\begin{aligned}
\boldsymbol{n}_1 \cdot \boldsymbol{n}_2 &= \frac{\partial u}{\partial x}\frac{\partial v}{\partial x} + \frac{\partial u}{\partial y}\frac{\partial v}{\partial y} \\
&= \frac{\partial u}{\partial x}\left(-\frac{\partial u}{\partial y}\right) + \frac{\partial u}{\partial y}\left(\frac{\partial u}{\partial x}\right) \\
&= 0,
\end{aligned}$$

所以它们相互正交.

例 1 函数

$$f(z) = z^2 = x^2 - y^2 + 2xy\mathrm{i}$$

在全平面上解析,其实部 $u=x^2-y^2$ 与虚部 $v=2xy$ 是全平面上的调和函数,等值线

$$x^2 - y^2 = C_1$$

与

$$xy = C_2$$

是两族双曲线（见图 3.8，为简单起见，图中只画出了上半平面部分），这两族双曲线除在原点外是互相正交的．

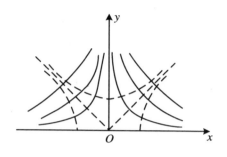

图 3.8

现在讨论这样一个问题：已给区域 D 内的调和函数，能否找到 D 内的解析函数 $f(z)$，使得已给函数是 $f(z)$ 的实部或虚部？对于单连通区域的情形，回答是肯定的．

定理 3　设 $u(x,y)$ 是单连通区域 D 内的调和函数，则由线积分所确定的函数

$$v(x,y) = \int_{(x_0,y_0)}^{(x,y)} -\frac{\partial u}{\partial y}\mathrm{d}x + \frac{\partial u}{\partial x}\mathrm{d}y + C \tag{1}$$

使得 $f(z) = u(x,y) + \mathrm{i}v(x,y)$ 在 D 内解析．其中，(x,y) 是 D 内任一点，(x_0,y_0) 是 D 内一定点，C 是实常数．

证　由于 u 是调和函数，故

$$\frac{\partial}{\partial y}\left(-\frac{\partial u}{\partial y}\right) = \frac{\partial}{\partial x}\left(\frac{\partial u}{\partial x}\right).$$

由于 D 是单连通的，故（1）式右边的线积分与积分路径无关，由线积分中的结论，得

$$\frac{\partial v}{\partial x} = -\frac{\partial u}{\partial y},$$

$$\frac{\partial v}{\partial y} = \frac{\partial u}{\partial x}.$$

所以, $f(z)$ 在 D 内解析.

同样, 若已给单连通区域 D 内的调和函数 $v(x,y)$, 则由线积分所确定的函数

$$u(x,y) = \int_{(x_0,y_0)}^{(x,y)} \frac{\partial v}{\partial y}\mathrm{d}x - \frac{\partial v}{\partial x}\mathrm{d}y + C \qquad (2)$$

使得 $f(z) = u + \mathrm{i}v$ 在 D 内解析. 其中, C 是实常数.

由此可见, 已知单连通区域 D 内的调和函数, 就可以找到 D 内的解析函数 $f(z)$, 它以已知调和函数为实部或虚部, 不过可能相差一个实常数或纯虚常数.

例 2　求一个解析函数 $f(z)$, 使其虚部为 $v = 2x^2 - 2y^2 + x$, 且满足条件 $f(0) = 1$.

解　因为

$$\frac{\partial^2 v}{\partial x^2} = 4,$$

$$\frac{\partial^2 v}{\partial y^2} = -4,$$

所以

$$\frac{\partial^2 v}{\partial x^2} + \frac{\partial^2 v}{\partial y^2} = 0.$$

故 v 是全平面上的调和函数, 因而它有资格作为一个解析函数的虚部. 由 (2) 式, 并取积分路径为如图 3.9 所示的折线, 得

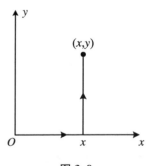

图 3.9

$$u = \int_{(0,0)}^{(x,y)} -4y\mathrm{d}x - (4x+1)\mathrm{d}y + C$$

$$= \int_0^y -(4x+1)\mathrm{d}y + C$$

$$= -4xy - y + C.$$

故所求的解析函数为

$$f(z) = u + \mathrm{i}v$$

$$= -4xy - y + C + \mathrm{i}(2x^2 - 2y^2 + x)$$

$$= 2\mathrm{i}(x^2 - y^2 + 2\mathrm{i}xy) + \mathrm{i}(x + \mathrm{i}y) + C$$

$$= 2iz^2 + iz + C.$$

最后,由条件 $f(0)=1$,可得 $C=1$,故有

$$f(z) = 2iz^2 + iz + 1.$$

$u(x,y)$ 也可以利用不定积分来计算. 由

$$\frac{\partial u}{\partial x} = \frac{\partial v}{\partial y} = -4y,$$

得

$$u(x,y) = \int -4y\mathrm{d}x$$
$$= -4xy + \varphi(y),$$

这里,$\varphi(y)$ 是 y 的任意可微函数. 再由 $\dfrac{\partial u}{\partial y} = -\dfrac{\partial v}{\partial x}$,得

$$-4x + \varphi'(y) = -4x - 1,$$

即

$$\varphi'(y) = -1,$$

从而

$$\varphi(y) = -y + C.$$

所以

$$u = -4xy - y + C.$$

3.6 平　面　场

这一节介绍解析函数在平面场,特别是在稳定平面静电场和稳定平面流场中的一些应用.

我们称某个物理场是稳定的,其意思是说,这个场中所有的量都只是空间坐标的函数,而不依赖于时间变量. 而平面向量场 E 则是指一种特殊的空间向量场,在这个场中的所有向量都平行于某一个固定的平面 S,且在任一垂直于 S 的直线 l 上的所有点处,场向量都相等(图 3.10). 这就是说,在所有平行于 S 的平面上,场向量的分布完全相同. 因此,研究这样的空间场,只要在平面 S(或任何一个平行于 S 的平面)上进行讨论就可以了. 如果我们选定 S 平面作 xy 平面,并采用复数记号,那么场 E 中的向量就可以用复变

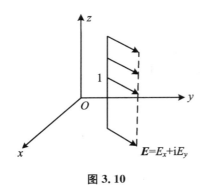

图 3.10

函数表示为

$$E = E_x(x,y) + \mathrm{i}E_y(x,y),$$

$E_x(x,y)$ 和 $E_y(x,y)$ 分别表示向量 E 在 x 轴和 y 轴方向的分量.

例 1　设有一均匀荷电的无限长直线 L,其密度为 q,这时在周围空间中存在的静电场是一个平面场,场强向量 E 分布在垂直于 L 的平面上. 如以垂足为原点引进一个直角坐标系,利用定积分很容易算出

$$E = \frac{2qx}{x^2+y^2} + \mathrm{i}\frac{2qy}{x^2+y^2}$$
$$= \frac{2qz}{|z|^2}.$$

显然,空间点电荷的静电场不是平面场. 而讲到平面点电荷 q(放置在原点)的电场时,指的就是上述密度为 q 的均匀荷电的无限长直线的电场. 也就是说,在讨论平面场问题时,讲到平面场中的一点时,应理解为讲的是在该点垂直于坐标面的一条无限长直线. 在讲到平面场中的一条曲线 C 时,应知道这意味着一个以 C 为准线,其母线垂直于 S 的柱面. 而平面场中的一个区域则是指一个相应的柱体. 这样,平面场中的密度为 q 的均匀荷电曲线 C,指的就是面密度为 q 的均匀荷电的相应柱面.

设在单连通区域 G 中给定平面场

$$w(z) = u(x,y) + \mathrm{i}v(x,y),$$

如果 $u(x,y)$ 及 $v(x,y)$ 在 G 内有连续偏导数,则对 G 内任一闭路 C,由格林公式,有

$$\int_C \overline{w}(z)\mathrm{d}z = \int_C (u - \mathrm{i}v)(\mathrm{d}x + \mathrm{i}\mathrm{d}y)$$
$$= \int_C u\,\mathrm{d}x + v\,\mathrm{d}y + \mathrm{i}\int_C -v\,\mathrm{d}x + u\,\mathrm{d}y$$

66

$$= \iint\limits_{D} \left(\frac{\partial v}{\partial x} - \frac{\partial u}{\partial y} \right) \mathrm{d}x \mathrm{d}y + \mathrm{i} \iint\limits_{D} \left(\frac{\partial u}{\partial x} + \frac{\partial v}{\partial y} \right) \mathrm{d}x \mathrm{d}y$$

$$= \Gamma + \mathrm{i} Q.$$

这里,D 是由 C 所围成的区域,Γ 称为场 $w(z)$ 沿 C 的环量;Q 是场 $w(z)$ 通过 C 的通量.

若 $w(z)$ 是无源无旋场,即有

$$\mathrm{div}\ w(z) = \frac{\partial u}{\partial x} + \frac{\partial v}{\partial y} = 0 \quad ((x, y) \in G)$$

及

$$\mathrm{rot}\ w(z) = \left(\frac{\partial v}{\partial x} - \frac{\partial u}{\partial y} \right) \boldsymbol{k} = \boldsymbol{0},$$

于是,由第 2 章 2.4 节定理 2,$\overline{w}(z) = u - \mathrm{i}v$ 在 G 内解析. 因 G 是单连通域,故由积分定义的函数

$$f(z) = \int_{z_0}^{z} \overline{w}(z) \mathrm{d}z + C_1 + \mathrm{i} C_2$$

$$= \int_{z_0}^{z} u \mathrm{d}x + v \mathrm{d}y + \mathrm{i} \int_{z_0}^{z} -v \mathrm{d}x + u \mathrm{d}y + C_1 + \mathrm{i} C_2 \quad (1)$$

也在 G 内解析(C_1, C_2 为任意实常数). 它的实部及虚部分别为

$$\varphi(x, y) = \int_{(x_0, y_0)}^{(x, y)} u \mathrm{d}x + v \mathrm{d}y + C_1 \quad (2)$$

及

$$\psi(x, y) = \int_{(x_0, y_0)}^{(x, y)} -v \mathrm{d}x + u \mathrm{d}y + C_2,$$

这里,$\psi(x, y)$ 是 $\varphi(x, y)$ 的共轭调和函数. 两族等值线 $\varphi(x, y) = C_1'$ 及 $\psi(x, y) = C_2'$ 构成正交曲线网.

由(1)式,$f(z)$ 与场向量 $w(z)$ 有下面的微分关系:

$$\overline{f'(z)} = w(z). \quad (3)$$

由上面的讨论可见,如果给定一个无源无旋平面场 $w(z)$,就可由 (1)式确定单值解析函数 $f(z)$,它满足复微分方程(3);但 $f(z)$ 不是唯一确定的,它可以相差一个复常数. 反之,在 G 内给定一个单值解析函数 $f(z)$,也可以由(3)式确定一个平面场 $w(z)$.

下面把上述结果具体应用于静电场. 这时,$w(z) = \boldsymbol{E} = u + \mathrm{i}v$

表示场强向量,由静电学中的高斯(Gauss)定理,可知

$$\nabla \cdot \boldsymbol{E} = \frac{\partial u}{\partial x} + \frac{\partial v}{\partial y} = 4\pi\rho.$$

其中,ρ 是区域 G 内的电荷密度.如果在 G 中没有电荷,则 $\nabla \cdot \boldsymbol{E}$ $=0$.

其次,在静电场中,单位电荷沿任意闭路 C 绕行一周时,电场强度 $\boldsymbol{E}$ 所做的功恒为零,即

$$\oint_C \boldsymbol{E} \cdot \mathrm{d}\boldsymbol{l} = \oint_C u\,\mathrm{d}x + v\,\mathrm{d}y = 0,$$

或

$$\nabla \times \boldsymbol{E} = \left(\frac{\partial v}{\partial x} - \frac{\partial u}{\partial y}\right)\boldsymbol{k} = \boldsymbol{0}.$$

也就是说,当 G 中没有电荷时,静电场是无源无旋场.依习惯,把 φ_1 $=-\varphi$ 称为静电场的势函数,等值线 $\varphi_1 = C_1'$ 称为等势线.由(2)式知

$$\varphi_1 = -\varphi = -\int_{z_0}^{z} u\,\mathrm{d}x + v\,\mathrm{d}y + C_1,$$

因而

$$\nabla \varphi_1 = -\boldsymbol{E}.$$

这是熟知的电势与电场强度的关系,由此可见,场中每一点的场强向量就是过该点的等势线的法向量.

φ 称为静电场的力函数,等值线 $\psi = C_2'$ 称为电力线.在电力线上,有

$$\mathrm{d}\psi = -v\,\mathrm{d}x + u\,\mathrm{d}y = 0,$$

即

$$\frac{\mathrm{d}x}{u} = \frac{\mathrm{d}y}{v}.$$

因此,电力线上任一点的切向 $(\mathrm{d}x, \mathrm{d}y)$ 都与场强在这一点的方向一致,这当然是读者熟知的结果.

函数

$$\Phi(z) = -\mathrm{i}f(z)$$
$$= \psi + \mathrm{i}(-\varphi)$$

$$= \psi + i\varphi_1$$

称为静电场的复势(位). 因

$$\Phi'(z) = -\frac{\partial \varphi}{\partial y} - i\frac{\partial \varphi}{\partial x}$$

$$= -(v + iu),$$

故

$$\overline{i\Phi'(z)} = u + iv = \boldsymbol{E},$$

或

$$\boldsymbol{E} = \overline{i\Phi'(z)} = -i\overline{\Phi'(z)}. \tag{4}$$

从而

$$|\boldsymbol{E}| = |-i\overline{\Phi'(z)}|$$

$$= |\Phi'(z)|$$

$$= \sqrt{\left(\frac{\partial \varphi_1}{\partial y}\right)^2 + \left(\frac{\partial \varphi_1}{\partial x}\right)^2}.$$

因此,要确定一个静电场,只要求出它的复势就可以了.

例 2 求放置在坐标原点的平面点电荷 q 的电场的复势.

解 前面已求得这个电场的场强为

$$\boldsymbol{E} = \frac{2qz}{|z|^2} = \frac{2q}{\bar{z}} \quad (z \neq 0).$$

由(4)式,这个电场的复势 $f(z)$ 满足

$$\overline{f'(z)} = i\boldsymbol{E} = \frac{2qi}{\bar{z}},$$

即

$$f'(z) = -\frac{2qi}{z},$$

所以

$$f(z) = -2qi\mathrm{Ln}z.$$

这是一个多值函数,原因在于所考虑的区域是多连通的,对此不作详细分析. 这个电场的电力线为射线 $\mathrm{Re}f(z) = \arg z = C_1$(射线);等势线为 $\mathrm{Im}f(z) = -\ln|z| = C_2'$,即圆周 $|z| = C_2$.

例 3 设在复平面上的点 z_1 及 z_2 处分别放置有平面点电荷 q 及 $-q$,求这个电场的电力线和等势线.

解 把例 2 的结果作一平移, 并利用叠加原理, 得题设电场的复势为

$$f(z) = -2qi\mathrm{Ln}(z-z_1) + 2qi\mathrm{Ln}(z-z_2)$$
$$= 2qi\mathrm{Ln}\frac{z-z_2}{z-z_1}.$$

故电力线为

$$\mathrm{Re}f(z) = \arg\frac{z-z_1}{z-z_2} = C_1,$$

这是过点 z_1, z_2 的圆族(参看第 1 章习题 18 的(4)及(5)); 等势线为 $\mathrm{Im}f(z) = C_2{}'$, 即

$$\left|\frac{z-z_1}{z-z_2}\right| = C_2,$$

这是以点 z_1, z_2 为对称点的圆族, 称为阿波罗纽斯(Aboronies)圆族.

习　题

1. 计算积分 $\displaystyle\int_C \frac{2z-3}{z}\mathrm{d}z$, 其中, C 为:

(1) 从 $z = -2$ 到 $z = 2$, 沿圆周 $|z| = 2$ 的上半圆;

(2) 从 $z = -2$ 到 $z = 2$, 沿圆周 $|z| = 2$ 的下半圆;

(3) 圆周 $|z| = 2$ 的正向.

2. 计算积分 $\displaystyle\int_{-i}^{i} |z|\,\mathrm{d}z$, 积分路径为:

(1) 沿直线段;

(2) 沿圆周 $|z| = 1$ 的左半圆;

(3) 沿圆周 $|z| = 1$ 的右半圆.

3. 证明下列不等式:

(1) $\left|\displaystyle\int_{-i}^{i}(x^2 + iy^2)\mathrm{d}z\right| \leqslant 2$, 积分路径是直线段;

(2) $\left|\displaystyle\int_{-i}^{i}(x^2 + iy^2)\mathrm{d}z\right| \leqslant \pi$, 积分路径是圆周 $|z| = 1$ 的右半圆.

4. 证明 $\left| \displaystyle\int_i^{2+i} \frac{\mathrm{d}z}{z^2} \right| \leqslant 2$，积分路径是直线段.

5. 计算积分 $\displaystyle\int_{|z|=1} \frac{1}{z+2}\mathrm{d}z$，并由此证明：

$$\int_0^z \frac{1+2\cos\theta}{5+4\cos\theta}\mathrm{d}\theta = 0.$$

6. 利用牛-莱公式计算下列积分：

(1) $\displaystyle\int_0^{\pi+2i} \cos\frac{z}{2}\mathrm{d}z$；

(2) $\displaystyle\int_{-1}^i (1+4iz^3)\mathrm{d}z$；

(3) $\displaystyle\int_{-\pi i}^0 \mathrm{e}^{-z}\mathrm{d}z$.

7. 设 $f(z)$ 在域 D：$|z|>R_0$，$0\leqslant\arg z\leqslant\alpha$ $(0<\alpha\leqslant2\pi)$ 内连续，且存在极限

$$\lim_{z\to\infty}zf(z) = A.$$

设 C_R 是位于 D 内的圆弧 $|z|=R$ $(0\leqslant\arg z\leqslant\alpha)$，试证明：

$$\lim_{R\to+\infty}\int_{C_R} f(z)\mathrm{d}z = iA\alpha.$$

8. 若多项式 $Q(z)$ 比多项式 $P(z)$ 高 2 次，试证明：

$$\lim_{R\to+\infty}\int_{|z|=R} \frac{P(z)}{Q(z)}\mathrm{d}z = 0.$$

9. 求积分 $\displaystyle\int_{|z|=1} \frac{\mathrm{e}^z}{z}\mathrm{d}z$，并证明：

$$\int_0^\pi \mathrm{e}^{\cos\theta}\cos(\sin\theta)\mathrm{d}\theta = \pi.$$

10. 求积分 $\displaystyle\int_C \frac{\mathrm{e}^z}{1+z^2}\mathrm{d}z$，其中，$C$ 为：

(1) $|z-i|=1$；

(2) $|z+i|=1$；

(3) $|z|=2$.

11. 计算积分 $\displaystyle\int_{|z|=r} \frac{\mathrm{d}z}{z^2(z+1)(z-1)}$ $(r\neq1)$.

12. 计算积分 $\displaystyle\int_C \frac{z\,\mathrm{d}z}{(9-z^2)(z+\mathrm{i})}$，其中，$C$ 为：

(1) $|z|=2$；

(2) $|z|=\dfrac{10}{3}$.

13. 设 $g(z_0)=\displaystyle\int_C \frac{2z^2-z+1}{z-z_0}\mathrm{d}z$，其中，$C$ 为圆周 $|z|=2$ 取正向.

(1) 证明：$g(1)=4\pi\mathrm{i}$；

(2) 当 $|z_0|>2$ 时，计算 $g(z_0)$.

14. 计算积分 $\displaystyle\int_C \frac{z^2\,\mathrm{d}z}{(1+z^2)^2}$，其中，$C$ 为包围 i 且位于上半平面的闭路.

15. 设 $P(z)=(z-a_1)(z-a_2)\cdots(z-a_n)$，其中，$a_i\ (i=1,\cdots,n)$ 各不相同，闭路 C 不通过 $a_1,a_2,\cdots,a_n$. 证明积分

$$\frac{1}{2\pi\mathrm{i}}\int_C \frac{P'(z)}{P(z)}\mathrm{d}z$$

等于位于闭路 C 内的 $P(z)$ 的零点的个数.

$$\left[\,\text{提示：}\frac{P'(z)}{P(z)}=\frac{1}{z-a_1}+\frac{1}{z-a_2}+\cdots+\frac{1}{z-a_n}.\,\right]$$

16. 试证明不存在这样的函数，它在闭单位圆 $|z|\leqslant 1$ 上解析，而在单位圆周上的值为 $\dfrac{1}{z}$.

17. 已知 a,b,c,d 是常数，试求这些常数满足何种关系时，$u=ax^3+bx^2y+cxy^2+dy^3$ 为调和函数.

18. 设 $f(z)$ 是解析函数，证明：

(1) $\ln|f(z)|$ 是调和函数（$f(z)\neq 0$）；

(2) $\left(\dfrac{\partial^2}{\partial x^2}+\dfrac{\partial^2}{\partial y^2}\right)|f(z)|^2=4|f'(z)|^2$.

19. 设 u 是调和函数，且不恒等于常数，问：

(1) u^2 是否为调和函数？

(2) 对怎样的 f，函数 $f(u)$ 是调和函数？

［**提示**：先求出 f 所应满足的微分方程,并解之.］

20. 求解析函数 $u+iv$,使其分别满足下列条件:

(1) $u=x^3-6x^2y-3xy^2+2y^3$,且 $f(0)=0$;

(2) $u=e^x(x\cos y-y\sin y)$,且 $f(0)=0$;

(3) $v=-\dfrac{y}{(x+1)^2+y^2}$,且 $f(0)=2$.

21. 设 $u(x,y)$ 在单连通区域 D 内调和,圆周 C: $z_0+Re^{i\theta}$ $(0\leqslant\theta\leqslant2\pi)$ 位于 D 内. 试证明平均值公式

$$u(x_0,y_0)=\frac{1}{2\pi R}\int_C u(x,y)ds.$$

这里,$z_0=x_0+iy_0$.

［**提示**：利用解析函数的平均值公式.］

22. 已知静电场的复势分别为下列函数,求场的力函数、势函数和电场强度,并给出电力线和等势线:

(1) $w=az$ $(a>0)$;

(2) $w=\dfrac{1}{z}$;

(3) $w=z^2$.

［**注**：本题中的三个复势所描述的电场分别为:(1) 均匀场;(2) 在原点的偶极子所产生的电场;(3) 两个交成直角的带电平面所产生的电场.］

23. 怎样的电荷分布可产生复势为

$$w=2qi\mathrm{Ln}\left(z^2+\frac{1}{z^2}\right)\ (q\ \text{为正常数})$$

的电场?

第 4 章 解析函数的级数表示

级数是研究解析函数的另一个重要工具,本章要讨论解析函数的两种级数展开式,并以此为基础进一步研究解析函数.

4.1 幂 级 数

4.1.1 复数项级数

设有复数列$\{z_n = x_n + iy_n, n = 1, 2, \cdots\}$,表达式

$$\sum_{k=1}^{+\infty} z_k = z_1 + z_2 + \cdots + z_k + \cdots \tag{1}$$

称为复数项无穷级数. 如果它的部分和数列

$$S_n = z_1 + z_2 + \cdots + z_n \quad (n = 1, 2, \cdots)$$

有极限 $\lim_{n \to +\infty} S_n = S = a + ib$(有限复数),则称级数(1)是收敛的,$S$ 称为级数的和,记作

$$\sum_{k=1}^{+\infty} z_k = S.$$

由于

$$S_n = \sum_{k=1}^{n} z_k = \sum_{k=1}^{n} x_k + i \sum_{k=1}^{n} y_k,$$

故由序列收敛的结果立即得到下述定理:

定理 1 级数(1)收敛(于 S)的充分必要条件是实级数 $\sum_{k=1}^{+\infty} a_k$

收敛(于 a) 和 $\sum_{k=1}^{+\infty} b_k$ 收敛(于 b).

推论 级数(1)收敛的必要条件是 $\lim_{n \to +\infty} z_n = 0$.

定义 如果级数

74

$$\sum_{k=1}^{+\infty} \mid z_k \mid = \mid z_1 \mid + \mid z_2 \mid + \cdots + \mid z_k \mid + \cdots \qquad (2)$$

收敛,则称级数(1)绝对收敛.

级数(2)是一个正项级数,因此,正项级数的一切收敛判别法都可以用来判定复数项级数的绝对收敛性. 由不等式

$$\mid x_k \mid (\text{或} \mid y_k \mid) \leqslant \mid z_k \mid \leqslant \mid x_k \mid + \mid y_k \mid$$

立即可得:

定理 2 级数(1)绝对收敛的充分必要条件是级数 $\sum_{k=1}^{+\infty} x_k$ 和 $\sum_{k=1}^{+\infty} y_k$ 都绝对收敛.

推论 如果级数(1)绝对收敛,则它一定收敛.

例 1 判别级数 $\sum_{n=1}^{+\infty} \left(\dfrac{1}{2^n} + \dfrac{i}{n} \right)$ 的敛散性.

解 因级数 $\sum_{n=1}^{+\infty} \dfrac{1}{n}$ 发散,故由定理 1 可知原级数发散.

例 2 讨论复级数 $\sum_{n=0}^{+\infty} z^n$ 的敛散性.

解 分两种情形讨论:

1) 当 $\mid z \mid < 1$ 时,正项级数 $\sum_{n=0}^{+\infty} \mid z \mid^n$ 收敛,故此时原级数绝对收敛,其部分和

$$S_n = 1 + z + z^2 + \cdots + z^{n-1} = \frac{1 - z^n}{1 - z}.$$

因 $\lim\limits_{n \to +\infty} z^n = 0$,所以

$$\sum_{n=0}^{+\infty} z^n = \lim_{n \to +\infty} S_n = \lim_{n \to +\infty} \frac{1 - z^n}{1 - z} = \frac{1}{1 - z}.$$

2) 当 $\mid z \mid \geqslant 1$ 时,$\mid z \mid^n \geqslant 1$. 所以,一般项 z^n 不可能以零为极限,从而级数发散.

4.1.2 幂级数及其收敛圆

设 a 及 a_n $(n=0,1,2,\cdots)$ 都是复常数,表达式

$$\sum_{n=0}^{+\infty} a_n(z-a)^n = a_0 + a_1(z-a) + a_2(z-a)^2 + \cdots \qquad (3)$$

称为幂级数. 如果复数项级数 $\sum_{n=0}^{+\infty} a_n(z_0-a)^n$ 收敛, 就称幂级数(3)
在点 z_0 收敛; 如果幂级数(3)在集合 E 上的每一点都收敛, 则称幂
级数(3)在集合 E 上收敛. 这时, 级数(3)的和是集 E 上的一个函
数, 称为和函数.

定理 3(阿贝尔(Abel)定理) 1) 如果幂级数(3)在某点 z_0
($z_0 \neq a$)收敛, 则它在圆 $|z-a| < |z_0-a|$ 内绝对收敛;

2) 如果幂级数(3)在某点 z_1 发散, 则它在圆外域 $|z-a| >$
$|z_1-a|$ 内处处发散.

证 1) 因幂级数(3)在点 z_0 收敛, 故
$$\lim_{n\to+\infty} a_n(z_0-a)^n = 0.$$
从而存在常数 M, 使得 $|a_n(z_0-a)^n| \leqslant M$ $(n=1,2,\cdots)$. 设 z 是圆
$|z-a| < |z_0-a|$ 内任一点, 则
$$\left|\frac{z-a}{z_0-a}\right| = q < 1,$$
所以
$$|a_n(z-a)^n| = |a_n(z_0-a)^n| \cdot \left|\frac{z-a}{z_0-a}\right|^n$$
$$\leqslant Mq^n.$$

但等比级数 $\sum_{n=0}^{+\infty} Mq^n$ 收敛, 故由正项级数的比较判别法, 可知
$\sum_{n=0}^{+\infty} |a_n(z-a)^n|$ 收敛, 即幂级数(3)绝对收敛.

2) 用反证法, 并利用已证明的 1)中结论即得.

为了研究复幂级数(3)的收敛域, 考虑与它相应的实幂级数
$$\sum_{n=0}^{+\infty} |a_n| x^n \quad (x \text{ 为实变数}). \qquad (4)$$

定理 4 设实幂级数(4)的收敛半径为 R, 则依不同的情况, 有:

1) 若 $0 < R < +\infty$, 则级数(3)在圆 D: $|z-a| < R$ 内绝对收
敛; 在圆外域 $|z-a| > R$ 内处处发散;

2）若 $R=+\infty$，则级数(3)在全平面内收敛；

3）若 $R=0$，则级数(3)只在复平面内一点 $z=a$ 收敛.

证 1）对 D 内任意一点 z_1，一定可以找到正数 $r_1<R$，使得点 z_1 在圆周 C：$|z-a|=r_1$ 的内部. 因级数(4)在点 $x=r_1$ 收敛，故级数(3)在圆周 C 上处处收敛，从而由定理 3 的 1），它在点 z_1 绝对收敛. 由于 z_1 是 D 内任意一点，所以级数(3)在 D 内绝对收敛.

2）及 3)可用类似方法证明.

基于定理 4，把实幂级数(4)的收敛半径称为复幂级数(3)的收敛半径. 当 $R\neq0$ 时，把圆内域 $|z-a|<R$ 称为幂级数(3)的收敛圆. 由定理 4，当 $0<R<+\infty$ 时，幂级数(3)在收敛圆内处处收敛；在收敛圆外（$|z-a|>R$）处处发散；对于收敛圆周 $|z-a|=R$ 上的点，幂级数(3)可能收敛，也可能发散（实例如本章习题 1 的(3)）. 特别地，当 $R=+\infty$ 时，收敛圆扩大成整个复平面. 当 $R=0$ 时，幂级数(3)只在复平面上一点 $z=a$ 收敛.

由上面的讨论，复幂级数(3)的收敛半径 R 可按达朗贝尔(d'Alembert)公式或柯西公式计算，如果

$$\lim_{n\to+\infty}\left|\frac{a_{n+1}}{a_n}\right|=r$$

或

$$\lim_{n\to+\infty}\sqrt[n]{|a_n|}=r,$$

则 $R=\dfrac{1}{r}$.

与实级数的情形一样，可以证明（证明从略）：若幂级数

$$f(z)=\sum_{n=0}^{+\infty}a_n(z-a)^n \tag{5}$$

的收敛半径 $R>0$，则在收敛圆 $|z-a|<R$ 内，它有下述性质：

1）可以逐项求导至任意阶. 即对任意自然数 k，有

$$f^{(k)}(z)=\sum_{n=k}^{+\infty}n(n-1)\cdots(n-k+1)a_n(z-a)^{n-k}. \tag{6}$$

2）可以逐项积分. 即对收敛圆内的曲线 C，有

$$\int_C f(z)\mathrm{d}z=\sum_{n=0}^{+\infty}a_n\int_C(z-a)^n\mathrm{d}z.$$

由上述性质 1)可立即得到一个重要结论：

定理 5 在收敛圆内,幂级数的和函数 $f(z)$ 解析,且系数

$$a_k = \frac{f^{(k)}(a)}{k!} \ (k = 0,1,2,\cdots).$$

这只要在(5)式及(6)式中令 $z=a$ 即得.

4.2 解析函数的泰勒展开

现在要讨论 4.1 节定理 5 的反问题,是否每一个解析函数都可以展开成幂级数? 大家知道,在实变数的情形,即使 $f(x)$ 在点 x_0 附近有任意阶导数,也未必能在该点附近展开成幂级数. 但对于解析函数,却是能办到的.

定理 1 设函数 $f(z)$ 在点 a 解析,如果以 a 为中心作一个圆,并让圆的半径不断扩大,直到圆周碰上 $f(z)$ 的奇点为止(如果 $f(z)$ 在全平面上解析,这个圆的半径就是无限大),则在此圆域的内部,$f(z)$ 可展开成幂级数

$$f(z) = \sum_{n=0}^{+\infty} a_n(z-a)^n,$$

这里

$$a_n = \frac{f^{(n)}(a)}{n!} \ (n = 0,1,2,\cdots).$$

证 设 z 是上述圆域 D 内的一点,在 D 内以 a 为中心作一个

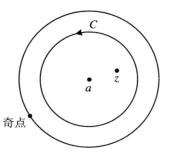

图 4.1

圆周 C (图 4.1),使其内部包含点 z. 由柯西积分公式,有

$$f(z) = \frac{1}{2\pi \mathrm{i}} \int_C \frac{f(\zeta)}{\zeta - z} \mathrm{d}\zeta. \quad (1)$$

当 $\zeta \in C$ 时,有 $\left| \dfrac{z-a}{\zeta-a} \right| = q$(常数)$<$ 1,因此有展开式

$$\frac{1}{\zeta - z} = \frac{1}{(\zeta - a) - (z - a)}$$

$$= \frac{1}{(\zeta - a)\left(1 - \frac{z-a}{\zeta-a}\right)}$$

$$= \frac{1}{\zeta - a}\left[1 + \frac{z-a}{\zeta-a} + \left(\frac{z-a}{\zeta-a}\right)^2 + \cdots + \left(\frac{z-a}{\zeta-a}\right)^n + \cdots\right]$$

$$= \sum_{n=0}^{+\infty} \frac{1}{(\zeta-a)^{n+1}}(z-a)^n.$$

把它代入(1)式,得

$$f(z) = \frac{1}{2\pi i}\int_C \sum_{n=0}^{+\infty} \frac{f(\zeta)}{(\zeta-a)^{n+1}}(z-a)^n \mathrm{d}\zeta.$$

下面证明上式右端可以逐项积分. 先把它改写成

$$f(z) = \sum_{n=0}^{m-1} \frac{1}{2\pi i}\int_C \frac{f(\zeta)}{(\zeta-a)^{n+1}}\mathrm{d}\zeta (z-a)^n$$

$$+ \frac{1}{2\pi i}\int_C \sum_{n=m}^{+\infty} \frac{f(\zeta)}{(\zeta-a)^{n+1}}(z-a)^n \mathrm{d}\zeta, \tag{2}$$

由于 $f(\zeta)$ 在圆周 C 上连续,故对一切 $\zeta \in C$,有 $|f(\zeta)| \leqslant M$(常数). 又记 C 的半径为 r,则由长大不等式,得

$$\left|\frac{1}{2\pi i}\int_C \sum_{n=m}^{+\infty} \frac{f(\zeta)}{\zeta-a}\left(\frac{z-a}{\zeta-a}\right)^n \mathrm{d}\zeta\right| \leqslant \frac{1}{2\pi}\sum_{n=m}^{+\infty} \frac{M}{r}q^n \cdot 2\pi r$$

$$= \frac{Mq^m}{1-q}.$$

注意到 $\lim\limits_{m \to +\infty} q^m = 0$,于是在(2)式两端令 $m \to +\infty$ 取极限,得

$$f(z) = \sum_{n=0}^{+\infty} \frac{1}{2\pi i}\int_C \frac{f(\zeta)}{(\zeta-a)^{n+1}}\mathrm{d}\zeta (z-a)^n.$$

再由柯西积分公式,便得

$$f(z) = \sum_{n=0}^{+\infty} \frac{f^{(n)}(a)}{n!}(z-a)^n.$$

容易看出,上式右端的幂级数的收敛半径 R 为 a 到 $f(z)$ 的离 a 最近的一个奇点的距离. 这个幂级数称为 $f(z)$ 在 a 点的泰勒 (Taylor) 展开,或称为 $f(z)$ 在圆 $|z-a| < R$ 内的泰勒展开.

由 4.1 节定理 5 及本节定理 1,立即得到下面的推论:

推论 1 函数 $f(z)$ 在它的任一解析点的泰勒展开是唯一的.

事实上,若

$$f(z) = \sum_{n=0}^{+\infty} a_n(z-a)^n = \sum_{n=0}^{+\infty} b_n(z-a)^n,$$

则由 4.1 节定理 5,得

$$a_n = b_n = \frac{f^{(n)}(a)}{n!}.$$

由推论 1 即得

推论 2 幂级数(设其收敛半径 $R>0$)即是它的和函数在收敛圆内的泰勒展开.

综合 4.1 节定理 5 及本节定理 1,还可以得到解析函数的又一个等价概念:

定理 2 $f(z)$ 在区域 D 内解析的充分必要条件是 $f(z)$ 在 D 内任一点 a 处可以展开成 $z-a$ 的幂级数.

由于定理 1 中给出的泰勒展开式的系数公式与实变数的情形完全相同,所以 $\mathrm{e}^z, \sin z, \cos z$ 在 $z=0$ 处的泰勒展开式仍为

$$\mathrm{e}^z = \sum_{n=0}^{+\infty} \frac{z^n}{n!} = 1 + z + \frac{z^2}{2!} + \cdots + \frac{z^n}{n!} + \cdots,$$

$$\sin z = \sum_{n=0}^{+\infty} (-1)^n \frac{z^{2n+1}}{(2n+1)!} = z - \frac{z^3}{3!} + \frac{z^5}{5!} - \cdots,$$

$$\cos z = \sum_{n=0}^{+\infty} (-1)^n \frac{z^{2n}}{(2n)!} = 1 - \frac{z^2}{2!} + \frac{z^4}{4!} - \cdots.$$

因 $\mathrm{e}^z, \sin z, \cos z$ 在全平面内解析,所以上面三个展开式在整个平面上成立.

与实函数的情形一样,把复函数展开成幂级数常用间接方法,即利用幂级数的四则运算、逐项求导、逐项积分及代入法等. 但由于引进了复数,有时运算上更加方便(如下面例 2).

例 1 求 $f(z) = \dfrac{1}{1-z}$ 在 $z=i$ 处的泰勒展开式.

解 $f(z)$ 只有一个奇点 $z=1$,故其泰勒展开式的收敛半径 $R = |1-i| = \sqrt{2}$. 由 4.1 节例 2 得

$$f(z) = \frac{1}{1-z}$$

$$= \frac{1}{1-i-(z-i)}$$

$$= \frac{1}{1-i} \cdot \frac{1}{1-\dfrac{z-i}{1-i}}$$

$$= \frac{1}{1-i} \sum_{n=0}^{+\infty} \left(\frac{z-i}{1-i}\right)^n \quad (\,|z-i| < \sqrt{2}\,).$$

例 2 将 $e^z \cos z$ 及 $e^z \sin z$ 展开为 z 的幂级数.

解 由于

$$e^z(\cos z + i\sin z) = e^{(1+i)z}$$

$$= \sum_{n=0}^{+\infty} \frac{(1+i)^n}{n!} z^n,$$

同样

$$e^z(\cos z - i\sin z) = \sum_{n=0}^{+\infty} \frac{(1-i)^n}{n!} z^n.$$

两式相加后除以 2,得

$$e^z \cos z = \sum_{n=0}^{+\infty} \frac{1}{n!} \cdot \frac{(1+i)^n + (1-i)^n}{2} z^n$$

$$= \sum_{n=0}^{+\infty} \frac{1}{n!} (\sqrt{2})^n \cos \frac{n\pi}{4} z^n \quad (\,|z| < +\infty).$$

两式相减后除以 $2i$,得

$$e^z \sin z = \sum_{n=1}^{+\infty} \frac{1}{n!} (\sqrt{2})^n \sin \frac{n\pi}{4} z^n \quad (\,|z| < +\infty).$$

例 3 求对数函数的主值

$$\ln(1+z) = \ln|1+z| + i\arg(1+z)$$

$$(-\pi < \arg(1+z) < \pi)$$

在 $z=0$ 处的泰勒展开式.

解 我们知道,题设的分支在从 -1 向左沿负实轴剪开的 z 平面 D 内解析. 由于 -1 是 $\ln(1+z)$ 的离原点最近的奇点,故在 $z=0$ 处的泰勒展开式的收敛半径 $R = |-1-0| = 1$. 在区域 D 内取起于

原点而终于 z 点的曲线 l，把等式

$$\frac{1}{1+z} = \sum_{n=0}^{+\infty} (-1)^n z^n$$

沿 l 逐项积分，得

$$\begin{aligned}
\ln(1+z) &= \int_0^z \frac{1}{1+z} \mathrm{d}z \\
&= \sum_{n=0}^{+\infty} (-1)^n \int_0^z z^n \mathrm{d}z \\
&= \sum_{n=0}^{+\infty} (-1)^n \frac{1}{n+1} z^{n+1} \\
&= \sum_{n=1}^{+\infty} (-1)^{n-1} \frac{z^n}{n} \quad (\mid z \mid < 1).
\end{aligned}$$

定义在 D 内的 $\mathrm{Ln}(1+z)$ 的其他各分支在 $z=0$ 处的泰勒展开式为

$$(\mathrm{Ln}(1+z))_k = 2k\pi\mathrm{i} + \sum_{n=1}^{+\infty} (-1)^{n-1} \frac{z^n}{n} \quad (\mid z \mid < 1).$$

下面利用泰勒展开研究解析函数的零点.

设 $f(z)$ 是在 z_0 的某邻域 U 内不恒为零的解析函数，如果 z_0 是 $f(z)$ 的零点（即有 $f(z_0)=0$），则 $f(z)$ 在 U 内的泰勒展开式为

$$f(z) = a_1(z-z_0) + a_2(z-z_0)^2 + \cdots + a_n(z-z_0)^n + \cdots.$$

由于上式中的系数 $a_1, a_2, a_3, \cdots$ 不全为零，若 $a_m \ (m \geqslant 1)$ 是其中第一个不为零的系数，即 $a_1 = a_2 = \cdots = a_{m-1} = 0, a_m \neq 0$，则上述展开式成为

$$f(z) = a_m(z-z_0)^m + a_{m+1}(z-z_0)^{m+1} + \cdots \quad (a_m \neq 0). \quad (3)$$

这时，称 z_0 是 $f(z)$ 的 m 级零点.

例如，$f(z) = z - \sin z$ 在 $z=0$ 附近的展开式为

$$f(z) = \frac{1}{3} z^3 - \frac{1}{5!} z^5 + \cdots,$$

因此，$z=0$ 是 $z - \sin z$ 的 3 级零点.

定理 3 下面两个条件中的任一个都是 $f(z)$ 以 z_0 为 m 级零点的充分必要条件：

1）在 z_0 点附近，有

$$f(z) = (z - z_0)^m g(z),$$

这里,$g(z)$在z_0点解析,且$g(z_0) \neq 0$;

2) $f(z_0) = f'(z_0) = \cdots = f^{(m-1)}(z_0) = 0$,而 $f^{(m)}(z_0) \neq 0$.

证 1)的必要性只须把(3)式中各项提取公因式即得;1)的充分性只要利用$g(z)$的泰勒展开式即得.

2)的充要性由关系 $a_n = \dfrac{f^{(n)}(z_0)}{n!}$ $(n = 0, 1, 2, \cdots)$即得.

4.3 解析函数的洛朗展开

4.3.1 洛朗级数和洛朗定理

从前节已经知道,$f(z)$在其解析点附近能展开成幂级数,那么,$f(z)$在奇点附近的性质如何呢?本节及下节都将研究这个问题.研究函数在奇点附近性质的主要工具是洛朗(Laurent)级数.形如

$$\sum_{n=-\infty}^{+\infty} a_n (z-a)^n = \sum_{n=-\infty}^{-1} a_n (z-a)^n + \sum_{n=0}^{+\infty} a_n (z-a)^n$$
$$= \sum_{n=1}^{+\infty} a_{-n} (z-a)^{-n} + \sum_{n=0}^{+\infty} a_n (z-a)^n \quad (1)$$

的级数称为洛朗级数,这里,a及a_n $(n = 0, \pm 1, \pm 2, \cdots)$是复常数.洛朗级数是由两个级数组成的,当这两个级数

$$\sum_{n=1}^{+\infty} a_{-n} (z-a)^{-n} = \frac{a_{-1}}{z-a} + \frac{a_{-2}}{(z-a)^2} + \cdots + \frac{a_{-n}}{(z-a)^n} + \cdots \quad (2)$$

及

$$\sum_{n=0}^{+\infty} a_n (z-a)^n \quad (3)$$

都收敛时,称洛朗级数(1)收敛.

下面研究洛朗级数的收敛域.首先考虑级数(2),它可以看作关于变数$\dfrac{1}{z-a}$的幂级数,作变量代换,令$\zeta = \dfrac{1}{z-a}$,级数(2)就变成了关于ζ的幂级数

$$\sum_{n=1}^{+\infty} a_{-n}\zeta^n.$$

设此幂级数的收敛半径为 $\dfrac{1}{r}$，则它的和函数 $f(\zeta)$ 在圆 $|\zeta|<\dfrac{1}{r}$ 内解析. 回到原变量 z，可知级数(2)在圆外域 D_1：$|z-a|>r$ 内收敛，其和函数

$$S_1(z) = f\left(\frac{1}{z-a}\right)$$

在 D_1 内解析.

级数(3)是幂级数，设其收敛圆为 D_2：$|z-a|<R$，其和函数 $S_2(z)$ 是 D_2 内的解析函数.

由以上讨论可见，当 $R>r$ 时 *，D_1 及 D_2 的公共部分——圆环域 D：$r<|z-a|<R$ 就是洛朗级数(1)的收敛域，它的和函数在 D 内解析.

对我们来说，更为重要的是它的反问题：在一个圆环内解析的函数是否一定能在这个圆环中展开成洛朗级数？答案是肯定的.

定理 设 $f(z)$ 在圆环域 D：$r<|z-a|<R$ 中解析，则 $f(z)$ 一定能在这个圆环中展开成洛朗级数，即

$$f(z) = \sum_{n=-\infty}^{+\infty} a_n(z-a)^n,$$

这里

$$a_n = \frac{1}{2\pi i}\int_C \frac{f(\zeta)}{(\zeta-a)^{n+1}}\,\mathrm{d}\zeta \ (n=0,\pm1,\pm2,\cdots),$$

而 C 是 D 内围绕 a 的任意闭路.

证 设 z 是 D 内任意取定的点，在 D 内以 a 为中心作同心圆周 C_1 及 C_2，使 z 介于二者之间（图 4.2）. 由复闭路的柯西积分公式，得

$$f(z) = \frac{1}{2\pi i}\int_{C_2} \frac{f(\zeta)}{\zeta-z}\,\mathrm{d}\zeta - \frac{1}{2\pi i}\int_{C_1} \frac{f(\zeta)}{\zeta-z}\,\mathrm{d}\zeta. \tag{4}$$

---

* 当 $r>R$ 时，由阿贝尔定理，易知级数(1)在全平面上处处发散；当 $r=R$ 时，级数(1)至多只在圆周 $|z-a|=r$ 上的某些点收敛.

当 $\zeta \in C_2$ 时, $\left|\dfrac{z-a}{\zeta-a}\right| = q_1$(常数)$<1$,因此有展开式

$$\frac{1}{\zeta-z} = \frac{1}{\zeta-a} \frac{1}{1-\dfrac{z-a}{\zeta-a}}$$

$$= \sum_{n=0}^{+\infty} \frac{(z-a)^n}{(\zeta-a)^{n+1}}.$$

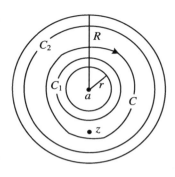

图 4.2

把此级数代入(4)式的第一个积分中,用与 4.2 节定理 1 的证明中完全相同的方法,证明可以逐项积分,得

$$\frac{1}{2\pi i}\int_{C_2} \frac{f(\zeta)}{\zeta-z}\mathrm{d}\zeta = \sum_{n=0}^{+\infty}(z-a)^n \frac{1}{2\pi i}\int_{C_2} \frac{f(\zeta)}{(\zeta-a)^{n+1}}\mathrm{d}\zeta$$

$$= \sum_{n=0}^{+\infty} a_n(z-a)^n,$$

这里

$$a_n = \frac{1}{2\pi i}\int_{C_2} \frac{f(\zeta)}{(\zeta-a)^{n+1}}\mathrm{d}\zeta \quad (n = 0,1,2,\cdots).$$

当 $\zeta \in C_1$ 时, $\left|\dfrac{\zeta-a}{z-a}\right| = q_2$(常数)$<1$,故有展开式

$$\frac{1}{\zeta-z} = -\frac{1}{z-a} \cdot \frac{1}{1-\dfrac{\zeta-a}{z-a}}$$

$$= -\sum_{n=0}^{+\infty} \frac{(\zeta-a)^n}{(z-a)^{n+1}}$$

$$= -\sum_{n=-\infty}^{-1} \frac{(z-a)^n}{(\zeta-a)^{n+1}}.$$

把此级数代入(4)式的第二个积分中,并利用逐项积分(用与前面完全一样的方法证明),得

$$-\frac{1}{2\pi i}\int_{C_1} \frac{f(\zeta)}{\zeta-z}\mathrm{d}\zeta = \sum_{n=-\infty}^{-1} \frac{1}{2\pi i}\int_{C_1} \frac{f(\zeta)}{(\zeta-a)^{n+1}}\mathrm{d}\zeta (z-a)^n$$

85

$$= \sum_{n=-\infty}^{-1} a_n (z-a)^n,$$

这里

$$a_n = \frac{1}{2\pi i} \int_{C_1} \frac{f(\zeta)}{(\zeta-a)^{n+1}} d\zeta \quad (n = -1, -2, \cdots).$$

综上所证,即得

$$f(z) = \sum_{n=-\infty}^{+\infty} a_n (z-a)^n.$$

在 D 内任取包围 a 点的闭路 C,由多连通域的柯西积分定理,系数公式可统一为

$$a_n = \frac{1}{2\pi i} \int_C \frac{f(\zeta)}{(\zeta-a)^{n+1}} d\zeta \quad (n = 0, \pm 1, \pm 2, \cdots). \tag{5}$$

上述定理的证明虽然比较复杂,但从思路上讲,仍然是利用解析函数的积分表示来导出它的级数表示.

下面证明 $f(z)$ 在圆环域 D 内的洛朗展开式是唯一的. 事实上,如果有两种不同的展开式,设

$$f(z) = \sum_{n=-\infty}^{+\infty} a_n (z-a)^n = \sum_{n=-\infty}^{+\infty} b_n (z-a)^n,$$

以 $(z-a)^{-k-1}$ 乘上式两端,沿 D 内任意以 a 为中心的圆周 C 积分,并逐项积分(证明从略),得

$$\sum_{n=-\infty}^{+\infty} a_n \int_C (z-a)^{n-k-1} dz = \sum_{n=-\infty}^{+\infty} b_n \int_C (z-a)^{n-k-1} dz.$$

利用第 3 章 3.1 节例 2 中已求得的积分

$$\int_C \frac{dz}{(z-a)^n} = \begin{cases} 2\pi i & (n=1) \\ 0 & (n \neq 1), \end{cases}$$

可得

$$2\pi i a_k = 2\pi i b_k,$$

即

$$a_k = b_k \quad (k = 0, \pm 1, \pm 2, \cdots).$$

这就证得洛朗展开式是唯一的.

4.3.2 解析函数在孤立奇点的洛朗展开

定义 设 $f(z)$ 在点 a 的某个去心邻域 K：$0<|z-a|<R$ 内解析，但在点 a 不解析，则 a 称为 $f(z)$ 的孤立奇点.

例如，函数 $f(z)=\left(\sin\dfrac{1}{z}\right)^{-1}$，显然，$z_n=\dfrac{1}{n\pi}$ $(n=\pm 1,\pm 2,\cdots)$ 及 $z=0$ 是它的全部奇点，而且每个点 z_n 都是它的孤立奇点. 但 $z=0$ 不是它的孤立奇点（即非孤立奇点），这是因为不论 0 的去心邻域 $0<|z|<\rho$ 怎样小，当 $|n|$ 充分大时，点 z_n 都会落在这个邻域内.

设 a 是 $f(z)$ 的孤立奇点，由于 a 点的去心邻域 K 可以看成是一个内圆退化为一点的圆环域，因而 $f(z)$ 在 K 内可展开成洛朗级数

$$f(z)=\sum_{n=-\infty}^{+\infty}a_n(z-a)^n \quad (0<|z-a|<R),$$

它也称为 $f(z)$ 在孤立奇点 a 的洛朗展开. 系数 a_n 仍用(5)式表示，R 为 a 到 $f(z)$ 的离 a 最近的一个奇点的距离. 不过，在求一些简单函数在各种环域内的洛朗展开时，一般不用公式(5)去计算系数，而是基于在确定环域内洛朗展开系数的唯一性，采用间接方法，即通过各种代数运算及变量代换，应用已知的幂级数展开来求.

例 1 求函数

$$f(z)=\frac{1}{z^2-3z+2}$$

在 $z=1$ 及环域 D：$2<|z|<+\infty$ 内的洛朗展开.

解 $f(z)$ 有两个孤立奇点 $z=1$ 及 $z=2$，故考虑 $f(z)$ 在 $z=1$ 的去心邻域内的洛朗展开时，其外半径 $R=|1-2|=1$. 于是，在 $0<|z-1|<1$ 内，有

$$\frac{1}{z-2}=-\frac{1}{1-(z-1)}$$

$$=-\sum_{n=0}^{+\infty}(z-1)^n,$$

所以

$$f(z) = \frac{1}{(z-1)(z-2)}$$

$$= -\frac{1}{z-1} \sum_{n=0}^{+\infty} (z-1)^n$$

$$= -\sum_{n=-1}^{+\infty} (z-1)^n.$$

在环域 D: $2 < |z| < +\infty$ 内,有

$$\frac{1}{z-2} = \frac{1}{z} \cdot \frac{1}{1-\dfrac{2}{z}}$$

$$= \frac{1}{z} \sum_{n=0}^{+\infty} \left(\frac{2}{z}\right)^n$$

$$= \sum_{n=1}^{+\infty} \frac{2^{n-1}}{z^n},$$

$$\frac{1}{z-1} = \frac{1}{z} \cdot \frac{1}{1-\dfrac{1}{z}}$$

$$= \frac{1}{z} \sum_{n=0}^{+\infty} \frac{1}{z^n}$$

$$= \sum_{n=1}^{+\infty} \frac{1}{z^n},$$

所以

$$f(z) = \frac{1}{z-2} - \frac{1}{z-1}$$

$$= \sum_{n=1}^{+\infty} \frac{2^{n-1}-1}{z^n}.$$

例 2   求函数 $f(z) = \sin \dfrac{z}{z-1}$ 在点 $z=1$ 的洛朗展开.

解 $f(z)$ 除 $z=1$ 外在全平面上解析,故在去心邻域 $|z-1| > 0$ 内,有

$$\sin \frac{z}{z-1} = \sin\left(1 + \frac{1}{z-1}\right)$$

$$= \sin 1 \cos \frac{1}{z-1} + \cos 1 \sin \frac{1}{z-1}$$

$$= \sin 1 \sum_{n=0}^{+\infty} \frac{(-1)^n}{(2n)!} \left(\frac{1}{z-1} \right)^{2n}$$

$$+ \cos 1 \sum_{n=0}^{+\infty} \frac{(-1)^n}{(2n+1)!} \left(\frac{1}{z-1} \right)^{2n+1}.$$

例 3 设 t 是实参数,求函数 $f(z) = \exp \left\{ \frac{t}{2} \left(z - \frac{1}{z} \right) \right\}$ 在点 $z = 0$ 的洛朗展开.

我们对本题给出两种解法,目的是根据在确定区域内洛朗展开的唯一性,得到一个在数学物理方程中要用到的公式.

解法 1 $f(z)$ 除 $z = 0$ 外在全平面上解析,设在区域 $0 < |z| < +\infty$ 内有

$$f(z) = \sum_{n=-\infty}^{+\infty} a_n z^n \quad (z \neq 0),$$

这里

$$a_n = \frac{1}{2\pi i} \int_C \frac{\exp \left\{ \frac{t}{2} \left(z - \frac{1}{z} \right) \right\}}{z^{n+1}} dz,$$

C 取圆周 $|z| = 1$. 在 C 上,设 $z = e^{i\theta}$,于是

$$a_n = \frac{1}{2\pi i} \int_0^{2\pi} \exp \{ i(t\sin\theta - n\theta) \} d\theta$$

$$= \frac{1}{2\pi} \int_0^{2\pi} \cos(t\sin\theta - n\theta) d\theta$$

$$+ \frac{i}{2\pi} \int_0^{2\pi} \sin(t\sin\theta - n\theta) d\theta.$$

下面证明上式中虚部为零. 作代换 $\varphi = 2\pi - \theta$,得

$$\int_0^{2\pi} \sin(t\sin\theta - n\theta) d\theta$$

$$= \int_{2\pi}^0 \sin(-t\sin\varphi + n\varphi - 2n\pi)(-d\varphi)$$

$$= -\int_0^{2\pi} \sin(t\sin\theta - n\theta) d\theta,$$

因而

89

$$\int_0^{2\pi} \sin(t\sin\theta - n\theta)\,\mathrm{d}\theta = 0.$$

所以

$$a_n = \frac{1}{2\pi}\int_0^{2\pi}\cos(t\sin\theta - n\theta)\,\mathrm{d}\theta.$$

解法 2　当 $z \neq 0$ 时,有

$$f(z) = \exp\left\{\frac{t}{2}z\right\} \cdot \exp\left\{-\frac{t}{2} \cdot \frac{1}{z}\right\}$$

$$= \sum_{k=0}^{+\infty} \frac{1}{k!}\left(\frac{t}{2}\right)^k z^k \cdot \sum_{l=0}^{+\infty} \frac{1}{l!}\left(\frac{t}{2}\right)^l \left(-\frac{1}{z}\right)^l.$$

对于固定的 t,上式右端的两个级数当 $|z|>0$ 时都绝对收敛,可以乘起来,并以任意的方式合并项(这个结论的证明从略). 令 $k-l=n$,则 $n=0,\pm 1,\pm 2,\cdots$,且 $k=l+n \geqslant 0$,于是

$$f(z) = \sum_{n=0}^{+\infty}\left\{\sum_{l=0}^{+\infty}\frac{(-1)^l}{l!(n+l)!}\left(\frac{t}{2}\right)^{2l+n}\right\}z^n$$

$$+ \sum_{n=-1}^{-\infty}\left\{\sum_{l=-n}^{+\infty}\frac{(-1)^l}{l!(n+l)!}\left(\frac{t}{2}\right)^{2l+n}\right\}z^n$$

$$= \sum_{n=-\infty}^{+\infty} \mathrm{J}_n(t)z^n.$$

这里,设

$$\mathrm{J}_n(t) = \sum_{l=0}^{+\infty}\frac{(-1)^l}{l!(n+l)!}\left(\frac{t}{2}\right)^{2l+n} \quad (n=0,1,2,\cdots),$$

$$\mathrm{J}_{-n}(t) = \sum_{l=n}^{+\infty}\frac{(-1)^l}{l!(-n+l)!}\left(\frac{t}{2}\right)^{2l-n}$$

$$= \sum_{m=0}^{+\infty}\frac{(-1)^{n+m}}{(n+m)!m!}\left(\frac{t}{2}\right)^{2m+n} \quad (\text{令 } l-n=m)$$

$$= (-1)^n \mathrm{J}_n(t).$$

$\mathrm{J}_n(t)$ 及 $\mathrm{J}_{-n}(t)$ 分别称为 $\pm n$ 阶贝塞尔(Bessel)函数,这是一类在应用上很重要的特殊函数. 利用达朗贝尔公式,不难求得表示 $\mathrm{J}_n(t)$ 的幂级数的收敛半径为 $+\infty$. 这样,如果把 t 看成是复变数,则 $\mathrm{J}_n(t)$ 和 $\mathrm{J}_{-n}(t)$ 都在全平面内解析.

由洛朗展开系数的唯一性及解法 1 的结果,即可得到贝塞尔

函数的积分表示：

$$J_n(t) = \frac{1}{2\pi}\int_0^{2\pi}\cos(t\sin\theta - n\theta)\,\mathrm{d}\theta$$
$$(n = 0, \pm 1, \pm 2, \cdots).$$

4.4 孤立奇点的分类

本节将利用洛朗级数对解析函数的孤立奇点进行分类,并讨论函数在各类孤立奇点附近的性状.

4.4.1 函数在有限孤立奇点附近的性状

设 $f(z)$ 在有限孤立奇点 a 的洛朗展开式为

$$f(z) = \sum_{n=-\infty}^{+\infty} a_n(z-a)^n$$
$$= \sum_{n=-\infty}^{-1} a_n(z-a)^n + \sum_{n=0}^{+\infty} a_n(z-a)^n$$
$$(0 < |z-a| < \rho). \tag{1}$$

上式右端的第一个级数(即带负次幂的部分)称为洛朗级数的主要部分;而第二个级数是幂级数,称为其正则部分. 根据主要部分可能出现的三种情况,孤立奇点也分成以下三类:

1) 如果洛朗级数(1)中没有主要部分,即当 $n = -1, -2, \cdots$ 时 $a_n = 0$,这时级数(1)成为

$$f(z) = a_0 + a_1(z-a) + a_2(z-a)^2 + \cdots$$
$$(0 < |z-a| < \rho), \tag{2}$$

则称 a 为 $f(z)$ 的可去奇点.

为什么用"可去"两字呢? 因为只要适当地改变 $f(z)$ 在 a 点的值,就可以把这种奇异性消除,使 a 成为 $f(z)$ 的解析点. 事实上,如令 $f(a) = a_0$,则上面的等式在整个邻域 $|z-a| < \rho$ 内成立,或者说,$f(z)$ 在 $|z-a| < \rho$ 内可展成幂级数,因而 $f(z)$ 在 a 点解析. 因此,在以后谈到可去奇点的时候,可以把它当作解析点看待.

例如,函数 $f(z) = \dfrac{\sin z}{z}$ 在点 $z = 0$ 无意义,它在区域 $|z| > 0$ 内

的洛朗展开

$$f(z) = \frac{1}{z}\left(z - \frac{z^3}{3!} + \frac{z^5}{5!} - \cdots\right)$$

$$= 1 - \frac{z^2}{3!} + \frac{z^4}{5!} - \cdots$$

没有主要部分,因而 $z=0$ 是 $f(z)$ 的可去奇点. 如定义 $f(0)=1$, $z=0$ 就成了 $f(z)$ 的解析点.

2) 设 $f(z)$ 在 a 点的洛朗展开式的主要部分只有有限多个(但至少有一个)不为零的项,设 a_{-m} 是 $f(z)$ 的洛朗展开式中从左边数起第一个不为零的系数,即

$$f(z) = \frac{a_{-m}}{(z-a)^m} + \cdots + \frac{a_{-1}}{z-a} + \sum_{n=0}^{+\infty} a_n (z-a)^n$$
$$(a_{-m} \neq 0),$$

这时称 a 是 $f(z)$ 的 m 级(或 m 阶)极点.

3) 如果 $f(z)$ 的洛朗展开式的主要部分含有无限多项,也就是说,含有无限多个关于 $z-a$ 的负次幂,这时点 a 称为 $f(z)$ 的本性奇点.

下面几条定理分别描述了解析函数在三类孤立奇点附近的性状,也给出了各类奇点的判别法.

定理 1 设 a 是 $f(z)$ 的孤立奇点,那么 a 是 $f(z)$ 的可去奇点的充分必要条件是:存在着某个正数 ρ,使得 $f(z)$ 在环域 $0<|z-a|<\rho$ 内有界.

证 必要性. 设 a 是 $f(z)$ 的可去奇点,在(2)式两端令 $z \to a$ 取极限,得

$$\lim_{z \to a} f(z) = a_0.$$

因此,必存在正数 ρ,使得 $f(z)$ 在 $0<|z-a|<\rho$ 内有界.

充分性. 设在 $0<|z-a|<\rho$ 内有

$$|f(z)| \leqslant M,$$

取闭路 C:$|z-a|=\rho_0<\rho$,用长大不等式估计洛朗展开式的系数,得

$$|a_n| = \left| \frac{1}{2\pi i} \int_C \frac{f(\zeta)}{(\zeta-a)^{n+1}} d\zeta \right|$$

$$\leqslant \frac{1}{2\pi} M \frac{2\pi\rho_0}{\rho_0{}^{n+1}}$$
$$= \frac{M}{\rho_0{}^n} \quad (n = 0, \pm 1, \pm 2, \cdots).$$

当 $n=-1,-2,\cdots$ 时,令 $\rho_0 \to 0$,得 $a_n=0$. 这就证明了 a 是 $f(z)$ 的可去奇点.

推论 设 a 是 $f(z)$ 的孤立奇点,那么 a 是 $f(z)$ 的可去奇点的充分必要条件是
$$\lim_{z \to a} f(z) = a_0 (\text{有限}).$$

定理 2 设 a 为 $f(z)$ 的孤立奇点,则下面两个条件中的任意一个都是 a 为 $f(z)$ 的 m 级极点的充分必要条件:

1) $f(z)$ 在某环域内可表示为
$$f(z) = \frac{\varphi(z)}{(z-a)^m}, \tag{3}$$
这里,$\varphi(z)$ 在 a 点解析,且 $\varphi(a) \neq 0$;

2) a 是函数 $g(z) = \dfrac{1}{f(z)}$ 的 m 级零点.

证 分三步论证.

第一步,由 a 是 $f(z)$ 的 m 级极点推出条件 1). 事实上,因 a 是 $f(z)$ 的 m 级极点,故在某环域 $0<|z-a|<\rho$ 内,有
$$f(z) = \frac{a_{-m}}{(z-a)^m} + \frac{a_{-(m-1)}}{(z-a)^{m-1}} + \cdots + \frac{a_{-1}}{z-a}$$
$$+ a_0 + a_1(z-a) + \cdots$$
$$= \frac{1}{(z-a)^m}[a_{-m} + a_{-(m-1)}(z-a) + \cdots]$$
$$= \frac{\varphi(z)}{(z-a)^m},$$
这里,$\varphi(z) = a_{-m} + a_{-(m-1)}(z-a) + \cdots$ 在 a 点解析,且
$$\varphi(a) = a_{-m} \neq 0.$$

第二步,由条件 1) 推出条件 2). 设 (3) 式成立,则在某环域 $0<|z-a|<\rho$ 内,有
$$g(z) = \frac{1}{f(z)} = (z-a)^m \frac{1}{\varphi(z)}.$$

因 $\varphi(a)\neq0$,所以 $\dfrac{1}{\varphi(z)}$ 在 a 点解析,且 $\dfrac{1}{\varphi(z)}\neq0$. 由此可知,$a$ 是 $g(z)$ 的可去奇点. 作为解析点来看,显然 a 是 $g(z)$ 的 m 级零点.

第三步,由条件 2)推出 a 为 $f(z)$ 的 m 级极点. 如果 a 是 $g(z)$ $=\dfrac{1}{f(z)}$ 的 m 级零点,则在 a 点的邻域内,有

$$g(z) = (z-a)^m \lambda(z).$$

由于 $\lambda(z)$ 在 a 点解析,且 $\lambda(a)\neq0$,于是

$$f(z) = \frac{1}{(z-a)^m}\frac{1}{\lambda(z)}.$$

因 $\dfrac{1}{\lambda(z)}$ 在 a 点解析,故在 a 点可展成幂级数

$$\frac{1}{\lambda(z)} = b_0 + b_1(z-a) + \cdots,$$

而且

$$b_0 = \frac{1}{\lambda(a)} \neq 0.$$

所以

$$f(z) = \frac{b_0}{(z-a)^m} + \frac{b_1}{(z-a)^{m-1}} + \cdots,$$

即 a 是 $f(z)$ 的 m 级极点.

综合以上三步,定理得证.

推论 $f(z)$ 的孤立奇点 a 为极点的充分必要条件是

$$\lim_{z\to a}f(z) = \infty.$$

事实上,由 $f(z)$ 以 a 为极点的充分必要条件是 $\dfrac{1}{f(z)}$ 以 a 为零点即知此推论成立.

定理 3 $f(z)$ 以 a 为本性奇点的充分必要条件是:不存在有限或无限的极限 $\lim\limits_{z\to a}f(z)$.

这由定理 1 的推论及定理 2,用排除法立即得到.

例如,设 $f(z)=\mathrm{e}^{\frac{1}{z}}$,因 $\lim\limits_{z\to0}f(z)$ 不存在(这由 $\lim\limits_{\zeta\to\infty}\mathrm{e}^\zeta$ 不存在即知),故 $z=0$ 是 $f(z)$ 的本性奇点. 这从它在 $z=0$ 的洛朗展开

$$\mathrm{e}^{\frac{1}{z}} = 1 + \frac{1}{z} + \frac{1}{2!}\frac{1}{z^2} + \cdots + \frac{1}{n!}\frac{1}{z^n} + \cdots$$

中含有无限多个负次幂也可以得出.

例 1　求函数

$$f(z) = \frac{(z-5)\sin z}{(z-1)^2 z^2 (z+1)^3}$$

的奇点,并确定它们的类别.

解　容易看出,$z=0$,$z=1$ 和 $z=-1$ 是 $f(z)$ 的奇点. 先考虑 $z=0$,因为

$$f(z) = \frac{1}{z}\left[\frac{z-5}{(z-1)^2(z+1)^3}\frac{\sin z}{z}\right]$$
$$= \frac{1}{z}\varphi(z),$$

显然,$\varphi(z)$ 在点 $z=0$ 解析,且 $\varphi(0)=-5\neq 0$,因而 $z=0$ 是 $f(z)$ 的 1 级极点. 用同样的方法,可知 $z=1$ 及 $z=-1$ 分别是 $f(z)$ 的 2 级及 3 级极点.

例 2　求函数

$$f(z) = \cos\frac{1}{z+\mathrm{i}}$$

的奇点,并确定其类别.

解　容易看出,$z=-\mathrm{i}$ 是它的一个奇点. 为了确定它的类别,写出 $f(z)$ 在 $z=-\mathrm{i}$ 处的洛朗展开为

$$\cos\frac{1}{z+\mathrm{i}} = \sum_{n=0}^{+\infty}(-1)^n\frac{1}{(2n)!}\frac{1}{(z+\mathrm{i})^{2n}},$$

它的主要部分有无穷多项,因而 $z=-\mathrm{i}$ 是 $f(z)$ 的本性奇点.

例 3　设 a 分别是 $f(z)$ 的解析点及 $g(z)$ 的本性奇点,试问 a 分别是 $f(z)g(z)$,$\dfrac{f(z)}{g(z)}$ 及 $\dfrac{g(z)}{f(z)}$ 的何种奇点?

解　先用反证法证明 a 是 $F(z)=f(z)g(z)$ 的本性奇点. 若否,设 $\lim\limits_{z\to a}F(z)=B$(有限或无限),又记 $\lim\limits_{z\to a}f(z)=A$(有限). 分几种情况讨论:若 $A\neq 0$,由 $g(z)=\dfrac{F(z)}{f(z)}$,得 $\lim\limits_{z\to a}g(z)=\dfrac{B}{A}$(有限或无

限);若 $A=0,B\neq0$,则 $\lim\limits_{z\to a}g(z)=\infty$;若 $A=0,B=0$,这时可令 $f(a)$ $=0,F(a)=0$,即 a 是 $f(z)$ 及 $F(z)$ 的零点,因而 $f(z)=(z-a)^m\varphi(z)$, $F(z)=(z-a)^n\psi(z)$,$\varphi(a)\neq0,\psi(a)\neq0$,由此可见,$a$ 是 $g(z)=$ $\dfrac{F(z)}{f(z)}$ 的零点或极点. 总之,在各种情形下都与所设矛盾. 这就证得 a 是 $f(z)g(z)$ 的本性奇点.

用同样的方法,可证 a 是 $\dfrac{f(z)}{g(z)}$ 及 $\dfrac{g(z)}{f(z)}$ 的本性奇点.

在例 3 中,若 a 是 $f(z)$ 的极点,所得结论仍然成立,请读者自己证明(本章习题 16). 此外,由例 3 还可以得知,若 a 是函数 $F(z)$ 的本性奇点,则 a 是 $\dfrac{1}{F(z)}$ 的本性奇点. 例 3 及以上结论在判别某些函数的奇点的类型时很有用.

4.4.2 函数在无穷远点附近的性状

定义 如果 $f(z)$ 在 ∞ 点的某邻域(即某个圆的外区域:$R<$ $|z|<+\infty$)内解析,则称 ∞ 为 $f(z)$ 的孤立奇点.

设 ∞ 点是 $f(z)$ 的孤立奇点,作代换 $z=\dfrac{1}{\zeta}$,得函数

$$\varphi(\zeta)=f\left(\frac{1}{\zeta}\right).$$

因为变换 $\zeta=\dfrac{1}{z}$ 将区域 $R<|z|<+\infty$ 一一地变换为环域 $0<|\zeta|<$ $\dfrac{1}{R}$,所以 $f(z)$ 在无穷远点的邻域 $R<|z|<+\infty$ 内的性质完全可由 $\varphi(\zeta)$ 在环域 $0<|\zeta|<\dfrac{1}{R}$ 内的性质决定,反之亦然. 于是,我们很自然地规定:如果 $\zeta=0$ 是 $\varphi(\zeta)$ 的可去奇点、(m 级)极点或本性奇点,就分别称 $z=\infty$ 是 $f(z)$ 的可去奇点、(m 级)极点或本性奇点.

设 $\varphi(\zeta)$ 在 $0<|\zeta|<\dfrac{1}{R}$ 内的洛朗展开为

$$\varphi(\zeta)=\sum_{n=-\infty}^{+\infty}a_n\zeta^n,$$

换回到变量 z，就得到 $f(z)$ 在无穷远点的邻域 $R < |z| < +\infty$ 内的展开式为

$$f(z) = \sum_{n=-\infty}^{+\infty} a_n \left(\frac{1}{z}\right)^n$$
$$= \sum_{n=-\infty}^{+\infty} b_n z^n, \tag{4}$$

这里，$b_n = a_{-n}$. 由此得知，就展开式来看：

1）$z = \infty$ 是 $f(z)$ 的可去奇点的充分必要条件是：展开式（4）中不含 z 的正次幂；

2）$z = \infty$ 是 $f(z)$ 的 m 级极点的充分必要条件是：展开式（4）中只有有限个（至少要有一个）正次幂，且最高次幂为 m（$m > 0$）；

3）$z = \infty$ 是 $f(z)$ 的本性奇点的充分必要条件是：展开式（4）中含有无限多个正次幂.

如果就函数的极限值来看，$z = \infty$ 是 $f(z)$ 的可去奇点、极点或本性奇点的充分必要条件分别为：

1）$\lim\limits_{z \to \infty} f(z) = A$（有限）；

2）$\lim\limits_{z \to \infty} f(z) = \infty$；

3）$\lim\limits_{z \to \infty} f(z)$ 不存在.

例如，由 $\lim\limits_{z \to \infty} \dfrac{z}{z^2+1} = 0$，可知 ∞ 点是函数 $f(z) = \dfrac{z}{z^2+1}$ 的可去奇点（如果定义 $f(\infty) = 0$，则 ∞ 点成为解析点）. ∞ 点是 n 次多项式 $P(z) = a_0 z^n + a_1 z^{n-1} + \cdots + a_n$ 的 n 级极点. 而由 $e^z = 1 + z + \cdots + \dfrac{z^n}{n!} + \cdots$，可知 ∞ 点是指数函数的本性奇点.

对于一般的有理函数

$$f(z) = \frac{a_0 z^m + a_1 z^{m-1} + \cdots + a_m}{b_0 z^n + b_1 z^{n-1} + \cdots + b_n} \quad (a_0 \neq 0, b_0 \neq 0),$$

当 $n \geqslant m$ 时，由于 $\lim\limits_{z \to \infty} f(z) = 0$ 或 $\dfrac{a_0}{b_0}$（有限），故 ∞ 点是其解析点；当 $n < m$ 时，由于 $\lim\limits_{z \to \infty} f(z) = \infty$，故 ∞ 点为其极点，这时利用多项式的降幂除法，可求出 $f(z)$ 在 ∞ 点的展开式为

$$f(z) = \frac{a_0}{b_0} z^{m-n} + \cdots \left(\frac{a_0}{b_0} \neq 0 \right),$$

所以∞点是它的$m-n$级极点.

习　题

1. 求下列幂级数的收敛半径:

(1) $\displaystyle\sum_{n=1}^{+\infty} \frac{z^n}{n^2}$;

(2) $\displaystyle\sum_{n=0}^{+\infty} z^n$;

(3) $\displaystyle\sum_{n=1}^{+\infty} \frac{z^n}{n}$.

并证明:在收敛圆周上,级数(1)点点绝对收敛;级数(2)点点发散;举例说明级数(3)有收敛点,也有发散点.

2. 把下列函数在点$z=0$展开成幂级数,并指出其收敛半径:

(1) $\dfrac{1}{1-z} + \mathrm{e}^z$;

(2) $(1-z+z^2)\cos z$;

(3) $\sin^2 z$;

(4) $\dfrac{1}{z^2-3z+2}$;

(5) $\mathrm{tg}z$ (只要求写出前四项);

(6) $\dfrac{z}{(1-z)^2}$;

$\left[\textbf{提示}:利用逐项微分求\dfrac{1}{(1-z)^2}的展开式.\right]$

(7) $\displaystyle\int_0^z \mathrm{e}^{z^2}\mathrm{d}z$;

(8) $\displaystyle\int_0^z \frac{\sin z}{z}\mathrm{d}z$.

3. 把下列函数在指定点z_0处展开成泰勒级数,并指出它们的收敛半径:

(1) $\dfrac{z-1}{z+1}$, $z_0=1$;

(2) $\dfrac{z}{(z+1)(z+2)}$, $z_0=2$;

(3) $\dfrac{1}{z^2}$, $z_0=-1$;

(4) $\dfrac{1}{4-3z}$, $z_0=1+\mathrm{i}$.

4. 设

$$\frac{1}{1-z-z^2}=\sum_{n=0}^{+\infty}c_nz^n,$$

证明：

$$c_{n+2}=c_{n+1}+c_n \quad (n\geqslant 0).$$

写出此展开式的前五项，并指出其收敛半径.

*5. 设

$$\frac{1}{\sqrt{1-2tz+t^2}}=\sum_{n=0}^{+\infty}P_n(z)t^n, \tag{$*$}$$

试证明下列关系$(n\geqslant 1)$：

(1) $(n+1)P_{n+1}(z)-(2n+1)zP_n(z)+nP_{n-1}(z)=0$；

(2) $P_n(z)=P_{n+1}{}'(z)-2zP_n{}'(z)+P_{n-1}{}'(z)$；

(3) $(2n+1)P_n(z)=P_{n+1}{}'(z)-P_{n-1}{}'(z)$.

[**提示**：将($*$)式两边分别对 z 和 t 求导，可得(1)和(2).]

6. 设 a 为实数，且 $|a|<1$. 证明下列等式：

(1) $\dfrac{1-a\cos\theta}{1-2a\cos\theta+a^2}=\sum_{n=0}^{+\infty}a^n\cos n\theta$；

(2) $\dfrac{a\sin\theta}{1-2a\cos\theta+a^2}=\sum_{n=1}^{+\infty}a^n\sin n\theta$；

(3) $\ln(1-2a\cos\theta+a^2)=-2\sum_{n=1}^{+\infty}\dfrac{a^n}{n}\cos n\theta$.

7. 证明：对任意复数 z，有

$$|\mathrm{e}^z-1|\leqslant\mathrm{e}^{|z|}-1\leqslant|z|\mathrm{e}^{|z|}.$$

8. 设 z_0 为解析函数 $f(z)$ 的至少 n 级零点，又为 $\varphi(z)$ 的 n 级零点. 证明：

$$\lim_{z \to z_0} \frac{f(z)}{\varphi(z)} = \frac{f^{(n)}(z_0)}{\varphi^{(n)}(z_0)} \quad (\varphi^{(n)}(z_0) \neq 0).$$

9. 设 z_0 是函数 $f(z)$ 的 m 级零点，又是 $g(z)$ 的 n 级零点 $(m \geqslant n)$. 问下列函数在 z_0 处具有何种性质：

(1) $f(z)g(z)$；

(2) $f(z) + g(z)$；

(3) $\dfrac{f(z)}{g(z)}$.

10. 将下列函数在指定的区域内展开成洛朗级数：

(1) $\dfrac{1}{z^2(1-z)}$，在区域 $0 < |z| < 1$ 内；

(2) $z^2 \exp\left\{\dfrac{1}{z}\right\}$，在区域 $0 < |z| < +\infty$ 内.

11. 设 $0 < |a| < |b|$，把函数 $\dfrac{1}{(z-a)(z-b)}$ 按下列要求展开：

(1) 在 $0 \leqslant |z| < |a|$ 上；

(2) 在 $|a| < |z| < |b|$ 上；

(3) 在 $|b| < |z| < +\infty$ 上；

(4) 在 $0 < |z-a| < |b-a|$ 上；

(5) 在 $|b-a| < |z-a| < +\infty$ 上；

(6) 在 $0 < |z-b| < |a-b|$ 上；

(7) 在 $|a-b| < |z-b| < +\infty$ 上.

12. 设 $f(z)$ 在全平面上仅有四个奇点 a_1, a_2, a_3 和 ∞，且 $|a_1| < |a_2| < |a_3|$，$|a_2 - a_1| < |a_3 - a_2|$，$a$ 为复平面上任一点. 问：

(1) 当 a 为上述四奇点之一时，$f(z)$ 在 a 点附近的展开式有何形式？收敛域是什么？

(2) 当 a 不是这四点时，结论如何？

13. 求下列函数的奇点(包括 ∞ 点)，并分类；对于极点，要指出它们的阶数：

(1) $\dfrac{e^z}{z^2+4}$;

(2) $\dfrac{1}{\cos z}$;

(3) $\sin\dfrac{1}{1-z}$;

(4) $\dfrac{1}{1-e^z}$;

(5) $e^{-z}\cos\dfrac{1}{z}$;

(6) $\dfrac{z\exp\left\{\dfrac{1}{z-1}\right\}}{e^z-1}$;

(7) $\dfrac{\sin z}{(z-3)^2 z^2 (z+1)^3}$;

(8) $\dfrac{1}{\sin z-\sin a}$ (a 为常数);

(9) $\dfrac{1-\cos z}{z^n}$ (n 为整数).

14. $z=\infty$ 是下列函数的何种奇点?

(1) $\dfrac{z^2}{2+z^2}$;

(2) $\dfrac{z^2+4}{e^z}$;

(3) $\exp\{-z^{-2}\}$;

(4) $\dfrac{1-\cos z}{z^n}$;

(5) $\dfrac{z^5}{z^2+8}$;

(6) $\sec\dfrac{1}{z}$;

(7) $\sin\dfrac{1}{z}$;

(8) $\operatorname{tg} z$;

(9) $e^{-z} \cos \dfrac{1}{z}$.

15. 设 $f(z)$ 及 $g(z)$ 分别以 $z = a$ 为 m 级及 n 级极点,问 $f(z)$ $\pm g(z)$,$f(z) g(z)$ 及 $\dfrac{f(z)}{g(z)}$ 分别以 $z = a$ 为什么奇点?

16. 设 a 分别是 $f(z)$ 的极点及 $g(z)$ 的本性奇点,求证:a 是 $f(z) g(z)$ 及 $\dfrac{f(z)}{g(z)}$ 的本性奇点.

第5章　留数及其应用

留数是复变函数中的一个重要概念，它有着广泛的应用. 本章先讲述留数的一般理论，然后介绍它的一些应用，特别是在计算某些类型的定积分中的应用.

5.1　留 数 定 理

我们知道，如果 $f(z)$ 在 a 点解析，则 $f(z)$ 在 a 点的某邻域 U 内解析. 于是，对 U 内任意一条把 a 点包含在其内部的闭路 C，由柯西积分定理，有

$$\int_C f(z)\mathrm{d}z = 0.$$

如果 a 是 $f(z)$ 的孤立奇点，则 $f(z)$ 在 a 点的某去心邻域 K 内解析. 由洛朗定理，$f(z)$ 在 a 点的洛朗展开式的系数

$$a_n = \frac{1}{2\pi\mathrm{i}} \int_C \frac{f(z)}{(z-a)^{n+1}} \mathrm{d}z \ (n = 0, \pm 1, \pm 2, \cdots),$$

这里，C 是 K 内任意一条包围 a 点的闭路. 特别取 $n = -1$，得

$$\int_C f(z)\mathrm{d}z = 2\pi\mathrm{i}a_{-1}. \tag{1}$$

由此可见，a_{-1} 在洛朗展开式的各系数中具有独特的地位，称它为 $f(z)$ 在 a 点的留数或残数，记作 $\mathrm{Res}[f(z), a]$. 于是，(1)式可写成

$$\int_C f(z)\mathrm{d}z = 2\pi\mathrm{i}\mathrm{Res}[f(z), a].$$

定理 1（留数定理）　如果函数 $f(z)$ 在闭路 C 上解析，在 C 的内部除去 n 个孤立奇点 $a_1, a_2, \cdots, a_n$ 外也解析，则

$$\int_C f(z)\mathrm{d}z = 2\pi\mathrm{i}\sum_{k=1}^{n} \mathrm{Res}[f(z), a_k].$$

证 以每点 a_k 为圆心作小圆 C_k，使得这些小圆都在闭路 C 内，并且它们彼此相隔离(图 5.1).

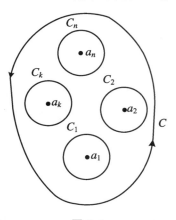

由多连通区域的柯西积分定理,得

$$\int_C f(z)\mathrm{d}z = \sum_{k=1}^{n} \int_{C_k} f(z)\mathrm{d}z.$$

再由留数的定义及(1)式,有

$$\int_{C_k} f(z)\mathrm{d}z = 2\pi\mathrm{i}\mathrm{Res}[f(z),a_k],$$

所以

$$\int_C f(z)\mathrm{d}z = 2\pi\mathrm{i}\sum_{k=1}^{n}\mathrm{Res}[f(z),a_k].$$

图 5.1

定理 1 把沿闭路 C 的积分计算转化为留数的计算,因此就要学会一些直接计算留数的方法. 一般说来,函数 $f(z)$ 在其本性奇点 a 的留数只能用定义计算,即用间接方法把 $f(z)$ 在 a 点的洛朗级数的负一次幂系数 a_{-1} 求出. 下面的定理给出了在极点的留数的计算方法.

定理 2 设 a 是 $f(z)$ 的 m 级极点,则

$$\mathrm{Res}[f(z),a] = \frac{1}{(m-1)!}\lim_{z\to a}\frac{\mathrm{d}^{m-1}}{\mathrm{d}z^{m-1}}[(z-a)^m f(z)]. \quad (2)$$

特别地,当 $m=1$ 时,有

$$\mathrm{Res}[f(z),a] = \lim_{z\to a}(z-a)f(z). \quad (3)$$

证 由所设条件,有

$$f(z) = \frac{\varphi(z)}{(z-a)^m},$$

式中,$\varphi(z)$ 在 a 点解析,且 $\varphi(a)\neq 0$. 设

$$\varphi(z) = \sum_{n=0}^{+\infty} b_n(z-a)^n,$$

由定义得

$$\mathrm{Res}[f(z),a] = b_{m-1}$$

$$= \frac{1}{(m-1)!}\varphi^{(m-1)}(a)$$

104

$$= \frac{1}{(m-1)!} \lim_{z \to a} \frac{\mathrm{d}^{m-1}}{\mathrm{d}z^{m-1}} [(z-a)^m f(z)].$$

推论 设 $P(z)$ 及 $Q(z)$ 都在 a 点解析,且 $P(a) \neq 0, Q(a) = 0$, $Q'(a) \neq 0$,则

$$\mathrm{Res}\left[\frac{P(z)}{Q(z)}, a\right] = \frac{P(a)}{Q'(a)}. \tag{4}$$

证 由所设条件,知 a 是 $\frac{P(z)}{Q(z)}$ 的 1 级极点,故

$$\mathrm{Res}\left[\frac{P(z)}{Q(z)}, a\right] = \lim_{z \to a} (z-a) \frac{P(z)}{Q(z)}$$

$$= \lim_{z \to a} \frac{P(z)}{\dfrac{Q(z) - Q(a)}{z - a}}$$

$$= \frac{P(a)}{Q'(a)}.$$

例 1 求 $f(z) = \dfrac{\sin 2z}{(z+1)^3} + \dfrac{\mathrm{e}^z}{z-1}$ 在各极点的留数.

解 易见 $f(z)$ 的奇点是 $z = 1$(1 级极点)及 $z = -1$(3 级极点). 由公式(3),得

$$\mathrm{Res}[f(z), 1] = \lim_{z \to 1} (z-1) f(z)$$

$$= \lim_{z \to 1} \mathrm{e}^z$$

$$= \mathrm{e}.$$

由于 $g(z) = \dfrac{\mathrm{e}^z}{z-1}$ 在 $z = -1$ 解析,故

$$\mathrm{Res}[g(z), -1] = 0.$$

从而,由公式(2),得

$$\mathrm{Res}[f(z), -1] = \mathrm{Res}\left[\frac{\sin 2z}{(z+1)^3}, -1\right]$$

$$= \frac{1}{2} \lim_{z \to -1} \frac{\mathrm{d}^2}{\mathrm{d}z^2} \sin 2z$$

$$= 2\sin 2.$$

例 2 求积分 $I = \displaystyle\int_C \mathrm{tg}\,\pi z \,\mathrm{d}z$,这里,$C$ 分别是圆周 $|z| = \dfrac{1}{3}$ 及

$|z|=n$ (n 为正整数).

解 $\text{tg}\pi z$ 以 $z_k = k + \dfrac{1}{2}$ ($k = 0, \pm 1, \pm 2, \cdots$) 为 1 级极点, 故由公式(4), 得

$$\text{Res}[\text{tg}\pi z, z_k] = \dfrac{\sin\pi z}{(\cos\pi z)'}\bigg|_{z=z_k}$$

$$= -\dfrac{1}{\pi}.$$

在圆周 $|z| = \dfrac{1}{3}$ 的内部, $\text{tg}\pi z$ 没有奇点, 故由柯西积分定理, 此时 $I = 0$.

在圆周 $|z| = n$ 的内部, $\text{tg}\pi z$ 有 $2n$ 个极点, 即 $k + \dfrac{1}{2}$ $[k = 0, \pm 1, \cdots, \pm(n-1), -n]$, 故由留数定理, 得

$$\int_{|z|=n} \text{tg}\pi z \, \mathrm{d}z = 2\pi i \sum_{|k+\frac{1}{2}|<n} \text{Res}\left[\text{tg}\pi z, k + \dfrac{1}{2}\right]$$

$$= 2\pi i \cdot \left(-\dfrac{2n}{\pi}\right)$$

$$= -4ni.$$

例 3 求积分 $\displaystyle\int_C z^3 \sin^5\left(\dfrac{1}{z}\right)\mathrm{d}z$, 这里, C 是圆周 $|z| = 1$.

解 容易判定 $z = 0$ 是 $f(z) = z^3 \sin^5\left(\dfrac{1}{z}\right)$ 的唯一奇点, 而且是本性奇点. $f(z)$ 在 $z = 0$ 的洛朗展开虽不易计算, 但其负一次幂系数 a_{-1} 却是容易找到的. 事实上, 由

$$f(z) = z^3 \left(\dfrac{1}{z} - \dfrac{1}{3!} \cdot \dfrac{1}{z^3} + \dfrac{1}{5!} \cdot \dfrac{1}{z^5} - \cdots\right)^5$$

可知 $a_{-1} = 0$, 所以

$$\int_C z^3 \sin^5\left(\dfrac{1}{z}\right)\mathrm{d}z = 0.$$

例 4 求积分 $\displaystyle\int_{|z|=1} \dfrac{z\sin z}{(1 - \mathrm{e}^z)^3}\mathrm{d}z$.

106

解 被积函数 $f(z) = \dfrac{z\sin z}{(1-\mathrm{e}^z)^3}$ 的全体有限奇点是 $2n\pi\mathrm{i}$ $(n=0,\pm 1,\pm 2,\cdots)$，只有 $z=0$ 在圆周 $|z|=1$ 内. 由于

$$\frac{z\sin z}{(1-\mathrm{e}^z)^3} = \frac{z\left(z - \dfrac{z^3}{3!} + \cdots\right)}{-\left(z + \dfrac{z^2}{2!} + \cdots\right)^3}$$

$$= -\frac{1}{z}\frac{\left(1 - \dfrac{z^2}{3!} + \cdots\right)}{\left(1 - \dfrac{z^2}{2!} + \cdots\right)^3},$$

记上式右边后面的那个分式为 $\varphi(z)$，易知 $\varphi(z)$ 在 $z=0$ 解析，且 $\varphi(0)=1$. 所以

$$\frac{z\sin z}{(1-\mathrm{e}^z)^3} = -\frac{1}{z}[1 + \varphi'(0)z + \cdots],$$

从而

$$\mathrm{Res}[f(z), 0] = -1.$$

故原积分等于 $-2\pi\mathrm{i}$.

5.2 定积分的计算

有许多定积分(包括广义积分)，可以通过种种手段，转化成某个解析函数沿闭路 C 的积分，这样，留数定理就为计算定积分提供了一个有效的工具. 特别是当定积分中被积函数的原函数不易求出或不能用初等函数表示时，留数定理就更为有用. 不过，利用留数计算定积分并没有普遍适用的方法，我们只着重介绍几种特殊类型的定积分的计算.

5.2.1 $I = \int_0^{2\pi} R(\sin\theta, \cos\theta)\,\mathrm{d}\theta$ 型的积分

这里，$R(\sin\theta, \cos\theta)$ 是关于 $\sin\theta, \cos\theta$ 的有理函数. 令 $z = \mathrm{e}^{i\theta}$ $(0\leqslant\theta\leqslant 2\pi)$，则得

$$\mathrm{d}\theta = \frac{\mathrm{d}z}{\mathrm{i}z},$$

$$\cos\theta = \frac{1}{2}\left(z + \frac{1}{z}\right),$$

$$\sin\theta = \frac{1}{2i}\left(z - \frac{1}{z}\right),$$

于是

$$R(\sin\theta, \cos\theta) = R\left[\frac{1}{2i}\left(z - \frac{1}{z}\right), \frac{1}{2}\left(z + \frac{1}{z}\right)\right] = f(z),$$

所以

$$I = \int_{|z|=1} f(z)\mathrm{d}z.$$

这里, $f(z)$ 是一个关于 z 的有理函数.

例 1 求积分

$$I = \int_0^{2\pi} \frac{\mathrm{d}\theta}{1 - 2p\cos\theta + p^2} \quad (0 < p < 1).$$

解 令 $z = e^{i\theta}$, 易算得

$$I = \int_{|z|=1} \frac{\mathrm{d}z}{i(1 - pz)(z - p)}.$$

被积函数

$$f(z) = \frac{1}{i(1 - pz)(z - p)}$$

有两个 1 阶极点 $z_1 = p$ 及 $z_2 = \frac{1}{p}$. 由于 $0 < p < 1$, 因此 z_1 在单位圆周内, 而 z_2 位于单位圆周之外. 故由留数定理, 得

$$\int_{|z|=1} \frac{\mathrm{d}z}{i(1 - pz)(z - p)} = 2\pi i\mathrm{Res}[f(z), p].$$

而

$$\mathrm{Res}[f(z), p] = \lim_{z \to p}(z - p)\frac{1}{i(1 - pz)(z - p)}$$

$$= \frac{1}{i(1 - p^2)},$$

故有

$$\int_0^{2\pi} \frac{\mathrm{d}\theta}{1 - 2p\cos\theta + p^2} = \frac{2\pi}{1 - p^2}.$$

108

这个积分称为泊松积分.

例 2 计算积分

$$I = \int_0^\pi \frac{\cos mx}{5 - 4\cos x} dx \ (m \text{ 为正整数}).$$

解 因被积函数 $f(x)$ 是偶函数,故

$$I = \frac{1}{2}\int_{-\pi}^{\pi} f(x)dx.$$

令

$$I_1 = \int_{-\pi}^{\pi} \frac{\cos mx}{5 - 4\cos x}dx,$$

$$I_2 = \int_{-\pi}^{\pi} \frac{\sin mx}{5 - 4\cos x}dx,$$

则

$$I_1 = \mathrm{Re}(I_1 + \mathrm{i}I_2)$$
$$= \mathrm{Re}\int_{-\pi}^{\pi} \frac{\mathrm{e}^{\mathrm{i}mx}}{5 - 4\cos x}dx.$$

设 $z = \mathrm{e}^{\mathrm{i}x}$,则

$$\int_{-\pi}^{\pi} \frac{\mathrm{e}^{\mathrm{i}mx}}{5 - 4\cos x}dx = \frac{1}{\mathrm{i}} \int_{|z|=1} \frac{z^m}{5z - 2(1 + z^2)}dz.$$

上式右边积分的被积函数 $g(z)$ 有两个有限奇点 $z_1 = \frac{1}{2}$ 及 $z_2 = 2$,
只有 z_1 在圆周 $|z| = 1$ 内,且

$$\mathrm{Res}\left[g(z), \frac{1}{2}\right] = -\left(z - \frac{1}{2}\right) \cdot \frac{z^m}{2\left(z - \frac{1}{2}\right)(z - 2)}\Bigg|_{z=\frac{1}{2}},$$

$$= \frac{1}{3 \cdot 2^m},$$

所以

$$\frac{1}{\mathrm{i}} \int_{|z|=1} \frac{z^m}{5z - 2(1 + z^2)}dz = \frac{\pi}{3 \cdot 2^{m-1}}.$$

从而

$$I_1 = \frac{\pi}{3 \cdot 2^{m-1}},$$

$$I_2 = 0.$$

于是

$$I = \frac{1}{2}I_1 = \frac{\pi}{3 \cdot 2^m}.$$

5.2.2 三条引理

在定积分的计算中,下面三个关于积分估计的结论是很有用的.

引理 1 如果当 R 充分大时,$f(z)$ 在圆弧 C_R:$z = Re^{i\theta}$($\alpha \leqslant \theta \leqslant \beta$)上连续,且

$$\lim_{z \to \infty} z f(z) = 0,$$

则

$$\lim_{R \to +\infty} \int_{C_R} f(z) \mathrm{d}z = 0.$$

特别地,当 $f(z)$ 是有理函数 $\dfrac{P(z)}{Q(z)}$,且 $Q(z)$ 至少比 $P(z)$ 高 2 次时,有

$$\lim_{R \to +\infty} \int_{C_R} \frac{P(z)}{Q(z)} \mathrm{d}z = 0.$$

引理 1 就是第 3 章习题 7 中 $A = 0$ 的情形,无须再证.

引理 2 如果当 ρ 充分小时,$f(z)$ 在圆弧 C_ρ:$z = a + \rho e^{i\theta}$($\alpha \leqslant \theta \leqslant \beta$)上连续,且

$$\lim_{z \to a} (z - a) f(z) = k,$$

则

$$\lim_{\rho \to 0} \int_{C_\rho} f(z) \mathrm{d}z = \mathrm{i}(\beta - \alpha) k.$$

在积分计算中,常遇到 $k = 0$ 这一特殊情形.

引理 2 已在第 3 章 3.1 节的例 3 中证明.

推论 设 a 是 $f(z)$ 的 1 级极点,则

$$\lim_{\rho \to 0} \int_{C_\rho} f(z) \mathrm{d}(z) = \mathrm{i}(\beta - \alpha) \mathrm{Res}[f(z), a].$$

引理 3(若尔当引理)　如果当 R 充分大时,$g(z)$ 在圆弧 C_R:
$|z|=R,\mathrm{Im}z>-a\ (a>0)$ 上连
续(图 5.2),且

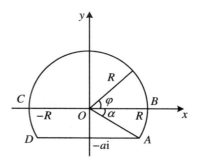

$$\lim_{z\to\infty}g(z)=0,$$

则对任何正数 λ,都有

$$\lim_{R\to+\infty}\int_{C_R}g(z)\mathrm{e}^{\mathrm{i}\lambda z}\,\mathrm{d}z=0.$$

证　记

$$M(R)=\max_{z\in C_R}|g(z)|,$$

则由假设条件,有

图 5.2

$$\lim_{R\to+\infty}M(R)=0.$$

设 $z=x+\mathrm{i}y$,则当 $z\in C_R$ 时,$y\geqslant-a$,故

$$
\begin{aligned}
|\exp\{\mathrm{i}\lambda z\}|&=|\exp\{\mathrm{i}\lambda(x+\mathrm{i}y)\}|\\
&=|\exp\{\mathrm{i}\lambda x\}\cdot\exp\{-\lambda y\}|\\
&=\exp\{-\lambda y\}\\
&\leqslant\exp\{\lambda a\}.
\end{aligned}
$$

于是,由长大不等式得

$$
\left|\int_{\widehat{AB}}g(z)\mathrm{e}^{\mathrm{i}\lambda z}\,\mathrm{d}z\right|\leqslant M(R)\mathrm{e}^{\lambda a}\alpha R
$$

$$=M(R)\mathrm{e}^{\lambda a}\,\frac{\alpha}{\sin\alpha}R\sin\alpha$$

$$=M(R)a\mathrm{e}^{\lambda a}\,\frac{\alpha}{\sin\alpha}.\qquad(1)$$

因为当 $R\to+\infty$ 时,$\alpha\to0$,$\dfrac{\alpha}{\sin\alpha}\to1$,故在(1)式中令 $R\to+\infty$,得

$$\lim_{R\to+\infty}\int_{\widehat{AB}}g(z)\exp\{\mathrm{i}\lambda z\}\,\mathrm{d}z=0.$$

同理

$$\lim_{R\to+\infty}\int_{\widehat{CD}}g(z)\exp\{\mathrm{i}\lambda z\}\,\mathrm{d}z=0.$$

当 $z \in \overset{\frown}{BC}$ 时,令 $z = R\exp\{i\varphi\}$,则
$$|\exp\{i\lambda z\}| = \exp\{-\lambda R \sin\varphi\}.$$
于是
$$\left| \int_{\overset{\frown}{BC}} g(z)\exp\{i\lambda z\}dz \right|$$
$$\leqslant M(R)\int_0^\pi \exp\{-\lambda R\sin\varphi\}R d\varphi$$
$$= 2M(R)R\int_0^{\frac{\pi}{2}} \exp\{-\lambda R\sin\varphi\}d\varphi.$$
因为当 $0 \leqslant \varphi \leqslant \dfrac{\pi}{2}$ 时有
$$\sin\varphi \geqslant \frac{2}{\pi}\varphi,$$
所以
$$2M(R)R\int_0^{\frac{\pi}{2}} \exp\{-\lambda R\sin\varphi\}d\varphi$$
$$\leqslant 2M(R)R\int_0^{\frac{\pi}{2}} \exp\left\{-\frac{2\lambda R}{\pi}\varphi\right\}d\varphi$$
$$= M(R)\frac{\pi}{\lambda}[1 - \exp\{-\lambda R\}]$$
$$\rightarrow 0 \ (R \rightarrow +\infty).$$
从而
$$\lim_{R \to \infty} \int_{\overset{\frown}{BC}} g(z)\exp\{i\lambda z\}dz = 0.$$
综合以上讨论,即得
$$\lim_{R \to +\infty} \int_{C_R} g(z)\exp\{i\lambda z\}dz = 0.$$

5.2.3 有理函数的积分

这里,设 $R(x) = \dfrac{P(x)}{Q(x)}$ 是有理函数,多项式 $Q(x)$ 至少比多项式 $P(x)$ 高 2 次,且 $Q(x)$ 在实数轴上无零点. 在这些条件下,广义积分

$$I = \int_{-\infty}^{+\infty} R(x)\,\mathrm{d}x$$

存在,因而

$$I = \lim_{R \to +\infty} \int_{-R}^{R} R(x)\,\mathrm{d}x. \tag{2}$$

为了用留数计算这类积分,我们取一个辅助复函数 $f(z) = R(z)$,然后考虑 $f(z)$ 在一个适当的闭路 C 上的积分. 由(2)式可见,闭路 C 应当包含实数轴上的线段 $[-R,R]$. 为了方便,C 的其余部分可取一个半圆. 例如取 $C = [-R,R] + C_R$,这里,C_R 是上半圆: $|z| = R, \mathrm{Im}z \geqslant 0$ (图 5.3). 于是,由留数定理,有

$$2\pi\mathrm{i} \sum \mathrm{Res}f(z) = \int_C f(z)\,\mathrm{d}z$$

$$= \int_{-R}^{R} R(x)\,\mathrm{d}x + \int_{C_R} f(z)\,\mathrm{d}z. \tag{3}$$

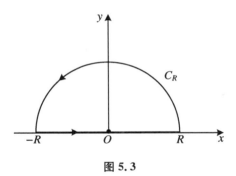

图 5.3

这里,左端的和对 $f(z)$ 在 C 内的全部奇点进行. 由所设知

$$\lim_{z \to \infty} zf(z) = 0,$$

故由引理 1,得

$$\lim_{R \to +\infty} \int_{C_R} f(z)\,\mathrm{d}z = 0.$$

在(3)式两端令 $R \to +\infty$ 取极限,设 $a_1, a_2, \cdots, a_n$ 是 $f(z)$ 在上半平面内的全部奇点(都是极点),当 R 充分大时,这些奇点都在 C 内. 这样,就得到了计算这类积分的一般公式

$$\int_{-\infty}^{+\infty} R(x)\mathrm{d}x = 2\pi\mathrm{i}\sum_{k=1}^{n} \mathrm{Res}[R(z),a_k].$$

例 3 计算积分

$$I = \int_{-\infty}^{+\infty} \frac{\mathrm{d}x}{(x^2+a^2)^3} \quad (a > 0).$$

解 由于 $R(z)=\dfrac{1}{(z^2+a^2)^3}$ 在上半平面内只有一个 3 级极点 $a\mathrm{i}$,而

$$\begin{aligned}
\mathrm{Res}[R(z),a\mathrm{i}] &= \frac{1}{2!}\lim_{z\to a\mathrm{i}}\frac{\mathrm{d}^2}{\mathrm{d}z^2}\left[\frac{(z-a\mathrm{i})^3}{(z^2+a^2)^3}\right]\\
&= \frac{1}{2}\frac{\mathrm{d}^2}{\mathrm{d}z^2}\frac{1}{(z+a\mathrm{i})^3}\bigg|_{z=a\mathrm{i}}\\
&= \frac{3}{16a^5\mathrm{i}},
\end{aligned}$$

故由前面得到的公式,有

$$\begin{aligned}
I &= 2\pi\mathrm{i}\cdot\frac{3}{16a^5\mathrm{i}}\\
&= \frac{3\pi}{8a^5}.
\end{aligned}$$

5.2.4 $I_1 = \displaystyle\int_{-\infty}^{+\infty} R(x)\cos mx\,\mathrm{d}x$ **及** $I_2 = \displaystyle\int_{-\infty}^{+\infty} R(x)\sin mx\,\mathrm{d}x$

$(m>0)$**型的积分**

这里,$R(x)=\dfrac{P(x)}{Q(x)}$ 仍是有理函数,$Q(x)$ 至少比 $P(x)$ 高 1 次,且 $Q(x)$ 在实数轴上无零点. 由高等数学知识,在这些条件下,广义积分 I_1,I_2 都存在. 下面我们证明

$$\int_{-\infty}^{+\infty} R(x)\mathrm{e}^{\mathrm{i}mx}\,\mathrm{d}x = I_1 + \mathrm{i}I_2 = 2\pi\mathrm{i}\sum_{k=1}^{n} \mathrm{Res}[R(z)\mathrm{e}^{\mathrm{i}mz},a_k], \quad (4)$$

式中,$a_1,a_2,\cdots,a_n$ 是复有理函数 $R(z)=\dfrac{P(z)}{Q(z)}$ 在上半平面内的全部极点.

取辅助函数 $f(z)=R(z)\mathrm{e}^{\mathrm{i}mz}$,辅助闭路 $C=[-R,R]+C_R$ 仍

是如图 5.3 所示半圆的边界. 由留数定理, 有

$$2\pi i \sum \operatorname{Res} f(z) = \int_C f(z) \mathrm{d}z$$

$$= \int_{-R}^{R} R(x) \mathrm{e}^{imx} \mathrm{d}x + \int_{C_R} R(z) \mathrm{e}^{imz} \mathrm{d}z. \quad (5)$$

这里, 左端的留数和对 $f(z)$ 在 C 内的全部极点进行. 由所设, 有 $\lim\limits_{z \to \infty} R(z) = 0$, 故由若尔当引理, 有

$$\lim_{R \to +\infty} \int_{C_R} R(z) \mathrm{e}^{imz} \mathrm{d}z = 0.$$

于是, 在(5)式两端令 $R \to +\infty$ 取极限, 即得公式(4).

例 4 计算积分

$$I = \int_{-\infty}^{+\infty} \frac{\cos x}{(x^2 + a^2)^2} \mathrm{d}x \ (a > 0).$$

解 设

$$R(z) = \frac{1}{(z^2 + a^2)^2},$$

它在上半平面内有一个 2 级极点 ai, 故

$$\operatorname{Res}[R(z) \mathrm{e}^{iz}, ai] = \lim_{z \to ai} \frac{\mathrm{d}}{\mathrm{d}z} \left[\frac{\mathrm{e}^{iz}}{(z + ai)^2} \right]$$

$$= -\frac{\mathrm{e}^{-a}(a+1)i}{4a^3}.$$

于是, 由公式(4)得

$$I = \int_{-\infty}^{+\infty} \frac{\cos x}{(x^2 + a^2)^2} \mathrm{d}x$$

$$= \operatorname{Re}\left[\int_{-\infty}^{+\infty} \frac{\mathrm{e}^{ix}}{(x^2 + a^2)^2} \mathrm{d}x \right]$$

$$= \operatorname{Re}\left[-2\pi i \cdot \frac{\mathrm{e}^{-a}(a+1)i}{4a^3} \right]$$

$$= \frac{\mathrm{e}^{-a}(a+1)\pi}{2a^3}.$$

5.2.5 杂 例

从前面讨论的几个模式可见, 利用留数计算定积分, 关键在于

选择一个合适的辅助函数及一条相应的辅助闭路,从而把定积分的计算化成沿闭路的复积分的计算. 除了一些标准模式外,辅助函数尤其是辅助闭路的选择很不规则. 一般说来,辅助函数 $F(z)$ 总要选得使当 $z=x$ 时 $F(x)=f(x)$（$f(x)$ 是原定积分中的被积函数）,或 $\mathrm{Re}F(x)=f(x)$,或 $\mathrm{Im}F(x)=f(x)$. 辅助闭路的选取原则是:使添加的路径上的积分能够通过一定的办法估计出来,或者是能够转化为原来的定积分(如下面例 7). 但具体选取时,形状则是多种多样,有半圆形围道、长方形围道、扇形围道、三角形围道,等等. 此外,围道上有奇点时还要绕过去.

例 5　计算积分

$$I = \int_0^{+\infty} \left(\frac{\sin x}{x} \right)^2 \mathrm{d}x.$$

解　首先注意到

$$I = \frac{1}{2} \int_{-\infty}^{+\infty} \left(\frac{\sin x}{x} \right)^2 \mathrm{d}x.$$

因 $\sin^2 x = \frac{1}{2}(1-\cos 2x)$,故令 $f(z)=\dfrac{\mathrm{e}^{2\mathrm{i}z}-1}{z^2}$. 由于 $z=0$ 是 $f(z)$ 的 1 级极点,故积分路径不能通过原点,必须绕过去. 取如图 5.4 所示的闭路 $C=[-R,-r]+C_r+[r,R]+C_R$,这里,C_r 是上半圆周 $|z|=r$,$\mathrm{Im}z \geqslant 0$;C_R 是上半圆周 $|z|=R$,$\mathrm{Im}z \geqslant 0$. 由于 $f(z)$ 只有一个奇点 $z=0$,对任意 R 和 r,它都不在 C 内,故由柯西积分定理,有

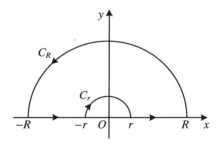

图 5.4

$$0 = \int_C f(z)\mathrm{d}z$$

$$= \int_{-R}^{-r} f(x)\mathrm{d}x + \int_{C_r} f(z)\mathrm{d}z$$

$$+ \int_r^R f(x)\mathrm{d}x + \int_{C_R} f(z)\mathrm{d}z. \tag{6}$$

由引理 1，$\lim\limits_{R\to+\infty}\int_{C_R}\dfrac{1}{z^2}\mathrm{d}z = 0$，再由若尔当引理，$\lim\limits_{R\to+\infty}\int_{C_R}\dfrac{\mathrm{e}^{2\mathrm{i}z}}{z^2}\mathrm{d}z = 0$，故

$$\lim_{R\to+\infty}\int_{C_R} f(z)\mathrm{d}z = 0.$$

由引理 2，并注意到小半圆周 C_r 的方向，有

$$\lim_{r\to0}\int_{C_r} f(z)\mathrm{d}z = -\pi\mathrm{i}\operatorname{Res}[f(z),0]$$

$$= -\pi\mathrm{i}\cdot\lim_{z\to0}z\,\frac{\mathrm{e}^{2\mathrm{i}z}-1}{z^2}$$

$$= -\pi\mathrm{i}\cdot\lim_{z\to0}\frac{2\mathrm{i}\mathrm{e}^{2\mathrm{i}z}}{1}$$

$$= 2\pi.$$

于是，在(6)式两端令 $R\to+\infty$，$r\to0$ 取极限，得

$$\int_{-\infty}^{+\infty}\frac{\mathrm{e}^{2\mathrm{i}x}-1}{x^2}\mathrm{d}x + 2\pi = 0,$$

即

$$\int_{-\infty}^{+\infty}\frac{\cos2x-1}{x^2}\mathrm{d}x + \mathrm{i}\int_{-\infty}^{+\infty}\frac{\sin2x}{x^2}\mathrm{d}x + 2\pi = 0.$$

取实部，得

$$\int_{-\infty}^{+\infty}\left(\frac{\sin x}{x}\right)^2\mathrm{d}x = \pi,$$

故

$$I = \frac{\pi}{2}.$$

例 6 求弗雷涅积分

$$I_1 = \int_0^{+\infty}\cos x^2\,\mathrm{d}x,$$

$$I_2 = \int_0^{+\infty} \sin x^2 \, \mathrm{d}x.$$

解　考虑函数 $f(z) = \exp\{\mathrm{i}z^2\}$ 沿图 5.5 所示三角形闭路 $C = [0, R] + C_1 + C_2$ 的积分. 因 $f(z)$ 在全平面内解析, 故

$$\begin{aligned}
0 &= \int_C f(z) \, \mathrm{d}z \\
&= \int_0^R \exp\{\mathrm{i}x^2\} \, \mathrm{d}x + \int_{C_1} f(z) \, \mathrm{d}z + \int_{C_2} f(z) \, \mathrm{d}z. \quad (7)
\end{aligned}$$

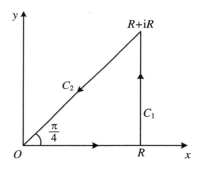

图 5.5

在 C_1 上, $z = R + \mathrm{i}y$ $(0 \leqslant y \leqslant R)$, 故

$$\begin{aligned}
\left| \int_{C_1} f(z) \, \mathrm{d}z \right| &\leqslant \int_0^R |\exp\{\mathrm{i}(R + \mathrm{i}y)^2\}| \, \mathrm{d}y \\
&= \int_0^R \exp\{-2Ry\} \, \mathrm{d}y \\
&= \frac{1}{2R} (1 - \exp\{-2R^2\}) \\
&\to 0 \ (R \to +\infty).
\end{aligned}$$

在 C_2 上, $z = r \exp\left\{\dfrac{\pi}{4}\mathrm{i}\right\}$, $z^2 = \mathrm{i}r^2$ $(0 \leqslant r \leqslant \sqrt{2}R)$, $\mathrm{d}z = \exp\left\{\dfrac{\pi}{4}\mathrm{i}\right\} \mathrm{d}r$, 因而

$$\int_{C_2} f(z) \, \mathrm{d}z = \exp\left\{\frac{\pi}{4}\mathrm{i}\right\} \int_{\sqrt{2}R}^0 \exp\{-r^2\} \, \mathrm{d}r.$$

在 (7) 式两端令 $R \to +\infty$ 取极限, 得

118

$$I_1 + \mathrm{i}I_2 - \frac{1+\mathrm{i}}{\sqrt{2}} \int_0^{+\infty} \exp\{-r^2\}\mathrm{d}r = 0.$$

因

$$\int_0^{+\infty} \exp\{-r^2\}\mathrm{d}r = \frac{\sqrt{\pi}}{2},$$

故

$$I_1 + \mathrm{i}I_2 = \frac{1+\mathrm{i}}{2\sqrt{2}}\sqrt{\pi},$$

所以

$$I_1 = I_2 = \frac{1}{2}\sqrt{\frac{\pi}{2}}.$$

例7 计算积分

$$I = \int_0^{+\infty} \exp\{-ax^2\}\cos bx\,\mathrm{d}x \ (a > 0).$$

解 作积分替换 $u = \sqrt{a}x$，并记 $t = \dfrac{b}{2\sqrt{a}}$，得

$$I = \frac{1}{\sqrt{a}} \int_0^{+\infty} \mathrm{e}^{-u^2} \cos \frac{b}{\sqrt{a}} u\,\mathrm{d}u$$

$$= \frac{1}{2\sqrt{a}} \int_{-\infty}^{+\infty} \mathrm{e}^{-x^2} \cos 2tx\,\mathrm{d}x.$$

令 $f(z) = \mathrm{e}^{-z^2}$，取如图 5.6 所示的闭路 $C = [-R,R] + C_1 + l + C_2$.
由于 $f(z)$ 在全平面内解析，故

$$0 = \int_{-R}^{R} \mathrm{e}^{-x^2}\mathrm{d}x + \int_{C_1} f(z)\mathrm{d}z + \int_{l} f(z)\mathrm{d}z + \int_{C_2} f(z)\mathrm{d}z. \qquad (8)$$

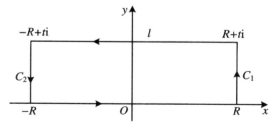

图 5.6

在 C_1 上, $z=R+\mathrm{i}y$ $(0\leqslant y\leqslant t)$, 故

$$\left|\int_{C_1}f(z)\mathrm{d}z\right|\leqslant\int_0^t|\exp\{-(R+\mathrm{i}y)^2\}|\,\mathrm{d}y$$

$$\leqslant\exp\{-R^2\}\int_0^t\exp\{y^2\}\mathrm{d}y$$

$$\to 0\ (R\to+\infty).$$

同理

$$\lim_{R\to+\infty}\int_{C_2}f(z)\mathrm{d}z=0.$$

在 l 上, $z=x+t\mathrm{i}$ $(-R\leqslant x\leqslant R)$, 故

$$\int_l f(z)\mathrm{d}z=\int_R^{-R}\exp\{-(x+t\mathrm{i})^2\}\mathrm{d}x$$

$$=-\exp\{t^2\}\int_{-R}^R\exp\{-x^2\}\cos 2tx\,\mathrm{d}x.$$

于是,在(8)式中令 $R\to+\infty$ 取极限,并利用概率积分

$$\int_{-\infty}^{+\infty}\mathrm{e}^{-x^2}\mathrm{d}x=\sqrt{\pi},$$

得

$$0=\sqrt{\pi}-\exp\{t^2\}\int_{-\infty}^{+\infty}\exp\{-x^2\}\cos 2tx\,\mathrm{d}x.$$

所以

$$I=\frac{1}{2}\sqrt{\frac{\pi}{a}}\exp\left\{-\frac{b^2}{4a}\right\}.$$

* 5.2.6 多值函数的积分

在计算某些定积分时,必须选取一个多值函数作辅助函数,这时,就要对此多值函数选定一个确定的单值解析分支,才能利用留数进行计算.

例 8 计算积分

$$I=\int_0^{+\infty}\frac{\ln x}{(x^2+1)^2}\mathrm{d}x.$$

解 作辅助函数

120

$$f(z) = \frac{\ln z}{(z^2+1)^2},$$

这里，$\ln z = \ln|z| + \mathrm{i}\arg z$（$0 < \arg z < 2\pi$）. 选取如图 5.7 所示的闭路 C，使 $f(z)$ 在上半平面中的唯一奇点 i 在 C 内. 由留数定理，有

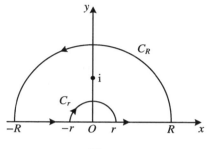

图 5.7

$$\int_r^R \frac{\ln x}{(x^2+1)^2}\mathrm{d}x + \int_{C_R} f(z)\mathrm{d}z + \int_{[-R,-r]} f(z)\mathrm{d}z + \int_{C_r} f(z)\mathrm{d}z$$
$$= 2\pi\mathrm{i}\,\mathrm{Res}[f(z),\mathrm{i}]. \tag{9}$$

因 i 是 $f(z)$ 的 2 级极点，故

$$\mathrm{Res}[f(z),\mathrm{i}] = \lim_{z\to \mathrm{i}} \frac{\mathrm{d}}{\mathrm{d}z}[f(z)(z-\mathrm{i})^2]$$
$$= \frac{\mathrm{d}}{\mathrm{d}z}\frac{\ln z}{(z+\mathrm{i})^2}\Big|_{z=\mathrm{i}}$$
$$= -\frac{1}{4\mathrm{i}} + \frac{1}{4\mathrm{i}}\ln\mathrm{i}.$$

因已约定 $\ln z$ 是主支，故 $\ln\mathrm{i} = \dfrac{\pi}{2}\mathrm{i}$，所以

$$\mathrm{Res}[f(z),\mathrm{i}] = \frac{\pi+2\mathrm{i}}{8}.$$

下面分别讨论（9）式左端的各项积分：

1）在 C_R 上，$z = R\mathrm{e}^{\mathrm{i}\varphi}$（$0 \leqslant \varphi \leqslant \pi$），故

$$|\ln z| = \sqrt{\ln^2 R + \varphi^2}$$
$$\leqslant \sqrt{\ln^2 R + \pi^2}$$
$$\leqslant \ln R + \pi,$$

121

且
$$\frac{1}{\mid z^2+1\mid^2}\leqslant\frac{1}{(R^2-1)^2},$$

所以
$$\left|\int_{C_R}f(z)\mathrm{d}z\right|\leqslant\frac{\ln R+\pi}{(R^2-1)^2}\cdot\pi R$$
$$\to 0\;(R\to+\infty).$$

2) 在 C_r 上，$z=r\mathrm{e}^{\mathrm{i}\varphi}$ $(0\leqslant\varphi\leqslant\pi)$，故
$$\mid\ln z\mid\leqslant\sqrt{\ln^2 r+\pi^2}$$
$$\leqslant\mid\ln r\mid+\pi,$$

且
$$\left|\frac{1}{(z^2+1)^2}\right|\leqslant\frac{1}{(1-r^2)^2},$$

从而
$$\left|\int_{C_r}f(z)\mathrm{d}z\right|\leqslant\frac{\mid\ln r\mid+\pi}{(1-r^2)^2}\cdot\pi r$$
$$\to 0\;(r\to 0).$$

3) 在线段 $[-R,-r]$ 上，$z=x\mathrm{e}^{\mathrm{i}\pi}$ $(x>0)$，故
$$\ln z=\ln x+\mathrm{i}\pi,$$
$$\mathrm{d}z=-\mathrm{d}x,$$

所以
$$\int_{[-R,-r]}f(z)\mathrm{d}z=\int_R^r\frac{\ln x+\mathrm{i}\pi}{(1+x^2)^2}(-\mathrm{d}x)$$
$$=\int_r^R\frac{\ln x+\mathrm{i}\pi}{(1+x^2)^2}\mathrm{d}x.$$

最后，在(9)式中，令 $r\to0,R\to+\infty$ 取极限，得
$$\frac{\pi^2\mathrm{i}}{4}-\frac{\pi}{2}=2\int_0^{+\infty}\frac{\ln x}{(x^2+1)^2}\mathrm{d}x+\pi\mathrm{i}\int_0^{+\infty}\frac{\mathrm{d}x}{(x^2+1)^2}.$$

比较等式两端的实部，即得
$$I=-\frac{\pi}{4}.$$

分析例 8 的计算过程, 可以得到下面的一般公式:

$$2\int_0^{+\infty} R(x)\ln x\,\mathrm{d}x + \pi\mathrm{i}\int_0^{+\infty} R(x)\,\mathrm{d}x$$

$$= 2\pi\mathrm{i}\sum_{k=1}^n \mathrm{Res}[R(z)\ln z, a_k].$$

这里, $R(z)$ 是一个在正实轴上无奇点的偶有理函数, 且分母至少比分子高 2 次, $\ln z = \ln|z| + \mathrm{i}\arg z$ $(0 < \arg z < 2\pi)$, $a_1, a_2, \cdots, a_n$ 是 $R(z)$ 在上半平面内的全部极点.

下面讨论另一类较常见的积分

$$\int_0^{+\infty} x^p R(x)\,\mathrm{d}x$$

的计算. 这里, 假设实数 p 不是整数, $R(z)$ 是一个在正实轴上没有奇点的有理函数, 且满足条件:

$$\lim_{z\to 0} z^{p+1} R(z) = 0,$$

$$\lim_{z\to\infty} z^{p+1} R(z) = 0.$$

并约定

$$z^p = \mathrm{e}^{p\ln z},$$

$$\ln z = \ln|z| + \mathrm{i}\arg z \quad (0 < \arg z < 2\pi).$$

令 $f(z) = z^p R(z)$, 在沿正实轴割开了的 z 平面上取辅助闭路 C 如图 5.8 所示:从正实轴上岸的点 $x = r$ $(r > 0)$ 出发, 沿实轴正向到点 $x = R$, 再沿圆周 $C_R: |z| = R$ 的正向转一圈到正实轴的下岸

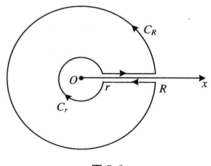

图 5.8

123

的点 $x=R\mathrm{e}^{\mathrm{i}2\pi}$,然后沿正实轴的下岸的负向到点 $x=r\mathrm{e}^{\mathrm{i}2\pi}$(这一段记为 l),最后沿着圆周 C_r:$|z|=r$ 的负向转一圈后回到出发点.于是

$$2\pi\mathrm{i}\sum\mathrm{Res}f(z)=\int_C f(z)\mathrm{d}z$$

$$=\int_r^R f(x)\mathrm{d}x+\int_{C_R}f(z)\mathrm{d}z$$

$$+\int_l f(z)\mathrm{d}z+\int_{C_r}f(z)\mathrm{d}z, \tag{10}$$

这里,$\sum\mathrm{Res}f(z)$ 表示 $f(z)$ 在 C 内所有奇点的留数的和.

由所设条件,有

$$\lim_{z\to 0}zf(z)=0,$$

$$\lim_{z\to\infty}zf(z)=0,$$

所以

$$\lim_{r\to 0}\int_{C_r}f(z)\mathrm{d}z=0,$$

$$\lim_{R\to+\infty}\int_{C_R}f(z)\mathrm{d}z=0.$$

而在正实轴下岸的线段 l 上,$z=x\mathrm{e}^{\mathrm{i}2\pi}$ $(r\leqslant x\leqslant R)$,故

$$\int_l f(z)\mathrm{d}z=-\mathrm{e}^{2p\pi\mathrm{i}}\int_r^R x^p R(x)\mathrm{d}x.$$

于是,在(10)式两边令 $r\to 0$,$R\to+\infty$ 取极限,得

$$\int_0^{+\infty}x^p R(x)\mathrm{d}x=\frac{2\pi\mathrm{i}}{1-\mathrm{e}^{2p\pi\mathrm{i}}}\sum\mathrm{Res}z^p R(z). \tag{11}$$

这里,$\sum\mathrm{Res}z^p R(z)$ 代表函数 $z^p R(z)$ 依前面取定的单值解析分支在除原点以外的平面上所有奇点的留数的和.

例9 计算积分

$$I=\int_0^{+\infty}\frac{x^p}{1+x}\mathrm{d}x \quad(-1<p<0).$$

解 由 $-1<p<0$,有 $0<p+1<1$,从而

$$\lim_{z\to 0}z^{p+1}\frac{1}{1+z}=0,$$

$$\lim_{z \to \infty} z^{p+1} \frac{1}{1+z} = 0.$$

函数$\frac{1}{1+z}$只有$z=-1$是其1级极点,并且

$$\operatorname{Res}\left[\frac{z^p}{1+z}, -1\right] = \lim_{z \to -1}\left[(1+z)\frac{z^p}{1+z}\right]$$
$$= (-1)^p.$$

由前面推导公式(11)时对沿正实轴割开的平面的辐角所作的规定,应有$-1 = e^{\pi i}$,于是

$$\operatorname{Res}\left[\frac{z^p}{1+z}, -1\right] = e^{p\pi i}.$$

所以

$$\int_0^{+\infty} \frac{x^p}{1+x}\mathrm{d}x = \frac{2\pi i e^{p\pi i}}{1 - e^{2p\pi i}}$$
$$= \frac{2\pi i}{e^{-p\pi i} - e^{p\pi i}}$$
$$= -\frac{\pi}{\sin p\pi}.$$

顺便指出,例8中的积分也可以用图5.8所示的闭路计算,但这时需取

$$f(z) = \frac{(\ln z)^2}{(z^2+1)^2}$$

作辅助函数,计算也稍复杂一些,建议读者自己算一遍.

5.3 辐 角 原 理

本节讨论在留数理论的基础上建立起来的辐角原理,利用它可以解决某些函数的零点分布问题.

定理1 设a, b分别是函数$f(z)$的m级零点和n级极点,则a, b都是$\frac{f'(z)}{f(z)}$的1级极点,且

$$\operatorname{Res}\left[\frac{f'(z)}{f(z)}, a\right] = m,$$

$$\text{Res}\left[\frac{f'(z)}{f(z)},b\right]=-n.$$

证 因 a 是 $f(z)$ 的 m 级零点,故在 a 点的某邻域内有
$$f(z)=(z-a)^m\varphi(z),\ \varphi(a)\neq 0,$$
于是
$$\frac{f'(z)}{f(z)}=\frac{m}{z-a}+\frac{\varphi'(z)}{\varphi(z)}.$$
由于 $\varphi(a)\neq 0$,故 $\dfrac{\varphi'(z)}{\varphi(z)}$ 在 a 点解析,从而 a 是 $\dfrac{f'(z)}{f(z)}$ 的 1 级极点,且
$$\text{Res}\left[\frac{f'(z)}{f(z)},a\right]=m.$$

因 b 是 $f(z)$ 的 n 级极点,故在 b 点的某去心邻域内有
$$f(z)=\frac{\psi(z)}{(z-b)^n},\ \psi(b)\neq 0,$$
于是
$$\frac{f'(z)}{f(z)}=\frac{-n}{z-b}+\frac{\psi'(z)}{\psi(z)}.$$
由于 $\psi(b)\neq 0$,故 $\dfrac{\psi'(z)}{\psi(z)}$ 在 b 点解析,从而 b 是 $\dfrac{f'(z)}{f(z)}$ 的 1 级极点,且
$$\text{Res}\left[\frac{f'(z)}{f(z)},b\right]=-n.$$

定理 2 设 $f(z)$ 在闭路 C 上解析且不为零,在 C 的内部除去有限多个极点外也处处解析,则
$$\frac{1}{2\pi i}\int_C \frac{f'(z)}{f(z)}\mathrm{d}z=N-P.$$
这里,N 及 P 分别表示 $f(z)$ 在 C 的内部的零点及极点的总数(约定一个 k 级零点算 k 个零点,一个 m 级极点算 m 个极点).

证 设 $f(z)$ 在 C 内有 n 个不同的零点 $a_1,a_2,\cdots,a_n$ 和 m 个不同的极点 $b_1,b_2,\cdots,b_m$,它们的级数分别为 $\alpha_1,\alpha_2,\cdots,\alpha_n$ 和 $\beta_1,\beta_2,\cdots,\beta_n$. 由定理1,这 $n+m$ 个点都是 $g(z)=\dfrac{f'(z)}{f(z)}$ 的 1 级极点,且
$$\text{Res}[g(z),a_k]=\alpha_k\quad(k=1,2,\cdots,n),$$
$$\text{Res}[g(z),b_k]=\beta_k\quad(k=1,2,\cdots,m).$$

126

除了这些 1 级极点外, $g(z)$ 在 C 及其内部解析, 故由留数定理, 得

$$\frac{1}{2\pi i}\int_C g(z)\mathrm{d}z = \sum_{k=1}^n \alpha_k - \sum_{k=1}^m \beta_k$$
$$= N - P.$$

为了说明定理 2 的几何意义, 先引进辐角变化的概念. 设在 z 平面上有一条起点为 a、终点为 b 的曲线 l. 如果选定 a 点的辐角 $\arg a$, 当 z 从 a 沿 l 向 b 运动时, 辐角也将从 $\arg a$ 开始连续变化, 从而得到 b 点辐角的一个特定值 $\arg b = \arg a + \theta$ (图 5.9). 称 $\theta = \arg b - \arg a$ 为 z 沿曲线 l 从 a 到 b 的辐角变化, 记作 $\Delta_l \arg z$. 显然, $\Delta_l \arg z$ 与 $\arg a$ 的选定值无关. 例如, 若 l 是上半圆周: $|z|=1, \operatorname{Im} z \geqslant 0$, 当点 z 沿 l 从 1 变到 -1 时, 辐角增加了 π, 因而

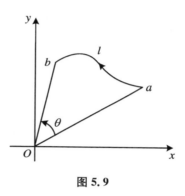

图 5.9

$$\Delta_l \arg z = \arg(-1) - \arg 1 = \pi.$$

下面讨论定理 2 的几何意义. 我们知道, 当 z 沿 z 平面上的闭路 (简单闭曲线) C 的正向绕行一周时, $w=f(z)$ 就相应地在 w 平面上画出一条不经过原点 (因在 C 上 $f(z) \neq 0$) 的有向闭曲线 l. 但 l 不一定是简单闭曲线 (图 5.10), 它可能是依正向绕原点若干圈, 也可能是依负向绕原点若干圈. 由定义易知, 当点 w 从 l 上一点 A 出发, 依 l 的方向走遍 l 回到出发点 A 时, 其辐角变化 $\Delta_l \arg w = 2k\pi$ (k 为整数). 例如, 对于图 5.10 中所画的有向闭曲线 l, $\Delta_l \arg w = 4\pi$.

设上述曲线 l 的方程为 $w = \rho(\theta)\mathrm{e}^{\mathrm{i}\theta}$, 则

$$\frac{1}{2\pi i}\int_C \frac{f'(z)}{f(z)}\mathrm{d}z = \frac{1}{2\pi i}\int_l \frac{\mathrm{d}w}{w}$$
$$= \frac{1}{2\pi i}\left(\int_l \frac{\mathrm{d}\rho}{\rho} + \mathrm{i}\int_l \mathrm{d}\theta\right)$$

$$= \frac{1}{2\pi} \int_l \mathrm{d}\theta$$

$$= \frac{1}{2\pi} \Delta_l \arg w$$

$$= \frac{1}{2\pi} \Delta_C \arg f(z).$$

这里，$\Delta_C \arg f(z)$ 表示 z 绕 C 的正向一周后 $\arg f(z)$ 的变化量，即 w 沿相应曲线 l 的辐角变化.

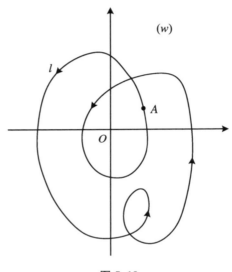

图 5.10

综合上述讨论及定理 2，得

定理 3（辐角原理）　在定理 2 的条件下，有

$$N - P = \frac{1}{2\pi} \Delta_C \arg f(z).$$

例如，函数

$$f(z) = \frac{(z^2 + 1)(z - 4)}{\sin^4 z}$$

在圆周 C：$|z| = 3$ 内有两个 1 级零点 $z = \pm \mathrm{i}$ 和一个 4 级极点 $z = 0$，故 $N = 2$，$P = 4$，所以

128

$$\Delta_C \arg f(z) = 2\pi(N - P)$$
$$= -4\pi.$$

也就是说,当 z 绕 $|z| = 3$ 的正向一周后, $w = f(z)$ 的辐角变化为 -4π.

定理 4(罗歇(Rouché)定理) 设函数 $f(z)$ 及 $\varphi(z)$ 在闭路 C 及其内部解析,且在 C 上有不等式

$$|f(z)| > |\varphi(z)|,$$

则在 C 的内部 $f(z) + \varphi(z)$ 和 $f(z)$ 的零点个数相等.

证 由于在 C 上

$$|f(z)| > |\varphi(z)| \geqslant 0,$$
$$|f(z) + \varphi(z)| \geqslant |f(z)| - |\varphi(z)| > 0,$$

故 $f(z)$ 及 $f(z) + \varphi(z)$ 在 C 上都无零点. 因为 $f(z) + \varphi(z)$ 及 $f(z)$ 都在 C 的内部解析,如果用 N 及 N' 分别表示 $f(z) + \varphi(z)$ 及 $f(z)$ 在 C 的内部的零点数,根据辐角原理,有

$$\begin{aligned}
N &= \frac{1}{2\pi} \Delta_C \arg[f(z) + \varphi(z)] \\
&= \frac{1}{2\pi} \Delta_C \arg f(z) \left[1 + \frac{\varphi(z)}{f(z)}\right] \\
&= \frac{1}{2\pi} \Delta_C \arg f(z) + \frac{1}{2\pi} \Delta_C \arg \left[1 + \frac{\varphi(z)}{f(z)}\right]
\end{aligned}$$

及

$$N' = \frac{1}{2\pi} \Delta_C \arg f(z).$$

由以上两式可见,要证明 $N = N'$,只需证明

$$\Delta_C \arg \left[1 + \frac{\varphi(z)}{f(z)}\right] = 0.$$

事实上,由于当 $z \in C$ 时 $|f(z)| > |\varphi(z)|$,所以

$$\left| 1 - \left[1 + \frac{\varphi(z)}{f(z)}\right] \right| = \left| \frac{\varphi(z)}{f(z)} \right| < 1 \ (z \in C).$$

这就是说,当 z 在 C 上变动时, $1 + \dfrac{\varphi(z)}{f(z)}$ 落在以 1 为圆心、1 为

半径的圆内,从而原点在闭曲线 $1+\dfrac{\varphi(z)}{f(z)}$ ($z \in C$) 的外部(图 5.11). 所以

$$\Delta_C \arg\left[1 + \frac{\varphi(z)}{f(z)}\right] = 0.$$

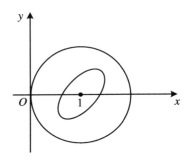

图 5.11

例 1 求多项式
$$P(z) = z^6 - z^4 - 5z^3 + 2$$
在圆 $|z| < 1$ 内有多少个零点?

解 取 $f(z) = -5z^3$, $\varphi(z) = z^6 - z^4 + 2$. 在圆周 $|z| = 1$ 上, $|f(z)| = 5$, 且 $|\varphi(z)| \leqslant |z^6| + |z^4| + 2 = 4$, 故 $|f(z)| > |\varphi(z)|$. 于是,依罗歇定理, $P(z) = f(z) + \varphi(z)$ 与 $f(z)$ 在圆 $|z| < 1$ 内的零点个数相同. 而 $f(z) = -5z^3$ 在 $|z| < 1$ 内只有一个 3 级零点 $z = 0$, 故 $P(z)$ 在圆 $|z| < 1$ 内有 3 个零点.

例 2 证明代数学的基本定理: n 次复系数多项式
$$P(z) = a_0 z^n + a_1 z^{n-1} + \cdots + a_{n-1} z + a_n \quad (n \geqslant 1,\ a_0 \neq 0)$$
在复平面内必有 n 个零点.

证 令 $f(z) = a_0 z^n$, $\varphi(z) = a_1 z^{n-1} + \cdots + a_n$. 由于 $\lim\limits_{z \to \infty} \dfrac{\varphi(z)}{f(z)} = 0$, 故当 R 充分大时,在圆周 C: $|z| = R$ 上,有
$$\left|\frac{\varphi(z)}{f(z)}\right| < 1,$$
即

130

$$|\varphi(z)| < |f(z)|.$$

从而,$P(z) = f(z) + \varphi(z)$ 与 $f(z)$ 在 C 内的零点个数相同. 所以, $P(z)$ 在复平面内有 n 个零点.

<h2 align="center">习　题</h2>

1. 求下列函数在各极点的留数:

(1) $\dfrac{\cos z}{z - i}$;

(2) $\dfrac{z^{2n}}{1 + z^{2n}}$;

(3) $\dfrac{1}{e^z - 1}$;

(4) $\dfrac{1 - e^{2z}}{z^4}$;

(5) $\dfrac{1}{(1 + z^2)^3}$;

(6) $\dfrac{z^{2n}}{(z - 1)^n}$;

(7) $\dfrac{1}{(z - z_1)^m (z - z_2)^n}$ ($z_1 \neq z_2$, m, n 为正整数);

(8) $\dfrac{1}{z}\left[\dfrac{1}{z + 1} + \cdots + \dfrac{1}{(z + 1)^n}\right]$.

2. 设 ∞ 点是 $f(z)$ 的一个孤立奇点(即 $f(z)$ 在某区域 D: $|z| > R$ 内解析),则称

$$\frac{1}{2\pi i}\int_{C^-} f(z)\mathrm{d}z$$

为 $f(z)$ 在 ∞ 点的留数. 这里,C^- 是区域 D 内的任一闭路,并取负方向——这个方向使 ∞ 点永远在它的左边,因而可以看作是绕 ∞ 点的正方向.

(1) 证明:函数在 ∞ 点的留数等于这个函数在 ∞ 点的邻域内的洛朗展开式的负一次幂项的系数反符号;

(2) 若 $f(z)$ 在闭复平面上除去有限多个点 $a_1, a_2, \cdots, a_n$ 及 ∞ 外均解析,试证明:$f(z)$ 在 $a_1, a_2, \cdots, a_n$ 及 ∞ 点的留数和为零;

(3) 求习题 1 的 (1) 和 (5) 中的函数及 $\sin\dfrac{1}{z}$，$\mathrm{e}^{\frac{1}{z}}$ 在 ∞ 点的留数.

3. 求下列积分：

(1) $\displaystyle\int_C \dfrac{\mathrm{d}z}{(z-1)^2(z^2+1)}$，$C$：$x^2-2x+y^2-2y=0$；

(2) $\displaystyle\int_C \dfrac{\mathrm{d}z}{1+z^4}$，$C$：$x^2+y^2=2x$；

(3) $\displaystyle\int_C \dfrac{\mathrm{d}z}{(z^2-1)(z^3+1)}$，$C$：$|z|=r\ (r\neq 1)$；

(4) $\displaystyle\int_C \dfrac{\mathrm{d}z}{(z-1)(z-2)(z-3)}$，$C$：$|z|=4$；

(5) $\displaystyle\int_C \dfrac{\mathrm{d}z}{(z^2-1)^2(z-3)^2}$，$C$：$x^{\frac{2}{3}}+y^{\frac{2}{3}}=z^{\frac{2}{3}}$.

4. 求下列积分：

(1) $\displaystyle\int_0^{2\pi} \dfrac{\mathrm{d}\theta}{a+\cos\theta}\ (a>1)$；

(2) $\displaystyle\int_0^{2\pi} \dfrac{r-\cos\theta}{1-2r\cos\theta+r^2}\mathrm{d}\theta$；

(3) $\displaystyle\int_0^{\frac{\pi}{2}} \dfrac{\mathrm{d}\theta}{a^2+\sin^2\theta}\ (a>0)$；

(4) $\displaystyle\int_0^{\pi} \mathrm{tg}(\theta+ia)\mathrm{d}\theta\ (a\ 为实数，且\ a\neq 0)$.

［**提示**：分 $a>0$ 及 $a<0$ 两种情况讨论.］

5. 求下列积分：

(1) $\displaystyle\int_{-\infty}^{+\infty} \dfrac{x^2}{(x^2+a^2)^2}\mathrm{d}x\ (a>0)$；

(2) $\displaystyle\int_{-\infty}^{+\infty} \dfrac{\mathrm{d}x}{(x^2+a^2)(x^2+b^2)}\ (a>0,b>0)$；

(3) $\displaystyle\int_0^{+\infty} \dfrac{1+x^2}{1+x^4}\mathrm{d}x$.

6. 求下列积分：

(1) $\displaystyle\int_0^{+\infty} \dfrac{x\sin ax}{x^2+b^2}\mathrm{d}x\ (a>0,b>0)$；

132

(2) $\displaystyle\int_0^{+\infty} \frac{\sin ax}{x(x^2+b^2)}\mathrm{d}x \ (a>0, b>0)$;

(3) $\displaystyle\int_0^{+\infty} \frac{x^2-a^2}{x^2+a^2} \frac{\sin x}{x}\mathrm{d}x \ (a>0)$;

(4) $\displaystyle\int_0^{+\infty} \frac{\cos 2ax - \cos 2bx}{x^2}\mathrm{d}x \ (a>0, b>0)$;

(5) $\displaystyle\int_0^{+\infty} \left(\frac{\sin x}{x}\right)^3 \mathrm{d}x$.

$\left[\text{提示：取 } f(z)=\dfrac{\mathrm{e}^{3iz}-3\mathrm{e}^{iz}+2}{z^3}.\right]$

7. 求下列积分：

(1) $\displaystyle\int_0^{+\infty} \frac{\cos x - \mathrm{e}^{-x}}{x}\mathrm{d}x$；

$\left[\text{提示：取 } f(z)=\dfrac{\mathrm{e}^{iz}-\mathrm{e}^{-z}}{z}, f(z) \text{ 在全平面内解析；闭路 } C \text{ 为}\right.$
四分之一圆：$|z|<R, \mathrm{Re}z>0, \mathrm{Im}z>0$ 的边界. $\Big]$

(2) $\displaystyle\int_0^{+\infty} \frac{x}{\mathrm{e}^{\pi x} - \mathrm{e}^{-\pi x}}\mathrm{d}x$.

$\left[\text{提示：取 } f(z)=\dfrac{z}{\mathrm{e}^{\pi z}-\mathrm{e}^{-\pi z}}, \text{闭路 } C \text{ 为矩形域：} -R<\mathrm{Re}z< \right.$
$R, 0<\mathrm{Im}z<\dfrac{1}{2}$ 的边界. $\Big]$

* 8. 求下列积分：

(1) $\displaystyle\int_0^{+\infty} \frac{x^p}{(1+x^2)^2}\mathrm{d}x \ (-1<p<3)$；

(2) $\displaystyle\int_0^{+\infty} \frac{\ln x}{(1+x^2)^3}\mathrm{d}x$；

(3) $\displaystyle\int_0^{+\infty} \frac{\ln^2 x}{x^2+a^2}\mathrm{d}x \ (a>0)$.

9. 求下列方程在圆 $|z|<1$ 内根的个数：

(1) $2z^5-z^3+z^2-2z+8=0$；

(2) $z^7-6z^5+z^2-3=0$；

(3) $\mathrm{e}^z=3z^n$ (n 为自然数).

10. 证明：

(1) $z^4 + 6z + 1 = 0$ 有 3 个根落在圆环 $\dfrac{1}{2} < |z| < 2$ 内；

(2) $\lambda - z - e^{-z} = 0$ $(\lambda > 1)$ 在右半平面内有唯一的一个根，且是实的.

[提示：对充分大的 R，取 C 为右半圆：$|z| = R, \mathrm{Re}z > 0$ 的边界，用罗歇定理；利用连续函数的中间值定理证明根是实的.]

第6章 保形变换

在第2章2.1节中已经讲过,从几何上看,函数 $w=f(z)$ 给出了 z 平面上的点集 E 到 w 平面上的点集 G 的变换(或映照). 本章讨论由解析函数所实现的保形变换,这是复变函数论中最重要的内容之一. 保形变换的方法在许多自然科学学科(如弹性理论、电磁场理论、热学及地球物理学等)中都有着重要应用.

6.1 保形变换的概念

6.1.1 导数的几何意义

设函数 $w=f(z)$ 在区域 D 内解析,且 $f'(z_0)\neq0$ $(z_0\in D)$. 在 D 内任作一条过 z_0 的有向简单连续曲线 C:
$$z = z(t) = x(t) + \mathrm{i}y(t) \quad (a \leqslant t \leqslant b),$$
这里,$x(t)$ 及 $y(t)$ 分别是 $z(t)$ 的实部及虚部,并且设 $z'(t)\neq0$ ($z'(a)$ 及 $z'(b)$ 分别为右导数及左导数). 记 $z(t_0)=z_0$ $(a\leqslant t_0\leqslant b)$. 于是,曲线 C 在 z_0 点的切向量为
$$z'(t_0) = x'(t_0) + \mathrm{i}y'(t_0),$$
它与实轴的夹角为 $\arg z'(t_0)$.

函数 $w=f(z)$ 把曲线 C 变为过点 $w_0=f(z_0)$ 的曲线 C_1:
$$w = f(z(t)) \quad (a \leqslant t \leqslant b).$$
因为 $w'(t_0) = f'(z_0)z'(t_0)\neq0$,故曲线 C_1 在点 w_0 也有切线,$w'(t_0)$ 就是切向量,它与 w 平面上 u(实)轴的夹角为
$$\arg w'(t_0) = \arg f'(z_0) + \arg z'(t_0).$$

如果我们把 z 平面和 w 平面迭放起来,使点 z_0 与点 w_0 重合,Ox 轴与 Ou 轴同向平行,则 C 在点 z_0 的切线与 C_1 在点 w_0 的切线所夹的角就是 $\arg f'(z_0)$. 因此,我们可以认为曲线 C 在点 z_0 的切

线通过变换以后绕着点 z_0 转动了一个角度 $\arg f'(z_0)$,它称为变换 $w=f(z)$ 在 z_0 点的旋转角.

利用导数辐角的几何意义,可以得到下面的重要结论:

如果函数 $w=f(z)$ 在区域 D 内解析,设 $z_0 \in D$,且 $f'(z_0) \neq 0$,则变换 $w=f(z)$ 在点 z_0 具有保角性.具体地说就是,在变换 $w=f(z)$ 之下,通过点 z_0 的任意两条曲线的交角保持不变——不但不改变角度的大小,而且也不改变角的方向.

事实上,设在区域 D 内有两条过 z_0 点的简单光滑曲线 C 及 C',它们在 w 平面上的像曲线分别是 C_1 及 C_1'(图 6.1).以 α 及 α' 分别记 C 及 C' 在 z_0 点的切线与 x 轴正向的夹角,而用 β 及 β' 分别表示 C_1 及 C_1' 在 w_0 点的切线与 u 轴正向所成的角.于是

$$\beta = \alpha + \arg f'(z_0),$$
$$\beta' = \alpha' + \arg f'(z_0),$$

所以

$$\beta' - \beta = \alpha' - \alpha.$$

这就证得 $w=f(z)$ 在 z_0 点的保角性.

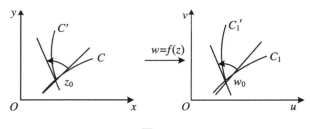

图 6.1

下面再看导数的模的几何意义.由于 $|\Delta z|$ 和 $|\Delta w|$ 分别是向量 Δz 和 Δw 的长度,故

$$|f'(z_0)| = \lim_{z \to z_0} \frac{|\Delta w|}{|\Delta z|}$$

可以看成是曲线 C 受到变换后在 z_0 点的伸张系数.伸张系数在过 z_0 点的每个方向上都相同,它与曲线 C 无关,这个性质叫做伸张率不变性.当 $|f'(z_0)| > 1$ 时,从 z_0 点出发的任意无穷小距离变换以

后都被伸长了;当 $|f'(z)|<1$ 时,从 z_0 点出发的任意无穷小距离变换以后则被压缩了.

从上述导数的几何意义可知,变换 $w=f(z)$ 把 z_0 ($f'(z_0)\neq0$) 附近一个不太大的几何图形变成一个和原来大致一样的图形. 例如,把 z_0 邻域内的任一小三角形变成 $f(z_0)$ 的邻域内的一个小曲边三角形,这两个三角形的对应角相等,对应边近似成比例,因此,它们是近似的相似形. 此外, $w=f(z)$ 还把一个半径充分小的圆周 $|z-z_0|=\rho$ 近似地变成 w 平面上的圆周 $|w-w_0|=|f'(z_0)|\rho$.

6.1.2 保形变换的概念

定义 1 如果变换 $w=f(z)$ 在点 z_0 具有保角性及伸张率不变性,则称变换 $w=f(z)$ 在 z_0 点是保角的. 如果 $w=f(z)$ 在域 D 中每一点都是保角的,则称 $w=f(z)$ 是域 D 内的保角变换.

由前一小节的讨论,立即得到下述定理:

定理 设 $f(z)$ 在域 D 内解析,并且 $f'(z)$ 在 D 内处处不为零,则变换 $w=f(z)$ 是 D 内的保角变换.

解决实际问题时,常把一个复杂区域 D 上的问题通过保角变换 $w=f(z)$ 化成简单区域(例如单位圆 $|w|<1$ 及上半平面 $\text{Im}\,w>0$)上的问题,因此,要求所使用的变换是双方单值的(即一一映照).

定义 2 如果变换 $w=f(z)$ 是区域 D 内的一一保角变换,就称它是 D 内的保形变换.

显然,两个保形变换的复合仍然是一个保形变换. 具体地说,如果 $\zeta=g(z)$ 把 z 平面上的区域 D 保形变换成 ζ 平面上的区域 D_1,而 $w=f(\zeta)$ 把区域 D_1 保形变换成 w 平面上的区域 G,则复合函数 $w=f[g(z)]$ 是一个把 D 映照成 G 的保形变换. 这一事实在求具体的保形变换时常要用到.

例 1 在第 2 章 2.1 节中已讲过,整线性函数 $w=az+b$ (a,b 为复常数, $a\neq0$)是由平移、旋转及相似变换复合而成的,由 ∞ 的运算规则,有 $w(\infty)=\infty$. 由于当 $z\neq\infty$ 时, $w'(z)=a\neq0$,故整线性变换在有限复平面内处处保角.

为了研究整线性变换在∞点的保角性,先作如下规定:

定义 3 设 C_1,C_2 是 t 平面上两条在∞点相交的曲线,规定它们在 $t=\infty$ 处的交角等于它们在映照 $\zeta=\dfrac{1}{t}$ 下的两条相应像曲线 C_1',C_2' 在原点 $\zeta=0$ 处的交角,记作

$$\angle(C_1,C_2)_\infty = \angle(C_1',C_2')_0.$$

依照这个定义,$w=az+b$ 在∞点保角. 事实上,设 C_1,C_2 是 z 平面上两条在∞点相交的曲线,在变换 $w=az+b$ 下的两条像曲线 l_1,l_2 也在∞点相交. 依定义,有

$$\angle(C_1,C_2)_\infty = \angle(C_1',C_2')_0,$$
$$\angle(l_1,l_2)_\infty = \angle(l_1',l_2')_0.$$

这里,C_1',C_2' 分别是 C_1,C_2 在变换 $\lambda=\dfrac{1}{z}$ 下的像曲线;l_1',l_2' 分别是 l_1,l_2 在变换 $\mu=\dfrac{1}{w}$ 下的像曲线. 由于

$$\mu = \frac{1}{az+b} = \frac{\lambda}{b\lambda+a},$$

故

$$\left.\frac{\mathrm{d}\mu}{\mathrm{d}\lambda}\right|_{\lambda=0} = \left.\frac{a}{(b\lambda+a)^2}\right|_{\lambda=0}$$
$$= \frac{1}{a} \neq 0.$$

从而

$$\angle(C_1',C_2')_0 = \angle(l_1',l_2')_0,$$

所以

$$\angle(C_1,C_2)_\infty = \angle(l_1,l_2)_\infty.$$

此外,$w=az+b$ 在闭复平面上存在单值反函数 $w=\dfrac{z-b}{a}$(仍是整线性函数). 综合上述讨论知,整线性函数是由闭 z 平面到闭 w 平面的保形变换.

例 2 对倒数变换 $w=\dfrac{1}{z}$ $(w(0)=\infty,w(\infty)=0)$,有 $w'=$

138

$-\dfrac{1}{z^2} \neq 0$ $(z \neq 0, \infty)$，因而除 $z=0$ 及 $z=\infty$ 外，它在闭复平面上处处保角. 仿照例 1 可证，它在 $z=0$ 及 $z=\infty$ 处也保角. 又在闭复平面上它的反函数仍是 $w=\dfrac{1}{z}$. 所以，倒数变换是由闭 z 平面到闭 w 平面的保形变换.

6.2 分式线性变换

由函数

$$w = \frac{az+b}{cz+d} \tag{1}$$

所确定的变换称为分式线性变换，这里，a, b, c, d 是复常数，且 $ad-bc \neq 0$. 这后一要求是必要的，否则 w 为常值函数. 此外，还规定 $w(\infty) = \dfrac{a}{c}$，$w\left(-\dfrac{d}{c}\right) = \infty$.

分式线性函数的反函数仍是分式线性变换

$$w = \frac{dz-b}{-cz+a} \quad \left(w\left(\frac{a}{c}\right) = \infty, w(\infty) = -\frac{d}{c}\right).$$

易知，整线性变换和倒数变换都是分式线性变换（1）的特殊情况.

定理 1 分式线性变换（1）是由闭 z 平面到闭 w 平面的保形变换.

证 当 $c=0$ 时，（1）式成为

$$w = \frac{a}{d}z + \frac{b}{d};$$

当 $c \neq 0$ 时，（1）式可以写成

$$w = \frac{a}{c} + \frac{bc-ad}{c^2\left(z+\dfrac{d}{c}\right)}.$$

故（1）式或为整线性变换，或为整线性变换与倒数变换的复合. 由于整线性变换及倒数变换都在闭复平面上保形，故定理得证.

我们知道，保形变换把一个很小很小的圆周变成一个和圆周

差不多的东西. 而分式线性变换的最大特点, 就是它把任意圆周照样变成圆周. 不过, 这里的所谓圆周也包括直线在内, 直线可认为是通过无限远点的圆周.

定理 2(保圆性) 分式线性变换把圆周变为圆周.

证 由于分式线性变换是由平移、旋转、相似及倒数变换复合而得的, 前三个变换显然把圆周变成圆周, 故只要证明倒数变换 $w = \frac{1}{z}$ 有此性质即可.

由第 1 章 1.1.4 节的例 5 及第 1 章的习题 20 知, 圆周或直线的方程可表示为

$$A z\bar{z} + \bar{B}z + B\bar{z} + C,$$

这里, A, C 为实数, 且 $|B|^2 > AC$ (当 $A = 0$ 时是直线). 经变换 $w = \frac{1}{z}$ 之后, 上述方程成为

$$C w\bar{w} + Bw + \bar{B}\bar{w} + A = 0,$$

它是 w 平面上的圆周或直线方程(视 C 是否为零而定). 故定理得证.

一个普通(有限)圆周(或直线)经分式线性变换后, 究竟是变成直线还是变成普通圆周, 只要看它上面有没有点变成无穷远点即可确定.

为了进一步讨论分式线性变换的性质, 需要引进关于直线或有限圆周的对称点的概念. 前者是读者熟知的, 后者的定义如下: 设已给圆周 C: $|z - z_0| = R$ $(0 < R < +\infty)$, 如果两个有限点 z_1 及 z_2 在自 z_0 点出发的同一条射线上, 且

$$|z_1 - z_0| \cdot |z_2 - z_0| = R^2,$$

则称 z_1 及 z_2 关于圆周 C 对称.

由上述定义可见, 圆周上的点和自身对称. 我们还规定圆心 z_0 和 ∞ 关于圆周 C 对称.

引理 两点 z_1 及 z_2 关于圆周 C 对称的充分必要条件是, 过 z_1 及 z_2 点的任何圆与 C 直交.

证 如果 C 是直线, 或者 C 是有限圆周, 而 z_1 及 z_2 中有一个

是∞,则引理显然成立.下面就 C 是有限圆周,且 z_1 及 z_2 都是有限点的情形证明.

必要性. 设 z_1 及 z_2 关于圆周 C 对称,而 Γ 是过 z_1 及 z_2 点的任一圆周.若 Γ 是直线,由对称性条件可知,Γ 必过圆心,从而 Γ 与 C 直交.若 Γ 是一有限圆周(图 6.2),自 z_0 点作 Γ 的切线,设切点为 z',由平面几何中的切割线定理,得

$$| z' - z_0 |^2 = | z_1 - z_0 | \cdot | z_2 - z_0 |$$
$$= R^2,$$

因而 $|z' - z_0| = R$,即 z' 在 C 上,所以 Γ 必与 C 直交.

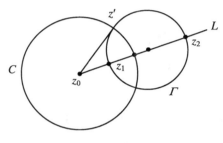

图 6.2

充分性. 请读者自己证明.

定理 3 分式线性变换 $w = w(z)$ 具有保对称点性.具体地说,设 z_1, z_2 是闭复平面上关于圆周 C 对称的两点,则对应的像点 $w_1 = w(z_1)$ 与 $w_2 = w(z_2)$ 关于像圆周 $C_1 = w(C)$ 对称.

证 过点 w_1, w_2 任意作圆周 Γ_1,由保圆性,Γ_1 的原像是过点 z_1, z_2 的圆周 Γ.由引理知,C 与 Γ 直交,故由保角性,C_1 与 Γ_1 直交.再由引理,即得 w_1, w_2 关于圆周 Γ_1 对称.

分式线性变换

$$w = \frac{az + b}{cz + d}$$

中虽然出现了四个参数 a, b, c, d,但只有三个参数是独立的.因此,应该可以用三个条件来唯一地确定一个分式线性变换.事实上,有下述结论:

定理 4 任给 z 平面上的三个不同点 z_1, z_2, z_3 和 w 平面上的

141

三个不同点 w_1, w_2, w_3，则存在唯一的分式线性变换 $w=w(z)$，满足 $w_k=w(z_k)\ (k=1,2,3)$，且这个变换是由隐式关系

$$\frac{w-w_1}{w-w_2}\cdot\frac{w_3-w_2}{w_3-w_1}=\frac{z-z_1}{z-z_2}\cdot\frac{z_3-z_2}{z_3-z_1} \qquad (2)$$

所确定的函数.

证 设 $w=\dfrac{az+b}{cz+d}\ (ad-bc\neq0)$ 把 z_1,z_2,z_3 分别映照成 w_1, w_2,w_3，即有

$$w_k=\frac{az_k+b}{cz_k+d}\ (k=1,2,3),$$

由通分可算得

$$w-w_k=\frac{(z-z_k)(ad-bc)}{(cz+d)(cz_k+d)}\ (k=1,2),$$

$$w_3-w_k=\frac{(z_3-z_k)(ad-bc)}{(cz_3+d)(cz_k+d)}\ (k=1,2).$$

由此即得(2)式. 这说明满足要求的分式线性函数只能是由(2)式解出的显式函数 $w=w(z)$. 显然，这样的解只有一个，唯一性得证.

反之，由(2)式可见，从它解出的 $w=w(z)$ 是一个分式线性函数，且 $w(z_k)=w_k\ (k=1,2,3)$.

如果定理 4 中所述的 z_k 或 w_k 中的某一个是 ∞，在用(2)式进行计算时，只需将含有这个数的因子换成 1 即可.

例 1 求分式线性变换 $w=w(z)$，将点 ∞,z_2,z_3 分别映成点 w_1,∞,w_3.

解 此时,(2)式变成

$$\frac{w-w_1}{1}\cdot\frac{1}{w_3-w_1}=\frac{1}{z-z_2}\cdot\frac{z_3-z_2}{1},$$

解得

$$w=w_1+(w_3-w_1)\frac{z_3-z_2}{z-z_2}.$$

推论 设 $w=w(z)$ 是分式线性变换，且 $w(z_1)=w_1,w(z_2)=w_2$，则此分式线性变换可表示为

$$\frac{w-w_1}{w-w_2}=k\frac{z-z_1}{z-z_2}\ (k\ \text{为任意复常数}).$$

142

特别地,若 $w(a)=0, w(b)=\infty$,则有

$$w = k\frac{z-a}{z-b}.$$

这个推论在求具体的分式线性变换时是常用的,式中的复参数 k 由其他条件确定.

在 z 平面上和 w 平面上分别任意给定一个圆周 C 和 C',利用定理 4 可以作出一个分式线性变换,把 C 变成 C'. 为此目的,只要找到一个分式线性变换,把 C 上三点变成 C' 上三点即可.

圆周 C 把 z 平面划分为两个以 C 为公共边界的域 G_1 和 G_2,圆周 C' 把 w 平面划分为两个以 C' 为公共边界的域 G_1' 和 G_2'. 用上述方法作出的分式线性变换把 G_1 完全变成 G_1' 或 G_2',要想确定 G_1 究竟是变成 G_1' 还是变成 G_2',只要看 G_1 中某一点的像落在哪个域里即可.

如果指定要把 G_1 变成 G_1',可用下法:在 C 上取三点 z_1, z_2, z_3,使在 C 上由 z_1 经 z_2 走向 z_3 时 G_1 位于左边;同样,在 C' 上取三点 w_1, w_2, w_3,使在 C' 上由 w_1 经 w_2 走向 w_3 时 G_1' 也位于左边;然后作分式线性变换,把 z_1, z_2, z_3 变成 w_1, w_2, w_3. 这时,由于保形变换保持读角方向,故 G_1 一定变成 G_1'.

例 2　求分式线性变换 $w=\dfrac{2z-\mathrm{i}}{2\mathrm{i}z-1}$ 把下半平面 $\mathrm{Im}\,z<0$ 映成 w 平面上的什么区域?

解　当 z 为实数,即 $z=x$ 时,得

$$w = \frac{2x-\mathrm{i}}{2\mathrm{i}x-1},$$

易知此时 $|w|=1$. 于是,由分式线性变换的保圆性,所给映照把实轴 $\mathrm{Im}\,z=0$ 映为单位圆周 $|w|=1$. 再由 $w\left(-\dfrac{\mathrm{i}}{2}\right)=\infty$,得知所求区域为单位圆外部 $|w|>1$.

例 3　已知分式线性变换 $w=w(z)$ 把单位圆内部 $|z|<1$ 映为单位圆内部 $|w|<1$.

1) 求一切满足 $w(z_0)=0$ 的函数 $w(z)$,这里,z_0 ($|z_0|<1$) 为定点;

2）求满足 $w(z_0)=0$ 及 $\arg w'(z_0)=\pi$ 的函数 $w(z)$.

解 1）z_0 关于圆周 $|z|=1$ 的对称点是 $\dfrac{1}{\bar{z}_0}$，因 $w(z_0)=0$，故由定理 3 得 $w\left(\dfrac{1}{\bar{z}_0}\right)=\infty$. 所以

$$w = k_1 \frac{z-z_0}{z-\dfrac{1}{\bar{z}_0}}$$

$$= k \frac{z-z_0}{1-z\bar{z}_0},$$

式中，$k=-k_1\bar{z}_0$ 为待定常数. 为了确定 k，注意到圆周 $|z|=1$ 上的点 $z=\mathrm{e}^{i\theta}$ 应变为圆周 $|w|=1$ 上的点，故应有

$$1 = |w| = |k| \cdot \left| \frac{\mathrm{e}^{i\theta}-z_0}{1-\bar{z}_0\mathrm{e}^{i\theta}} \right|$$

$$= |k| \cdot |\mathrm{e}^{i\theta}| \cdot \left| \frac{1-z_0\mathrm{e}^{-i\theta}}{1-\bar{z}_0\mathrm{e}^{i\theta}} \right|.$$

因 $1-z_0\mathrm{e}^{-i\theta}$ 与 $1-\bar{z}_0\mathrm{e}^{i\theta}$ 互为共轭，故

$$|1-z_0\mathrm{e}^{-i\theta}| = |1-\bar{z}_0\mathrm{e}^{i\theta}|.$$

又 $|\mathrm{e}^{i\theta}|=1$，所以 $|k|=1$，$k=\mathrm{e}^{i\varphi}$ $(0\leqslant\varphi\leqslant 2\pi)$. 于是，所要求的变换为

$$w = \mathrm{e}^{i\varphi} \frac{z-z_0}{1-\bar{z}_0 z}. \tag{3}$$

反之，对任意实数 φ，这个变换满足要求.

2）对满足 $w(z_0)=0$ 的函数（3）求导，得

$$w'(z_0) = \mathrm{e}^{i\varphi} \frac{1-z_0\bar{z}_0}{(1-\bar{z}_0 z_0)^2}$$

$$= \frac{1}{1-|z_0|^2} \mathrm{e}^{i\varphi},$$

因而

$$\arg w'(z_0) = \varphi = \pi.$$

于是，由（3）式得所求的变换为

$$w(z) = \frac{z-z_0}{\bar{z}_0 z - 1}.$$

例 4 求一分式线性变换，把由圆周 C_1：$|z-3|=9$ 及 C_2：

$|z-8|=16$ 所界的偏心环域 D(图 6.3)变为中心在 $w=0$ 的同心环域 D',并使其外半径为 1.

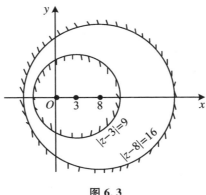

图 6.3

解 设所要求的分式线性变换把某两点 z_1,z_2 变成 $w_1=0,w_2=\infty$. 由于 w_1,w_2 同时关于 D' 的两个边界圆周对称,故 z_1,z_2 应同时关于 C_1 和 C_2 对称. 由此可知, z_1,z_2 应在 C_1 及 C_2 的圆心的连线上,即在实数轴上. 于是,可设 $z_1=x_1,z_2=x_2$,并且应有

$$\begin{cases} (x_1-3)(x_2-3)=81, \\ (x_1-8)(x_2-8)=256, \end{cases}$$

解之得 $x_1=-24,x_2=0$ (或 $x_1=0,x_2=-24$).

如果设 $w(-24)=0,w(0)=\infty$,则所求的变换应具有下列形式:

$$w=k\frac{z+24}{z}.$$

为了确定 k,我们注意到 $z=0$ 在 C_1 和 C_2 的内部,经变换后成为 $w=\infty$,在 D' 的外边界圆周的外部,因此可知 $C_1:|z-3|=9$ 应变成外边界 $|w|=1$. 点 $z=12$ 既然在 C_1 上,故应有

$$1=|w(12)|=|k|\left|\frac{12+24}{12}\right|$$

$$=3|k|,$$

即 $k=\dfrac{1}{3}\mathrm{e}^{\mathrm{i}\vartheta}$. 从而所要求的变换为

$$w = e^{i\theta} \frac{z+24}{3z}.$$

如果设 $w(-24) = \infty, w(0) = 0$，则用同样的方法可求出另一解

$$w = e^{i\theta} \frac{2z}{z+24}.$$

以上两个解答中的 θ 都是任意实数.

6.3　初等函数的映照

6.3.1　幂函数和根式函数

为了保证变换的双方单值性，把幂函数 $w = z^n$（$n \geqslant 2, n$ 为自然数）的定义域限制在以原点为顶点的角域 D：

$$\alpha < \arg z < \beta \left(\beta - \alpha \leqslant \frac{2\pi}{n} \right)$$

内. 易知，对于 D 内两个不同点 $z_1, z_2, z_1{}^n \neq z_2{}^n$. 又对 D 内的每一点 $z, w' = nz^{n-1} \neq 0$，故 $w = z^n$ 是域 D 内的一一保角变换. 令 $z = re^{i\theta}, w = \rho e^{i\varphi}$，则

$$\rho = r^n, \quad \varphi = n\theta.$$

由此可见，D 内的射线（不包含原点）$\arg z = \theta_0$ 在映照 $w = z^n$ 下的像是 w 平面上的射线 $\arg w = n\theta_0$. 所以，$w = z^n$ 保形地把域 D 映成 w 平面上的角域 D_1：$n\alpha < \arg w < n\beta$（$n\beta - n\alpha \leqslant 2\pi$）. 此外，由 $\rho = r^n$ 知，位于 D 内的圆弧 $|z| = r$ 在变换 $w = z^n$ 下的像是域 D_1 内的圆弧 $|w| = r^n$.

特别地，$w = z^n$ 保形地把角域 $-\dfrac{\pi}{n} < \arg z < \dfrac{\pi}{n}$ 映成沿负实轴剪开了的 w 平面 $-\pi < \arg w < \pi$. 由于 $w = \sqrt[n]{z}$ 是 $w = z^n$ 的反函数，故根式函数的下述单值解析分支（见第 2 章 2.5.4 节）

$$w = (\sqrt[n]{z})_0 = \sqrt[n]{|z|} \exp\left\{ i \frac{\arg z}{n} \right\} \quad (-\pi < \arg z < \pi)$$

把沿负实轴剪开的 z 平面 $-\pi < \arg z < \pi$ 保形地映成 w 平面上的角

146

域 $-\dfrac{\pi}{n} < \arg w < \dfrac{\pi}{n}$. 同样, $w = z^n$ 保形地把角域 $0 < \arg z < \dfrac{2\pi}{n}$ 映成沿正实轴剪开的 w 平面 $0 < \arg w < 2\pi$, 而根式函数的单值解析分支

$$w = \sqrt[n]{|z|} \exp\left\{ \mathrm{i}\,\dfrac{\arg z}{n} \right\} \quad (0 < \arg z < 2\pi)$$

把沿正实轴剪开的 z 平面 $0 < \arg z < 2\pi$ 保形地映成 w 平面上的角域 $0 < \arg w < \dfrac{2\pi}{n}$. 这样, 在求具体的保形变换时, 如果要把一个角域变换成角域(注意, 半平面是张角为 π 的角域), 常用幂函数或根式函数的一个单值解析分支.

例 1 求一保形变换, 将上半单位圆 D: $|z| < 1, \mathrm{Im}\,z > 0$ 变成上半平面.

解 区域 D 可以看成是由半圆周及其直径所围成的二角形区域, 如果用一个分式线性函数把二角形区域的两个顶点中的任意一个变成 ∞ 点, 由分式线性变换的保圆性, 半圆将被"拉直", 也就是说, 把区域 D 变成了一个角域. 然后再把这个角域映照成上半平面, 这只要使用幂函数就可以实现.

1) 变换

$$t = \frac{z+1}{z-1}$$

即能达到"拉直"的目的. 这时, 点 $-1, 0, \mathrm{i}$ 分别变为 $0, -1$ 和 $\dfrac{\mathrm{i}+1}{\mathrm{i}-1} = -\mathrm{i}$, 故知这个半圆域(图 6.4(a))的直径 AC 变为负实轴, 半圆周变为负虚轴. 又因保形变换不改变读角方向, 故可断定整个半圆域变为第三象限(图 6.4(b)).

2) 变换

$$w = t^2$$

即把第三象限变为上半平面(图 6.4(c)).

因此, 变换 1) 和 2) 的复合

$$w = \left(\frac{z+1}{z-1} \right)^2$$

147

即合乎要求.

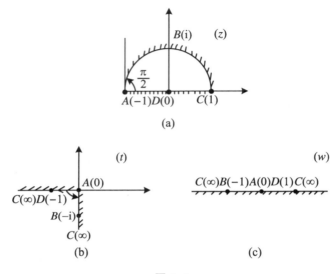

图 6.4

例 2 求一保形变换,把中心在 $z=0$ 和 $z=1$、半径为 1 的两段圆弧 l_1 和 l_2 所围的区域 D 变成上半平面.

解 这两个圆周的交点是

$$z_1 = \frac{1+\sqrt{3}i}{2}, \quad z_2 = \frac{1-\sqrt{3}i}{2}.$$

在这两个交点处,两个圆周的交角为 $\frac{2}{3}\pi$(图 6.5(a)).

1) 分式线性变换

$$t = \frac{z-z_2}{z-z_1} = \frac{2z-(1-\sqrt{3}i)}{2z-(1+\sqrt{3}i)}$$

将 z_1 变为 ∞,z_2 变成 0,因而区域 D 变成以 $t=0$ 为顶点的角域 D_1,角的大小是 $\frac{2}{3}\pi$. 为了确定这个角在 t 平面上的位置,注意到圆弧 l_1 上一点 $z=1$ 被变成 $t=\frac{-1+\sqrt{3}i}{2}$,因此 l_1 变为通过 $t=0$ 和 t

148

$=\dfrac{-1+\sqrt{3}\,\mathrm{i}}{2}$ 的射线,从而 D_1 的位置如图 6.5(b)所示.

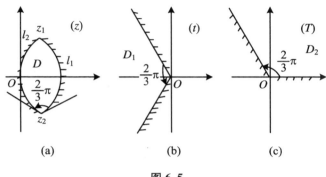

图 6.5

2）变换

$$T = \mathrm{e}^{-\frac{2}{3}\pi\mathrm{i}}t$$

把角域 D_1 绕原点沿顺时针方向旋转 $\dfrac{2}{3}\pi$,得角域 D_2：$0<\arg T$

$<\dfrac{2}{3}\pi$(图 6.5(c)).

3）变换

$$\omega = T^3$$

把角域 D_2 变成沿正实轴剪开的 ω 平面 D_3：$0<\arg\omega<2\pi$.

4）变换

$$w = \sqrt{\omega} = \sqrt{|\omega|}\exp\left\{\mathrm{i}\,\frac{\arg\omega}{2}\right\}\quad(0<\arg\omega<2\pi)$$

把 D_3 变成上半 w 平面.

把变换 1）～4）复合起来,即得到一个符合要求的保形变换

$$w = -\left[\frac{2z-1+\sqrt{3}\,\mathrm{i}}{2z-1-\sqrt{3}\,\mathrm{i}}\right]^{\frac{3}{2}}.$$

6.3.2　指数函数和对数函数

由于对任意有限复数 z,$(\mathrm{e}^z)'=\mathrm{e}^z\neq0$,故指数函数在有限复平

149

面内处处保角.由指数函数的性质(见第 2 章 2.5.1 节的性质 5)),它在任何一个宽度不超过 2π 的水平条形区域 D:

$$a < \operatorname{Im}z < b \ (b - a \leqslant 2\pi)$$

内是一一映照.由于 $w = \mathrm{e}^z = \mathrm{e}^x \cdot \mathrm{e}^{iy}$,得

$$|w| = \mathrm{e}^x, \quad \arg w = y = \operatorname{Im}z.$$

由此可见,D 内的水平直线 $\operatorname{Im}z = y_0$ $(a < y_0 < b)$ 在映照 $w = \mathrm{e}^z$ 下的像是 w 平面上的射线 $\arg w = y_0$.所以,$w = \mathrm{e}^z$ 把条形域 D 保形地变成 w 平面上的角域 D_1:$a < \arg w < b$.由 $|w| = \mathrm{e}^x$ 知,D 内的直线段 $\operatorname{Re}z = x_0$ 被变成角域 D_1 内的圆弧 $|w| = \mathrm{e}^{x_0}$.

特别地,$w = \mathrm{e}^z$ 把条形域 $-\pi < \operatorname{Im}z < \pi$ 保形地变成沿负实轴剪开的 w 平面 $-\pi < \arg w < \pi$.由于 $w = \operatorname{Ln}z$ 是 $w = \mathrm{e}^z$ 的反函数,故对数函数的单值解析分支

$$w = \ln z = \ln|z| + i\arg z \ (-\pi < \arg z < \pi)$$

把沿负实轴剪开的 z 平面 $-\pi < \arg z < \pi$ 保形地映成条形域 $-\pi < \operatorname{Im}w < \pi$.同样,$w = \mathrm{e}^z$ 保形地把条形域 $0 < \operatorname{Im}z < 2\pi$ 映成沿正实轴剪开的 w 平面 $0 < \arg w < 2\pi$,而单值解析分支

$$w = \ln z = \ln|z| + i\arg z \ (0 < \arg z < 2\pi)$$

把沿正实轴剪开的 z 平面 $0 < \arg z < 2\pi$ 保形地映成条形域 $0 < \operatorname{Im}z < 2\pi$.这样,在求具体的保形变换时,如果要把一个条形域变换成角域,可用指数函数;反之,则可用对数函数的一个单值解析分支.

例 3 求一保形变换,把竖直带域 $a < \operatorname{Re}z < b$ 变成上半平面 $\operatorname{Im}w > 0$.

解 先用一个由平移、相似及旋转变换复合而成的整线性变换

$$z_1 = \frac{\pi i}{b - a}(z - a)$$

把竖直带域 $a < \operatorname{Re}z < b$ 保形地映成水平带域 D:$0 < \operatorname{Im}z_1 < \pi$.再利用变换 $w = \mathrm{e}^{z_1}$,就把带域 D 保形地映成上半平面 $0 < \arg w < \pi$(即 $\operatorname{Im}w > 0$).两者复合而得的变换

$$w = \exp\left\{\frac{\pi i}{b - a}(z - a)\right\}$$

即符合要求.

例 4 求一保形变换,把图 6.6(a)中两个圆弧所围成的圆月牙形变为条形域 $0 < \mathrm{Im}\, w < h$.

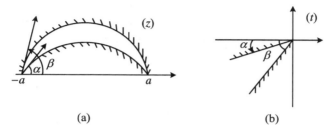

(a)   (b)

图 6.6

解 1)变换
$$t = \frac{z+a}{z-a}$$
将这个月牙形变为 t 平面上的角域. 为了确定它的位置, 注意到当 z 为实数时 t 也为实数, 并且由于
$$\left.\frac{\mathrm{d}t}{\mathrm{d}z}\right|_{z=-a} = -\frac{2}{a} < 0,$$
故当 z 自 $-a$ 出发朝实轴正向走时, t 应自 $t=0$ 出发沿实轴负向走, 但保形变换不改变读角方向, 故像域的位置应如图 6.6(b)所示.

2)变换
$$\zeta = \ln t = \ln|t| + \mathrm{i}\,\mathrm{arg}\,t \quad (\alpha+\pi < \mathrm{arg}\,t < \beta+\pi)$$
把变换 1)中所得的角域变成条形域 $\alpha+\pi < \mathrm{Im}\,\zeta < \beta+\pi$.

3)整线性变换
$$w = \frac{h}{\beta-\alpha}\zeta - \frac{(\pi+\alpha)h}{\beta-\alpha}\mathrm{i}$$
把变换 2)中的条形域变成条形域 $0 < \mathrm{Im}\, w < h$.

因此, 由变换 1), 2)和 3)复合而得的变换
$$w = \frac{h}{\beta-\alpha}\left[\ln\frac{z+a}{z-a} - (\pi+\alpha)\mathrm{i}\right]$$
即符合要求.

*6.3.3 儒可夫斯基变换

变换

$$w = \frac{1}{2}\left(z + \frac{1}{z}\right)$$

称为儒可夫斯基变换. 我们先研究它在怎样的区域内是一一对应的. 由等式

$$z_1 + \frac{1}{z_1} = z_2 + \frac{1}{z_2},$$

得

$$(z_1 - z_2)\left(1 - \frac{1}{z_1 z_2}\right) = 0.$$

由此可见, 儒可夫斯基变换把 $z_1 \neq z_2$ 变为同一点的充分必要条件是

$$z_1 z_2 = 1.$$

因此, 它在区域 D 内是一一映照的充分必要条件是 D 内不含有互为倒数的点. 例如, 单位圆内部或外部都是. 当 $|z| < 1$ 时, 有

$$w'(z) = \frac{1}{2}\left(1 - \frac{1}{z^2}\right) \neq 0 \ (z \neq 0),$$

所以, 儒可夫斯基变换在单位圆 $|z| < 1$ 内是保形的(在 $z = 0$ 的保角性仿 6.1.2 节讨论). 设

$$z = r e^{i\varphi}, \quad w = u + iv,$$

则

$$\begin{cases} u = \frac{1}{2}\left(r + \frac{1}{r}\right)\cos\varphi, \\ v = -\frac{1}{2}\left(\frac{1}{r} - r\right)\sin\varphi. \end{cases} \tag{1}$$

故圆周 $|z| = r \ (r < 1)$ 被变成按负方向画出的椭圆周(图 6.7)

$$E_r : \frac{u^2}{\frac{1}{4}\left(r + \frac{1}{r}\right)^2} + \frac{v^2}{\frac{1}{4}\left(r - \frac{1}{r}\right)^2} = 1,$$

其两个半轴之长分别为

$$a = \frac{1}{2}\left(r + \frac{1}{r}\right),$$

$$b = \frac{1}{2}\left(\frac{1}{r} - r\right).$$

两个焦点恒为 $w=1$ 及 $w=-1$,不依赖于 r.

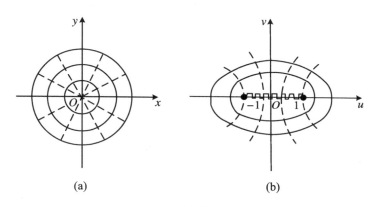

(a)   (b)

图 6.7

当 $r \to 0$ 时,$a \to +\infty$,$b \to +\infty$,从而 $a-b=r \to 0$,故知椭圆 E_r 逐渐变大,而且越变越圆. 当 $r \to 1^-$ 时,$a \to 1$,$b \to 0$,故知椭圆逐渐变扁而无限地向 u 轴上的线段 $[-1,1]$ 压缩. 由此可见,儒可夫斯基变换把单位圆内部 D 保形地变为闭 w 平面上除去实轴上一段线段 $[-1,1]$ 外的区域 D_1,并且把上(或下)半单位圆的内部保形地变为下(或上)半 w 平面. 这样,前面例 1 的变换也可以先用儒可夫斯基变换后,再作一个旋转来实现.

如果从(1)式的两个方程中消去参数 r,则得

$$H_\varphi: \frac{u^2}{\cos^2\varphi} - \frac{v^2}{\sin^2\varphi} = 1.$$

于是,z 平面上位于单位圆内的一段射线 $z=re^{i\varphi}$ $(0 \leqslant r < 1)$ 被变成 w 平面上的双曲线 H_φ 的四分之一支,H_φ 也以 ± 1 为焦点. 特别地,当上述射线段位于第一象限 $\left(0 < \varphi < \frac{\pi}{2}\right)$ 时,它对应于 H_φ 在第四象限中的四分之一支. 整个双曲线 H_φ(不包括它与线段 $[-1,1]$

的两个交点)则是由四条射线段 $z=r\mathrm{e}^{\mathrm{i}\varphi}$, $z=r\mathrm{e}^{\mathrm{i}(\pi-\varphi)}$, $z=r\mathrm{e}^{\mathrm{i}(\varphi-\pi)}$, $z=r\mathrm{e}^{-\mathrm{i}\varphi}$ $\left(0\leqslant r<1,0<\varphi<\dfrac{\pi}{2}\right)$ 变来的(图 6.7). 由保形性可知,椭圆族 E_r 和双曲线族 H_φ 构成正交曲线网.

由于 $\zeta=\dfrac{1}{z}$ 把闭 z 平面上的区域 $|z|>1$ 保形地映成区域 $|\zeta|<1$,从而复合变换(仍是儒可夫斯基变换)

$$w=\frac{1}{2}\left(\zeta+\frac{1}{\zeta}\right)=\frac{1}{2}\left(z+\frac{1}{z}\right)$$

把闭 z 平面上单位圆的外部 $|z|>1$ 也保形地映成去掉实轴上一段线段 $[-1,1]$ 的闭 w 平面.

例 5 求一保形变换,将由上半平面除去半圆 $|z|\leqslant1$, $\mathrm{Im}\,z>0$ 与射线 $y\geqslant2$, $x=0$ 后所得的区域 D(图 6.8(a))变为上半平面.

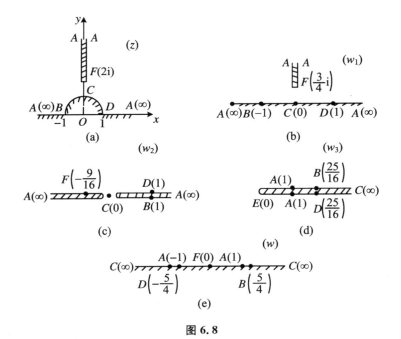

图 6.8

解 1)作变换

154

$$w_1 = \frac{1}{2}\left(z + \frac{1}{z}\right),$$

它将上半圆周变为线段 $[-1,1]$，并且不改变边界的其余部分的形状. 变换后所得的区域 D_1 示于图 6.8(b) 中.

2）变换

$$w_2 = w_1{}^2$$

将 D_1 变为割去两条射线的平面 D_2（图 6.8(c)）.

3）变换

$$w_3 = \frac{w_2 + \dfrac{9}{16}}{w_2} = 1 + \frac{9}{16w_2}$$

把 D_2 变为去掉正实轴的平面 D_3（图 6.8(d)）.

4）最后，用根式函数

$$w = \sqrt{w_3}$$

（正实轴为支割线，$\sqrt{1}=1$ 的一支）把 D_3 变为上半 w 平面（图 6.8(e)）.

综合以上结果，得符合要求的变换为

$$w = \frac{\sqrt{4z^4 + 17z^2 + 4}}{2(z^2 + 1)}.$$

利用儒可夫斯基变换还可以研究三角函数的变换. 例如，变换

$$w = \cos z = \frac{1}{2}(\mathrm{e}^{\mathrm{i}z} + \mathrm{e}^{-\mathrm{i}z})$$

可以看成是下列三个变换的复合：

$$t = \mathrm{i}z, \quad T = \mathrm{e}^t, \quad w = \frac{1}{2}\left(T + \frac{1}{T}\right).$$

由此易知，$w = \cos z$ 把半条形域 $0 < \mathrm{Re}z < 2\pi, \mathrm{Im}z > 0$ 保形地映为去掉射线 $-1 \leqslant \mathrm{Re}w < +\infty, \mathrm{Im}w = 0$ 的 w 平面.

*6.4　用保形变换求平面场的复势

用保形变换方法可以求出许多无源无旋平面场的复势. 以静电场为例，复势 $w = f(z) = u + \mathrm{i}v$ 是一个保形变换，它把 z 平面上的电力线 $u(x,y) = C_1$ 和等势线 $v(x,y) = C_2$ 所构成的正交曲线网

映照成 w 平面上与坐标轴平行的两族平行直线网.

例 1　两块半无穷大的金属板连成一块无穷大的板,连接处绝缘.设两部分的电势分别为 v_1 和 v_2,求板外的电势.

解　由于金属板是无限长的,所以在垂直于金属板的平面上场的分布情况完全相同,这个静电场显然是一个平面场.如图 6.9 所示,取在垂直于金属板的平面上的截痕为 x 轴,在正半 x 轴上的电势 $v=v_1$,在负半 x 轴上的电势 $v=v_2$(设 $v_2>v_1$),而在原点处绝缘.这个电场的复势是这样一个保形变换,它把上半平面 $\mathrm{Im}z>0$ 映照成条形域 $v_1<\mathrm{Im}w<v_2$,并把正半实轴映照成条形域的下边 $\mathrm{Im}w=v_1$,负半实轴映照成条形域的上边 $\mathrm{Im}w=v_2$(图 6.10).变换

$$w_1 = \ln z$$

把上半平面保形映照成条形域 $0<\mathrm{Im}w_1<\pi$,且把正半实轴映照成 $\mathrm{Im}w_1=0$,负半实轴映照成 $\mathrm{Im}w_1=\pi$.变换

$$w = \frac{v_2-v_1}{\pi}w_1 + v_1\mathrm{i}$$

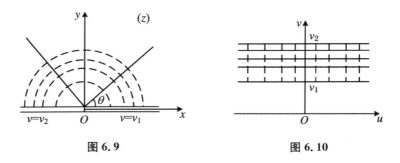

图 6.9　　　　　　　　图 6.10

把条形域 $0<\mathrm{Im}w_1<\pi$ 保形映照成条形域 $v_1<\mathrm{Im}w<v_2$,且上边对应上边,下边对应下边.因而变换

$$w = \frac{v_2-v_1}{\pi}\ln z + v_1\mathrm{i}$$

就是要求的复势.取虚部,得板外电势为

$$v = \frac{v_2-v_1}{\pi}\arg z + v_1.$$

例 2　有一个用金属薄片制成的无限长圆柱形空筒,用极薄的

156

两条绝缘材料沿着圆柱的母线把它分成相等的两片. 设一片接地, 另一片的电势为 1, 求筒内的电势.

解 由于圆柱是无限长的, 所以这个静电场是一个平面场. 取

一张垂直于圆柱的平面为 z 平面, 如图 6.11 所示选择坐标系, 并设圆柱的半径为 1. 此电场的复势 $w=f(z)$ 是一个保形变换, 它把单位圆内域 $|z|<1$ 映照成 w 平面上的条形域 $0<\mathrm{Im}w<1$, 并把上半圆周映照成 $\mathrm{Im}w=0$, 下半圆周映照成 $\mathrm{Im}w=1$. 先作变换

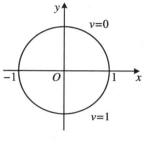

图 6.11

$$t=\frac{\mathrm{i}(1-z)}{1+z},$$

它把单位圆内域 $|z|<1$ 变成上半平面, 并把上半圆周变为正半实轴, 下半圆周变为负半实轴. 这样, 问题就转化成例 1 的情形 ($v_1=0, v_2=1$), 故所求的复势为

$$w=\frac{1}{\pi}\ln\frac{\mathrm{i}(1-z)}{1+z}.$$

因而筒内的电势为

$$
\begin{aligned}
v(x,y)&=\mathrm{Im}\left[\frac{1}{\pi}\ln\frac{\mathrm{i}(1-z)}{1+z}\right]\\
&=\frac{1}{\pi}\arg\left(\mathrm{i}\frac{1-z}{1+z}\right)\\
&=\begin{cases}
\dfrac{1}{\pi}\mathrm{arctg}\left(\dfrac{1-x^2-y^2}{2y}\right) & (y>0)\\[2mm]
\dfrac{1}{2} & (y=0)\\[2mm]
\dfrac{1}{\pi}\left[\pi+\mathrm{arctg}\left(\dfrac{1-x^2-y^2}{2y}\right)\right] & (y<0).
\end{cases}
\end{aligned}
$$

习 题

1. 求变换 $w=z^3$ 在下列各点的转动角和伸张系数:

(1) $z=1$;

(2) $z = \dfrac{1}{2}$;

(3) $z = 1 + i$;

(4) $z = \sqrt{3} - i$.

2. 在下列变换下,z 平面的哪一部分被放大了? 哪一部分被缩小了?

(1) $w = z^2$;

(2) $w = \dfrac{1}{z}$;

(3) $w = e^z$.

3. 设 z 平面上的一条光滑曲线 $L : z = z(t)$ $(\alpha \leqslant t \leqslant \beta)$ 通过解析函数 $w = f(z)$ 变换为 w 平面上的曲线 $L' : w = w(t) = f[z(t)]$. 证明:

(1) L 的长度为 $\displaystyle\int_{\alpha}^{\beta} |z'(t)| \, \mathrm{d}t$;

(2) L' 的长度为 $\displaystyle\int_{\alpha}^{\beta} |f'(z) z'(t)| \, \mathrm{d}t$.

4. 设保形变换 $w = f(z)$ 将域 D 变为域 G. 证明:G 的面积为

$$\iint\limits_{D} |f'(z)|^2 \mathrm{d}x \mathrm{d}y.$$

并求在变换 $w = z^2$ 下,正方形 $0 \leqslant x \leqslant 1, 0 \leqslant y \leqslant 1$ 的像域的面积.

5. z 平面上有三个互相外切的圆周,切点之一为原点,函数 $w = \dfrac{1}{z}$ 将此三个圆周所围的区域变成 w 平面上的什么区域?

6. 求将点 $-1, \infty, i$ 分别变为下列各点的分式线性变换:

(1) $i, 1, 1 + i$;

(2) $\infty, i, 1$;

(3) $0, \infty, 1$.

7. 求上半平面 $\mathrm{Im} z > 0$ 到单位圆 $|w| < 1$ 内的分式线性变换 $w = w(z)$,使得

$$w(i) = 0, \quad \arg w'(i) = -\dfrac{\pi}{2}.$$

8. 求 $|z| < 1$ 到 $|w| < 1$ 的一一映照 $w = w(z)$,使得

$$w\left(\frac{1}{2}\right)=0, \quad \arg w'\left(\frac{1}{2}\right)=0.$$

9. 求 $\mathrm{Im}z>0$ 到 $\mathrm{Im}w<0$ 的一一映照,使得

$$w(a)=\bar{a}, \quad \arg w'(a)=-\frac{\pi}{2}.$$

10. 求将下列区域一一地映为上半平面的保形变换:

(1) $\mathrm{Im}z>1, |z|<2$;

(2) $|z|>2, |z-\sqrt{2}|<\sqrt{2}$;

(3) $|z|<1, |z+\mathrm{i}|<1$;

(4) $|z|>2, |z-3|>1$;

(5) $|z|<2, |z-1|>1$.

11. 求满足下列要求的保形变换:

(1) 将扇形 $0<\arg z<\alpha, |z|<1$ 映为单位圆 $|w|<1$;

(2) 将圆 $|z|<1$ 映为带域 $0<\mathrm{Im}w<1$,且 $w(-1)=\infty, w(1)=\infty, w(\mathrm{i})=\mathrm{i}$;

(3) 将第一象限变成上半平面,且使 $z=\sqrt{2}\mathrm{i},0,1$ 分别变成 $w=-1,1,\infty$;

(4) 将一个从中心起沿正实轴的半径割开了的单位圆变为上半平面;

(5) 将沿线段 $[0,1+\mathrm{i}]$ 有割缝的第一象限变成上半平面.

第7章 拉普拉斯变换

与傅里叶变换一样,拉普拉斯变换也是一种常用的积分变换,它能把分析运算化为代数运算.拉普拉斯变换在物理、力学以及工程技术中都有着广泛的应用,尤其是在研究电路的瞬态过程及自动调节理论中,它更是一个常用的数学工具.

7.1 拉普拉斯变换的定义

由于在实际研究许多过程时总是从某一个时刻开始,比如从 $t=0$ 开始,而对这一时刻以前(比如 $t<0$)的状态并没有兴趣,因此在以下的讨论中,总是假定函数当 $t<0$ 时为零,即设

$$f(t) = \begin{cases} f(t) & (t \geqslant 0) \\ 0 & (t < 0), \end{cases}$$

这里, $f(t)$ 是实变量 t 的实函数或复函数.

记

$$h(t) = \begin{cases} 1 & (t \geqslant 0) \\ 0 & (t < 0), \end{cases}$$

它叫做单位函数.于是,按上述规定,在拉普拉斯变换里所讨论的函数 $f(t)$ 均为

$$f(t) = h(t)f(t).$$

定义 设 $f(t)$ 是定义在 $[0,+\infty)$ 上的实值函数或复值函数,如果含复变量 $p=\sigma+\mathrm{i}s$ (σ,s 为实数)的积分

$$\int_0^{+\infty} f(t)\mathrm{e}^{-pt}\,\mathrm{d}t$$

在 p 的某个区域内存在,则由此积分定义的复函数

$$F(p) = \int_0^{+\infty} f(t)\mathrm{e}^{-pt}\,\mathrm{d}t \tag{1}$$

称为函数 $f(t)$ 的拉普拉斯变换（简称拉氏变换）或像函数，简记为 $F(p)=L[f(t)]$. 而 $f(t)$ 则称为 $F(p)$ 的拉氏逆变换或本函数，记为 $f(t)=L^{-1}[F(p)]$.

下面讨论拉氏变换和傅里叶变换的关系. 在高等数学中已学过，当 $f(x)$ 在实轴上的任何有限区间内逐段光滑，并且在 $(-\infty, +\infty)$ 上绝对可积时，它的傅里叶变换是

$$G(s) = F[f(x)] = \int_{-\infty}^{+\infty} f(x)\mathrm{e}^{-\mathrm{i}sx}\,\mathrm{d}x \ (s\ \text{为实参量}), \qquad (2)$$

其逆变换是

$$f(x) = \frac{1}{2\pi}\int_{-\infty}^{+\infty} G(s)\mathrm{e}^{\mathrm{i}sx}\,\mathrm{d}s.$$

于是，由（1）式及（2）式，得到两种变换的关系为

$$\begin{aligned} L[f(t)] &= \int_0^{+\infty} f(t)\mathrm{e}^{-pt}\,\mathrm{d}t \\ &= \int_{-\infty}^{+\infty} [h(t)f(t)\mathrm{e}^{-\sigma t}]\mathrm{e}^{-\mathrm{i}st}\,\mathrm{d}t \\ &= F[h(t)f(t)\mathrm{e}^{-\sigma t}]. \end{aligned} \qquad (3)$$

傅里叶变换的存在条件——在 $(-\infty, +\infty)$ 内绝对可积是一个相当强的条件，连一些常用的函数（如常数、幂函数、指数函数、三角函数等）都不满足. 但由（3）式可见，$L[f(t)]$ 存在，只要 $F[h(t)f(t)\mathrm{e}^{-\sigma t}]$ 存在. 换句话说，除连续性条件外，只要 $f(t)\mathrm{e}^{-\sigma t}$ 在 $[0, +\infty)$ 内绝对可积，$L[f(t)]$ 就存在. 例如，对于右半 p 平面 $\mathrm{Re}\,p =\sigma>0$ 中的一切点 p，由于 $\mathrm{e}^{-\sigma t}\sin t$ 在 $[0, +\infty)$ 内绝对可积，故对于这些点，$F(p)=L[\sin t]$ 存在. 由此可见，拉氏变换比傅里叶变换适用于更多的函数.

为了行文的方便，这里先把本函数 $f(t)$ 的拉氏变换的存在条件叙述出来，对它们以后简称为条件 1）和条件 2）：

1）设 $f(t)$ 在 t 轴上的任何有限区间内逐段光滑. 即在 t 轴上的任何有限区间内，$f(t)$ 及 $f'(t)$ 除有有限个第一类间断点外，处处连续.

2）$f(t)$ 是指数增长型的. 即存在两个常数 $K>0, c\geqslant0$，使得对所有的 $t\geqslant0$，有

$$|f(t)| \leqslant K e^{ct}, \tag{4}$$

这里, c 称为 $f(t)$ 的增长指数.

定理 若 $f(t)$ 满足条件 1) 和 2), 则像函数 $F(p)$ 在半平面 $\text{Re}p > c$ 上有意义, 而且是一个解析函数.

证 设 $p = \sigma + is$, 由 $\text{Re}p = \sigma > c$ 及 $|e^{-pt}| = e^{-\sigma t}$, 并利用不等式 (4), 得

$$\int_0^{+\infty} |f(t) e^{-pt}| \, dt \leqslant \int_0^{+\infty} K e^{-(\sigma-c)t} \, dt$$

$$= \frac{K}{\sigma - c}, \tag{5}$$

故拉氏积分 (1) 绝对收敛. 即在半平面 $\text{Re}p > c$ 内, 像函数 $F(p)$ 有意义.

其次, 对任意 $\sigma_1 > c$, 在闭区域 $\text{Re}p \geqslant \sigma_1$ 内, 有

$$|f(t) e^{-pt}| \leqslant K e^{-(\sigma_1-c)t},$$

且积分 $\int_0^{+\infty} K e^{-(\sigma_1-c)t} \, dt$ 收敛, 故由比较判别法, 积分 (1) 在 $\text{Re}p \geqslant \sigma_1$ 内一致收敛 (关于含复参变量的广义积分的一致收敛性概念及其比较判别法, 与实参变量的情形完全相同, 这里从略), 从而 $F(p)$ 在 $\text{Re}p > \sigma_1$ 内解析. 再由 σ_1 的任意性, 即知 $F(p)$ 是半平面 $\text{Re}p > c$ 内的解析函数.

由 (5) 式立即得到下述结论: 设 p 趋于无穷大, 且 $\text{Re}p = \sigma$ 无限增大, 则像函数 $F(p)$ 趋于零, 即

$$\lim_{\sigma \to +\infty} F(p) = 0.$$

例 求 $L[e^{at}]$ (a 为复常数).

解 因 $|e^{at}| = e^{t\text{Re}a}$, 故 e^{at} 的增长指数为 $\text{Re}a$. 由上述定理, $L[e^{at}]$ 在 p 平面上 $\text{Re}p > \text{Re}a$ 内解析, 依定义, 有

$$L[e^{at}] = \int_0^{+\infty} e^{at} e^{-pt} \, dt$$

$$= \int_0^{+\infty} e^{-(p-a)t} \, dt$$

$$= -\frac{1}{p-a} e^{-(p-a)t} \Big|_0^{+\infty}$$

$$= \frac{1}{p-a} \ (\mathrm{Re}p > \mathrm{Re}a),$$

或

$$L^{-1}\left[\frac{1}{p-a}\right] = e^{at}.$$

特别地,令 $a=0$,得

$$L[h(t)] = \frac{1}{p},$$

$$L^{-1}\left[\frac{1}{p}\right] = h(t).$$

7.2 拉普拉斯变换的基本运算法则

为了计算函数的拉氏变换及拉氏逆变换,必须熟悉拉氏变换的一些基本运算法则. 在以下各法则中,均设本函数 $f(t)$, $g(t)$ 满足条件1)和2).

1) 线性关系

设 $L[f(t)]=F(p)$, $L[g(t)]=G(p)$,则对任意复常数 α, β,有

$$L[\alpha f(t) + \beta g(t)] = \alpha F(p) + \beta G(p)$$
$$= \alpha L[f(t)] + \beta L[g(t)].$$

这可以由定义直接得出. 上式写成逆变换式就是

$$L^{-1}[\alpha F(p) + \beta G(p)] = \alpha f(t) + \beta g(t)$$
$$= \alpha L^{-1}[F(p)] + \beta L^{-1}[G(p)].$$

这条法则虽然很简单,但许多基本的变换公式都是利用它推导出来的. 例如,由 $L[e^{at}] = \frac{1}{p-a}$ 及线性关系,得

$$L[\cos\omega t] = L\left[\frac{e^{i\omega t} + e^{-i\omega t}}{2}\right]$$

$$= \frac{1}{2}[e^{i\omega t}] + \frac{1}{2}[e^{-i\omega t}]$$

$$= \frac{1}{2}\left(\frac{1}{p-i\omega} + \frac{1}{p+i\omega}\right)$$

163

$$= \frac{p}{p^2 + \omega^2}.$$

同理

$$L[\sin\omega t] = \frac{\omega}{p^2 + \omega^2};$$

$$L[\mathrm{ch}\omega t] = \frac{p}{p^2 - \omega^2};$$

$$L[\mathrm{sh}\omega t] = \frac{\omega}{p^2 - \omega^2}.$$

2）相似定理

设 $L[f(t)] = F(p)$，则对任意常数 $a > 0$，有

$$L[f(at)] = \frac{1}{a}F\left(\frac{p}{a}\right).$$

事实上，由定义便有

$$L[f(at)] = \int_0^{+\infty} f(at)\mathrm{e}^{-pt}\,\mathrm{d}t$$

$$= \frac{1}{a}\int_0^{+\infty} f(\xi)\exp\left\{-\frac{p}{a}\xi\right\}\mathrm{d}\xi$$

$$= \frac{1}{a}F\left(\frac{p}{a}\right).$$

3）位移定理

设 $L[f(t)] = F(p)$，则对任意复常数 λ，有

$$L[\mathrm{e}^{\lambda t}f(t)] = F(p - \lambda).$$

证 依定义，得

$$L[\mathrm{e}^{\lambda t}f(t)] = \int_0^{+\infty} \mathrm{e}^{\lambda t}f(t)\mathrm{e}^{-pt}\,\mathrm{d}t$$

$$= \int_0^{+\infty} f(t)\mathrm{e}^{-(p-\lambda)t}\,\mathrm{d}t$$

$$= F(p - \lambda).$$

利用位移定理及已求得的一些变换公式，可立即得到另一些变换公式. 例如，有

$$L[\mathrm{e}^{\lambda t}\sin\omega t] = \frac{\omega}{(p - \lambda)^2 + \omega^2};$$

164

$$L[\mathrm{e}^{\lambda t}\cos\omega t] = \frac{p-\lambda}{(p-\lambda)^2 + \omega^2}.$$

4）像函数微分法

若 $L[f(t)] = F(p)$，则
$$F'(p) = L[-tf(t)].$$
更一般地，对任意自然数 n，有
$$F^{(n)}(p) = L[(-1)^n t^n f(t)],$$
或
$$L[t^n f(t)] = (-1)^n F^{(n)}(p). \tag{1}$$

证 由 $|f(t)| \leqslant K\mathrm{e}^{ct}$（$K, c$ 为正常数）易知，对任意 $\sigma > c$，存在常数 $K_1 > 0$，使对一切 $t \geqslant 0$，有
$$|tf(t)| \leqslant K_1 \mathrm{e}^{\sigma t}.$$
由 σ 的任意性，知 $L[tf(t)]$ 在半平面 $\mathrm{Re}p > c$ 内存在. 在 7.1 节定理的证明中，已讲过积分
$$F(p) = \int_0^{+\infty} f(t)\mathrm{e}^{-pt}\,\mathrm{d}t$$
在 $\mathrm{Re}p \geqslant \sigma_1$（任意 $\sigma_1 > c$）内一致收敛，把它在积分号下对参数 p 求导，即得
$$F'(p) = \int_0^{+\infty} -tf(t)\mathrm{e}^{-pt}\,\mathrm{d}t$$
$$= L[tf(t)].$$

由这个法则可以得到下列公式：
$$L[t\sin\omega t] = -\frac{\mathrm{d}}{\mathrm{d}p}\left(\frac{\omega}{p^2 + \omega^2}\right) = \frac{2p\omega}{(p^2 + \omega^2)^2},$$
$$L[t\cos\omega t] = -\frac{\mathrm{d}}{\mathrm{d}p}\left(\frac{p}{p^2 + \omega^2}\right) = \frac{p^2 - \omega^2}{(p^2 + \omega^2)^2}.$$

在(1)式中，令 $f(t) = h(t) = 1$，由 $L[h(t)] = \frac{1}{p}$ 得
$$L[t^n] = (-1)^n \left(\frac{1}{p}\right)^{(n)}$$
$$= \frac{n!}{p^{n+1}}$$

$$= \frac{\Gamma(n+1)}{p^{n+1}} \ (n = 1, 2, 3, \cdots).$$

这里,$\Gamma(x)$ 是 Γ 函数. 更一般地,可以证明(证明从略): 当常数 $m >$ -1 时,有

$$L[t^m] = \frac{\Gamma(m+1)}{p^{m+1}}.$$

特别地,有

$$L[\sqrt{t}] = \frac{\sqrt{\pi}}{2\sqrt{p^3}},$$

$$L\left[\frac{1}{\sqrt{t}}\right] = \sqrt{\frac{\pi}{p}}.$$

再由位移定理,还可得

$$L[e^{\lambda t} t^n] = \frac{n!}{(p-\lambda)^{n+1}} \ (n = 0, 1, 2, \cdots).$$

例 1 求 $L[t^2 \cos^2 t]$.

解 $L[t^2 \cos^2 t] = \frac{1}{2} L[t^2(1+\cos 2t)]$

$$= \frac{1}{2} \frac{\mathrm{d}^2}{\mathrm{d}p^2} \left(\frac{1}{p} + \frac{p}{p^2+4} \right)$$

$$= \frac{2(p^6 + 24p^2 + 32)}{p^3(p^2+4)^3}.$$

5) **本函数微分法**

设 $L[f(t)] = F(p)$,$f'(t)$ 满足条件 1) 和 2),则

$$L[f'(t)] = pF(p) - f(+0).$$

证 由分部积分法,得

$$\int_0^{+\infty} f'(t) e^{-pt} \mathrm{d}t = f(t) e^{-pt} \Big|_0^{+\infty} + p \int_0^{+\infty} f(t) e^{-pt} \mathrm{d}t.$$

由于 $\mathrm{Re}\, p = \sigma > c$,$|f(t) e^{-pt}| \leqslant K e^{-(\sigma-c)t}$,故

$$\lim_{t \to +\infty} f(t) e^{-pt} = 0.$$

又

$$\lim_{t \to +0} f(t) e^{-pt} = f(+0),$$

所以

$$L[f'(t)] = pF(p) - f(+0).$$

推论 若 $f(t), f'(t), \cdots, f^{(n)}(t)$ 都满足条件 1) 和 2),则
$$L[f^{(n)}(t)] = p^n L[f(t)] - p^{n-1}f(+0) - p^{n-2}f'(+0)$$
$$- \cdots - pf^{(n-2)}(+0) - f^{(n-1)}(+0).$$

这个推论请读者自己用数学归纳法证明.

这条法则把本函数的微分运算化为像函数的代数运算,利用它可以解常微分方程.

例 2 解初始问题
$$\begin{cases} \dfrac{\mathrm{d}y}{\mathrm{d}t} + 2y = \mathrm{e}^{-t}, \\ y\,|_{t=0} = 0. \end{cases}$$

解 设 $L[y(t)] = Y(p)$,对原方程两边作拉氏变换,并利用法则 1) 及 5),得
$$\begin{aligned} L[y' + 2y] &= L[y'(t)] + 2L[y(t)] \\ &= pY - y(0) + 2Y \\ &= (p+2)Y \\ &= L[\mathrm{e}^{-t}] \\ &= \frac{1}{p+1}, \end{aligned}$$

所以
$$\begin{aligned} Y(p) &= \frac{1}{(p+1)(p+2)} \\ &= \frac{1}{p+1} - \frac{1}{p+2}. \end{aligned}$$

再由逆变换的线性性及 $L^{-1}\left[\dfrac{1}{p-a}\right] = \mathrm{e}^{at}$,得
$$\begin{aligned} y(t) &= L^{-1}[Y(p)] \\ &= L^{-1}\left[\frac{1}{p+1}\right] - L^{-1}\left[\frac{1}{p+2}\right] \\ &= \mathrm{e}^{-t} - \mathrm{e}^{-2t}. \end{aligned}$$

例 3 解初始问题
$$\begin{cases} y'' + y = t, \\ y\,|_{t=0} = y'\,|_{t=0} = 0. \end{cases}$$

解　设 $L[y(t)]=Y(p)$，则
$$L[y''(t)]= p^2Y - py(0) - y'(0)$$
$$= p^2Y.$$
故对原方程两边作拉氏变换，得
$$p^2Y + Y = L[t] = \frac{1}{p^2},$$
所以
$$Y(p)= \frac{1}{p^2(p^2+1)}$$
$$= \frac{1}{p^2} - \frac{1}{p^2+1}.$$
再由 $L^{-1}\left[\dfrac{1}{p^2}\right]=t, L^{-1}\left[\dfrac{1}{p^2+1}\right]=\sin t$，得
$$y(t)= L^{-1}[Y(p)]$$
$$= L^{-1}\left[\frac{1}{p^2}\right] - L^{-1}\left[\frac{1}{p^2+1}\right]$$
$$= t - \sin t.$$

由上面两例可知用拉氏变换求解微分方程的操作程序如下：

$$微分方程 \xrightarrow{\ L\,变换\ } 代数方程$$

$$\xrightarrow{\ 解方程\ } 代数方程的解$$

$$\xrightarrow{\ L^{-1}\,变换\ } 初始问题的解$$

把上述方法与通常的线性常微分方程初始问题的求解步骤相比较，这里的方法要简捷得多．因为在作拉氏变换的过程中，不仅把求导数的运算化成代数运算，因而把微分方程化成了代数方程，而且还把初始条件也包括了进去，这就省掉了由初始值定解的一步．同时，在作变换时非齐次项也一起处理掉了，因此也就毋需求齐次方程的通解和相应非齐次方程的特解．

6）本函数积分法

设 $L[f(t)]=F(p)$，则
$$L\left[\int_0^t f(t)\,\mathrm{d}t\right] = \frac{F(p)}{p}.$$

168

证 记 $\varphi(t) = \displaystyle\int_0^t f(t) \mathrm{d}t$，则 $\varphi'(t) = f(t)$．由本函数微分法，有

$$L[\varphi'(t)] = pL[\varphi(t)] - \varphi(0)$$
$$= pL[\varphi(t)].$$

又

$$L[\varphi'(t)] = L[f(t)] = F(p),$$

所以

$$L\left[\int_0^t f(t)\mathrm{d}t\right] = \frac{F(p)}{p}.$$

例 4 设 R, C, E 为正常数，求解积分方程（这个方程来自电路理论）

$$Ri(t) + \frac{1}{C}\int_0^t i(t)\mathrm{d}t = E \ (t \geqslant 0).$$

解 设 $L[i(t)] = I(p)$，对方程两端作拉氏变换，由法则 6），得

$$RI + \frac{I}{Cp} = \frac{E}{p},$$

解得

$$I(p) = \frac{E}{R\left(p + \dfrac{1}{CR}\right)}.$$

再作逆变换，得

$$i(t) = L^{-1}[I(p)]$$
$$= \frac{E}{R}L^{-1}\left[\frac{1}{p + \dfrac{1}{CR}}\right]$$
$$= \frac{E}{R}\exp\left\{-\frac{t}{CR}\right\}.$$

7）延迟定理

在实际研究某些过程时，常要将函数 $f(t)$ 延迟一个时刻 τ（$\tau > 0$），即研究函数

$$f(t - \tau) = \begin{cases} f(t - \tau) & (t \geqslant \tau) \\ 0 & (t < \tau), \end{cases}$$

或

$$f(t-\tau)=f(t-\tau)h(t-\tau).$$

这个函数从 $t=\tau$ 开始才有非零数值,它常用来描述从时刻 $t=\tau$ 开始的过程. 从图形上讲,$f(t-\tau)$ 的图像是由 $f(t)$ 的图像沿 t 轴向右平移 τ 个单位而得的(见图 7.1).

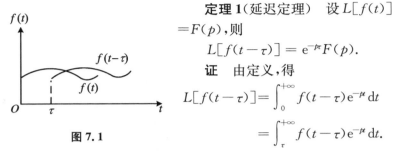

图 7.1

定理 1(延迟定理) 设 $L[f(t)]=F(p)$,则
$$L[f(t-\tau)]=\mathrm{e}^{-p\tau}F(p).$$

证 由定义,得
$$L[f(t-\tau)]=\int_0^{+\infty}f(t-\tau)\mathrm{e}^{-pt}\mathrm{d}t$$
$$=\int_\tau^{+\infty}f(t-\tau)\mathrm{e}^{-pt}\mathrm{d}t.$$

作变量替换 $t_1=t-\tau$,得
$$L[f(t-\tau)]=\int_0^{+\infty}f(t_1)\mathrm{e}^{-p(t_1+\tau)}\mathrm{d}t_1$$
$$=\mathrm{e}^{-p\tau}F(p).$$

利用延迟定理求某些脉冲波形的像函数是很方便的.

例 5 求图 7.2 所示波形的像函数.

解 已给波形的表达式为
$$f(t)=\begin{cases}0 & (t<0)\\ t & (0\leqslant t\leqslant 1)\\ 1 & (t>1),\end{cases}$$

如直接用定义来计算像函数,需把积分分两段来计算. 但我们可以把已给波形看成是由图 7.3 中用虚线表示的两个波形相减而得,即
$$f(t)=th(t)-(t-1)h(t-1),$$

其中,第二个虚线所示的波形是第一个波形延迟了一个单位. 已知
$$L[t]=L[th(t)]=\frac{1}{p^2},$$

故由延迟定理得
$$L[(t-1)h(t-1)]=\mathrm{e}^{-p}\frac{1}{p^2}.$$

170

所以

$$L[f(t)] = \frac{1}{p^2}(1 - e^{-p}).$$

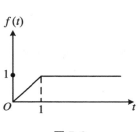

图7.2

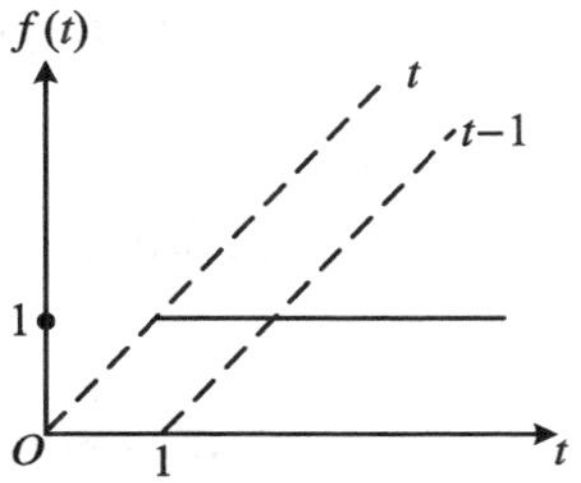

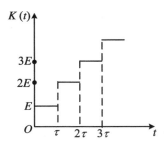

图7.3

例6 求阶梯函数(图7.4)

$$K(t) = \begin{cases} 0 & (t < 0) \\ E & (0 \leqslant t < \tau) \\ 2E & (\tau \leqslant t < 2\tau) \\ \cdots & \cdots \\ nE & ((n-1)\tau \leqslant t < n\tau) \\ \cdots & \cdots \end{cases}$$

图7.4

的像函数.

解 由图7.4可知阶梯函数的
表达式为

$$K(t) = E[h(t) + h(t - \tau) + h(t - 2\tau) + \cdots \\ + h(t - n\tau) + \cdots].$$

因 $L[h(t)] = \frac{1}{p}$,故

$$L[h(t - n\tau)] = \frac{1}{p}e^{-n\tau p} \quad (n = 1, 2, \cdots),$$

所以

$$L[K(t)] = \frac{E}{p}\sum_{n=0}^{+\infty}(e^{-p\tau})^n.$$

因 $|e^{-p\tau}| = \exp\{-\mathrm{Re}\,p\}$,取 $\mathrm{Re}\,p > 0$,即得 $|e^{-p\tau}| < 1$. 从而

$$\sum_{n=0}^{+\infty}(e^{-p\tau})^n = \frac{1}{1-e^{-p\tau}},$$

所以

$$L[K(t)] = \frac{E}{p(1-e^{-p\tau})}.$$

8）卷积

定义　如果已知函数 $f(x)$ 及 $g(x)$，则含参变量的积分

$$\int_{-\infty}^{+\infty} f(x-\xi)g(\xi)d\xi$$

称为函数 $f(x)$ 和 $g(x)$ 的卷积，记为 $f*g$.

容易证明，卷积满足下列运算法则：

（1）$f*g = g*f$（交换律）；

（2）$f*(g_1*g_2) = (f*g_1)*g_2$（结合律）；

（3）$f*(g_1+g_2) = f*g_1 + f*g_2$（分配律）.

对于拉氏变换中的本函数 $f(t)$ 及 $g(t)$，其卷积成为

$$f(t)*g(t) = \begin{cases} 0 & (t<0) \\ \int_0^t f(t-\tau)g(\tau)d\tau & (t\geqslant 0). \end{cases}$$

事实上，由于当 $t<0$ 时 $f(t)=g(t)=0$，故当 $t\geqslant 0$ 时，有

$$f(t)*g(t) = \int_{-\infty}^{0} f(t-\tau)g(\tau)d\tau + \int_0^t f(t-\tau)g(\tau)d\tau$$
$$+ \int_t^{+\infty} f(t-\tau)g(\tau)d\tau$$
$$= \int_0^t f(t-\tau)g(\tau)d\tau.$$

又显然，当 $t<0$ 时，有

$$f(t)*g(t) = 0.$$

定理 2（卷积定理）　设 $L[f(t)]=F(p)$，$L[g(t)]=G(p)$，则

$$L[f*g] = F(p)G(p),$$

或

$$L^{-1}[F(p)G(p)] = f*g.$$

证　设 $f(t)$，$g(t)$ 的增长指数分别为 c_1，c_2，取 $c=\max(c_1,c_2)$，

则

$$\left|\int_0^t f(t-\tau)g(\tau)\mathrm{d}\tau\right| \leqslant M\int_0^t \mathrm{e}^{c(t-\tau)}\,\mathrm{e}^{c\tau}\mathrm{d}\tau$$

$$\leqslant M t\,\mathrm{e}^{ct}$$

$$\leqslant M_1\,\mathrm{e}^{(c+\varepsilon)t},$$

式中,M 及 M_1 都是正常数,ε 为任意正数. 这说明 $f * g$ 也是指数增长型的,因而 $L[f * g]$ 在 $\mathrm{Re}\,p > c$ 内存在(因 ε 是任意的). 依定义,有

$$L[f * g] = \int_0^{+\infty}\left[\int_0^t f(t-\tau)g(\tau)\mathrm{d}\tau\right]\mathrm{e}^{-pt}\mathrm{d}t.$$

这个积分可以看成是 $t\tau$ 平面内的区域 D:$t \geqslant \tau$,$0 \leqslant t < +\infty$(图 7.5)上的二重积分,由于积分绝对可积,故可交换积分次序,得

$$L[f * g]$$
$$= \int_0^{+\infty} g(\tau)\left[\int_\tau^{+\infty} f(t-\tau)\mathrm{e}^{-pt}\mathrm{d}t\right]\mathrm{d}\tau.$$

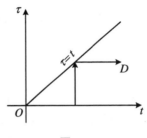

图 7.5

令 $t-\tau = u$,得

$$\int_\tau^{+\infty} f(t-\tau)\mathrm{e}^{-pt}\mathrm{d}t = \int_0^{+\infty} f(u)\mathrm{e}^{-p(\tau+u)}\mathrm{d}u,$$

所以

$$L[f * g] = \int_0^{+\infty} g(\tau)\mathrm{e}^{-p\tau}\mathrm{d}\tau \cdot \int_0^{+\infty} f(u)\mathrm{e}^{-pu}\mathrm{d}u$$
$$= F(p)G(p).$$

卷积定理的一个重要应用是求乘积的逆变换,这在后面的数学物理方程中将用到.

例 7 求 $L^{-1}\left[\dfrac{\sqrt{a}}{p\sqrt{p+a}}\right]$ $(a>0)$.

解 已知 $L^{-1}\left[\dfrac{1}{p}\right]=1$,$L^{-1}\left[\dfrac{1}{\sqrt{p}}\right]=\dfrac{1}{\sqrt{\pi t}}$,故由位移定理得

$$L^{-1}\left[\frac{1}{\sqrt{p+a}}\right] = \frac{1}{\sqrt{\pi t}}\mathrm{e}^{-at}.$$

再由卷积定理,有

$$L^{-1}\left[\frac{\sqrt{a}}{p}\frac{\sqrt{a}}{\sqrt{p+a}}\right]=\sqrt{a}\left(1*\frac{1}{\sqrt{\pi t}}\mathrm{e}^{-at}\right)$$

$$=\sqrt{\frac{a}{\pi}}\int_0^t\frac{1}{\sqrt{\tau}}\mathrm{e}^{-a\tau}\,\mathrm{d}\tau.$$

令 $a\tau=x^2$,便得

$$L^{-1}\left[\frac{\sqrt{a}}{p}\frac{\sqrt{a}}{\sqrt{p+a}}\right]=\frac{2}{\sqrt{\pi}}\int_0^{\sqrt{at}}\exp\{-x^2\}\mathrm{d}x.$$

由积分 $\dfrac{2}{\sqrt{\pi}}\displaystyle\int_0^x\exp\{-\xi^2\}\mathrm{d}\xi$ 所定义的函数是一个重要的特殊函数,叫做概率积分或误差函数,记作 erf(x),它有专门的表可查值. 于是

$$L^{-1}\left[\frac{\sqrt{a}}{p}\frac{\sqrt{a}}{\sqrt{p+a}}\right]=\mathrm{erf}(\sqrt{at}),$$

这就是附表 7.2 中的公式 53.

拉氏变换还有许多重要性质,只把它们一一罗列在附表 7.1 (基本法则表)中,这里就不讲了. 在实际计算中要善于用表,这种表在各种数学手册中都有. 例如,要求 $L[|\sin\omega t|]$,由于 $|\sin\omega t|$ 有周期 $T=\dfrac{\pi}{\omega}$,可用附表 7.1 中的公式 15 计算,也可在附表 7.2 的公式 27 中查到.

7.3 拉普拉斯变换的反演公式

前一节着重讲了如何用拉氏变换的运算法则由本函数求像函数,本节讨论其反问题——由像函数求本函数,这个问题在 7.2 节的例 2 及例 3 中已遇到.

定理 1 设 $f(t)$满足条件 1)和 2),$L[f(t)]=F(p)$,则对任意取定的 $\sigma>c$,在 $f(t)$的连续点处,有

$$f(t)=\frac{1}{2\pi\mathrm{i}}\int_{\sigma-\mathrm{i}\infty}^{\sigma+\mathrm{i}\infty}F(p)\mathrm{e}^{pt}\,\mathrm{d}p,$$

上式右端的积分是沿自下而上的直线 $\mathrm{Re}\,p=\sigma$ 进行的.

证 令 $p=\sigma+\mathrm{i}s$,由拉氏变换与傅氏变换的关系,有

$$
\begin{aligned}
F(p) &= L[f(t)] \\
&= F[f(t)h(t)\mathrm{e}^{-\sigma t}] \\
&= \int_{-\infty}^{+\infty}[f(t)h(t)\mathrm{e}^{-\sigma t}]\mathrm{e}^{-\mathrm{i}st}\,\mathrm{d}t.
\end{aligned}
$$

于是,由傅氏变换的反演公式,在 $f(t)$ 的连续点处,有

$$
f(t)h(t)\mathrm{e}^{-\sigma t}=\frac{1}{2\pi}\int_{-\infty}^{+\infty}F(p)\mathrm{e}^{\mathrm{i}st}\,\mathrm{d}s,
$$

或

$$
f(t)=\frac{1}{2\pi}\int_{-\infty}^{+\infty}F(p)\mathrm{e}^{pt}\,\mathrm{d}s.
$$

当 s 沿实数轴从 $-\infty$ 变到 $+\infty$ 时,$p=\sigma+\mathrm{i}s$ 就在直线 $\mathrm{Re}\,p=\sigma$ 上从 $\sigma-\mathrm{i}\infty$ 变到 $\sigma+\mathrm{i}\infty$. 再注意到 $\mathrm{d}p=\mathrm{i}\mathrm{d}s$,即得

$$
f(t)=\frac{1}{2\pi\mathrm{i}}\int_{\sigma-\mathrm{i}\infty}^{\sigma+\mathrm{i}\infty}F(p)\mathrm{e}^{pt}\,\mathrm{d}p.
$$

这个公式叫做傅里叶-梅林(Fourier-Millin)公式. 下面的定理进一步给出了用留数计算本函数的方法.

定理 2 设 $F(p)$ 除在左半平面 $\mathrm{Re}\,p<\sigma$ $(\sigma>c)$ 内有奇点 $p_1,p_2,\cdots,p_n$ 外在 p 平面内处处解析,且 $\lim\limits_{p\to\infty}F(p)=0$,则

$$
f(t)=\sum_{k=1}^{n}\mathrm{Res}[F(p)\mathrm{e}^{pt},p_k]. \quad (1)
$$

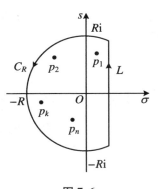

图 7.6

证 取闭路 $C=L+C_R$ （图 7.6）,当 R 充分大时,可使所有点 p_k $(k=1,2,\cdots)$ 都在闭路 C 内. 因 p_k 即是 $F(p)$ 的全部有限奇点,故由留数定理,有

$$
2\pi\mathrm{i}\sum_{k=1}^{n}\mathrm{Res}[F(p)\mathrm{e}^{pt},p_k]=\int_{C}F(p)\mathrm{e}^{pt}\,\mathrm{d}p
$$

175

$$= \int_{C_R} F(p) e^{pt} \, \mathrm{d}p + \int_L F(p) e^{pt} \, \mathrm{d}p. \tag{2}$$

令 $p = \mathrm{i}z$，即可由若尔当引理得

$$\lim_{R \to +\infty} \int_{C_R} F(p) e^{pt} \, \mathrm{d}p = 0.$$

于是，在(2)式两边令 $R \to +\infty$ 取极限，得

$$\frac{1}{2\pi \mathrm{i}} \int_{\sigma - \mathrm{i}\infty}^{\sigma + \mathrm{i}\infty} F(p) e^{pt} \, \mathrm{d}p$$

$$= \sum_{k=1}^{n} \mathrm{Res}[F(p) e^{pt}, p_k],$$

即

$$f(t) = \sum_{k=1}^{n} \mathrm{Res}[F(p) e^{pt}, p_k].$$

如果 $F(p) = \dfrac{A(p)}{B(p)}$ 是不可约有理真分式，由于 $\lim\limits_{p \to \infty} F(p) = 0$，故可用公式(1)来求本函数 $f(t)$，而且 $F(p) e^{pt}$ 在极点的留数很容易计算. 在实际计算中，$A(p)$，$B(p)$ 常是实系数多项式，若非实的复数 a 是 $B(p)$ 的 1 级零点，则 $\bar{a}$ 也是 $B(p)$ 的 1 级零点，即 a，$\bar{a}$ 都是 $F(p) e^{pt}$ 的 1 级极点. 这时，公式(1)中，$F(p) e^{pt}$ 在极点 a 及 $\bar{a}$ 的留数和

$$\mathrm{Res}[F(p) e^{pt}, a] + \mathrm{Res}[F(p) e^{pt}, \bar{a}]$$

$$= 2\mathrm{Re}\{\mathrm{Res}[F(p) e^{pt}, a]\}. \tag{3}$$

事实上，易知 $e^{\bar{a}t} = \overline{e^{at}}$. 于是依 1 级极点的留数公式，有

$$\mathrm{Res}[F(p) e^{pt}, \bar{a}] = \frac{A(\bar{a})}{B'(\bar{a})} e^{\bar{a}t}$$

$$= \overline{\frac{A(a)}{B'(a)} e^{at}}$$

$$= \overline{\mathrm{Res}[F(p) e^{pt}, a]},$$

故(3)式成立.

例 1 求 $F(p) = \dfrac{p+7}{p^3 + p^2 + 3p - 5}$ 的本函数 $f(t)$.

解法 1 分母

$$B(p) = p^3 + p^2 + 3p - 5$$
$$= (p-1)(p^2 + 2p + 5)$$

有 3 个单零点：1 及 $-1 \pm 2i$，它们都是 $F(p)e^{pt}$ 的 1 级极点. 因 $B'(p) = 3p^2 + 2p + 3$，所以，由公式(1)及(3)，得

$$f(t) = \text{Res}[F(p)e^{pt}, 1] + 2\text{Re}\{\text{Res}[F(p)e^{pt}, -1+2i]\}$$

$$= \frac{(p+7)e^{pt}}{3p^2 + 2p + 3}\bigg|_{p=1} + 2\text{Re}\left[\frac{(p+7)e^{pt}}{3p^2 + 2p + 3}\bigg|_{p=-1+2i}\right]$$

$$= e^t + 2\text{Re}\left[\frac{-2+i}{4}e^{-t}(\cos 2t + i\sin 2t)\right]$$

$$= e^t - e^{-t}\left(\cos 2t + \frac{1}{2}\sin 2t\right).$$

解法2　用部分分式法，即把有理真分式分解成一些最简分式的和. 设

$$F(p) = \frac{A}{p-1} + \frac{Bp+C}{p^2+2p+5},$$

消去分母，得

$$p + 7 = A(p^2 + 2p + 5) + (Bp + C)(p - 1).$$

令 $p=1$，得 $8 = 8A$，即 $A=1$. 将 A 的值代入上式并移项，得

$$-p^2 - p + 2 = (Bp + C)(p - 1).$$

比较两边 p^2 的系数，得 $B=-1$. 再比较两边的常数项，得 $C=-2$. 从而

$$F(p) = \frac{1}{p-1} - \frac{p+2}{p^2+2p+5}$$

$$= \frac{1}{p-1} - \frac{(p+1)+1}{(p+1)^2+2^2}.$$

所以

$$f(t) = L^{-1}[F(p)]$$

$$= L^{-1}\left[\frac{1}{p-1}\right] - L^{-1}\left[\frac{p+1}{(p+1)^2+2^2}\right]$$

$$- \frac{1}{2}L^{-1}\left[\frac{2}{(p+1)^2+2^2}\right]$$

$$= e^t - e^{-t}\left(\cos 2t + \frac{1}{2}\sin 2t\right).$$

例 2 求 $f(t) = L^{-1} \left[\dfrac{2p^2 + 3p + 3}{(p+1)(p+3)^3} \right]$.

解 由于 $p = -1$ 及 $p = -3$ 分别是 $F(p) = \dfrac{2p^2 + 3p + 3}{(p+1)(p+3)^3} e^{pt}$ 的

1 级极点和 3 级极点,于是

$$f(t) = \operatorname{Res}[F(p), -1] + \operatorname{Res}[F(p), -3]$$

$$= \lim_{p \to -1} \frac{2p^2 + 3p + 3}{(p+3)^3} e^{pt}$$

$$+ \lim_{p \to -3} \frac{1}{3} \frac{\mathrm{d}^2}{\mathrm{d}p^2} \left(\frac{2p^2 + 3p + 3}{p+1} e^{pt} \right)$$

$$= \frac{1}{4} e^{-t} + \left(-3t^2 + \frac{3}{2} t - \frac{1}{4} \right) e^{-3t}.$$

上面已见到求有理真分式的本函数有两种方法,具体计算时,哪种方法方便就用哪种. 在实际计算时,还要善于使用变换表.

例 3 求 $F(p) = \dfrac{1}{(p^2 + a^2)(p^2 + b^2)}$ $(a^2 \ne b^2)$ 的本函数 $f(t)$.

解 由观察易得

$$\frac{1}{(p^2 + a^2)(p^2 + b^2)} = \frac{1}{b^2 - a^2} \left(\frac{1}{p^2 + a^2} - \frac{1}{p^2 + b^2} \right),$$

所以

$$f(t) = \frac{1}{b^2 - a^2} \left(L^{-1} \left[\frac{1}{p^2 + a^2} \right] - L^{-1} \left[\frac{1}{p^2 + b^2} \right] \right)$$

$$= \frac{1}{b^2 - a^2} \left(\frac{1}{a} \sin at - \frac{1}{b} \sin bt \right).$$

例 4 解方程组

$$\begin{cases} \dfrac{\mathrm{d}x}{\mathrm{d}t} - x - 2y = t, \\[2mm] -2x + \dfrac{\mathrm{d}y}{\mathrm{d}t} - y = t, \\[2mm] x(0) = 2, \ y(0) = 4. \end{cases}$$

解 作拉氏变换 $X(p) = L[x(t)], Y(p) = L[y(t)]$,则

$$L\left[\frac{\mathrm{d}x}{\mathrm{d}t} \right] = pX(p) - 2,$$

$$L\left[\frac{\mathrm{d}y}{\mathrm{d}t}\right] = pY(p) - 4.$$

又

$$L[t] = \frac{1}{p^2},$$

于是原方程组变换为

$$\begin{cases} (p-1)X - 2Y = \dfrac{1}{p^2} + 2, & (4) \\[3mm] -2X + (p-1)Y = \dfrac{1}{p^2} + 4. & (5) \end{cases}$$

将方程式(4)与(5)相加,得

$$(p-3)(X+Y) = \frac{2}{p^2} + 6,$$

即

$$X + Y = \frac{6p^2 + 2}{p^2(p-3)}.$$

将方程式(4)与(5)相减,得

$$(p+1)(X-Y) = -2,$$

即

$$X - Y = -\frac{2}{p+1}.$$

于是,求得

$$X = \frac{3p^2 + 1}{p^2(p-3)} - \frac{1}{p+1},$$

$$Y = \frac{3p^2 + 1}{p^2(p-3)} + \frac{1}{p+1}.$$

最后得

$$\begin{aligned} x(t) &= L^{-1}[X(p)] \\ &= L^{-1}\left[\frac{3p^2 + 1}{p^2(p-3)}\right] - L^{-1}\left[\frac{1}{p+1}\right] \\ &= \frac{3p^2 + 1}{p^2}\mathrm{e}^{pt}\bigg|_{p=3} + \frac{\mathrm{d}}{\mathrm{d}p}\left(\frac{3p^2 + 1}{p-3}\mathrm{e}^{pt}\right)\bigg|_{p=0} - \mathrm{e}^{-t} \\ &= \frac{28}{9}\mathrm{e}^{3t} - \frac{t}{3} - \frac{1}{9} - \mathrm{e}^{-t}, \end{aligned}$$

$$y(t) = L^{-1}[Y(p)]$$

$$= L^{-1}\left[\frac{3p^2+1}{p^2(p-3)}\right] + L^{-1}\left[\frac{1}{p+1}\right]$$

$$= \frac{28}{9}e^{3t} - \frac{t}{3} - \frac{1}{9} + e^{-t}.$$

有时还会遇到求形如 $F(p)e^{-p\tau}$ $(\tau > 0)$ 的像函数的本函数, 这只要用延迟定理即可求得. 即若 $L[f(t)] = F(p)$, 则

$$L^{-1}[F(p)e^{-p\tau}] = h(t-\tau)f(t-\tau).$$

例 5   求 $L^{-1}\left[\dfrac{1-e^{-4p}}{p^2-2}\right]$.

解   因为

$$L^{-1}\left[\frac{1}{p^2-2}\right] = \frac{1}{\sqrt{2}}\mathrm{sh}\sqrt{2}t,$$

故

$$L^{-1}\left[\frac{1-e^{-4p}}{p^2-2}\right] = \frac{1}{\sqrt{2}}\left[\mathrm{sh}\sqrt{2}t - h(t-4)\mathrm{sh}\sqrt{2}(t-4)\right]$$

$$= \begin{cases} 0 & (t < 0) \\ \dfrac{1}{\sqrt{2}}\mathrm{sh}\sqrt{2}t & (0 \leqslant t < 4) \\ \dfrac{1}{\sqrt{2}}\left[\mathrm{sh}\sqrt{2}t - \mathrm{sh}\sqrt{2}(t-4)\right] & (4 \leqslant t). \end{cases}$$

附表 7.1   拉普拉斯变换基本法则表

序号	$f(t)$	$F(p)$
1	$f(t)$	$F(p) = \displaystyle\int_0^{+\infty} e^{-pt}f(t)\mathrm{d}t$
2	$\alpha f(t) + \beta g(t)$	$\alpha F(p) + \beta G(p)$
3	$f'(t)$	$pF(p) - f(+0)$
4	$f^{(n)}(t)$	$p^nF(p) - p^{n-1}f(+0) - p^{n-2}f'(+0)$ $-\cdots - f^{(n-1)}(+0)$
5	$\displaystyle\int_0^t f(\tau)\mathrm{d}\tau$	$\dfrac{F(p)}{p}$

序号	$f(t)$	$F(p)$
6	$\displaystyle\int_0^t \mathrm{d}r\int_0^r f(\lambda)\mathrm{d}\lambda$	$\dfrac{F(p)}{p^2}$
7	$\displaystyle\int_0^t f(\tau)g(t-\tau)\mathrm{d}\tau \equiv f*g$	$F(p)G(p)$
8	$tf(t)$	$-F'(p)$
9	$t^n f(t)$	$(-1)^n F^{(n)}(p)$
10	$\dfrac{1}{t}f(t)$	$\displaystyle\int_p^{+\infty} F(p)\mathrm{d}p$
11	$\mathrm{e}^{at}f(t)$	$F(p-a)$
12	$f(t-\tau)$ ($t<\tau$ 时 $f(t)=0$, $\tau>0$)	$\mathrm{e}^{-p\tau}F(p)$
13	$\dfrac{1}{a}f\left(\dfrac{t}{a}\right)$ ($a>0$)	$F(ap)$
14	$\dfrac{1}{a}\mathrm{e}^{\frac{b}{a}t}f\left(\dfrac{t}{a}\right)$ ($a>0$)	$F(ap-b)$
15	$f(t)$ (周期为 T, $f(t+T)=f(t)$)	$\dfrac{1}{1-\mathrm{e}^{-pT}}\displaystyle\int_0^T \mathrm{e}^{-pt}f(t)\mathrm{d}t$
16	$f(t)$ ($f(t+T)=-f(t)$)	$\dfrac{1}{1+\mathrm{e}^{-pT}}\displaystyle\int_0^T \mathrm{e}^{-pt}f(t)\mathrm{d}t$

附表 7.2 拉普拉斯变换表

序号	$F(p)$	$f(t)$
1	$\dfrac{1}{p}$	1
2	$\dfrac{1}{p^{n+1}}$	$\dfrac{t^n}{n!}$ ($n=0,1,2,\cdots$)
3	$\dfrac{1}{p^{\alpha+1}}$	$\dfrac{t^\alpha}{\Gamma(\alpha+1)}$ ($\alpha>-1$)
4	$\dfrac{1}{p-\lambda}$	$\mathrm{e}^{\lambda t}$

序号	$F(p)$	$f(t)$
5	$\dfrac{\omega}{p^2+\omega^2}$	$\sin\omega t$
6	$\dfrac{p}{p^2+\omega^2}$	$\cos\omega t$
7	$\dfrac{\omega}{p^2-\omega^2}$	$\text{sh}\omega t$
8	$\dfrac{p}{p^2-\omega^2}$	$\text{ch}\omega t$
9	$\dfrac{\omega}{(p+\lambda)^2+\omega^2}$	$e^{-\lambda t}\sin\omega t$
10	$\dfrac{p+\lambda}{(p+\lambda)^2+\omega^2}$	$e^{-\lambda t}\cos\omega t$
11	$\dfrac{p}{(p^2+\omega^2)^2}$	$\dfrac{t}{2\omega}\sin\omega t$
12	$\dfrac{\omega^2}{(p^2+\omega^2)^2}$	$\dfrac{1}{2\omega}(\sin\omega t-\omega t\cos\omega t)$
13	$\dfrac{1}{p^3+\omega^3}$	$\dfrac{1}{3\omega^2}\left[e^{-\omega t}+e^{\frac{1}{2}\omega t}\left(\cos\dfrac{\sqrt{3}}{2}\omega t-\sqrt{3}\sin\dfrac{\sqrt{3}}{2}\omega t\right)\right]$
14	$\dfrac{p}{p^3+\omega^3}$	$\dfrac{1}{3\omega}\left[-e^{\omega t}+e^{\frac{1}{2}\omega t}\left(\cos\dfrac{\sqrt{3}}{2}\omega t+\sqrt{3}\sin\dfrac{\sqrt{3}}{2}\omega t\right)\right]$
15	$\dfrac{p^2}{p^3+\omega^3}$	$\dfrac{1}{3}\left(e^{-\omega t}+2e^{\frac{1}{2}\omega t}\cos\dfrac{\sqrt{3}}{2}\omega t\right)$
16	$\dfrac{1}{p^4+4\omega^4}$	$\dfrac{1}{3\omega^3}(\sin\omega t\,\text{ch}\omega t-\cos\omega t\,\text{sh}\omega t)$
17	$\dfrac{p}{p^4+4\omega^4}$	$\dfrac{1}{2\omega^2}\sin\omega t\,\text{sh}\omega t$
18	$\dfrac{p^2}{p^4+4\omega^4}$	$\dfrac{1}{2\omega}(\sin\omega t\,\text{ch}\omega t+\cos\omega t\,\text{sh}\omega t)$

序号	$F(p)$	$f(t)$
19	$\dfrac{p^3}{p^4+4\omega^4}$	$\cos\omega t\,\mathrm{ch}\omega t$
20	$\dfrac{1}{p^4-\omega^4}$	$\dfrac{1}{2\omega^3}(\mathrm{sh}\omega t-\sin\omega t)$
21	$\dfrac{p}{p^4-\omega^4}$	$\dfrac{1}{2\omega^2}(\mathrm{ch}\omega t-\cos\omega t)$
22	$\dfrac{p^2}{p^4-\omega^4}$	$\dfrac{1}{2\omega}(\mathrm{sh}\omega t+\sin\omega t)$
23	$\dfrac{p^3}{p^4-\omega^4}$	$\dfrac{1}{2}(\mathrm{ch}\omega t+\cos\omega t)$
24	$\dfrac{1}{(p-a)(p-b)}\ (a\neq b)$	$\dfrac{1}{a-b}(\mathrm{e}^{at}-\mathrm{e}^{bt})$
25	$\dfrac{p}{(p-a)(p-b)}\ (a\neq b)$	$\dfrac{1}{a-b}(a\mathrm{e}^{at}-b\mathrm{e}^{bt})$
26	$\dfrac{1}{p}\left(\dfrac{p-1}{p}\right)^n$	$L_n(t)\equiv\dfrac{\mathrm{e}^t}{n!}\dfrac{\mathrm{d}^n}{\mathrm{d}t^n}(t^n\mathrm{e}^{-t})$
27	$\dfrac{\omega}{p^2+\omega^2}\coth\dfrac{p\pi}{2\omega}$	$\vert\sin\omega t\vert$
28	$\dfrac{p}{(p-a)^{\frac{3}{2}}}$	$\dfrac{1}{\sqrt{\pi t}}\mathrm{e}^{at}(1+2at)$
29	$\sqrt{p-a}-\sqrt{p-b}$	$\dfrac{1}{2\sqrt{\pi t^3}}(\mathrm{e}^{bt}-\mathrm{e}^{at})$
30	$\dfrac{1}{(p+\lambda)^{\nu+1}}$	$\dfrac{1}{\Gamma(\nu+1)}\mathrm{e}^{-\lambda t}t^\nu\ (\nu>-1)$
31	1	$\delta(t)^*$
32	e^{-ap}	$\delta(t-a)$
33	p	$\delta'(t)\equiv\lim\limits_{\varepsilon\to0}\dfrac{\delta(t)-\delta(t-\varepsilon)}{\varepsilon}$ （偶极子）
34	$p\mathrm{e}^{-ap}$	$\delta'(t-a)$
35	$\mathrm{e}^{-a\sqrt{p}}$	$\dfrac{a}{2\sqrt{\pi t^3}}\mathrm{e}^{-\frac{a^2}{4t}}$

续表

序号	$F(p)$	$f(t)$
36	$\dfrac{e^{-a\sqrt{p}}}{\sqrt{p}}$	$\dfrac{1}{\sqrt{\pi t}}e^{-\frac{a^2}{4t}}$
37	$\dfrac{1}{\sqrt{p+a}}$	$\dfrac{e^{-at}}{\sqrt{\pi t}}$
38	$\dfrac{1}{\sqrt{p}}e^{\frac{a^2}{p}}\operatorname{erf}\left(\dfrac{a}{\sqrt{p}}\right)^{*}$	$\dfrac{1}{\sqrt{\pi t}}e^{-2a\sqrt{t}}$
39	$\dfrac{\sqrt{\pi}}{2}e^{\frac{p^2}{4a^2}}\operatorname{erf}\left(\dfrac{p}{2a}\right)$	$e^{-a^2t^2}$
40	$\dfrac{1}{p\sqrt{p}}e^{-\frac{a}{p}}$	$\dfrac{1}{\sqrt{\pi a}}\sin 2\sqrt{at}$
41	$\dfrac{1}{\sqrt{p}}e^{-\frac{a}{p}}$	$\dfrac{1}{\sqrt{\pi t}}\cos 2\sqrt{at}$
42	$\dfrac{1}{\sqrt{p}}e^{-\sqrt{p}}\sin\sqrt{p}$	$\dfrac{1}{\sqrt{\pi t}}\sin\dfrac{1}{2t}$
43	$\dfrac{1}{\sqrt{p}}e^{-\sqrt{p}}\cos\sqrt{p}$	$\dfrac{1}{\sqrt{\pi t}}\cos\dfrac{1}{2t}$
44	$\sqrt{\dfrac{\sqrt{p^2+\omega^2}-p}{p^2+\omega^2}}$	$\sqrt{\dfrac{1}{\pi t}}\cos\omega t$
45	$\sqrt{\dfrac{\sqrt{p^2+\omega^2}+p}{p^2+\omega^2}}$	$\sqrt{\dfrac{1}{\omega t}}\cos\omega t$
46	$\dfrac{1}{\sqrt{p^2+\alpha^2}(\sqrt{p^2+\alpha^2}+p)^{\nu}}$	$\dfrac{1}{\alpha^{\nu}}J_{\nu}(\alpha t)^{*}$ $(\nu>0)$
47	$\dfrac{1}{\sqrt{p^2-\alpha^2}(\sqrt{p^2+\alpha^2}+p)^{\nu}}$	$\dfrac{1}{\alpha^{\nu}}I_{\nu}(\alpha t)^{*}$ $(\nu>0)$
48	$\dfrac{1}{\nu\alpha^{\nu}}(\sqrt{p^2+\alpha^2}-p)^{\nu}$	$\dfrac{I_{\nu}(\alpha t)}{t}$ $(\nu>0)$
49	$\dfrac{1}{\sqrt{\pi}}\Gamma\left(\nu+\dfrac{1}{2}\right)\dfrac{1}{(p^2+1)^{\nu+\frac{1}{2}}}$	$t^{\nu}J_{\nu}(t)$ $\left(\nu>-\dfrac{1}{2}\right)$
50	$\dfrac{1}{p^{\nu+1}}e^{-\frac{1}{p}}$	$t^{\frac{\nu}{2}}J_{\nu}(2\sqrt{t})$ $(\nu>-1)$

序号	$F(p)$	$f(t)$
51	$\sqrt{\dfrac{\pi}{p}}\mathrm{e}^{-\frac{1}{2p}}\mathrm{I}_n\left(\dfrac{1}{2p}\right)$	$\dfrac{1}{\sqrt{t}}\mathrm{J}_{2n}(2\sqrt{t})$
52	$\dfrac{1}{\sqrt{p^2+a^2}}\mathrm{e}^{-\tau\sqrt{p^2+a^2}}$	$\mathrm{J}_0\left(a\sqrt{t^2-\tau^2}\right)h(t-\tau)$
53	$\dfrac{\sqrt{a}}{p\sqrt{p+a}}$	$\mathrm{erf}(\sqrt{at})$
54	$\dfrac{1}{p}\mathrm{e}^{-a\sqrt{p}}$	$\mathrm{erfc}\left(\dfrac{a}{2\sqrt{t}}\right)^{*}$
55	$\dfrac{1}{p+\sqrt{p}}$	$\mathrm{e}^t\,\mathrm{erf}(\sqrt{t})$
56	$\dfrac{1}{1+\sqrt{p}}$	$\dfrac{1}{\sqrt{\pi t}}-\mathrm{e}^t\,\mathrm{erf}(\sqrt{t})$
57	$\dfrac{\sqrt{p+a}}{p}$	$\dfrac{1}{\sqrt{\pi t}}\mathrm{e}^{-at}+\sqrt{a}\,\mathrm{erf}(\sqrt{at})$
58	$\dfrac{1}{p}\left(\dfrac{\pi}{2}-\dfrac{\mathrm{arctg}p}{p}\right)$	$\mathrm{Si}(t)^{*}$
59	$\dfrac{1}{p}\ln\dfrac{1}{\sqrt{p^2+1}}$	$\mathrm{Ci}(t)^{*}$
60	$\dfrac{1}{p}\ln(1+p)$	$-\mathrm{Ei}(-t)^{*}$
61	$\dfrac{1}{p}\ln(p+\sqrt{1+p^2})$	$\displaystyle\int_{t}^{+\infty}\dfrac{\mathrm{J}_0(t)}{t}\mathrm{d}t$
62	$\ln\dfrac{p-a}{p-b}$	$\dfrac{\mathrm{e}^{bt}-\mathrm{e}^{at}}{t}$

表中标有星号（＊）的各特殊函数定义如下：

$$\delta(x)=\begin{cases}0 & (x\neq 0)\\ +\infty & (x=0),\end{cases}\ \text{且}\ \int_{-\infty}^{+\infty}\delta(x)\mathrm{d}x=1,$$

$$\mathrm{erf}(x)=\dfrac{2}{\sqrt{\pi}}\int_{0}^{x}\mathrm{e}^{-t^2}\mathrm{d}t,$$

$$\mathrm{erfc}(x)=1-\mathrm{erf}(x)=\dfrac{2}{\sqrt{\pi}}\int_{x}^{+\infty}\mathrm{e}^{-t^2}\mathrm{d}t,$$

$$J_\nu(x) = \sum_{k=0}^{n} \frac{(-1)^k}{k!\,\Gamma(k+\nu+1)} \left(\frac{x}{2}\right)^{2k+\nu},$$

$$I_\nu(x) = \sum_{k=0}^{+\infty} \frac{1}{k!\,\Gamma(k+\nu+1)} \left(\frac{x}{2}\right)^{2k+\nu},$$

$$\mathrm{Si}(t) = \int_0^t \frac{\sin x}{x}\mathrm{d}x,$$

$$\mathrm{Ci}(t) = \int_{-\infty}^t \frac{\cos x}{x}\mathrm{d}x,$$

$$\mathrm{Ei}(t) = \int_{-\infty}^t \frac{\mathrm{e}^x}{x}\mathrm{d}x.$$

习　题

1. 求下列函数的像函数(各题中,a,b,ω,φ 均为常数):

(1) $\dfrac{1}{2}\sin 2t + \cos 3t$;

(2) $\mathrm{e}^{3t} - \mathrm{e}^{-2t}$;

(3) $1 - \mathrm{e}^{at}$;

(4) $\dfrac{1}{a-b}(a\mathrm{e}^{at} - b\mathrm{e}^{bt})$ $(a\neq b)$;

(5) $\dfrac{1}{b^2-a^2}(\cos at - \sin bt)$ $(a\neq b)$;

(6) $\dfrac{1}{a^2}(at - \sin at)$;

(7) $\mathrm{e}^{-2t}\sin 5t$;

(8) $\mathrm{e}^{-(3+4\mathrm{i})t}$;

(9) $t\mathrm{e}^{5t}$;

(10) $\mathrm{ch}\,\omega t$;

(11) $\mathrm{e}^{-at}\cos(\omega t + \varphi)$;

(12) $\dfrac{\mathrm{d}^2}{\mathrm{d}t^2}(\mathrm{e}^{-at}\sin\omega t)$;

(13) $t^2\mathrm{e}^t$;

(14) $\displaystyle\int_0^t t\mathrm{e}^{2t}\mathrm{d}t$;

(15) $\int_0^t \sin 2x \operatorname{sh}(t-\tau)\mathrm{d}x$；

(16) $\int_0^t (t-\tau)^n \mathrm{e}^{-a\tau}\cos\omega\tau\mathrm{d}\tau$；

(17) $\cos\omega(t-\varphi)h(t-\varphi)$；

(18) $\cos\omega(t-\varphi)h(t-2\varphi)$.

2. 画出下列函数的图形,并求其像函数：

(1) $h(t)\sin\omega(t-\varphi)$；

(2) $h(t)\sin(\omega t-\varphi)$；

(3) $h(t-\varphi)\sin\omega t$；

(4) $h(t-\varphi)\sin\omega(t-\varphi)$.

3. 设 $K(t)=h(t)+h(t-1)+h(t-2)+\cdots$（阶梯函数）.

(1) 绘出前向锯齿波 $t-K(t-1)$ 的图形,并求其像函数；

(2) 绘出后向锯齿波 $K(t)-t$ 的图形,并求其像函数.

4. 求图 7.7 所示的两个周期信号的像函数.

[**提示**：用附表 7.1 中的公式 15 计算.]

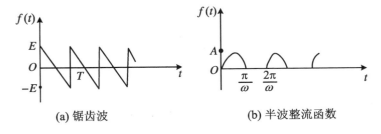

(a) 锯齿波　　　　　　　(b) 半波整流函数

图 7.7

5. 设 $L[f(t)]=F(p)$,证明：

$$L[f(t)\sin\omega t]=\frac{1}{2\mathrm{i}}[F(p-\mathrm{i}\omega)-F(p+\mathrm{i}\omega)].$$

6. 求下列像函数的本函数：

(1) $\dfrac{1}{(p+3)(p+1)}$；

(2) $\dfrac{1-p}{p^3+p^2+p+1}$;

(3) $\dfrac{p+2}{p^2+4p+5}$;

(4) $\dfrac{1}{p(p+a)}$;

(5) $\dfrac{1}{p(p-1)(p-2)}$;

(6) $\dfrac{1}{(p^2+1)(p^2+3)}$;

(7) $\dfrac{1}{p(p-2)(p^2+1)}$;

(8) $\dfrac{1}{p(p-2)^2}$;

(9) $\dfrac{p+3}{p^3+3p^2+6p+4}$;

(10) $\dfrac{p}{p^4+3p^2-4}$;

(11) $\dfrac{1}{p^4-3p^3+3p^2-p}$;

(12) $\dfrac{a^2p}{p^4+a^4}$;

(13) $\dfrac{p^3}{p^4+a^4}$;

(14) $\dfrac{1}{(p+1)^4}$;

(15) $\dfrac{p-1}{(p^2-2p+2)^2}$;

(16) $\dfrac{3p+7}{p^2+2p+1+a^2}$;

(17) $\dfrac{p+2}{p^2+1}\mathrm{e}^{-p}$;

(18) $\dfrac{1-p}{(p+1)(p^2+1)}\mathrm{e}^{-10p}$;

(19) $\dfrac{1}{p}(1-e^{-3p})$;

(20) $\dfrac{p}{(p^2+1)(1-e^{-\pi p})}$.

7. 利用拉氏变换求解下列微分方程:

(1) $\begin{cases} y''(t)+y'(t)=1, \\ y(0)=y'(0)=0; \end{cases}$

(2) $\begin{cases} y''(t)-y'(t)=e^t, \\ y(0)=y'(0)=0; \end{cases}$

(3) $\begin{cases} y''-(a+b)y'+aby=0 \ (a\neq b), \\ y(0)=0, \ y'(0)=1; \end{cases}$

(4) $\begin{cases} y''-2y'+y=te^t, \\ y(0)=y'(0)=0; \end{cases}$

(5) $\begin{cases} y''-y=4\sin t+5\cos 2t, \\ y(0)=-1, \ y'(0)=-2; \end{cases}$

(6) $\begin{cases} y''-y=\begin{cases} t & (0\leqslant t\leqslant 1) \\ 1 & (t>1), \end{cases} \\ y(0)=0, \ y'(0)=0; \end{cases}$

(7) $\begin{cases} y'''+3y''+3y'+y=6e^{-t}, \\ y(0)=y'(0)=y''(0)=0; \end{cases}$

(8) $\begin{cases} y'+x'=4y+1, \\ y'+x=3y+t^2, \\ y(0)=a, \ x(0)=b; \end{cases}$

(9) $\begin{cases} x'-2y'=\sin t, \\ x'+y'=\cos t, \\ x(0)=0, \ y(0)=1; \end{cases}$

(10) $\begin{cases} x'-y'=0, \\ y'+z'=1, \\ x'-z'=t, \\ x(0)=y(0)=z(0)=0. \end{cases}$

189

8. 证明方程 $\dfrac{\mathrm{d}^2 y}{\mathrm{d}t^2} + \omega^2 y = f(t)$ 在初始条件 $y(0) = y'(0) = 0$ 下的解为

$$y(t) = \frac{1}{\omega} \int_0^t f(u) \sin\omega(t-u) \mathrm{d}u.$$

9. 解积分方程

$$f(t) = a\sin bt + c \int_0^t \sin b(t-u) f(u) \mathrm{d}u \ (b > c > 0).$$

数学物理方程

第1章 数学物理中的偏微分方程

本章首先介绍偏微分方程的一些概念,并从许多物理问题中归结出三个典型方程及关于它们的各种定解问题的提法,最后讨论两个一般性原理——叠加原理和齐次化原理.这些内容对学习后续各章有着一般性意义.

1.1 偏微分方程的一些基本概念

一个含有某未知多元函数 u 的偏导数的关系式叫做偏微分方程.例如:

$$\frac{\partial u}{\partial t} = a(t,x)\frac{\partial^2 u}{\partial x^2} + b(t,x)\frac{\partial u}{\partial x} + c(t,x)u + f(t,x), \tag{1}$$

$$\Delta_3 u = \frac{\partial^2 u}{\partial x^2} + \frac{\partial^2 u}{\partial y^2} + \frac{\partial^2 u}{\partial z^2} = 0 \text{(拉普拉斯方程)}, \tag{2}$$

$$\frac{\partial^2 u}{\partial t^2} = a^2 \Delta_3 u + f(t,x,y,z) \text{(波动方程)}, \tag{3}$$

$$u_t + uu_x = 0 \text{(冲击波方程)}, \tag{4}$$

$$u_t + \sigma uu_x + u_{xxx} = 0 \text{(KdV 方程)}, \tag{5}$$

等等,都是偏微分方程.其中,a,σ 为常数,$a(t,x),b(t,x),c(t,x)$,$f(t,x),f(t,x,y,z)$ 为已知函数,u 为未知函数.

一个偏微分方程中所含偏导数的最高阶数称为此方程的阶.如果一个偏微分方程对于未知函数及其偏导数来说都是一次的,则称其为线性方程,否则称为非线性方程.例如,方程(1),(2),(3)都是二阶线性方程;方程(4)是一阶非线性方程;方程(5)是三阶非线性方程.

数学物理方程通常是指从物理问题中导出的函数方程,特别是偏微分方程.本书后面各章只着重研究 $2 \sim 4$ 个自变量 x_1,

$x_2, \cdots, x_n$ ($n = 2, 3, 4$)的二阶常系数线性偏微分方程,它的一般形式为

$$\sum_{i,j=1}^{n} a_{ij} \frac{\partial^2 u}{\partial x_i \partial x_j} + 2 \sum_{i=1}^{n} b_i \frac{\partial u}{\partial x_i} + cu = f(x_1, x_2, \cdots, x_n). \quad (6)$$

这里,a_{ij}, b_i, c 是常数,且 $a_{ij} = a_{ji}$,$f(x_1, \cdots, x_n)$ 是已知函数. 若方程(6)中的自由项 $f \equiv 0$,则称方程是齐次的;反之,就称方程是非齐次的.

如果把某个函数代入偏微分方程中的未知函数后,方程变为恒等式,则此函数称为方程的一个解. 例如,不难验证,除了点 (x_0, y_0, z_0)外,函数

$$u(x, y, z) = \frac{1}{\sqrt{(x-x_0)^2 + (y-y_0)^2 + (z-z_0)^2}}$$

满足三维拉普拉斯方程(方程(2)).

例 1 当 a, b 满足怎样的条件时,二维拉普拉斯方程

$$\Delta_2 u = u_{xx} + u_{yy} = 0$$

有指数解 $u = e^{ax+by}$?并把解求出.

解 将 $u = e^{ax+by}$ 代入所给方程,得

$$(a^2 + b^2) e^{ax+by} = 0.$$

因 $e^{ax+by} \neq 0$,所以 $a^2 + b^2 = 0$. 即当 $a = \pm ib$ 或 $b = \pm ia$ 时,方程有指数解. 解的形式为

$$u = e^{\pm ibx + by}$$
$$= e^{by}(\cos bx \pm i \sin bx)$$

及

$$u = e^{ax \pm iay}$$
$$= e^{ax}(\cos ay \pm i \sin ay),$$

这里,a, b 是任意实常数. 如取实形式,则

$$e^{ax} \cos ay, \quad e^{ax} \sin ay;$$
$$e^{by} \cos bx, \quad e^{by} \sin bx$$

都是 $\Delta_2 u = 0$ 的特解.

一个偏微分方程的解是多种多样的. 就 $\Delta_2 u = 0$ 而言,由复变函数论我们知道,任何一个解析函数 $f(z)$ ($z = x + iy$)的实部或虚

部（即二维调和函数）都满足 $\Delta_2 u = 0$. 例如：

$$u = \operatorname{Re}\ln z = \ln r \ (r = \sqrt{x^2 + y^2} \neq 0),$$

$$u = \operatorname{Re}z^n = \operatorname{Re}r^n e^{in\theta} = r^n \cos n\theta \ (n = 0, 1, 2, \cdots),$$

$$u = \operatorname{Im}z^n = r^n \sin n\theta$$

都是它的特解，这里，r, θ 是极坐标. 上述各解也可以直接代入二维拉普拉斯方程的极坐标形式

$$\Delta_2 u = \frac{\partial^2 u}{\partial r^2} + \frac{1}{r} \frac{\partial u}{\partial r} + \frac{1}{r^2} \frac{\partial^2 u}{\partial \theta^2} = 0$$

中予以验证.

上面举的例子告诉我们，一个偏微分方程的解是无穷多的. 而且一般说来，一个一阶偏微分方程的解依赖于一个任意函数，一个二阶偏微分方程的解依赖于两个任意函数. 例如，自变量为 x, y 的一阶线性方程

$$\frac{\partial u}{\partial y} = f(x),$$

由于只依赖于 x 的函数 $f(x)$ 对 y 的偏导数为零，所以把上式两边对 y 积分，得

$$u = \int \frac{\partial u}{\partial y} \mathrm{d}y$$

$$= \int f(x) \mathrm{d}y + \varphi(x)$$

$$= f(x) \cdot y + \varphi(x),$$

这里，$\varphi(x)$ 是任意函数.

例 2 设 $u = u(x, y)$，求二阶线性方程

$$\frac{\partial^2 u}{\partial x \partial y} = 0$$

的一般解.

解 先把所给方程改写为

$$\frac{\partial}{\partial x} \left(\frac{\partial u}{\partial y} \right) = 0.$$

两边对 x 积分，得

$$\frac{\partial u}{\partial y} = \int \frac{\partial}{\partial x} \left(\frac{\partial u}{\partial y} \right) \mathrm{d}x$$

$$= \int 0 \mathrm{d}x + \varphi(y)$$

$$= \varphi(y),$$

这里,$\varphi(y)$是任意函数.再两边对 y 积分,得方程的一般解为

$$u = \int \frac{\partial u}{\partial y} \mathrm{d}y$$

$$= \int \varphi(y) \mathrm{d}y + f(x)$$

$$= f(x) + g(y),$$

这里,$f(x),g(y)$是任意两个一次可微函数.

例 3 求方程$\frac{\partial^2 u}{\partial t^2} = a^2 \frac{\partial^2 u}{\partial x^2}$的通解.

解 作变量代换 $\xi = x + at$,$\eta = x - at$. 由复合函数的求导法,有

$$\frac{\partial u}{\partial t} = a\left(\frac{\partial u}{\partial \xi} - \frac{\partial u}{\partial \eta}\right),$$

$$\frac{\partial^2 u}{\partial t^2} = a^2\left(\frac{\partial^2 u}{\partial \xi^2} - 2\frac{\partial^2 u}{\partial \xi \partial \eta} + \frac{\partial^2 u}{\partial \eta^2}\right).$$

同样,有

$$\frac{\partial u}{\partial x} = \frac{\partial u}{\partial \xi} + \frac{\partial u}{\partial \eta},$$

$$\frac{\partial^2 u}{\partial x^2} = \frac{\partial^2 u}{\partial \xi^2} + 2\frac{\partial^2 u}{\partial \xi \partial \eta} + \frac{\partial^2 u}{\partial \eta^2}.$$

于是,所给方程变形为$\frac{\partial^2 u}{\partial \xi \partial \eta} = 0$. 因而,由例 2 得所求的通解为

$$u = f(\xi) + g(\eta)$$

$$= f(x+at) + g(x-at),$$

这里,f,g 都是任意二次可微函数.

1.2　三个典型方程及其物理背景

在 1.1 节的方程(6)中,认定一个变量为时间变量 t,作为方程(6)的特例,可以得到下面三个典型方程:

$$\frac{\partial^2 u}{\partial t^2} = a^2 \Delta_3 u + f(t,x,y,z) \text{ (波动方程)}, \qquad (1)$$

$$\frac{\partial u}{\partial t} = a^2 \Delta_3 u + f(t,x,y,z) \text{ (热传导方程)}, \qquad (2)$$

$$\Delta_3 u = f(x,y,z) \text{ (泊松方程)}. \qquad (3)$$

这里,a 为常数,$f(t,x,y,z)$ 及 $f(x,y,z)$ 都是已知函数. 在方程(1)及(2)中,未知函数 $u=u(t,x,y,z)$ 是时间变量 t 和空间坐标变量 x,y,z 的函数;在方程(3)中,u 只是空间坐标变量的函数,而与时间变量 t 无关.

许多运动过程的物理性质尽管各不相同,但在数量关系上却常常可用上述三个方程之一来描述. 例如,由声波在空气中的传播、弹性体的振动、电磁波在真空中的传播等振动过程所导出的就是波动方程;由热量在物体内从温度较高处向较低处的传导、溶液中的溶质从浓度较大处向较小处的扩散等运动过程所导出的就是热传导方程(又称为扩散方程). 以上所讲的两种物理过程都是随时间而发展的过程,所以,方程(1)和(2)有时又统称为发展方程. 如果它们进入稳定状态,即表征运动过程的物理量 u 不再随时间而改变,那么

$$u_t = 0, \quad u_{tt} = 0,$$

这样就得到泊松(Poisson)方程,也称为稳定方程. 所以,泊松方程描述的是一些稳定的物理现象,如某些稳定(定常)流场的分布,稳定温度场的分布,静电场的分布,等等.

1.2.1 理想弦的横振动方程

所谓弦,就是指这样一条理想化的弹性细线,它的横截面的直径与长度比较起来非常小;整个弦完全可以任意地变形,不论它在什么位置,内部的张力总是沿着切线方向作用.

现设有一条线密度为 $\rho(x)$ 的弦,在张力 $\boldsymbol{T}$ 的作用下处于平衡状态,平衡位置和 x 轴重合. 并设这条弦由于受到某种扰动而开始在它自己的平衡位置附近振动,我们要推导出描述这条弦的运动情况的方程. 为了使得到的方程比较简单,我们再作如下三个理想

化假设：

1) 弦的运动完全在某一包含 x 轴的 xu 平面内进行,并且在振动过程中,弦上各点在 x 轴方向上的位移比在 u 轴方向上的位移小得多,因此可以忽略前者,而用时刻 t 弦上坐标为 x 的点在 u 轴方向上的位移 $u(t,x)$ 作为描述弦的运动的主要物理量.

2) 弦的振动很微小. 微小的意义不仅是指 $u(t,x)$ 很小,而且也指 u_x 很小,即

$$| u_x | \ll 1.$$

3) 有一个随时间变化的外力沿着弦身作用,其作用方向垂直于 x 轴,而力的分布密度为 $g(t,x)$.

列方程通常是运用微元法. 即先取定所研究的对象的一个微小部分——微元,然后对这个微元运用物理规律. 具体地说,在时刻 t 取横坐标分别为 x 和 $x+\Delta x$ 的点 M_1,M_2,对小弧段 $\overset{\frown}{M_1M_2}$ 作受力分析(图 1.1). 作用在这段弦上的力有:分别作用在 M_1 和 M_2 点的切向张力 $-\boldsymbol{T}(t,x)$ 和 $\boldsymbol{T}(t,x+\Delta x)$;外力(设弦本身的重量很小,略去不计)

$$\boldsymbol{F}_1 = \boldsymbol{u}_0 \int_x^{x+\Delta x} g(t,\xi)\mathrm{d}\xi,$$

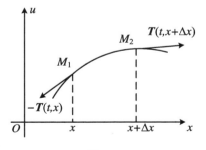

图 1.1

其中, $\boldsymbol{u}_0$ 是位移正方向上的单位向量;惯性力

$$\boldsymbol{F}_2 = -\boldsymbol{u}_0 \int_x^{x+\Delta x} \rho(\xi) \frac{\partial^2 u}{\partial t^2}\mathrm{d}\xi.$$

于是,由牛顿第二定律,有

$$-\boldsymbol{T}(t,x) + \boldsymbol{T}(t,x+\Delta x) + \boldsymbol{F}_1 + \boldsymbol{F}_2 = 0.$$

记 $\boldsymbol{T} = (T_1, T_2)$，则有 $\dfrac{T_2}{T_1} = u_x$. 再把上面的向量方程写成分量的形式，即得下面的方程组

$$\begin{cases} T_1(t,x+\Delta x) - T_1(t,x) = 0, \\ T_2(t,x+\Delta x) - T_2(t,x) + \displaystyle\int_x^{x+\Delta x} \left[g(t,x) - \rho(x)\frac{\partial^2 u}{\partial t^2} \right] \mathrm{d}x \\ = \displaystyle\int_x^{x+\Delta x} \left[\frac{\partial T_2}{\partial x} + g(t,x) - \rho(x)\frac{\partial^2 u}{\partial t^2} \right] \mathrm{d}x = 0. \end{cases}$$

上面的第一个方程说明 T_1 不依赖于 x，即 $T_1 = T_1(t)$. 由微元的任意性，从第二个方程得到

$$T_1(t)u_{xx} + g(t,x) - \rho(x)u_{tt} = 0. \tag{4}$$

因 $|u_x| \ll 1$，故 $\boldsymbol{T}$ 的模

$$\begin{aligned} T &= \sqrt{T_1{}^2 + T_2{}^2} \\ &= T_1\sqrt{1 + u_x{}^2} \\ &\approx T_1(t), \end{aligned} \tag{5}$$

且小弦段的长

$$\Delta s = \int_x^{x+\Delta x} \sqrt{1 + u_x{}^2}\,\mathrm{d}x \approx \Delta x.$$

因此，可以认为弦在振动过程中并未伸长. 再由胡克(Hooke)定理，知道弦上每点张力的数值 T 不随时间而变化. 综上所述，知道 T 为常数. 于是由(5)式，方程(4)成为

$$\rho(x)\frac{\partial^2 u}{\partial t^2} = T\frac{\partial^2 u}{\partial x^2} + g(t,x).$$

如果再设弦是均匀的，则 ρ 为常数. 于是，上式可以写为

$$\frac{\partial^2 u}{\partial t^2} = a^2\frac{\partial^2 u}{\partial x^2} + f(t,x)$$

$$\left(a = \sqrt{\frac{T}{\rho}},\ f(t,x) = \frac{g(t,x)}{\rho} \right),$$

这就是弦的微小横振动方程(也称一维波动方程). 如果 $f(t,x) \equiv 0$，则方程为齐次的，相当于自由振动的情形；如果 $f(t,x) \not\equiv 0$，则方程为非齐次的，相当于强迫振动的情形.

1.2.2　热传导方程

如果一个物体内各点的温度不全相同,实验证明:在物体内有热量传播,而且热量是由温度高处流向温度低处. 设 $u(t,x,y,z)$ 表示时刻 t 在该物体内 $M(x,y,z)$ 点处的温度,则热的传播服从傅里叶热传导定律:在无穷小时间段 $(t,t+\mathrm{d}t)$ 内,沿点 M 处的面积元素 $\mathrm{d}S$ 的法向 n 流过 $\mathrm{d}S$ 的热量与温度的下降率成正比,即

$$\mathrm{d}Q = -k(x,y,z)\frac{\partial u}{\partial n}\mathrm{d}S\mathrm{d}t. \tag{6}$$

这里,$k(x,y,z)$ 称为物体在 M 点处的热传导系数,它应取正值;负号表示热流指向温度下降的方向. (6)式可以写成

$$\mathrm{d}Q = -k(x,y,z)\nabla u \cdot n\mathrm{d}S\mathrm{d}t$$
$$= q \cdot n\mathrm{d}S\mathrm{d}t.$$

这里,n 是法向方向的单位向量;$q=-k(x,y,z)\nabla u$,称为在点 M 处的热流密度向量,其方向与温度梯度的方向相反.

现在来导出物体的温度 $u(t,x,y,z)$ 所应满足的方程. 为简单起见,假定物体是均匀的,并且是各向同性的,因而体密度 ρ、热传导系数 k 和物体的比热 c 都是常数. 又设物体内有热源分布,其密度为 $f(t,x,y,z)$,即单位时间内体积 ΔV 中热源所放出的热量为 $f(t,x,y,z)\Delta V$.

在物体 V 内取如图 1.2 所示的长方体微元,它的长、宽、高分

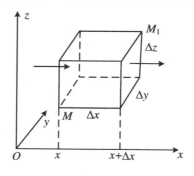

图 1.2

别平行于 x 轴、y 轴和 z 轴,体积 $\Delta V = \Delta x \Delta y \Delta z$. 图中,点 M 及 M_1 的坐标分别为 (x,y,z) 及 $(x+\Delta x, y+\Delta y, z+\Delta z)$. 在 Δt 时间内,沿 x 轴正向通过长方体左侧面进入长方体的热量为

$$\Delta \overline{Q}_1 = -ku_x(x,y,z)\Delta y \Delta z \Delta t,$$

沿 x 轴正向通过长方体右侧面流出长方体的热量为

$$\Delta \overline{Q}_2 = -ku_x(x+\Delta x, y, z)\Delta y \Delta z \Delta t,$$

于是,长方体沿 x 轴方向的净入热量为

$$\Delta \overline{Q}_1 - \Delta \overline{Q}_2 = k[u_x(x+\Delta x, y, z) - u_x(x,y,z)]\Delta y \Delta z \Delta t$$
$$= ku_{xx}(\xi, y, z)\Delta V \Delta t,$$

这里,$x < \xi < x + \Delta x$. 由此即知长方体沿三个方向(x 轴、y 轴及 z 轴的正向)总共获得的热量为

$$Q_1 = k[u_{xx}(\xi, y, z) + u_{yy}(x, \eta, z) + u_{zz}(x, y, \zeta)]\Delta V \Delta t,$$

这里,$y < \eta < y + \Delta y, z < \zeta < z + \Delta z$. 此外,长方体在 Δt 时间内还从热源获得热量

$$Q_2 = f(t, x, y, z)\Delta V \Delta t.$$

获得热量 $Q_1 + Q_2$ 后,物体的温度从 $u(t, x, y, z)$ 变到 $u(t+\Delta t, x, y, z)$,由热学知识,产生这个温差所需的热量为

$$Q_3 = c\rho \Delta V[u(t+\Delta t, x, y, z) - u(t, x, y, z)].$$

于是,得热平衡方程

$$Q_1 + Q_2 = Q_3.$$

此式两边除以 Δt 后,令 $\Delta x, \Delta y, \Delta z, \Delta t$ 都趋于零,即得方程

$$c\rho u_t = k\Delta u + f(t, x, y, z).$$

如令 $a = \sqrt{\dfrac{k}{c\rho}}$,则方程可改写为

$$\frac{\partial u}{\partial t} = a^2 \Delta u + \frac{1}{c\rho} f(t, x, y, z),$$

这就是三维热传导方程. 特别地,如果在物体内部没有热源分布,则有

$$\frac{\partial u}{\partial t} = a^2 \Delta u.$$

如果考虑的是稳定温度场,这时温度只是空间坐标的函数,不依赖于时间,即 $u_t = 0$,就得到三维拉普拉斯方程

201

$$\Delta u = 0.$$

在有热源的情形，就得到泊松方程

$$\Delta u = g(x, y, z),$$

这里

$$g(x, y, z) = -\frac{1}{k} f(x, y, z).$$

现在考虑各向同性的均匀细杆的热传导问题. 取细杆的方向为 x 轴，设在每一个垂直于 x 轴的断面上温度相同，细杆的侧表面与周围介质没有热交换，且在杆内没有热源. 这时，温度只是坐标 x 和时间 t 的函数 $u(t, x)$，因而

$$u_y = u_z = 0.$$

这样，就得到一维热传导方程

$$u_t = a^2 u_{xx} \quad \left(a = \sqrt{\frac{k}{c\rho}} \right),$$

这里，c 为比热，k 为热传导系数，ρ 为杆的质量密度. 由此可知，正如我们在复变函数论中讨论平面场问题时曾经指出平面场（用二自变量偏微分方程描述）是一种特殊的空间场，只是由于它具有某种对称性，用一平面上各点的场分布就能代表空间的场分布，同样，对于一维热传导方程，也不能简单地认为它是描述热在直线上传播，它所描述的均匀细杆的热传导也是一种特殊的空间场，用一条直线上的温度分布就可以代表整个空间的温度分布. 以后关于直线或平面上的问题的类似情况，均应这样理解.

1.2.3 扩散方程

我们知道，溶液中的溶质会从浓度高处扩散到浓度低处. 此外，杂质在固体中也有扩散现象，如制造半导体材料时的锑扩散、硼扩散及磷扩散等. 扩散现象服从与热传导定律相类似的涅恩思特扩散定律

$$\boldsymbol{j} = -D\nabla u,$$

这里，$u = u(t, x, y, z)$ 是浓度，$D > 0$ 是扩散系数，$\boldsymbol{j}$ 表示物质流向量. 仿照热传导问题，可以推出浓度满足方程

202

$$\frac{\partial u}{\partial t} = \frac{\partial}{\partial x}(Du_x) + \frac{\partial}{\partial y}(Du_y) + \frac{\partial}{\partial z}(Du_z).$$

如果 D 为常数,则有

$$\frac{\partial u}{\partial t} = a^2 \Delta_3 u \ (a = \sqrt{D}).$$

1.2.4 静电场的场势方程

设空间有一分布电荷,其体密度为 $\rho(x, y, z)$,$\boldsymbol{E}$ 表示电场强度.在国际单位制下,静电场的完整方程组是

$$\begin{cases} \nabla \cdot (\varepsilon \boldsymbol{E}) = \rho \ (\text{静电场的发散性}), \\ \nabla \times \boldsymbol{E} = 0 \ (\text{静电场的无旋性}). \end{cases}$$

这里,ε 是介电常数,我们假定它是常数.

由于静电场具有无旋性,所以存在势函数 $\varphi(x, y, z)$,使得

$$\boldsymbol{E} = -\nabla \varphi.$$

将其代入第一个方程,便得

$$-\varepsilon \nabla \cdot (\nabla \varphi) = \rho,$$

或

$$\Delta \varphi = -\frac{\rho}{\varepsilon},$$

这就是三维泊松方程.特别地,如果空间没有电荷分布($\rho(x, y, z) \equiv 0$),就得到三维调和方程

$$\Delta \varphi = 0.$$

1.2.5 自由电磁波方程

设空间中没有电荷,并命 $\boldsymbol{E}$ 和 $\boldsymbol{H}$ 分别表示电场强度和磁场强度.由电磁场理论,描述介质中电磁场运动的麦克斯韦方程组的微分形式是

$$\begin{cases} \nabla \times \boldsymbol{E} = -\mu \dfrac{\partial \boldsymbol{H}}{\partial t}, & (7) \\[2mm] \nabla \times \boldsymbol{H} = \sigma \boldsymbol{E} + \varepsilon \dfrac{\partial \boldsymbol{E}}{\partial t}, & (8) \\[2mm] \nabla \cdot (\varepsilon \boldsymbol{E}) = 0, & (9) \\[2mm] \nabla \cdot (\mu \boldsymbol{H}) = 0. & (10) \end{cases}$$

203

这里，ε 是介电常数，μ 是导磁系数，σ 是电导率，我们假定它们都是常数. 把旋度算符 rot 作用于(7)式两边，并利用(8)式，得

$$\nabla \times \nabla \times \boldsymbol{E} = -\mu \frac{\partial}{\partial t}(\nabla \times \boldsymbol{H})$$

$$= -\mu \frac{\partial}{\partial t}\left(\sigma\boldsymbol{E} + \varepsilon \frac{\partial \boldsymbol{E}}{\partial t}\right)$$

$$= -\sigma\mu \frac{\partial \boldsymbol{E}}{\partial t} - \mu\varepsilon \frac{\partial^2 \boldsymbol{E}}{\partial t^2}.$$

我们又有公式

$$\nabla \times \nabla \times \boldsymbol{E} = \nabla(\nabla \cdot \boldsymbol{E}) - \Delta\boldsymbol{E},$$

而由(9)式有 $\nabla \cdot \boldsymbol{E} = 0$，故得

$$\mu\varepsilon \frac{\partial^2 \boldsymbol{E}}{\partial t^2} + \mu\sigma \frac{\partial \boldsymbol{E}}{\partial t} - \Delta\boldsymbol{E} = 0.$$

这是一个向量方程，如果我们考虑电场强度向量在某个方向上的投影，就得到普通的标量方程(自由电磁波方程)

$$\mu\varepsilon \frac{\partial^2 E}{\partial t^2} + \mu\sigma \frac{\partial E}{\partial t} - \Delta E = 0. \tag{11}$$

类似地，从麦克斯韦方程组消去 $\boldsymbol{E}$，可得出 $\boldsymbol{H}$ 的方程

$$\mu\varepsilon \frac{\partial^2 \boldsymbol{H}}{\partial t^2} + \mu\sigma \frac{\partial \boldsymbol{H}}{\partial t} - \Delta\boldsymbol{H} = 0,$$

相应的标量方程为

$$\mu\varepsilon \frac{\partial^2 H}{\partial t^2} + \mu\sigma \frac{\partial H}{\partial t} - \Delta H = 0. \tag{12}$$

若介质的电导率很小($\sigma \approx 0$)，方程(11)及(12)可以统一地写成三维波动方程

$$\frac{\partial^2 u}{\partial t^2} = a^2 \Delta u \quad \left(a = \sqrt{\frac{1}{\mu\varepsilon}}\right).$$

若介质有高度的导电性($\sigma \gg \varepsilon$)，则方程(11)及(12)中的第一项可忽略不计，又得到三维热传导方程

$$\frac{\partial u}{\partial t} = a^2 \Delta u \quad \left(a = \sqrt{\frac{1}{\mu\sigma}}\right).$$

1.3 定解条件和定解问题

通常,把描述一个物理过程的偏微分方程称为泛定方程. 一般泛定方程的解有无穷多个,为了把一个过程的进展情况完全确定下来,还要知道这个过程发生的具体条件,这些附加条件称为定解条件. 泛定方程和定解条件联立,就构成一个定解问题. 定解条件的形式很多,本书中只讨论最常见的两种——初始条件和边界条件.

1.3.1 初始条件和初始问题

所谓初始条件,是指过程发生的初始状态,也就是未知函数 u 及其对时间的各阶偏导数在初始时刻 $t=0$ 的值. 例如,在已知初位移 $\varphi(x)$ 和初速度 $\psi(x)$ 的条件下,研究一条想象中的无限长的弦的自由振动*,就归结为求解如下的定解问题:

$$\begin{cases} \text{泛定方程:} u_{tt} = a^2 u_{xx} \ (t>0, \ -\infty<x<+\infty), \\ \text{定解条件:} u(0,x) = \varphi(x), \\ \qquad\qquad\quad u_t(0,x) = \psi(x). \end{cases}$$

这种定解条件中只含有初始条件的定解问题也叫做初始问题(或 Cauchy 问题).

对于全空间的三维波动方程的初始问题的提法是

$$\begin{cases} u_{tt} = a^2 \Delta u + f(t,x,y,z) \ (-\infty<x,y,z<+\infty, \ t>0), \\ u(0,x,y,z) = \varphi(x,y,z), \\ u_t(0,x,y,z) = \psi(x,y,z), \end{cases}$$

这里,$\varphi(x,y,z)$,$\psi(x,y,z)$ 是已知函数.

如果要研究一条无限长的均匀细杆的热传导,初始条件就是开始时刻($t=0$)温度 u 的值. 这时,初始问题的提法是

---

* 事实上,无限长的弦是不存在的. 可是如果一条弦非常长,而我们只研究中间一段的振动情况的话,在端点的影响还来不及起作用的时候,就可以把它看成无限长的.

$$\begin{cases} u_t = a^2 u_{xx} + f(t,x) \ (-\infty < x < +\infty, \ t > 0), \\ u(0,x) = \varphi(x) \ (-\infty < x < +\infty). \end{cases}$$

对于全空间的三维热传导方程的初始问题的提法则是

$$\begin{cases} u_t = a^2 \Delta u + f(t,x,y,z) \ (-\infty < x < +\infty, \ t > 0), \\ u(0,x,y,z) = \varphi(x,y,z) \ (-\infty < x,y,z < +\infty). \end{cases}$$

从数学的角度看,就时间变量 t 而言,热传导方程中只出现 t 的一阶导数,所以只需要一个初始条件;而波动方程中出现了 t 的二阶导数,因而需要两个初始条件,才能把过程完全确定下来.

1.3.2 边界条件和边值问题

上面讲的初始问题是在整个空间中研究所发生的物理过程,如果在空间的某一个部分区域 V 中研究所发生的物理过程,就要涉及到这个过程在 V 的边界面 S 上的约束状态(图1.3),这就是所谓的边界条件. 最一般的边界条件是用未知函数 u 及 $\dfrac{\partial u}{\partial n}$ 的一个线性关系表示:

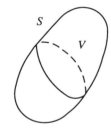

图 1.3

$$\left(\alpha \frac{\partial u}{\partial n} + \beta u \right) \Big|_S = \varphi(x,y,z), \qquad (1)$$

这里,α,β,φ 都是定义在 S 上的已知函数,且 $\alpha \geqslant 0, \beta \geqslant 0, \alpha^2 + \beta^2 \neq 0$.

当 $\alpha = 0$ 时,方程(1)称为第一类边界条件或狄里克雷(Dirichlet)条件;当 $\beta = 0$ 时,方程(1)称为第二类边界条件或诺伊曼(Neumann)条件;当 α,β 都不为零时,方程(1)称为第三类边界条件或洛平(Robin)条件. 只附有上述边界条件的定解问题分别称为第一、二、三边值问题. 例如,三维拉普拉斯方程第一边值问题的提法是

$$\begin{cases} \Delta u = 0 \ ((x,y,z) \in V), \\ u \Big|_S = \varphi(x,y,z) \ ((x,y,z) \in S). \end{cases}$$

它在物理上可以理解为已知导体 V 的边界面 S 上的电势,要求 V 内的电势分布,这是静电场的基本问题之一;也可以理解为已知物

体 V 的边界面 S 上的温度,求物体内的稳定温度分布.

例 1 有一接地的槽形导体,上有电势为 $\varphi(x,y)$ 的金属盖,盖与导体相接触处绝缘,试写出槽内电势分布的定解问题.

解 设导体的三边长分别为 a,b,c,取坐标系如图 1.4 所示.并设电势为 u,则依题意,u 满足定解问题

$$\begin{cases} \Delta_3 u = 0 \ (0 < x < a,\ 0 < y < b,\ 0 < z < c), \\ u\Big|_{z=c} = \varphi(x,y),\ u\Big|_{z=0} = 0, \\ u\Big|_{x=0} = u\Big|_{x=a} = u\Big|_{y=0} = u\Big|_{y=b} = 0. \end{cases}$$

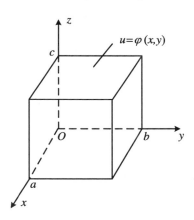

图 1.4

如果将题中的槽形导体改为无限长的条形导体,条形的三面接地,一面电势为 u_0,又设电势为 u_0 的一面与相邻的另两面相接处绝缘,写出长条形内电势分布的定解问题.

设沿 z 轴方向为无限长,由对称性显然可见条内电势不依赖于 z,问题简化为二维问题.取坐标系如图 1.5 所示,则电势 u 满足定解问题

$$\begin{cases} \Delta_2 u = u_{xx} + u_{yy} = 0 \ (0 < x < a,\ 0 < y < b), \\ u\Big|_{y=b} = u_0,\ u\Big|_{y=0} = u\Big|_{x=0} = u\Big|_{x=a} = 0. \end{cases}$$

207

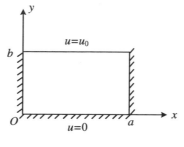

图 1.5

1.3.3　混合问题

如果在空间的某一个部分 V 上讨论波动方程和热传导方程，它的定解条件中就同时有初始条件和边界条件，这类定解问题称为混合问题. 热传导方程的三类边界条件的物理意义如下：

1）第一类边界条件：已知 S 上的物体温度

$$u \mid_S = \mu(t, x, y, z)\ ((x, y, z) \in S,\ t > 0).$$

2）第二类边界条件：已知 S 上向外流出的热量的热流密度 $q(t, x, y, z)$，由热传导定律，得

$$\frac{\partial u}{\partial n}\bigg|_S = -\frac{q(t, x, y, z)}{k}\ ((x, y, z) \in S,\ t > 0), \qquad (2)$$

这里，n 是边界面 S 的外法向. 特别地，当 $q \equiv 0$ 时，物体的表面 S 是绝热的.

3）第三类边界条件：在物体的边界面处，物体和外部介质有热交换，热交换过程遵循牛顿定律：从物体流向外部介质的热流密度 q 跟物体与介质在表面处的温度差成正比，即

$$q = h(u - \theta).$$

式中，u 和 $\theta = \theta(t, x, y, z)$ 分别表示物体和介质在表面处的温度，$h = h(x, y, z)$ 称为热交换系数，它也取正值. 把 q 代入（2）式，可得第三类边界条件

$$\left(k\frac{\partial u}{\partial n} + hu\right)\bigg|_S = h\theta.$$

如果以上三类边界条件的右端恒等于零(即 μ,q,θ 恒为零),则称为齐次边界条件;否则,称为非齐次边界条件.

对于一维的热传导问题,区域($0 \leqslant x \leqslant l$)的边界是两个端点,这时

$$\frac{\partial u}{\partial n}\bigg|_{x=0} = -\frac{\partial u}{\partial x}\bigg|_{x=0},$$

$$\frac{\partial u}{\partial n}\bigg|_{x=l} = \frac{\partial u}{\partial x}\bigg|_{x=l},$$

所以第三类边界条件成为

$$\left(-k\frac{\partial u}{\partial x} + hu\right)\bigg|_{x=0} = h(0)\theta(t,0)$$

及

$$\left(k\frac{\partial u}{\partial x} + hu\right)\bigg|_{x=l} = h(l)\theta(t,l).$$

定解问题中的边界条件,有时还可能是在一部分边界上给出一类边界条件,而在边界的另一部分上给出另一类边界条件.

例 2 设有一根长为 l 的均匀细杆,细杆的侧表面与周围介质没有热交换,内部有密度为 $g(t,x)$ 的热源.已知杆的初始温度为 $\varphi(x)$,杆的右端绝热,左端与周围介质有热交换,则杆内温度分布 $u(t,x)$ 的定解问题为

$$\begin{cases} \dfrac{\partial u}{\partial t} = a^2\dfrac{\partial^2 u}{\partial x^2} + f(t,x) \left(f(t,x) = \dfrac{g(t,x)}{c\rho},\ 0 < x < l,\ t > 0\right), \\[2mm] u(0,x) = \varphi(x), \\[2mm] \left(hu - k\dfrac{\partial u}{\partial x}\right)\bigg|_{x=0} = h(0)\theta(t,0), \\[2mm] \dfrac{\partial u}{\partial x}\bigg|_{x=l} = 0. \end{cases}$$

这种既附有初始条件又附有边界条件的定解问题称为混合问题.

关于弦振动方程的边界条件,最常见的是固定点边界条件.例如,弦的两个端点($x=0$ 及 $x=l$)固定,则有

$$\begin{cases} u(t,0) = 0, \\ u(t,l) = 0, \end{cases}$$

这是第一类齐次边界条件. 如果弦的两端按某种已知规律运动，则有

$$\begin{cases} u(t,0) = \mu(t), \\ u(t,l) = \nu(t), \end{cases}$$

这是第一类非齐次边界条件.

如果弦的两端分别受到与 x 轴方向垂直的外力 $\mu(t)$ 及 $\nu(t)$ 的作用，从前面建立弦振动方程的讨论中我们知道，弦的两端所受到的张力在 u 轴方向上的分量分别为 $Tu_x(t,0)$ 及 $-Tu_x(t,l)$. 于是

$$\begin{cases} Tu_x(t,0) + \mu(t) = 0, \\ -Tu_x(t,l) + \nu(t) = 0, \end{cases}$$

即

$$\begin{cases} u_x(t,0) = \mu_1(t), \\ u_x(t,l) = \nu_1(t). \end{cases}$$

这里，$\mu_1(t) = -\dfrac{\mu(t)}{T}$，$\nu_1(t) = \dfrac{\nu(t)}{T}$ 是已知函数，这是第二类非齐次边界条件. 特别地，当

$$\begin{cases} u_x(t,0) = 0, \\ u_x(t,l) = 0 \end{cases}$$

时，表明弦的两端不受垂直方向的外力，弦的两端可以在垂直于 x 轴的直线上自由滑动，这种边界称为自由端.

现在设想把弦固定在弹簧的自由顶点上，这时在两端点除受到前面讲的张力及外力外，还分别受到弹性力 $-ku(t,0)$ 及 $-ku(t,l)$ (k 为弹性系数). 于是

$$\begin{cases} Tu_x(t,0) - ku(t,0) + \mu(t) = 0, \\ -Tu_x(t,l) - ku(t,l) + \nu(t) = 0, \end{cases}$$

即

$$\begin{cases} (Tu_x - ku)\,|_{x=0} = \mu_1(t), \\ (Tu_x + ku)\,|_{x=l} = \nu(t). \end{cases}$$

这里，$\mu_1(t) = -\mu(t)$ 及 $\nu(t)$ 都是已知函数.

1.3.4 定解问题的适定性概念

如果一个定解问题的解存在、唯一，而且在一定意义下当定解

条件作微小的变化时,解的变化也很微小(这称为解的稳定性,或解对定解条件的连续依赖性),则称这个定解问题在阿达马(Hadamard)意义下是适定的.

在定解问题的提法的适定性中,要求解存在而且唯一,这显然是一个合理的要求.但我们不能简单地认为,因为物理问题有解,所以定解问题也有解.这是因为,我们从物理问题中归结出数学模型时,总要作一些理想化的近似假设,这些理想化假设是否合理尚待检验.特别是对于提出的定解条件,可能产生这样两种情况:一是定解条件过多,或者互相矛盾,定解条件不能同时满足,相应的定解问题的解不存在,这样的定解问题就不能用来描述任何物理过程;再就是定解条件少了,使得定解问题的解不唯一,这样的定解问题就不能用来描述一个确定的物理过程.总之,存在唯一性的研究,可以使我们恰到好处地提出泛定方程的定解条件.

另外,从数学上看,存在性的研究也往往就是一个提供求解方法的过程.而唯一性则保证我们不论采用什么方法,只要能找出既满足方程又符合定解条件的解,就达到了求解定解问题的目的.

稳定性的要求也是显然的.因为实际问题中测定的定解条件(如测量边界面的电势、温度等)只能是近似的,如果问题的解是稳定的,就能保证所得到的解近似地反映自然现象.相反地,如果当定解条件很接近时,对应的解却可以相差很大,这样就无法保证我们所获得的解的可靠性.

对于前面所讲的以及后面将要讨论的各种经典定解问题,在偏微分方程论中已经证明了在各已知函数满足一定条件的情况下它们的提法都是适定的,对此本书不可能详加论证.下面着重讨论各种定解问题的解法.

1.4　关于定解问题的解法

1.4.1　达朗贝尔公式

一个定解问题提出后,就要求出它的解.谈到这个问题,读者一定会想起常微分方程初始问题的解法:先求出通解,然后把初始条件代入通解,以确定任意常数,从而求得初始问题的解. 这种由一般解求特解的方法,对于为数不多的偏微分方程的定解问题是可行的. 一个典型的例子是求解无界弦的自由振动问题

$$\begin{cases} u_{tt} = a^2 u_{xx} \ (-\infty < x < +\infty, \ t > 0), \\ u(0,x) = \varphi(x), \ u_t(0,x) = \psi(x) \ (-\infty < x < +\infty). \end{cases}$$

前面已求得一维齐次波动方程的通解为

$$u = f(x - at) + g(x + at),$$

再由所给的初始条件,就有

$$\begin{cases} u(0,x) = f(x) + g(x) = \varphi(x), & (1) \\ u_t(0,x) = -af'(x) + ag'(x) = \psi(x). & (2) \end{cases}$$

对(2)式积分,即得

$$-f(x) + g(x) = \frac{1}{a} \int_0^x \psi(\xi) d\xi + c. \tag{3}$$

将(1)式和(3)式联立,解之则有

$$f(x) = \frac{\varphi(x)}{2} - \frac{1}{2a} \int_0^x \psi(\xi) d\xi - \frac{c}{2},$$

$$g(x) = \frac{\varphi(x)}{2} + \frac{1}{2a} \int_0^x \psi(\xi) d\xi + \frac{c}{2}.$$

于是,我们便得到了

$$\begin{aligned} u(t,x) &= f(x - at) + g(x + at) \\ &= \frac{\varphi(x - at) + \varphi(x + at)}{2} + \frac{1}{2a} \int_{x-at}^{x+at} \psi(\xi) d\xi. \end{aligned}$$

这就是一维波动方程柯西问题的解的表达式,这个公式叫做达朗贝尔(d'Alembert)公式.

在达朗贝尔公式的推导过程中,对未知解 u 没有作任何假定和限制,这说明如果一维波动方程的初始问题有解的话,则解必由达朗贝尔公式给出,因而解一定是唯一的.

求解一个定解问题,一般包括三个步骤,上述解题过程只是做完了第一个步骤——分析步骤. 所谓分析步骤,就是从数学和物理的角度出发,把所要求的解找出来. 在这样做的时候,不必严格注

意所进行的各种运算的合理性,例如对已知函数的可微性的要求;级数是否收敛,是否可以逐项微分;积分次序是否可以交换,等等.第二个步骤是综合步骤,就是在一定的条件下,严格地论证由分析步骤所得到的函数确是问题的解,即满足泛定方程和定解条件.不难验证,当 $\varphi(x) \in C^2$,$\psi(x) \in C^1$ 时(若 $\varphi(x)$ 有 n 阶连续导数,则记为 $\varphi(x) \in C^n$),由达朗贝尔公式给出的函数确是上述定解问题的解,这一工作就留给读者自己去完成.不过,为了方便起见,今后我们在解定解问题时,把这一步骤都省略了.第三个步骤是解释步骤,即对所得到的解进行物理解释.

下面来看看达朗贝尔公式的物理意义.我们一般地把波动方程的任何一个解都叫做一个波.一维波动方程的一般解

$$u = f(x-at) + g(x+at)$$

包括两个部分:

$$u_1 = f(x-at),$$
$$u_2 = g(x+at).$$

这里,u_1 在初始时刻的波形为 $u_1(0,x) = f(x)$,到时刻 $t=t_0$ 时,它的波形为

$$u_1(t_0,x) = f(x-at_0).$$

从图形上看,在 xu_1 平面上,后者只是前者在 x 轴方向上向右移动了距离 at_0,两者的形状完全一样(图 1.6).即在时刻 $t=0$ 点 x 处的扰动状态在时刻 $t=t_0$ 传到了 $x+at_0$ 处,所以 $u_1 = f(x-at)$ 称

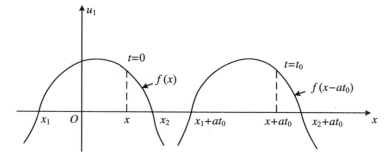

图 1.6

为右传播波或右行波,它的传播速度为

$$v = \frac{at_0}{t_0} = a.$$

同样,$u_2 = g(x+at)$ 也是一个单向波,不过它以速度 a 向左传播,因此叫左传播波或左行波.综合上面的讨论得知:任何一个一维的波运动,都可表示为两个速度为 a 的左、右单向传播波的叠加.

*1.4.2 广义解

前面已经指出,当 $\varphi(x) \in C^2$,$\psi(x) \in C^1$ 时,由达朗贝尔公式所确定的函数是一维波动方程初始问题的解.但是,在许多情况下,初始函数 $\varphi(x)$,$\psi(x)$ 达不到上述光滑性要求,而只有 $\varphi(x)$,$\psi(x)$ $\in C$.这时,对于任何有限区间 $[-r, r]$,根据函数逼近论中著名的魏尔斯特拉斯(Weierstrass)定理,存在无穷可微的函数列 $\{\varphi_n(x)\}$ 及 $\{\psi_n(x)\}$,在区间 $[-r, r]$ 上分别一致收敛于 $\varphi(x)$ 及 $\psi(x)$.

对于每个 n,初始问题

$$\begin{cases} \dfrac{\partial^2 u}{\partial t^2} = a^2 \dfrac{\partial^2 u}{\partial x^2}, \\ u(0, x) = \varphi_n, \\ \dfrac{\partial u(0, x)}{\partial t} = \psi_n \end{cases}$$

的解为

$$u_n = \frac{1}{2}[\varphi_n(x-at) + \varphi_n(x+at)] + \frac{1}{2a}\int_{x-at}^{x+at} \psi_n(\xi)\,\mathrm{d}\xi. \quad (4)$$

由于 $\varphi(x)$,$\psi(x) \in C$,故由达朗贝尔公式所给出的函数

$$u = \frac{1}{2}[\varphi(x+at) + \varphi(x-at)] + \frac{1}{2a}\int_{x-at}^{x+at} \psi(\xi)\,\mathrm{d}\xi \quad (5)$$

仍是有意义的.而对于任何有限时间段 $[0, T]$,由(4)式可得

$$|u_n - u_m| \leqslant \max_{x,t} |\varphi_n - \varphi_m| + T \max_{x,t} |\psi_n - \psi_m|$$

$$\to 0 \ (\text{当 } m, n \to +\infty \text{ 时}).$$

故函数列 $\{u_n(x, t)\}$ 在 xt 平面的任何有界闭域 $\left\{ (x, t) \,\Big|\, |x| \leqslant r-at, \ 0 \leqslant t \leqslant \dfrac{r}{a} \right\}$ 上一致收敛,其极限是由(5)式给出的 $u(x, t)$.

这样,对于充分大的 n,就可以把 $u_n(x,t)$ 看成是初始问题

$$\begin{cases} \dfrac{\partial^2 u}{\partial t^2} = a^2 \dfrac{\partial^2 u}{\partial x^2}, \\ u(0,x) = \varphi(x), \\ \dfrac{\partial u(0,x)}{\partial t} = \psi(x) \end{cases}$$

的近似解,并且称由(5)式给出的形式解 $u(x,t) \in C$ 为这个初始问题在连续函数类中的广义解.

1.5 叠加原理和齐次化原理

1.5.1 叠加原理

许多物理现象都具有叠加性:几种不同的因素同时出现时所产生的效果,等于各个因素单独出现时所产生的效果的总和(叠加). 例如,多个点电荷所产生的总电势,等于各个电荷单独产生的电势的叠加. 又如,在力学中,力的独立作用原理也是一种叠加性. 这种叠加性反映到数学物理方程中来,就是描述这种具有叠加性的物理现象的定解问题,不仅泛定方程是线性的,而且定解条件也是线性的,这种定解问题称为线性定解问题.

记二阶线性微分算子

$$L = \sum_{i,j=1}^{n} a_{ij} \frac{\partial^2}{\partial x_i \partial x_j} + 2\sum_{i=1}^{n} b_i \frac{\partial}{\partial x_i} + c,$$

其运算规则为

$$Lu = \sum_{i,j=1}^{n} a_{ij} \frac{\partial^2 u}{\partial x_i \partial x_j} + 2\sum_{i=1}^{n} b_i \frac{\partial u}{\partial x_i} + cu.$$

于是,一般形式的二阶常系数线性偏微分方程写成算子的形式就是

$$Lu = f.$$

最一般的线性边界条件(它包括了三类边界条件)

$$\alpha u + \beta \frac{\partial u}{\partial n}\bigg|_s = \varphi$$

也可以写成算子的形式:

$$Lu\bigg|_S = \left(\alpha + \beta \frac{\partial}{\partial n}\right)u\bigg|_S = \varphi,$$

这里,α, β, φ 是已知函数.

上述两个算子都是线性算子,即满足线性条件

$$L[c_1 u_1 + c_2 u_2] = c_1 L u_1 + c_2 L u_2,$$

这里,c_1, c_2 是任意常数.

叠加原理 1 设 u_i 满足线性方程(或线性定解条件)

$$L u_i = f_i \ (i = 1, 2, \cdots, n),$$

那么它们的线性组合 $u = \sum_{i=1}^{n} c_i u_i$ 必满足方程(或定解条件)

$$Lu = \sum_{i=1}^{n} c_i f_i.$$

叠加原理 2 设 u_i 满足线性方程(或线性定解条件)

$$L u_i = f_i \ (i = 1, 2, \cdots),$$

又设级数 $u = \sum_{i=1}^{+\infty} c_i u_i$ 收敛,并且满足算子 L 中出现的偏导数与求和记号交换次序所需的条件,一般可设 u_i 的这些偏导数连续,且相应的级数一致收敛,那么 u 满足线性方程(或定解条件)

$$Lu = \sum_{i=1}^{+\infty} c_i f_i.$$

叠加原理 3 设 $u(M, M_0)$ 满足线性方程(或线性定解条件)

$$Lu = f(M, M_0),$$

其中,M 表示自变量组,M_0 为参数组. 又设积分

$$U(M) = \int_V u(M, M_0) \mathrm{d} M_0$$

收敛(这里,积分是对参数组 M_0 的某个变化范围进行的,为简便起见,只写了一个积分记号),并且满足 L 中出现的偏导数与积分运算交换次序所需的条件,例如设 u 的这些偏导数连续,且相应的积分一致收敛. 那么 $U(M)$ 满足方程(或定解条件)

$$LU(M) = \int_V f(M, M_0) \mathrm{d} M_0.$$

216

特别地,当 u 满足齐次方程(或齐次定解条件)时,U 也满足此齐次方程(或齐次定解条件).

上述三个叠加原理的证明都很容易,只要把微分算子 L 与求和(或积分)运算交换次序即可. 例如,对叠加原理 3 可证明如下:

$$
\begin{aligned}
LU(M) &= L\left[\int_V u(M,M_0)\,\mathrm{d}M_0\right] \\
&= \int_V Lu(M,M_0)\,\mathrm{d}M_0 \\
&= \int_V f(M,M_0)\,\mathrm{d}M_0.
\end{aligned}
$$

以后将经常使用这些叠加原理,把一个复杂的定解问题分解成一些较简单的定解问题,从而使问题变得较容易处理.

例 1 求泊松方程 $\Delta_2 u = x^2 + 3xy + y^2$ 的一般解.

解 先求出方程的一个特解 u_1. 由于方程右端是一个二元二次齐次多项式,故可设 u_1 为四次齐次多项式

$$
u_1 = ax^4 + bx^3 y + cy^4.
$$

代入方程,得

$$
\Delta_2 u_1 = 12ax^2 + 6bxy + 12cy^2 = x^2 + 3xy + y^2,
$$

比较两边的系数,得 $a = \dfrac{1}{12}$,$b = \dfrac{1}{2}$,$c = \dfrac{1}{12}$,于是

$$
u_1 = \frac{1}{12}(x^4 + 6x^3 y + y^4).
$$

再令 $u = u_1 + v$,代入方程,得

$$
v_{xx} + v_{yy} = 0.
$$

作替换 $x = \xi, y = \mathrm{i}\eta$,得

$$
v_{\xi\xi} - v_{\eta\eta} = 0,
$$

所以

$$
\begin{aligned}
v &= f(\xi - \eta) + g(\xi + \eta) \\
&= f(x + \mathrm{i}y) + g(x - \mathrm{i}y),
\end{aligned}
$$

其中,f, g 为任意二次可微函数. 这就得到要求的一般解为

$$
u = f(x + \mathrm{i}y) + g(x - \mathrm{i}y) + \frac{1}{12}(x^4 + 6x^3 y + y^4).
$$

1.5.2　齐次化原理

齐次化原理也称冲量原理,利用它可以把非齐次发展方程的定解问题化成齐次方程来处理. 本书以后不作特殊声明时,均用 L 表示一个关于自变量 x,y,z 的常系数线性偏微分算子.

齐次化原理 1　设 $w(t,M;\tau)$ 满足齐次方程的柯西问题(这里,M 是自变量组 (x,y,z), τ 为参数)

$$\begin{cases} \dfrac{\partial^2 w}{\partial t^2} = Lw \ (M \in \mathbf{R}^3, \ t > \tau), \\ w\Big|_{t=\tau} = 0, \ \dfrac{\partial w}{\partial t}\Big|_{t=\tau} = f(\tau,M), \end{cases}$$

则非齐次方程的柯西问题

$$\begin{cases} \dfrac{\partial^2 u}{\partial t^2} = Lu + f(t,M) \ (M \in \mathbf{R}^3, \ t > 0), \\ u\Big|_{t=0} = 0, \ \dfrac{\partial u}{\partial t}\Big|_{t=0} = 0 \end{cases}$$

的解为

$$u = \int_0^t w(t,M;\tau)\mathrm{d}\tau. \tag{1}$$

证　显然,由(1)式确定的 u 满足 $u\Big|_{t=0} = 0$. 再由含参变量积分的求导法则,有

$$\begin{aligned} \frac{\partial u}{\partial t} &= \int_0^t \frac{\partial w}{\partial t}\mathrm{d}\tau + w(t,M;t) \\ &= \int_0^t \frac{\partial w}{\partial t}\mathrm{d}\tau, \end{aligned} \tag{2}$$

所以

$$\frac{\partial u}{\partial t}\Big|_{t=0} = 0,$$

$$\begin{aligned} \frac{\partial^2 u}{\partial t^2} &= \int_0^t \frac{\partial^2 w}{\partial t^2}\mathrm{d}\tau + \frac{\partial w(t,M;\tau)}{\partial t}\Big|_{\tau=t} \\ &= \int_0^t Lw\,\mathrm{d}\tau + f(t,M) \end{aligned}$$

$$= L\left(\int_0^t w\,\mathrm{d}\tau\right) + f(t,M)$$

$$= Lu + f(t,M).$$

齐次化原理 2 设 $w(t,M;\tau)$ 满足柯西问题

$$\begin{cases} \dfrac{\partial w}{\partial t} = Lw \ (M \in \mathbf{R}^3,\ t > \tau), \\ w\Big|_{t=\tau} = f(\tau,M), \end{cases}$$

则柯西问题

$$\begin{cases} \dfrac{\partial u}{\partial t} = Lu + f(t,M) \ (M \in \mathbf{R}^3,\ t > 0), \\ u\Big|_{t=0} = 0 \end{cases}$$

的解为

$$u = \int_0^t w(t,M;\tau)\,\mathrm{d}\tau.$$

证明留给读者.

例 2 求解非齐次弦振动方程的柯西问题

$$\begin{cases} u_{tt} = a^2 u_{xx} + f(t,x) \ (-\infty < x < +\infty,\ t > 0), \\ u\Big|_{t=0} = 0,\ u_t\Big|_{t=0} = 0. \end{cases}$$

解 由达朗贝尔公式,并利用时间的平移(即令 $t_1 = t - \tau$),可知

$$\begin{cases} w_{tt} = a^2 w_{xx} \ (t > \tau), \\ w\Big|_{t=\tau} = 0,\ w_t\Big|_{t=\tau} = f(\tau,x) \end{cases}$$

的解为

$$w(t,x;\tau) = \frac{1}{2a}\int_{x-a(t-\tau)}^{x+a(t-\tau)} f(\tau,\xi)\,\mathrm{d}\xi.$$

于是,由齐次化原理 1,得

$$u = \frac{1}{2a}\int_0^t \int_{x-a(t-\tau)}^{x+a(t-\tau)} f(\tau,\xi)\,\mathrm{d}\xi\mathrm{d}\tau.$$

由叠加原理及本例题的结果,即得最一般的非齐次弦振动方程的柯西问题

$$\begin{cases} u_{tt} = a^2 u_{xx} + f(t,x), \\ u\Big|_{t=0} = \varphi(x), \ u_t\Big|_{t=0} = \psi(x) \end{cases}$$

的解为

$$u = \frac{1}{2}\big[\varphi(x+at) + \varphi(x-at)\big] + \frac{1}{2a}\int_{x-at}^{x+at}\psi(\xi)\,\mathrm{d}\xi$$
$$+ \frac{1}{2a}\int_0^t\int_{x-a(t-\tau)}^{x+a(t-\tau)} f(\tau,\xi)\,\mathrm{d}\xi\mathrm{d}\tau.$$

习　　题

1. (1) 在极坐标系下,求方程 $\Delta_2 u = 0$ 的形如 $u = u(r)$ ($r = \sqrt{x^2+y^2}\neq 0$)的解;

(2) 在球坐标系下,求方程 $\Delta_3 u + k^2 u = 0$ (k 为正常数)的形如 $u = u(r)$ 的解.

[**提示**: $\Delta_3 u$ 在球坐标系下的形式为

$$\Delta_3 u = \frac{1}{r^2}\frac{\partial}{\partial r}\Big(r^2\frac{\partial u}{\partial r}\Big) + \frac{1}{r^2\sin\theta}\frac{\partial}{\partial\theta}\Big(\sin\theta\frac{\partial u}{\partial\theta}\Big) + \frac{1}{r^2\sin^2\theta}\frac{\partial^2 u}{\partial\varphi^2},$$

所得常微分方程为欧拉方程.]

2. 设 $F(\xi), G(\xi)$ 是任意二次可微函数,λ_1, λ_2 为常数,且 $\lambda_1 \neq \lambda_2$. 验证:

$$u = F(x + \lambda_1 y) + G(x + \lambda_2 y)$$

满足方程

$$u_{yy} - (\lambda_1 + \lambda_2)u_{xy} + \lambda_1\lambda_2 u_{xx} = 0.$$

3. 验证:

$$u = \frac{1}{\sqrt{t}}\exp\Big\{-\frac{(x-\xi)^2}{4a^2 t}\Big\} \quad (t > 0)$$

满足方程

$$u_t = a^2 u_{xx}$$

和

$$\lim_{t\to 0} u(t,x) = 0 \quad (x \neq \xi).$$

4. 求方程

$$u_{xx} - 4u_{yy} = \mathrm{e}^{2x+y}$$

的一个形如 $u = axe^{2x+y}$ 的特解.

5. 证明：$u = f(xy)$ 满足方程

$$xu_x - yu_y = 0.$$

6. 设 $u = u(x, y, z)$，求下列方程的通解：

(1) $\dfrac{\partial u}{\partial y} + a(x, y)u = 0$；

(2) $u_{xy} + u_y = 0$；

(3) $u_{tt} = a^2 u_{xx} + 3x^2$（设 $u = u(x, t)$）.

[**提示**：先求一个形如 $v(x)$ 的特解.]

7. 设有一根具有绝热的侧表面的均匀细杆，它的初始温度为 $\varphi(x)$，两端满足下列边界条件之一：

(1) 一端 $(x = 0)$ 绝热，另一端 $(x = l)$ 保持常温 u_0；

(2) 两端分别有恒定的热流密度 q_1 及 q_2 进入；

(3) 一端 $(x = 0)$ 温度为 $\mu(t)$，另一端 $(x = l)$ 与温度为 $\theta(t)$ 的介质有热交换，

试分别写出上述三种热过程的定解问题.

8. 一根长为 l 而两端 $(x = 0$ 和 $x = l)$ 固定的弦，用手把它的中点朝横向拨开距离 h，然后放手任其自由振动，试写出此弦振动的定解问题.

9. 求下列定解问题的解：

(1) $u_t = x^2$，$u(0, x) = x^2$；

(2) 球对称的三维波动方程的初始问题

$$\begin{cases} u_{tt} = a^2 \Delta_3 u, \\ u \mid_{t=0} = \varphi(r), \\ u_t \mid_{t=0} = \psi(r); \end{cases}$$

[**提示**：利用球坐标可将方程化为

$$u_{tt} = a^2 \left(u_{rr} + \frac{2}{r} u_r \right),$$

再令 $v = ru$，就可化为弦振动方程.]

$(3)\begin{cases} \Delta_3 u = 0 \ (x^2 + y^2 + z^2 < 1), \\ u\Big|_{x^2+y^2+z^2=1} = (5+4y)^{-\frac{1}{2}}; \end{cases}$

[**提示**：当 $x_0{}^2 + y_0{}^2 + z_0{}^2 > 1$ 时，$u = [(x-x_0)^2 + (y-y_0)^2 + (z-z_0)^2]^{-\frac{1}{2}}$ 满足方程.]

*（4）古尔萨（Goursat）问题

$$\begin{cases} u_{tt} = u_{xx}, \\ u\big|_{t+x=0} = \varphi(x), \ \varphi(0) = \psi(0), \\ u\big|_{t-x=0} = \psi(x). \end{cases}$$

10. 利用叠加原理和齐次化原理求解

$$\begin{cases} \dfrac{\partial u}{\partial t} + a\,\dfrac{\partial u}{\partial x} = f(t,x) \ (t>0, -\infty < x < +\infty), \\ u(0,x) = \varphi(x) \ (a \neq 0, a \ \text{为常数}). \end{cases}$$

[**提示**：求齐次方程的通解时，作变量代换 $\xi = x+at, \eta = t$.]

*11. 从达朗贝尔公式出发，证明在无界弦问题中：

（1）若初位移 $\varphi(x)$ 和初速度 $\psi(x)$ 为奇函数，则 $u(t,0)=0$；

（2）若初位移 $\varphi(x)$ 和初速度 $\psi(x)$ 为偶函数，则 $u_x(t,0)=0$.

*12. 求解一端（$x=0$）固定的半无界弦问题

$$\begin{cases} u_{tt} = a^2 u_{xx} \ (x>0, \ t>0), \\ u(0,x) = \sin x, \ u_t(0,x) = kx \ (x>0), \\ u(t,0) = 0 \ (t>0). \end{cases}$$

[**提示**：把 $\sin x$ 和 kx 奇开拓到负实轴，再利用第 11 题的（1），就可以化成两端无界的弦的初始问题.]

第 2 章　分离变量法

分离变量法又称傅里叶级数法,它是解定解问题的常用方法之一,适用于解一些常见区域上的混合问题和边值问题.该方法的特点是通过变量的分离,把偏微分方程化成常微分方程.

2.1　有界弦的自由振动

先以描述两端固定的有界弦的自由振动的混合问题

$$
\begin{cases}
\dfrac{\partial^2 u}{\partial t^2} = a^2 \dfrac{\partial^2 u}{\partial x^2} \ (0 < x < l,\ t > 0), \\
u(t,0) = u(t,l) = 0 \ (\text{边界条件}), \\
u(0,x) = \varphi(x),\ u_t(0,x) = \psi(x) \ (\text{初始条件})
\end{cases}
$$

来说明分离变量法的主要步骤和特点.

第一步,分离变量.这一步是分析怎样求一族满足泛定方程和边界条件(先不顾及初始条件)的分离变量形式的非零(即不恒等于零)特解

$$
u(t,x) = X(x)T(t).
$$

把它代入方程,得

$$
X(x)T''(t) = a^2 X''(x)T(t),
$$

两边除以 $a^2 X(x)T(t)$,得

$$
\frac{T''(t)}{a^2 T(t)} = \frac{X''(x)}{X(x)}.
$$

此式左端仅是 t 的函数,右端仅是 x 的函数,而 x,t 是两个相互独立的变量,所以,只有两边都是常数时,等式才能成立.令这个常数为 $-\lambda$,就得到一个常微分方程

$$
T'' + \lambda a^2 T = 0
$$

及一个常微分方程边值问题(因 $u(t,0) = X(0)T(t) = 0$,所以有

$X(0)=0$；因 $u(t,l)=X(l)T(t)=0$，所以有 $X(l)=0$

$$\mathrm{I}：\begin{cases} X''(x)+\lambda X(x)=0 \ (0<x<l),\\ X(0)=X(l)=0. \end{cases}$$

第二步，解固有值问题. 即寻求对怎样的固有值 λ，常微分方程的边值问题 I 有非零解. 分三种情况讨论：

1）若 $\lambda=0$，这时方程成为 $X''=0$，其通解为
$$X=Ax+B.$$
由条件 $X(0)=X(l)=0$，得 $A=0$，$B=0$，故此时边值问题只有零解 $X(x)\equiv0$. 这就是说，$\lambda=0$ 是不可能的.

2）若 $\lambda<0$，不妨令 $\lambda=-k^2$，这时方程 $X''-k^2X=0$ 的通解为
$$X=Ae^{kx}+Be^{-kx}.$$
由边界条件 $X(0)=X(l)=0$，得
$$\begin{cases} A+B=0,\\ Ae^{kl}+Be^{-kl}=0. \end{cases}$$
用消去法不难得到 $A=B=0$，故此时方程也只有零解 $X(x)\equiv0$. 因而，λ 不能取负值.

3）若 $\lambda>0$，不妨令 $\lambda=k^2$ $(k>0)$，这时方程 $X''+k^2X=0$ 的通解为
$$X=A\cos kx+B\sin kx.$$
由条件 $X(0)=0$，知应有 $A=0$. 再由条件 $X(l)=0$，得
$$B\sin kl=0,$$
因 B 不能再为零，故必有
$$k=\frac{n\pi}{l} \ (n=1,2,\cdots),$$
或
$$\lambda=\left(\frac{n\pi}{l}\right)^2 \ (n=1,2,\cdots).$$

综合上述讨论可以知道，为了使确定 $X(x)$ 的边值问题有非零解，只有 $\lambda=\left(\frac{n\pi}{l}\right)^2 \ (n=1,2,\cdots)$ 才行. 我们把 $\lambda_n=\left(\frac{n\pi}{l}\right)^2$ 叫做固有值，与此固有值相应的非零解

$$X_n(x) = B_n \sin \frac{n\pi x}{l}$$

称为属于固有值 λ_n 的固有函数,其中,B_n 是任意常数. 而求固有值和固有函数的边值问题称为固有值问题.

把固有值 $\lambda_n = \left(\dfrac{n\pi}{l}\right)^2$ 代入确定 T 的常微分方程,即求得相应的函数

$$T_n(t) = C_n \cos \frac{n\pi at}{l} + D_n \sin \frac{n\pi at}{l},$$

这里,C_n 和 D_n 都是任意常数. 这样,就求得方程和边界条件的一列解

$$
\begin{aligned}
u_n(t,x) &= X_n(x) T_n(t) \\
&= \left(C_n \cos \frac{n\pi at}{l} + D_n \sin \frac{n\pi at}{l}\right) \sin \frac{n\pi x}{l} \\
&\quad (n = 1, 2, \cdots),
\end{aligned}
$$

这里,已把任意常数 B_n 并入任意常数 C_n 和 D_n 中了.

第三步,把特解列 $\{u_n(t,x)\}$ 叠加,写出级数形式解. 由于方程和边界条件都是线性齐次的,故由叠加原理 2,级数

$$
\begin{aligned}
u(t,x) &= \sum_{n=1}^{+\infty} u_n(t,x) \\
&= \sum_{n=1}^{+\infty} \left(C_n \cos \frac{n\pi at}{l} + D_n \sin \frac{n\pi at}{l}\right) \sin \frac{n\pi x}{l} \qquad (1)
\end{aligned}
$$

仍满足方程和边界条件.

第四步,确定级数解(1)中的系数 C_n 及 D_n. 由初始条件,得

$$\varphi(x) = u(0,x) = \sum_{n=1}^{+\infty} C_n \sin \frac{n\pi x}{l}$$

及

$$\psi(x) = u_t(0,x) = \sum_{n=1}^{+\infty} \frac{n\pi a}{l} D_n \sin \frac{n\pi x}{l},$$

于是,由正弦展开的系数公式,得

$$C_n = \frac{2}{l} \int_0^l \varphi(x) \sin \frac{n\pi x}{l} \mathrm{d}x, \qquad (2)$$

$$D_n = \frac{2}{n\pi a} \int_0^l \psi(x) \sin\frac{n\pi x}{l} \mathrm{d}x. \tag{3}$$

把这样确定的系数 C_n 和 D_n 代入(1)式,就得到所求定解问题的解

$$u(t,x) = \sum_{n=1}^{+\infty} \left(\frac{2}{l} \int_0^l \varphi(\xi) \sin\frac{n\pi\xi}{l} \mathrm{d}\xi \cdot \cos\frac{n\pi at}{l} \right.$$
$$\left. + \frac{2}{n\pi a} \int_0^l \psi(\xi) \sin\frac{n\pi\xi}{l} \mathrm{d}\xi \cdot \sin\frac{n\pi at}{l} \right) \sin\frac{n\pi x}{l}.$$

当然,上面我们所求得的仍是形式解(即只做了分析步骤). 利用高等数学的知识可以证明:当 $\varphi(x) \in C^3$, $\psi(x) \in C^2$,且满足条件 $\varphi(0) = \varphi(l) = \psi(0) = \psi(l) = \varphi''(0) = \varphi''(l) = 0$ 时,上面求得的级数解是收敛的,并且可以在积分号下分别对 x 和 t 求偏导两次,从而完成综合步骤.

顺便指出,当 $\varphi(x)$ 及 $\psi(x)$ 不满足上述条件时,一般说来,前面求得的级数所确定的函数 $u(t,x)$ 不具备古典解的要求,它只是所给定解问题的一个形式解. 但是,根据傅里叶级数理论,当 $\varphi(x)$ 及 $\psi(x)$ 都是 $[0,l]$ 上的可积且平方可积函数时,由它们的傅里叶展开的部分和所构成的函数列

$$\varphi_n(x) = \sum_{k=1}^n C_k \sin\frac{k\pi x}{l}$$

及

$$\psi_n(x) = \sum_{k=1}^n D_k \sin\frac{k\pi x}{l}$$

分别平方平均收敛于 $\varphi(x)$ 及 $\psi(x)$,其中,C_k 和 D_k 分别由(2)式与(3)式确定. 现在把定解问题中的初始条件换成

$$u(0,x) = \varphi_n(x), \ u_t(0,x) = \psi_n(x),$$

则相应的定解问题的解为

$$S_n(t,x) = \sum_{k=1}^n \left(C_k \cos\frac{k\pi at}{l} + D_k \sin\frac{k\pi at}{l} \right) \sin\frac{k\pi x}{l}.$$

当 $n \to +\infty$ 时,$S_n(t,x)$ 平方平均收敛于由(1)式所给出的形式解. 由于 $S_n(t,x)$ 既满足泛定方程及边界条件,又近似地满足初始条件,所以,当 n 充分大时,可以把 $S_n(t,x)$ 看成是原来定解问题的近似解,并且把形式解 $u(t,x)$ 看成是原来定解问题的广义解.

现在来说明解的物理意义. 为此, 先把级数 (1) 中的每一项改写为

$$u_n(t,x) = A_n \sin(\omega_n t + \theta_n) \sin \frac{n\pi x}{l} \ (n = 1, 2, \cdots),$$

这里

$$A_n = \sqrt{C_n{}^2 + D_n{}^2},$$

$$\theta_n = \text{arctg} \frac{C_n}{D_n},$$

$$\omega_n = \frac{n\pi a}{l}.$$

当弦按照规律 $u_n(t,x)$ 振动时, 两个端点始终保持不动, 弦上其余各点都在自己的平衡位置附近作简谐振动. 振幅因点而异, 等于 $A_n \left| \sin \frac{n\pi x}{l} \right|$; 频率各点相同, 等于 $\frac{n\pi a}{l}$; 初位相各点相同, 等于 $\text{arctg} \frac{C_n}{D_n}$. 这样一种振动称为两端固定的有界弦的固有振动 (或驻波), 其频率 ω_n 与初始条件无关, 所以也称为弦的固有频率. 我们看到, 对于两端固定的有界弦来说, 固有频率不是任意的, 而是形成一个离散谱:

$$\frac{\pi a}{l}, \ \frac{2\pi a}{l}, \ \frac{3\pi a}{l}, \ \cdots.$$

最低的固有频率

$$\frac{\pi a}{l} = \frac{\pi}{l} \sqrt{\frac{T}{\rho}}$$

称为这条弦的基频, 它与弦长 l 成反比, 与张力 T 的平方根成正比. 其余的频率都是基频的整数倍, 称为倍频.

对于任何固定的时刻 t_0, 每个固有振动

$$u_n(t_0, x) = A_n \sin(\omega_n t_0 + \theta_n) \sin \frac{n\pi x}{l}$$

都是一条正弦曲线, 而弦在时刻 t_0 的形状 $u(t_0, x) = \sum_{n=1}^{+\infty} u_n(t_0, x)$ 则是无穷多个不同振幅、不同频率的正弦波的叠加.

2.2 极坐标系下 $\Delta_2 u = 0$ 的边值问题

二维拉普拉斯方程的极坐标形式为

$$\Delta_2 u = \frac{\partial^2 u}{\partial r^2} + \frac{1}{r}\frac{\partial u}{\partial r} + \frac{1}{r^2}\frac{\partial^2 u}{\partial \theta^2} = 0, \tag{1}$$

先用分离变量法一般地求出它的满足周期性边界条件

$$u(r,\theta) = u(r,\theta + 2\pi) \tag{2}$$

的级数解.

设 $u = R(r)\Theta(\theta)$，把它代入方程(1)，完成分离变量手续，并利用条件(2)，可得到关于 $R(r)$ 的常微分方程

$$r^2 R''(r) + rR'(r) - \lambda R(r) = 0$$

及关于 $\Theta(\theta)$ 的固有值问题

$$\begin{cases} \Theta'' + \lambda\Theta(\theta) = 0, \\ \Theta(\theta) = \Theta(\theta + 2\pi). \end{cases}$$

用 2.1 节中类似的方法，可求出其固有值为

$$\lambda_k = k^2 \quad (k = 0,1,2,\cdots); \tag{3}$$

相应的固有函数为

$$\Theta_0(\theta) = C_0 \quad (k = 0).$$

$$\Theta_k(\theta) = C_k \cos k\theta + D_k \sin k\theta.$$

与此同时，确定 $R(r)$ 的方程为

$$r^2 R'' + rR' - k^2 R = 0.$$

这是一个欧拉方程，作变换 $t = \ln r$ 后，可求得它的解为

$$\begin{aligned} R_0(r) &= A_0 + B_0 t \\ &= A_0 + B_0 \ln r \quad (k = 0) \end{aligned}$$

和

$$\begin{aligned} R_k(r) &= A_k e^{kt} + B_k e^{-kt} \\ &= A_k r^k + B_k r^{-k} \\ &\quad (k = 1,2,\cdots). \end{aligned}$$

由于周期性边界条件(2)也是线性齐次的，故所求的级数解为

$$u(r,\theta) = R_0(r)\Theta_0(\theta) + \sum_{k=1}^{+\infty} R_k(\theta)\Theta_k(\theta)$$
$$= A_0 + B_0 \ln r$$
$$+ \sum_{k=1}^{+\infty} (A_k r^k + B_k r^{-k})(C_k \cos k\theta + D_k \sin k\theta). \quad (4)$$

这个级数解式是很有用的,有关圆的区域(如圆内域、圆外域及圆环等)内的 $\Delta_2 u = 0$ 的边值问题都可以直接从(4)式出发来解题.

例 设有无限长的圆柱体 $x^2 + y^2 \leqslant R^2$,在热传导过程中内部无热源,而边界温度为 $F(x,y)$ $(x^2 + y^2 = R^2)$,求圆柱体内的温度分布.

解 上述问题可归结为求解边值问题
$$\begin{cases} \Delta_3 u = \dfrac{\partial^2 u}{\partial x^2} + \dfrac{\partial^2 u}{\partial y^2} + \dfrac{\partial^2 u}{\partial z^2} = 0 \\ \qquad (x^2 + y^2 < R^2,\ -\infty < z < +\infty), \\ u\Big|_{x^2+y^2=R^2} = F(x,y). \end{cases} \quad (5)$$

由于定解条件(5)不依赖于 z,由解的唯一性,易知这个边值问题等价于二维边值问题(圆内狄氏问题)
$$\begin{cases} \Delta_2 u = \dfrac{\partial^2 u}{\partial x^2} + \dfrac{\partial^2 u}{\partial y^2} \\ \qquad = \dfrac{\partial^2 u}{\partial r^2} + \dfrac{1}{r}\dfrac{\partial u}{\partial r} + \dfrac{1}{r^2}\dfrac{\partial^2 u}{\partial \theta^2} = 0\ (r < R,\ 0 \leqslant \theta < 2\pi), \\ u\,|_{r=R} = F(x,y) = F(R\cos\theta, R\sin\theta) = f(\theta). \end{cases} \quad (6)$$

由于在物理问题中 $u(r,\theta)$ 应该是单值的,即对 θ 而言应以 2π 为周期,因此有 $u(r,\theta) = u(r,\theta+2\pi)$. 注意到是在圆内解题,而当 $r \to 0$ 时,$\ln r$ 与 r^{-k} $(k=1,2,\cdots)$ 都趋于无穷,为了保证解的有界性,在级数解式(4)中,必有
$$B_k = 0\ (k = 0,1,2,\cdots).$$
因而,级数解成为
$$u(r,\theta) = \frac{C_0}{2} + \sum_{k=1}^{+\infty} r^k (C_k \cos k\theta + D_k \sin k\theta),$$
这里,依习惯把常数项写成 $\dfrac{C_0}{2}$. 再由边界条件(6),得

$$\frac{C_0}{2} + \sum_{k=1}^{+\infty} R^k (C_k \cos k\theta + D_k \sin k\theta) = f(\theta).$$

这实际上就是 $f(\theta)$ 按三角函数系 $\{\cos k\theta, \sin k\theta\}$ 的傅里叶展开,故有

$$C_k = \frac{1}{R^k \pi} \int_0^{2\pi} f(\varphi) \cos k\varphi \,d\varphi \quad (k = 0, 1, 2, \cdots),$$

$$D_k = \frac{1}{R^k \pi} \int_0^{2\pi} f(\varphi) \sin k\varphi \,d\varphi \quad (k = 1, 2, \cdots).$$

这就求得定解问题的解为

$$u(r, \theta) = \frac{1}{2\pi} \int_0^{2\pi} f(\varphi) \,d\varphi + \frac{1}{\pi} \sum_{k=1}^{+\infty} \left(\frac{r}{R}\right)^k \left\{ \left[\int_0^{2\pi} f(\varphi) \cos k\varphi \,d\varphi \right] \cos k\theta \right.$$

$$\left. + \left[\int_0^{2\pi} f(\varphi) \sin k\varphi \,d\varphi \right] \sin k\theta \right\}$$

$$= \frac{1}{2\pi} \int_0^{2\pi} f(\varphi) \left[1 + 2 \sum_{k=1}^{+\infty} \left(\frac{r}{R}\right)^k \cos k(\varphi - \theta) \right] d\varphi \quad (r < R).$$

为了把解的表达式化得简单一些,下面求出积分号下的无穷级数之和. 为此,令

$$z = \frac{r}{R} e^{i(\varphi - \theta)},$$

则

$$\left(\frac{r}{R}\right)^k \cos k(\varphi - \theta) = \operatorname{Re} z^k,$$

于是

$$1 + 2 \sum_{k=1}^{+\infty} \left(\frac{r}{R}\right)^k \cos k(\varphi - \theta)$$

$$= -1 + 2 \sum_{k=0}^{+\infty} \left(\frac{r}{R}\right)^k \cos k(\varphi - \theta)$$

$$= -1 + 2 \operatorname{Re} \left\{ \sum_{k=0}^{+\infty} z^k \right\}$$

$$= -1 + 2 \operatorname{Re} \frac{1}{1 - z}$$

$$= \frac{R^2 - r^2}{R^2 - 2Rr \cos(\varphi - \theta) + r^2}.$$

230

这样,定解问题的解就可表示为

$$u(r,\theta) = \frac{1}{2\pi}\int_0^{2\pi} f(\varphi)\frac{R^2-r^2}{R^2-2Rr\cos(\varphi-\theta)+r^2}\mathrm{d}\varphi,$$

这个公式称为泊松公式.

2.3 固有值问题的施图姆-刘维尔理论

现在对比较一般的二阶齐次线性偏微分方程

$$L_t u + c(t)L_x u = 0 \quad (a \leqslant x \leqslant b,\ t \in I) \tag{1}$$

进行变量分离,这里,I 是有限或无限区间,L_t 与 L_x 是二阶线性偏微分算子

$$L_t = a_0(t)\frac{\partial^2}{\partial t^2} + a_1(t)\frac{\partial}{\partial t} + a_2(t),$$

$$L_x = b_0(x)\frac{\partial^2}{\partial x^2} + b_1(x)\frac{\partial}{\partial x} + b_2(x),$$

其中,$a_i(t)$,$b_i(x)$ $(i=0,1,2)$ 及 $c(t)$ 是满足一定条件的已知函数. 设 $u=X(x)T(t)$,把它代入方程(1),再两边同除以 $c(t)X(x)T(t)$,即得

$$\frac{L_t T}{cT} + \frac{L_x X}{X} = 0.$$

式中第一项仅是 t 的函数,第二项仅是 x 的函数,因此它们都应是常数. 令 $\dfrac{L_x X}{X} = -\lambda$,则得到两个常微分方程

$$L_x X(x) + \lambda X(x) = 0 \tag{2}$$

及

$$L_t T(t) - \lambda c(t)T(t) = 0.$$

方程(2)再附上由 u 在两端点 a,b 的边界条件所导出的 $X(x)$ 在两端点 a,b 的边界条件,就构成了一个一般形式的固有值问题. 下面介绍有关的结论.

为了方便起见,把方程(2)写成

$$b_0(x)y''(x) + b_1(x)y'(x) + b_2(x)y(x) + \lambda y(x) = 0. \tag{3}$$

选取函数 $\rho(x)$,使得

$$[\rho(x)b_0(x)]' = \rho(x)b_1(x),$$

即

$$\frac{\rho'(x)}{\rho(x)} = \frac{b_1(x) - b_0'(x)}{b_0(x)},$$

由此解得

$$\rho(x) = \frac{1}{b_0(x)} \exp\left\{\int \frac{b_1(x)}{b_0(x)} \mathrm{d}x\right\}.$$

将(3)式两边乘以 $\rho(x)$,得

$$\rho(x)b_0(x)y''(x) + [\rho(x)b_0(x)]'y'(x)$$
$$+ b_2(x)\rho(x)y(x) + \lambda\rho(x)y(x) = 0.$$

再令 $k(x) = \rho(x)b_0(x)$,$-q(x) = \rho(x)b_2(x)$,则有

$$\frac{\mathrm{d}}{\mathrm{d}x}\left(k(x)\frac{\mathrm{d}y}{\mathrm{d}x}\right) - q(x)y + \lambda\rho(x)y = 0. \tag{4}$$

方程(4)称为施图姆-刘维尔(Sturm-Liouville)型方程或自共轭型方程.下面将就施-刘方程讨论固有值问题,并且对方程(4)中的系数作以下假定:

1)在 $[a,b]$ 上,$k(x)$,$k'(x)$,$\rho(x)$ 连续;当 $x \in (a,b)$ 时,$k(x) > 0$,$\rho(x) > 0$,$q(x) \geqslant 0$,而 a,b 至多是 $k(x)$ 及 $\rho(x)$ 的 1 级零点.

2)$q(x)$ 在 (a,b) 上连续,而在端点处至多有 1 级极点.例如,就 a 点而言,可有

$$q(x) = \frac{q_1(x)}{x - a},$$

而 $q_1(x)$ 在 $x = a$ 点可展开成幂级数.

解定解问题时,得到的固有值问题常是施-刘方程附加下述五种边界条件之任一:

1)当 $k(a) > 0$(或 $k(b) > 0$),且 $q(x)$ 在 a 点(或 b 点)连续时,对 u 可以给出第一、二、三类边界条件,它们可以概括地写为

$$(\alpha_1 u_x - \beta_1 u)\,|_{x=a} = 0$$

或

$$(\alpha_2 u_x + \beta_2 u)\,|_{x=b} = 0,$$

式中,α_1,α_2,β_1,β_2 都是非负常数,且 $\alpha_i{}^2 + \beta_i{}^2 \neq 0$ $(i = 1, 2)$.这里仅限于讨论三类齐次边界条件,以后将说明非齐次边界条件可以化为齐次边界条件.因为在分离变量时设 $u = y(x)T(t)$ 且 $T(t) \not\equiv 0$,于是就得到施-刘方程(4)所附的边界条件为

$$\alpha_1 y'(a) - \beta_1 y(a) = 0$$

或

$$\alpha_2 y'(b) + \beta_2 y(b) = 0.$$

2) 当 $k(a) = k(b) > 0$ 时,根据 u 的周期性条件,还可以得到 $y(x)$ 的周期性边界条件

$$y(a) = y(b), \ y'(a) = y'(b).$$

这种条件在 2.2 节中解圆内狄氏问题讨论 $\Phi(\theta)$ 的固有值问题时已见到.

当 $k(x), \rho(x)$ 在 $[a,b]$ 上为正时,称施-刘方程为正则的;若在 $[a,b]$ 的一个端点或两个端点上 $k(x)$ 或 $\rho(x)$ 为零,则相应的施-刘方程称为奇异的.

3) 当 $k(x)$ 在某端点为零,例如 $k(a) = 0$ 时,从理论上(它属于常微分方程的解析理论)可以证明下述结论:

定理 1 如果 $y_1(x)$ 和 $y_2(x)$ 是方程(4)的两个线性无关解,而且

$$\lim_{x \to a} y_1(x) = 有限值,$$

则另一个解 $y_2(x)$ 必在 a 点附近无界.

于是,为了保证解 $u = y(x) T(t)$ 的有界性,就要附加有界性条件:$y(a)$ 有界,即

$$|y(a)| < +\infty,$$

作为 a 端的边界条件,这种边界条件称为自然边界条件. 例如,在 2.2 节中解圆内狄氏问题时,取级数解中的系数 $B_k = 0$ $(k = 0, 1, 2, \cdots)$,这也就是在求解关于 $R(r)$ 的欧拉方程

$$(rR')' - \frac{\lambda}{r} R = 0 \ (0 < r < a)$$

时,因 $k(r) = r, k(0) = 0$,就加上了自然边界条件 $|R(0)| < +\infty$. 通常,在解定解问题时,u 的有界性要求并不一定在定解条件中写出,因此,在解固有值问题时,是否加自然边界条件,就完全由方程(4)中的系数 $k(x)$ 在端点的值是否为零决定. 如果 $k(a) = 0$,而且 $k(b) = 0$,则在两端点 a, b 均要附加自然边界条件.

定理 2(施-刘定理) 若 $k(x), q(x), \rho(x)$ 满足前述条件,

则施-刘固有值问题

$$(E) \begin{cases} \dfrac{\mathrm{d}}{\mathrm{d}x}\left(k(x)\dfrac{\mathrm{d}y}{\mathrm{d}x}\right) - q(x)y + \lambda\rho(x)y = 0 \ (a < x < b), \\ \text{两端点 } a,b \text{ 加上述五种边界条件之任一} \end{cases}$$

的固有值和固有函数有下列重要性质(其中,可数性及完备性只适用于正则型固有值问题):

1) 可数性. 存在可数无穷多个固有值 $\lambda_1 < \lambda_2 < \cdots < \lambda_n < \cdots$,且 $\lim\limits_{n \to +\infty} \lambda_n = +\infty$;与每一个固有值相应的线性无关的固有函数有且只有一个(此结论对周期性边界条件不成立);

2) 非负性. $\lambda_n \geqslant 0$;有固有值 $\lambda = 0$ 的充分必要条件是:$q(x) \equiv 0$,且在(E)中 a,b 两端都不取第一、三类边界条件,这时,相应的固有函数为常数;

3) 正交性. 设 λ_m,λ_n 是任意两个不同的固有值,则相应的固有函数 $y_m(x)$ 和 $y_n(x)$ 在$[a,b]$上带权 $\rho(x)$ 正交,即有

$$\int_a^b \rho(x)y_m(x)y_n(x)\mathrm{d}x = 0; \tag{5}$$

4) 完备性. 固有函数系 $\{y_n(x)\}$ 是完备的. 也就是说,对于任意一个有一阶连续导数及分段二阶连续导数的函数 $f(x)$,只要它满足固有值问题中的边界条件,则它可按固有函数系 $\{y_n(x)\}$ 展开成绝对且一致收敛的广义傅里叶级数

$$f(x) = \sum_{n=1}^{+\infty} f_n y_n(x).$$

上式两端同乘以 $\rho(x)y_k(x)$ (k 任意固定),并在$[a,b]$上积分,再经逐项积分且利用(5)式,即得系数公式

$$f_k = \frac{1}{\|y_k(x)\|}\int_a^b \rho(x)f(x)y_k(x)\mathrm{d}x \ (k = 1,2,\cdots),$$

这里,$\|y_k(x)\|^2 = \int_a^b \rho(x)y_k^2(x)\mathrm{d}x$ 是函数 $y_k(x)$ 的模的平方.

证 可数性及完备性的证明已超出本书的范围,下面只给出非负性及正交性的证明.

1) 非负性的证明. 固有函数 $y(x)$ 与固有值 λ 满足方程
$$-[k(x)y']' + q(x)y = \lambda\rho(x)y,$$

两边乘以 y 后再从 a 到 b 积分,并移项,得

$$\lambda \int_a^b \rho(x) y^2 \mathrm{d}x = -\int_a^b y[k(x)y']' \mathrm{d}x + \int_a^b q(x) y^2 \mathrm{d}x$$

$$= -k(x) yy' \Big|_a^b + \int_a^b k(x)(y')^2 \mathrm{d}x + \int_a^b q(x) y^2 \mathrm{d}x$$

$$= k(a) y(a) y'(a) - k(b) y(b) y'(b)$$

$$+ \int_a^b k(x)(y')^2 \mathrm{d}x + \int_a^b q(x) y^2 \mathrm{d}x. \tag{6}$$

因 $k(x) \geqslant 0, q(x) \geqslant 0$,(6)式右端的最后两项显然是非负的. 现在分几种情况讨论前两项:

(1) 在 a 端有第一、二、三类边界条件 $\alpha_1 y'(a) - \beta_1 y(a) = 0$,因 α_1, β_1 不全为零,不妨设 $\alpha_1 \neq 0$,因而 $y'(a) = h y(a)$ $\left(h = \dfrac{\beta_1}{\alpha_1} \geqslant 0\right)$. 于是,由 $k(a) > 0$,有

$$k(a) y(a) y'(a) = h k(a) y^2(a) \geqslant 0.$$

(2) 在 a 端加自然边界条件 $|y(a)| < +\infty$,这时应有 $k(a) = 0$,故

$$k(a) y(a) y'(a) = 0.$$

同理可证,在上述两种情形下,(6)式右端的第二项满足

$$-k(b) y(b) y'(b) \geqslant 0.$$

(3) 在端点加周期性边界条件 $y(a) = y(b)$, $y'(a) = y'(b)$,这时应有 $k(a) = k(b)$,因而

$$k(a) y(a) y'(a) - k(b) y(b) y'(b) = 0.$$

这就证得(6)式右端是非负的,故

$$\lambda \int_a^b \rho(x) y^2 \mathrm{d}x \geqslant 0.$$

又因 $\rho(x) \geqslant 0$,故 $\int_a^b \rho(x) y^2 \mathrm{d}x \geqslant 0$, 所以 $\lambda \geqslant 0$.

下面证明非负性中关于零固有值的结论:

充分性. 若 $q(x) \equiv 0$,且在(E)中 a, b 两端都不取第一、三类边界条件,则当 $\lambda = 0$ 时,$y(x) \equiv C$(非零常数)显然满足(E)中的方程. 又 $y(x) \equiv C$ 满足除第一、三类边界条件外的其他三种边界条件,因而,$\lambda = 0$ 是(E)的固有值,$y(x) \equiv C$ 是相应的固有函数.

必要性. 若 $\lambda = 0$ 是 (E) 的固有值,则(6)式左端为零. 前已证得 (6)式右端的每一项都是非负的,故每项都应为零. 由第四项为零, 得 $q(x) \equiv 0$;由第三项等于零及在 (a, b) 上 $k(x) > 0$,得知 $y'(x) \equiv 0$,故相应的固有函数为 $y(x) \equiv C$ (非零常数). 它显然不能满足第一类边界条件 $y(a) = 0$ 或 $y(b) = 0$. 又当 α_i 和 β_i 都不为零时, $y(x) \equiv C$ 也不能满足

$$\alpha_1 y'(a) - \beta_1 y(a) = 0$$

或

$$\alpha_2 y'(b) - \beta_2 y(b) = 0.$$

这就证得 (E) 中不能有第一类及第三类边界条件.

2) 正交性的证明. 固有函数 $y_m(x)$ 和 $y_n(x)$ 分别满足方程

$$\frac{\mathrm{d}}{\mathrm{d}x}\left(k(x)\frac{\mathrm{d}y_m}{\mathrm{d}x}\right) - q(x)y_m(x) + \lambda_m \rho(x)y_m(x) = 0 \quad (7)$$

和

$$\frac{\mathrm{d}}{\mathrm{d}x}\left(k(x)\frac{\mathrm{d}y_n}{\mathrm{d}x}\right) - q(x)y_n(x) + \lambda_n \rho(x)y_n(x) = 0. \quad (8)$$

(7)式乘以 $y_n(x)$,(8)式乘以 $y_m(x)$,然后再将两式相减,得

$$y_n \frac{\mathrm{d}}{\mathrm{d}x}\left(k(x)\frac{\mathrm{d}y_m}{\mathrm{d}x}\right) - y_m \frac{\mathrm{d}}{\mathrm{d}x}\left(k(x)\frac{\mathrm{d}y_n}{\mathrm{d}x}\right)$$
$$+ (\lambda_m - \lambda_n)\rho(x)y_m y_n = 0.$$

从 a 到 b 积分,得

$$0 = \int_a^b y_n [k(x)y_m']' \mathrm{d}x - \int_a^b y_m [k(x)y_n']' \mathrm{d}x$$
$$+ (\lambda_m - \lambda_n)\int_a^b \rho(x)y_m y_n \mathrm{d}x$$
$$= [k(x)y_n y_m' - k(x)y_m y_n']\Big|_a^b - \int_a^b k(x)y_m' y_n' \mathrm{d}x$$
$$+ \int_a^b k(x)y_m' y_n' \mathrm{d}x + (\lambda_m - \lambda_n)\int_a^b \rho(x)y_m y_n \mathrm{d}x,$$

即

$$(\lambda_m - \lambda_n)\int_a^b \rho(x)y_m y_n \mathrm{d}x$$
$$= k(a)[y_n(a)y_m'(a) - y_m(a)y_n'(a)]$$

$$-k(b)\left[y_n(b)y_m{}'(b) - y_m(b)y_n{}'(b)\right].\qquad(9)$$

仿照非负性的证明中的讨论,可以证明(9)式右端为零,故

$$(\lambda_m - \lambda_n)\int_a^b \rho(x)y_m(x)y_n(x)\mathrm{d}x = 0.$$

但 $\lambda_m - \lambda_n \neq 0$,所以

$$\int_a^b \rho(x)y_m(x)y_n(x)\mathrm{d}x = 0.$$

施-刘定理给求解固有值问题带来了很大方便,下面举例说明.

例 1 解固有值问题

$$\begin{cases} y'' + \lambda y = 0 \; (-l < x < l), \\ y'(-l) = y'(l) = 0. \end{cases}$$

解 题中方程是施-刘方程(4)中取 $k(x)\equiv 1, q(x)\equiv 0, \rho(x)\equiv 1$ 而得,这些函数都满足施-刘定理的条件. 又题中两端的边界条件都是第二类,故 $\lambda \geqslant 0$,而且有零固有值 $\lambda = 0$,相应的固有函数为 $y(x)\equiv 1$(常数因子不计).

当 $\lambda > 0$ 时,设 $\lambda = \mu^2 \; (\mu > 0)$,则方程的通解为

$$y(x) = A\cos\mu x + B\sin\mu x.$$

将此解式代入边界条件,并消去公因子 μ,得到

$$\begin{cases} A\sin\mu l + B\cos\mu l = 0, \\ -A\sin\mu l + B\cos\mu l = 0. \end{cases}\qquad(10)$$

为使 A, B 不全为零,必须系数行列式为零,即

$$\begin{vmatrix} \sin\mu l & \cos\mu l \\ -\sin\mu l & \cos\mu l \end{vmatrix} = \sin 2\mu l = 0,$$

故

$$\mu_n = \frac{n\pi}{2l} \; (n = 1, 2, \cdots),$$

于是

$$\lambda_n = \mu_n{}^2 = \left(\frac{n\pi}{2l}\right)^2 \; (n = 1, 2, \cdots).$$

把 μ_n 代入方程组(10),则有

$$A\sin\frac{n\pi}{2} + B\cos\frac{n\pi}{2} = 0,$$

这个方程的一个非零解为

$$\begin{cases} A = \cos \dfrac{n\pi}{2}, \\ B = -\sin \dfrac{n\pi}{2}. \end{cases}$$

$\left(因 \cos^2\left(\dfrac{n\pi}{2}\right) + \sin^2\left(\dfrac{n\pi}{2}\right) = 1,故\ A, B\ 不全为零.\right)$因而,与 λ_n 相应的固有函数为

$$\begin{aligned} y_n(x) &= \cos\frac{n\pi}{2}\cos\frac{n\pi x}{2l} - \sin\frac{n\pi}{2}\sin\frac{n\pi x}{2l} \\ &= \cos\frac{n\pi(x+l)}{2l}. \end{aligned}$$

例 2 解固有值问题

$$\begin{cases} x^2 y'' + xy' + \lambda y = 0 \ (1 < x < e), \\ y(1) = y(e) = 0. \end{cases}$$

解 题中方程不是施-刘型的,利用前面的公式,先求出

$$\begin{aligned} \rho(x) &= \frac{1}{x^2}\exp\left\{\int \frac{x}{x^2}\mathrm{d}x\right\} \\ &= \frac{1}{x}. \end{aligned}$$

把方程两端乘以 $\rho(x)$,即化成施-刘型方程

$$\frac{\mathrm{d}}{\mathrm{d}x}(xy') + \frac{\lambda}{x}y = 0.$$

系数 $k(x) = x, q(x) = 0, \rho(x) = \dfrac{1}{x}$ 在区间 $[1, e]$ 上满足施-刘定理的条件,且两端的边界条件都是第一类,故 $\lambda > 0$. 记 $\lambda = \mu^2$ $(\mu > 0)$,题中的方程为欧拉方程,作替换 $x = e^t$ 或 $t = \ln x$,即可化为

$$\frac{\mathrm{d}^2 y}{\mathrm{d}t^2} + \mu^2 y(t) = 0,$$

因而

$$\begin{aligned} y &= A\cos\mu t + B\sin\mu t \\ &= A\cos(\mu\ln x) + B\sin(\mu\ln x). \end{aligned}$$

由 $y(1) = 0$,有 $A = 0$;由 $y(e) = 0$,有 $B\sin\mu = 0$,因 B 不能再为零,

238

于是

$$\mu_n = n\pi \ (n = 1, 2, \cdots),$$

故

$$\lambda_n = \mu_n{}^2 = n^2\pi^2 \ (n = 1, 2, \cdots),$$

相应的固有函数为

$$y_n = \sin(n\pi\ln x).$$

例 3 设有一长为 l 的导热细杆,它的侧面是绝热的,且杆的左端绝热,杆的右端与周围保持常温为零的介质有热交换,杆的初始温度为 $\varphi(x)$. 又设沿着杆身没有热源,求杆内的温度分布.

解 设 $u(t,x)$ 为杆内温度分布,由题设条件,得定解问题

$$\begin{cases} \dfrac{\partial u}{\partial t} = a^2 \dfrac{\partial^2 u}{\partial x^2} \ (0 < x < l, \ t > 0), \\ u_x(t,0) = 0, \ u_x(t,l) + hu(t,l) = 0, \\ u(0,x) = \varphi(x). \end{cases}$$

令 $u = X(x)T(t)$,把它代入泛定方程,完成分离变量手续,并利用边界条件,可得

$$T'' + \lambda a^2 T = 0$$

及固有值问题

$$\begin{cases} X'' + \lambda X = 0, \\ X'(0) = 0, \ X'(l) + hX(l) = 0 \ (X \not\equiv 0). \end{cases}$$

此问题中,系数满足施-刘定理的要求,边界条件是第二类及第三类,因而固有值 $\lambda > 0$. 记 $\lambda = \mu^2 \ (\mu > 0)$,把通解

$$y(x) = A\cos\mu x + B\sin\mu x$$

代入 $y'(0) = 0$,得 $B\mu = 0$,从而 $B = 0$. 再由

$$y'(l) + hy(l) = 0,$$

得

$$A(-\mu\sin\mu l + h\cos\mu l) = 0.$$

因 A 不能再为零,于是

$$-\mu\sin\mu l + h\cos\mu l = 0,$$

或

$$\text{tg}\mu l = \frac{h}{\mu}.$$

这个超越方程有无限多个根,我们只要考虑它的正根就行了(因为反正有 $A\cos(-\mu x)=A\cos\mu x$). 为了看清楚这些根的分布情况,我们在 $\mu\nu$ 平面上考虑曲线

$$\nu = \mathrm{tg}\,\mu l$$

和

$$\nu = \frac{h}{\mu},$$

它们的交点的横坐标就是所要求的根(图 2.1).

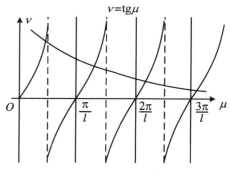

图 2.1

如令 μ_n 表示第 n 个根,则得第 n 个固有值为
$$\lambda_n = {\mu_n}^2 \quad (n = 1,2,\cdots),$$
而相应的固有函数为
$$X_n = \cos\mu_n x.$$
把 $\lambda_n = {\mu_n}^2$ 代入 T 的方程,解得
$$T_n = C_n \exp\{-a^2{\mu_n}^2 t\}.$$
至此,已求得了满足泛定方程和边界条件的特解族 $u_n = X_n T_n$. 再把这些特解叠加,即得到级数解

$$u(t,x) = \sum_{n=1}^{+\infty} C_n \exp\{-a^2{\mu_n}^2 t\}\cos\mu_n x.$$

最后,由初始条件,便得

$$u(0,x) = \sum_{n=1}^{+\infty} C_n\cos\mu_n x = \varphi(x).$$

于是,C_n 应是 $\varphi(x)$ 按函数系 $\{\cos\mu_n x\}$ 展开的广义傅里叶系数,即

$$C_n = \frac{1}{\|\cos\mu_n x\|^2} \int_0^l \varphi(x)\cos\mu_n x \, dx,$$

这里

$$\begin{aligned}
\|\cos\mu_n x\|^2 &= \int_0^l \cos^2\mu_n x \, dx \\
&= \frac{1}{2}\int_0^l (1+\cos 2\mu_n x)\,dx \\
&= \frac{1}{2}\left(l + \frac{1}{2\mu_n}\sin 2\mu_n x \Big|_0^l\right) \\
&= \frac{1}{2}\left(l + \frac{1}{2\mu_n}\sin 2\mu_n l\right) \\
&= \frac{1}{2}\left(l + \frac{1}{2\mu_n}\frac{2\,\mathrm{tg}\,\mu_n l}{1+\mathrm{tg}^2\mu_n l}\right) \\
&= \frac{1}{2}\left(l + \frac{h}{\mu_n^2 + h^2}\right).
\end{aligned}$$

把 C_n 代入前述级数,即得解为

$$\begin{aligned}
u(t,x) = \sum_{n=1}^{+\infty}\Bigg\{ &\left[\frac{1}{2}\left(l + \frac{h}{\mu_n^2 + h^2}\right)\right]^{-1} \int_0^l \varphi(x)\cos\mu_n x \, dx \\
&\cdot \exp\{-a^2\mu_n^2 t\}\cos\mu_n x \Bigg\}.
\end{aligned}$$

在高维定解问题中,还会出现多重傅里叶级数,下面举一个例子来说明.

例 4 求解第 1 章 1.3 节中提出的三维静电场的边值问题

$$\begin{cases}
u_{xx} + u_{yy} + u_{zz} = 0 \ (0<x<a,\ 0<y<b,\ 0<z<c), \\
u(0,y,z) = u(a,y,z) = u(x,0,z) = u(x,b,z) = 0, \quad (11) \\
u(x,y,0) = 0,\ u(x,y,c) = \varphi(x,y). \quad (12)
\end{cases}$$

解 设 $u = X(x)Y(y)Z(z)$,将变量分离,并由边界条件 (11),得

$$\begin{cases}
X'' + \lambda X = 0, \\
X(0) = X(a) = 0;
\end{cases}$$

$$\begin{cases}
Y'' + \mu Y = 0, \\
Y(0) = Y(b) = 0;
\end{cases}$$

$$Z'' - (\lambda + \mu)Z = 0.$$

相应的固有值和固有函数系为

$$\begin{cases} \lambda_m = \left(\dfrac{m\pi}{a}\right)^2, \\ X_m = \sin \dfrac{m\pi x}{a} \end{cases}$$

和

$$\begin{cases} \mu_n = \left(\dfrac{n\pi}{b}\right)^2, \\ Y_n = \sin \dfrac{n\pi y}{b}, \end{cases}$$

这里, $m, n = 1, 2, \cdots,$ 且

$$Z_{mn} = A_{mn} \exp\{\nu_{mn} z\} + B_{mn} \exp\{-\nu_{mn} z\},$$
$$\nu_{mn} = \sqrt{\lambda_m + \mu_n}.$$

于是,得到满足泛定方程和边界条件的特解

$$u_{mn} = Z_{mn} \sin \frac{m\pi x}{a} \sin \frac{n\pi y}{b}.$$

把各特解叠加,得级数解

$$u = \sum_{m=1}^{+\infty} \sum_{n=1}^{+\infty} Z_{mn} \sin \frac{m\pi x}{a} \sin \frac{n\pi y}{b}.$$

再由边界条件(12),又得

$$\sum_{m=1}^{+\infty} \sum_{n=1}^{+\infty} (A_{mn} + B_{mn}) \sin \frac{m\pi x}{a} \sin \frac{n\pi y}{b} = 0$$

及

$$\sum_{m=1}^{+\infty} \sum_{n=1}^{+\infty} (A_{mn} \exp\{\nu_{mn} c\} + B_{mn} \exp\{-\nu_{mn} c\}) \sin \frac{m\pi x}{a} \sin \frac{n\pi y}{b}$$
$$= \varphi(x, y),$$

上述两个级数分别是二元函数 $f(x, y) \equiv 0$ 和 $\varphi(x, y)$ 按函数系 $\left\{\sin \dfrac{m\pi x}{a} \sin \dfrac{n\pi y}{b}\right\}$ 的二重傅里叶展开式. 把这两个式子的两端分别乘以 $\sin \dfrac{k\pi x}{a} \sin \dfrac{l\pi y}{b}$, 再两边在矩形 $0 \leqslant x \leqslant a, 0 \leqslant y \leqslant b$ 内积分,并

注意到函数系 $\left\{\sin\dfrac{m\pi x}{a}\right\}$ 和 $\left\{\sin\dfrac{n\pi y}{b}\right\}$ 的正交性,比较两边的系数,可以得到

$$\begin{cases} A_{mn} + B_{mn} = 0, \\ A_{mn}\exp\{\nu_{mn}c\} + B_{mn}\exp\{-\nu_{mn}c\} = \varphi_{mn}, \end{cases}$$

这里

$$\varphi_{mn} = \frac{4}{ab}\int_0^a\int_0^b \varphi(x,y)\sin\frac{m\pi x}{a}\sin\frac{n\pi y}{b}\,\mathrm{d}x\mathrm{d}y.$$

解出 A_{mn} 和 B_{mn},代入级数解,得所求解为

$$u(x,y,z)$$
$$= \sum_{m=1}^{+\infty}\sum_{n=1}^{+\infty} \frac{1}{\operatorname{sh}\sqrt{\lambda_m + \mu_n}c}\varphi_{mn}\operatorname{sh}\sqrt{\lambda_m + \mu_n}z\sin\frac{m\pi x}{a}\sin\frac{n\pi y}{b}.$$

2.4 非齐次情形

前几节中用分离变量法求解的定解问题都是齐次问题,即泛定方程和边界条件都是线性齐次的.本节要讨论如何处理非齐次问题.

2.4.1 边界条件是齐次的非齐次发展方程的混合问题

在一维常系数的情形,这类定解问题的提法是

$$\text{I}: \begin{cases} L_t u + L_x u = f(t,x) \ (t>0,\ x_1 < x < x_2), \\ \alpha_1 u_x(t,x_1) - \beta_1 u(t,x_1) = 0, \\ \alpha_2 u_x(t,x_2) + \beta_2 u(t,x_2) = 0, \\ u(0,x) = \varphi(x),\ u_t(0,x) = \psi(x). \end{cases}$$

这里,L_t 及 L_x 分别是关于 t 及 x 的二阶常系数线性偏微分算子,$\alpha_1,\alpha_2,\beta_1,\beta_2$ 都是非负常数,$\alpha_i{}^2 + \beta_i{}^2 \neq 0\ (i=1,2)$.当 L_t 是一阶算子时,问题 I 中的初始条件只有 $u(0,x) = \varphi(x)$.

求解这类定解问题的较一般的方法有两种:固有函数方法和齐次化原理法.下面先举例说明固有函数方法.

例 1 解定解问题

$$\begin{cases} u_{tt} = a^2 u_{xx} + f(t,x) \ (t > 0,\ 0 < x < l), \\ u(t,0) = u(t,l) = 0, \\ u(0,x) = \varphi(x),\ u_t(0,x) = \psi(x). \end{cases}$$

解 先把所给的定解问题分解成两个比较简单的定解问题

$$\begin{cases} v_{tt} = a^2 v_{xx}, \\ v(t,0) = v(t,l) = 0, \\ v(0,x) = \varphi(x),\ v_t(0,x) = \psi(x) \end{cases}$$

和

$$\text{II}: \begin{cases} w_{tt} = a^2 w_{xx} + f(t,x), \\ w(t,0) = w(t,l) = 0, \\ w(0,x) = 0,\ w_t(0,x) = 0, \end{cases}$$

则

$$u = v + w.$$

上述关于 v 的定解问题已经在 2.1 节中讨论过,下面用固有函数方法解关于 w 的定解问题. 这个方法的具体做法是,先写出与之相应的齐次问题

$$\begin{cases} W_{tt} = a^2 W_{xx}, \\ W(t,0) = W(t,l) = 0, \end{cases}$$

然后用分离变量法求出这个问题的固有值及相应的固有函数(这在 2.1 节中已做过了):

$$\lambda_n = \left(\frac{n\pi}{l}\right)^2 \quad (n = 1,2,\cdots),$$

$$X_n(x) = \sin\frac{n\pi x}{l} \quad (n = 1,2,\cdots).$$

由于 $\{X_n(x)\}$ 是完备正交系,问题 II 的解 $w(t,x)$ 应该可以按这个函数系展成傅里叶级数(把 t 看作参数),即有

$$w(t,x) = \sum_{n=1}^{+\infty} T_n(t)\sin\frac{n\pi x}{l}, \tag{1}$$

这里,$T_n(t)$ 为待定函数. 这种做法类似于常微分方程中的常数变易法. 由初始条件,易知

$$T_n(0) = T_n{}'(0) = 0.$$

再把已知函数 $f(t,x)$ 也按 $\{X_n(x)\}$ 展开,得

$$f(t,x) = \sum_{n=1}^{+\infty} f_n(t)\sin\frac{n\pi x}{l}, \tag{2}$$

这里

$$f_n(t) = \frac{2}{l}\int_0^l f(t,x)\sin\frac{n\pi x}{l}\mathrm{d}x.$$

把级数(1)和级数(2)代入问题 II 中关于 w 的泛定方程,得

$$\sum T_n''(t)\sin\frac{n\pi x}{l} = -\sum a^2\lambda_n T_n(t)\sin\frac{n\pi x}{l} + \sum f_n(t)\sin\frac{n\pi x}{l}.$$

比较两边的系数,即得确定 $T_n(t)$ 的初始问题

$$\begin{cases} T_n'' + \lambda_n a^2 T_n = f_n(t), \\ T_n(0) = T_n'(0) = 0 \end{cases} \quad (n = 1,2,\cdots).$$

下面用拉普拉斯变换方法求其解. 设

$$L(T_n) = \overline{T}_n,$$
$$L(f_n) = \overline{f}_n,$$

则有

$$\overline{T}_n p^2 + \lambda_n a^2 \overline{T}_n = \overline{f}_n,$$

所以

$$\overline{T}_n = \frac{1}{p^2 + \lambda_n a^2} \cdot \overline{f}_n.$$

由于

$$L^{-1}\left(\frac{1}{p^2 + \lambda_n a^2}\right) = \frac{l}{n\pi a}\sin\frac{n\pi at}{l},$$
$$L^{-1}(\overline{f}_n) = f_n(t),$$

故由拉氏变换的卷积公式,得

$$\begin{aligned} T_n(t) &= L^{-1}(\overline{T}_n) \\ &= L^{-1}\left(\frac{1}{p^2 + \lambda_n a^2} \cdot \overline{f}_n\right) \\ &= L^{-1}\left(\frac{1}{p^2 + \lambda_n a^2}\right) * L^{-1}(\overline{f}_n) \\ &= f_n(t) * \frac{l}{n\pi a}\sin\frac{n\pi at}{l} \end{aligned}$$

$$= \frac{l}{n\pi a}\int_0^t f_n(\tau)\sin\frac{n\pi a(t-\tau)}{l}\mathrm{d}\tau.$$

所以

$$w(t,x) = \frac{l}{\pi a}\sum_{n=1}^{+\infty}\frac{1}{n}\sin\frac{n\pi x}{l}\int_0^t f_n(\tau)\sin\frac{n\pi a(t-\tau)}{l}\mathrm{d}\tau.$$

最后,把 2.1 节中得到的关于 $v(t,x)$ 的级数表示与 $w(t,x)$ 相加,即得本题的解 $u(t,x)$.

如果泛定方程中的非齐次项 $f(t,x)$ 不依赖于时间,即 $f(t,x) = f(x)$,则可用特解法求解. 例如,就例 1 而言,可先求一个满足泛定方程和边界条件的函数 $v = v(x)$,即先求解常微分方程的边值问题

$$\begin{cases} a^2\dfrac{\mathrm{d}^2 v}{\mathrm{d}x^2} + f(x) = v_t = 0, \\ v(0) = 0, \ v(l) = 0. \end{cases}$$

对此,不难通过两次积分求出 $v(x)$. 再令

$$u(t,x) = v(x) + w(t,x),$$

把它代入原定解问题,便得

$$\begin{cases} w_{tt} = a^2 w_{xx}, \\ w(t,0) = w(t,l) = 0, \\ w(0,x) = \varphi(x) - v(x), \\ w_t(0,x) = \psi(x), \end{cases}$$

又归结为 2.1 节中讨论过的定解问题.

齐次化原理也适用于本小节所讨论的非齐次方程混合问题,在具体运用时,要保持所考虑的齐次方程混合问题中的边界条件与原来的边界条件相一致,其证明与初始问题的情况完全相同. 下面举例说明.

例 2 解定解问题

$$\begin{cases} \dfrac{\partial u}{\partial t} = a^2\dfrac{\partial^2 u}{\partial x^2} + A\left(1-\dfrac{x}{l}\right)\mathrm{e}^{-ht} \quad (0 < x < l, \ t > 0), \\ u\,|_{x=0} = u\,|_{x=l} = 0, \\ u\,|_{t=0} = 0, \end{cases}$$

这里,A,h 都是正常数,且 $h \neq \left(\dfrac{n\pi a}{l}\right)^2$ $(n=1,2,\cdots)$.

解 先考虑相应齐次方程的定解问题

$$\begin{cases} \dfrac{\partial w}{\partial t} = a^2 \dfrac{\partial^2 w}{\partial x^2} \ (0 < x < l,\ t > \tau > 0), \\ w\mid_{x=0} = w\mid_{x=l} = 0, \\ w\mid_{t=\tau} = A\left(1 - \dfrac{x}{l}\right)\mathrm{e}^{-h\tau}. \end{cases}$$

用分离变量法,可求得

$$w(t,x;\tau) = \sum_{n=1}^{+\infty} \frac{2A}{n\pi}\exp\left\{-\left(\frac{n\pi a}{l}\right)^2(t-\tau) - h\tau\right\}\sin\frac{n\pi x}{l}.$$

于是,由齐次化原理 2,有

$$u(x,t) = \int_0^t w(t,x;\tau)\mathrm{d}\tau$$

$$= \frac{2Al^2}{\pi}\sum_{n=1}^{+\infty}\left\{\frac{1}{n\left[(n\pi a)^2 - l^2 h\right]}\right.$$

$$\left. \cdot \left\{\mathrm{e}^{-ht} - \exp\left\{-\left(\frac{n\pi a}{l}\right)^2 t\right\}\right\}\sin\frac{n\pi x}{l}\right\}.$$

建议读者用齐次化原理重解例 1,并把两种方法进行比较.

2.4.2 一般非齐次混合问题

这里要处理的是边界条件也是非齐次的混合问题. 对于这类问题,要先把边界条件齐次化,即先找一个函数 $v(t,x) = A(t)x + B(t)$(若边界条件都是第二类的,则令 $v = A(t)x^2 + B(t)$),使之仅满足题中的边界条件,再利用叠加原理,令 $u = v + w$,就可以将其化成关于 w 的边界条件为齐次的混合问题.

例 3 设弦的一端 $(x=0)$ 固定,另一端 $(x=l)$ 以 $\sin\omega t$ $\left(\omega \neq \dfrac{n\pi a}{l},\ n=1,2,\cdots\right)$作周期振动,且初值为零,试研究弦的自由振动.

解 依题意,得定解问题

$$\begin{cases} \dfrac{\partial^2 u}{\partial t^2} = a^2 \dfrac{\partial^2 u}{\partial x^2} \ (0 < x < l,\ t > 0), & (3) \\[3mm] u(t,0) = 0,\ u(t,l) = \sin\omega t \ \left(\omega \neq \dfrac{n\pi a}{l}\right), & (4) \\[3mm] u(0,x) = 0,\ u_t(0,x) = 0. \end{cases}$$

由于边界条件是非齐次的,首先应把边界条件齐次化. 令 $v = Ax + B$,由边界条件(4)得

$$0 = v(t,0) = B,$$
$$\sin\omega t = v(t,l) = Al,$$

所以

$$A = \frac{\sin\omega t}{l}, \quad B = 0,$$

从而

$$v(t,x) = \frac{x}{l}\sin\omega t.$$

再令

$$u(t,x) = w(t,x) + \frac{x}{l}\sin\omega t,$$

则得

$$\begin{cases} w_{tt} = a^2 w_{xx} + \dfrac{\omega^2 x}{l}\sin\omega t, \\[3mm] w(t,0) = 0,\ w(t,l) = 0, \\[3mm] w(0,x) = 0,\ w_t(0,x) = -\dfrac{\omega x}{l}. \end{cases}$$

虽然我们已经知道这个定解问题的解法(见本节例1),但毕竟比较复杂. 此外,所选取的 $v(t,x)$ 的形式的物理意义也不很清楚,这是上述解法的缺点. 由于原定解问题中的非齐次边界条件比较特殊,如果我们一开始选取 $v(t,x)$ 时,就使这个函数既满足泛定方程(3),又满足边界条件(4),这样,令 $u = v + w$ 后,得到的关于 $w(t,x)$ 的泛定方程也是齐次的,而且显然比按照上述一般方法得到的非齐次方程的求解要简单.

为此,令

$$v(t,x) = X(x)\sin\omega t,$$

由边界条件(4),可知 $X(0)=0, X(l)=1$. 把 $v(t,x)$ 代入泛定方程 (3),且消去 $\sin\omega t$,得

$$X'' + \frac{\omega^2}{a^2} X = 0,$$

所以

$$X(x) = C_1 \cos \frac{\omega x}{a} + C_2 \sin \frac{\omega x}{a}.$$

由 $X(0)=0$,得 $C_1=0$;再由 $X(l)=1$,得

$$C_2 = \frac{1}{\sin \dfrac{\omega l}{a}}.$$

于是

$$X(x) = \frac{1}{\sin \dfrac{\omega l}{a}} \sin \frac{\omega x}{a},$$

从而

$$v(t,x) = \frac{\sin \dfrac{\omega x}{a}}{\sin \dfrac{\omega l}{a}} \sin\omega t.$$

再令

$$u = w(t,x) + v(t,x),$$

代入原定解问题,就得到关于 w 的定解问题

$$\begin{cases} \dfrac{\partial^2 w}{\partial t^2} = a^2 \dfrac{\partial^2 w}{\partial x^2}, \\ w(t,0) = w(t,l) = 0, \\ w(0,x) = 0, \ w_t(0,x) = -\omega \dfrac{\sin \dfrac{\omega x}{a}}{\sin \dfrac{\omega l}{a}}. \end{cases}$$

再直接代入 2.1 节中得到的公式,即得

$$w(t,x) = 2\omega a l \sum_{n=1}^{+\infty} \frac{(-1)^{n+1}}{(\omega l)^2 - (n\pi a)^2} \sin \frac{n\pi at}{l} \sin \frac{n\pi x}{l}.$$

最后,把 $v(x,t)$ 和 $w(x,t)$ 加起来,就得到原定解问题的解.

2.4.3 泊松方程的边值问题

设有空间区域 V 内的泊松方程第一边值问题

$$\begin{cases} \dfrac{\partial^2 u}{\partial x^2} + \dfrac{\partial^2 u}{\partial y^2} + \dfrac{\partial^2 u}{\partial z^2} = f(x,y,z)\ ((x,y,z) \in V), \\ u\big|_S = \varphi(x,y,z), \end{cases}$$

这里,S 是区域 V 的边界.求解这个问题的一个比较实用的方法是特解法.这种方法是先求出方程的一个特解 $v(x,y,z)$(特别地,当 $f(x,y,z)$ 是关于 x,y,z 的多项式时,$v(x,y,z)$ 很容易用待定系数法求出),然后利用叠加原理,令

$$u(x,y,z) = w(x,y,z) + v(x,y,z),$$

把它代入原定解问题,便得到拉普拉斯方程的第一边值问题

$$\begin{cases} \Delta_3 w = 0\ ((x,y,z) \in V), \\ w\big|_S = \varphi(x,y,z) - v(x,y,z). \end{cases}$$

例 4 解环形域 $a^2 \leqslant x^2 + y^2 \leqslant b^2$ 内的定解问题

$$\begin{cases} \dfrac{\partial^2 u}{\partial x^2} + \dfrac{\partial^2 u}{\partial y^2} = 12(x^2 - y^2), \\ u\big|_{x^2+y^2=a^2} = 1,\ \dfrac{\partial u}{\partial n}\Big|_{x^2+y^2=b^2} = 0. \end{cases}$$

解 由于泛定方程的右端是关于 x,y 的二次齐次多项式 $12(x^2 - y^2)$,故可设方程有特解

$$v(x,y) = ax^4 + by^4.$$

代入方程,并比较两边的系数,即可求得 $a=1,b=-1$.因而

$$\begin{aligned} v &= x^4 - y^4 \\ &= (x^2 + y^2)(x^2 - y^2) \\ &= r^4 \cos 2\theta, \end{aligned}$$

这里,r,θ 是极坐标.

令 $u=v+w$,就得到定解问题(采用极坐标)

250

$$\begin{cases} \Delta_2 w = 0 \ (a < r < b), \\ w(a,\theta) = u(a,\theta) - v(a,\theta) = 1 - a^4 \cos 2\theta, \\ \dfrac{\partial w}{\partial r}\bigg|_{r=b} = \left(\dfrac{\partial u}{\partial r} - \dfrac{\partial v}{\partial r} \right)\bigg|_{r=b} = -4b^3 \cos 2\theta. \end{cases}$$

我们在 2.2 节中已经知道,极坐标系下拉氏方程的一般解为

$$w = A_0 + B_0 \ln r + \sum_{n=1}^{+\infty} (A_n r^n + B_n r^{-n})(C_n \cos n\theta + D_n \sin n\theta),$$

由边界条件的形式,可设

$$w = A_0 + B_0 \ln r + (A_2 r^2 + B_2 r^{-2})\cos 2\theta.$$

于是由边界条件,有

$$1 - a^4 \cos 2\theta = A_0 + B_0 \ln a + (A_2 a^2 + B_2 a^{-2})\cos 2\theta,$$

$$-4b^3 \cos 2\theta = \frac{B_0}{b} + (2A_2 b - 2B_2 b^{-3})\cos 2\theta,$$

比较两边的系数,得

$$\begin{cases} \dfrac{B_0}{b} = 0, \\ A_0 + B_0 \ln a = 1 \end{cases}$$

及

$$\begin{cases} A_2 a^2 + B_2 a^{-2} = -a^4, \\ A_2 b - B_2 b^{-3} = -2b^3. \end{cases}$$

解之,得

$$A_0 = 1,$$
$$B_0 = 0,$$
$$A_2 = -\frac{a^6 + 2b^6}{a^4 + b^4},$$
$$B_2 = -\frac{a^4 b^4 (a^2 - 2b^2)}{a^4 + b^4}.$$

所以

$$u = v + w$$
$$= 1 + \left[r^4 - \frac{a^6 + 2b^6}{a^4 + b^4} r^2 - \frac{a^4 b^4 (a^2 - 2b^2)}{a^4 + b^4} r^{-2} \right]\cos 2\theta.$$

习　题

1. 求方程 $y'' + \lambda y = 0$ $(0 < x < l)$ 在下列边界条件下的固有值和固有函数：

(1) $y'(0) = 0$，$y(l) = 0$；

(2) $y'(0) = 0$，$y'(l) + hy(l) = 0$；

(3) $y'(0) - ky(0) = 0$，$y'(l) + hy(l) = 0$ $(k, h > 0)$.

2. 解下列固有值问题：

(1) $\begin{cases} y'' - 2ay' + \lambda y = 0 & (0 < x < 1,\ a \text{ 为常数}), \\ y(0) = y(1) = 0; \end{cases}$

(2) $\begin{cases} (r^2 R')' + \lambda r^2 R = 0 & (0 < r < a), \\ |R(0)| < +\infty,\ R(a) = 0; \end{cases}$

[提示：令 $y = rR$.]

(3) $\begin{cases} y^{(4)} + \lambda y = 0 & (0 < x < l), \\ y(0) = y(l) = y''(0) = y''(l) = 0. \end{cases}$

3. 一条均匀的弦固定于 $x = 0$ 及 $x = l$，在开始的一瞬间，它的形状是一条以 $\left(\dfrac{l}{2}, h \right)$ 为顶点的抛物线，初速度为零，且没有外力作用，求弦作横振动的位移函数.

4. 利用圆内狄氏问题的一般解式，解边值问题

$$\begin{cases} \Delta_2 u = 0 & (r < a), \\ u \big|_{r=a} = f, \end{cases}$$

其中，f 分别为：

(1) $f = A$（常数）；

(2) $f = A\cos\theta$；

(3) $f = Axy$；

(4) $f = \cos\theta\sin 2\theta$；

(5) $f = A\sin^2\theta + B\cos^2\theta$.

5. 解下列定解问题：

(1) $\begin{cases} u_{tt} = a^2 u_{xx} & (0 < x < l,\ t > 0), \\ u(t, 0) = u_x(t, l) = 0, \\ u(0, x) = 0,\ u_t(0, x) = x; \end{cases}$

$$(2)\begin{cases} u_t = a^2 u_{xx} \ (0 < x < l,\ t > 0), \\ u(t,0) = u(t,l) = 0, \\ u(0,x) = x(l-x); \end{cases}$$

$$(3)\begin{cases} u_{tt} = a^2 u_{xx} - 2h u_t \\ \qquad (0 < x < l,\ t > 0,\ 0 < h < \dfrac{\pi a}{l},\ h\ \text{为常数}), \\ u(t,0) = u(t,l) = 0, \\ u(0,x) = \varphi(x),\ u_t(0,x) = \psi(x); \end{cases}$$

$$(4)\begin{cases} u_{tt} = a^2 u_{xx} \ (0 < x < l,\ t > 0), \\ u_x(t,0) = 0,\ u_x(t,l) + h u(t,l) = 0 \ (h > 0,\ h\ \text{为常数}), \\ u(0,x) = \varphi(x),\ u_t(0,x) = \psi(x); \end{cases}$$

$$(5)\begin{cases} \Delta_2 u = 0 \ (r < a), \\ u_r(a,\theta) - h u(a,\theta) = f(\theta) \ (h > 0), \end{cases}$$

特别地,计算 $f(\theta) = \cos^2\theta$ 时 u 的值;

(6) 环域内的狄氏问题

$$\begin{cases} \Delta_2 u = 0 \ (a < r < b), \\ u(a,\theta) = 1,\ u(b,\theta) = 0; \end{cases}$$

(7) 扇形域内的狄氏问题

$$\begin{cases} \Delta_2 u = 0 \ (r < a,\ 0 < \theta < \alpha), \\ u(r,0) = u(r,\alpha) = 0, \\ u(a,\theta) = f(\theta). \end{cases}$$

6. 长为 $2l$ 的均匀杆,两端与侧面均绝热,若初始温度为

$$\varphi(x) = \begin{cases} \dfrac{1}{2A} & (\,|\,x-l\,| < A < l) \\ \\ 0 & (\text{其余的}\ x), \end{cases}$$

求 $u(x,t)$ 及 $t \to +\infty$ 时的情况. 又当 $A \to 0$ 时,解的极限如何?

7. 解下列定解问题:

$$(1)\begin{cases} u_t = a^2 \Delta_3 u, \\ u|_{r=R} = 0,\ u(t,0)\ \text{有限}, \\ u|_{t=0} = f(r); \end{cases}$$

[提示:采用球坐标系,由定解条件可知 $u = u(t,r)$.]

$(2)\begin{cases}\dfrac{\partial^2 u}{\partial t^2}=a^2\dfrac{\partial^4 u}{\partial x^4} \ (t>0,\ 0<x<l),\\[2mm] u(0,x)=x(l-x),\ u_t(0,x)=0,\\[2mm] u(t,0)=u(t,l)=0,\\[2mm] u_{xx}(t,0)=u_{xx}(t,l)=0.\end{cases}$

8. 一半径为 a 的半圆形平板,其圆周边界上的温度保持 $u(a,\theta)=T\theta(\pi-\theta)$,而直径边界上的温度为零度,板的侧面绝缘,试求板内的稳定温度分布.

9. 求方程 $u_{xx}-u_y=0$ 满足条件
$$\lim_{x\to+\infty} u(x,y)=0$$
的解 $u=X(x)Y(y)$.

10. 解下列非齐次定解问题:

$(1)\begin{cases}u_t=a^2 u_{xx},\\[1mm] u(t,0)=u_0,\ u_x(t,l)=0,\\[1mm] u(0,x)=\varphi(x);\end{cases}$

$(2)\begin{cases}u_t=a^2 u_{xx},\\[1mm] u(t,0)=0,\ u_x(t,l)=-\dfrac{q}{k},\\[2mm] u(0,x)=u_0,\end{cases}$

并求 $\lim\limits_{t\to+\infty} u(t,x)$;

$(3)\begin{cases}\dfrac{\partial^2 u}{\partial x^2}-a^2\dfrac{\partial u}{\partial t}+A\mathrm{e}^{-2x}=0,\\[2mm] u(t,0)=u(t,l)=0,\\[1mm] u(0,x)=T_0;\end{cases}$

$(4)\begin{cases}u_{tt}=a^2 u_{xx}+b\,\mathrm{sh}x,\\[1mm] u(t,0)=u(t,l)=0,\\[1mm] u(0,x)=u_t(0,x)=0;\end{cases}$

$(5)\begin{cases}u_{tt}=u_{xx}+g\ (g\ 为常数),\\[1mm] u(t,0)=0,\ u_x(t,l)=E\ (E\ 为常数),\\[1mm] u(0,x)=Ex,\ u_t(0,x)=0;\end{cases}$

[提示:先求一个满足泛定方程和边界条件的 $v(x)$,再令

254

$u(t,x)=w(t,x)+v(x).$]

(6) $\begin{cases} \Delta_2 u=a+b(x^2-y^2)\ (a,b\ \text{为常数},\ r<R), \\ u(R,\theta)=c\ (c\ \text{为常数}). \end{cases}$

11. 在下列条件下,求环域 $a<r<b$ 内泊松方程 $\Delta_2 u=A$ (A 为常数)的解:

(1) $u(a,\theta)=u_1,\ u(b,\theta)=u_2\ (u_1,u_2\ \text{为常数});$

(2) $u(a,\theta)=u_1,\ \dfrac{\partial u(b,\theta)}{\partial n}=u_2.$

12. 解下列矩形区域内的定解问题:

(1) $\begin{cases} \Delta_2 u=f(x,y)\ (0<x<a,\ 0<y<b), \\ u(0,y)=\varphi_1(y),\ u(a,y)=\varphi_2(y), \\ u(x,0)=\psi_1(x),\ u(x,b)=\psi_2(x); \end{cases}$ (*)

[**提示**: 先求一个满足边界条件(*)的函数 $Ax+B$,然后用固有函数方法求解.]

(2) $\begin{cases} u_{tt}=a^2\Delta_2 u\ (t>0,\ 0<x<l_1,\ 0<y<l_2), \\ u\big|_{x=0}=u\big|_{x=l_1}=u\big|_{y=0}=u\big|_{y=l_2}=0, \\ u\big|_{t=0}=Axy(l_1-x)(l_2-y), \\ u_t\big|_{t=0}=0; \end{cases}$

(3) $\begin{cases} u_t=a^2\Delta_2 u\ (t>0,\ 0<x<l_1,\ 0<y<l_2), \\ u\big|_{x=0}=u\big|_{x=l_1}=u\big|_{y=0}=u\big|_{y=l_2}=0, \\ u\big|_{t=0}=\varphi(x,y). \end{cases}$

第 3 章 特 殊 函 数

本章讨论在柱坐标系和球坐标系下解高维定解问题时所出现的两种特殊函数——贝塞尔(Bessel)函数和勒让德(Legendre)多项式,并介绍它们的一些重要性质.

3.1 贝塞尔函数

在柱坐标系下对三个典型方程进行分离变量手续时,都可能出现 ν 阶贝塞尔方程

$$x^2 y'' + xy' + (x^2 - \nu^2)y = 0 \ (\nu \geqslant 0). \tag{1}$$

在常微分方程中讲过的幂级数方法已不适用于这个方程,而要用所谓的广义幂级数解法. 即令

$$y = x^\rho \sum_{n=0}^{+\infty} a_n x^n = \sum_{n=0}^{+\infty} a_n x^{n+\rho}, \tag{2}$$

这里,指数 ρ 待定. 把级数(2)形式地逐项求导,有

$$xy' = \sum_{n=0}^{+\infty} (n+\rho) a_n x^{n+\rho},$$

$$x^2 y'' = \sum_{n=0}^{+\infty} (n+\rho)(n+\rho-1) a_n x^{n+\rho}.$$

代入方程(1),得

$$0 = \sum_{n=0}^{+\infty} [(n+\rho)^2 - \nu^2] a_n x^{n+\rho} + \sum_{n=0}^{+\infty} a_n x^{n+\rho+2}$$

$$= \sum_{n=0}^{+\infty} [(n+\rho)^2 - \nu^2] a_n x^{n+\rho} + \sum_{n=2}^{+\infty} a_{n-2} x^{n+\rho},$$

由此得

$$\begin{cases} (\rho^2 - \nu^2)a_0 = 0, & (3) \\ [(1+\rho)^2 - \nu^2]a_1 = 0, & (4) \\ [(n+\rho)^2 - \nu^2]a_n + a_{n-2} = 0 \ (n=2,3,\cdots). & (5) \end{cases}$$

不妨设 $a_0 \neq 0$, 这是因为它是无穷级数

$$y(x) = a_0 x^\rho + a_1 x^{1+\rho} + a_2 x^{2+\rho} + \cdots$$

中第一项的系数, 可以把第一个不为零的系数记为 a_0. 因 $a_0 \neq 0$, 由 (3) 式得

$$\rho = \pm \nu \ (\nu \geqslant 0),$$

因而 (4) 式及 (5) 式成为

$$a_1(1+2\rho) = 0, \tag{6}$$

$$a_n n(n+2\rho) + a_{n-2} = 0 \ (n=2,3,\cdots). \tag{7}$$

下面分情况讨论:

1) 取 $\rho = \nu \ (\nu \geqslant 0)$. 这时, $n+2\rho = n+2\nu \neq 0$, 于是由 (6) 式知 $a_1 = 0$. 再由 (7) 式得递推关系

$$a_n = -\frac{a_{n-2}}{n(n+2\nu)} \ (n=2,3,\cdots),$$

于是 $a_3 = 0, a_5 = 0, \cdots$. 一般地, 有

$$a_{2k+1} = 0 \ (k=0,1,2,\cdots).$$

又依次对 $n=2k, 2(k-1), \cdots, 4, 2$ 应用上述递推关系, 得

$$a_{2k} = -\frac{a_{2(k-1)}}{2^2 k(k+\nu)}$$

$$= \frac{a_{2(k-2)}}{2^4 k(k-1)(k+\nu)(k+\nu-1)}$$

$$= \cdots$$

$$= (-1)^k \frac{a_0}{2^{2k} \cdot k!(1+\nu)(2+\nu)\cdots(k+\nu)}$$

$$= (-1)^k \frac{a_0 \Gamma(\nu+1)}{2^{2k} \cdot k! \Gamma(k+\nu+1)},$$

这里, a_0 可以取任意常数. 特别地, 取

$$a_0 = \frac{1}{2^\rho \Gamma(\nu+1)},$$

得

$$a_{2k}=(-1)^k\frac{1}{k!\,\Gamma(k+\nu+1)}\left(\frac{1}{2}\right)^{2k+\nu}\quad(k=0,1,2,\cdots).$$

将所求得的系数代入(2)式,即形式地得到贝塞尔方程(1)的一个特解

$$y(x)=\left(\frac{x}{2}\right)^\nu\sum_{k=0}^{+\infty}(-1)^k\frac{1}{k!\,\Gamma(k+\nu+1)}\left(\frac{x}{2}\right)^{2k}.\tag{8}$$

因

$$\lim_{k\to+\infty}\left|\frac{a_{2k}}{a_{2k-2}}\right|=\lim_{k\to+\infty}\frac{1}{4k(k+\nu)}=0,$$

所以(8)式右端的幂级数对所有的 x 值都收敛,而且我们在求解过程中所用的逐项求导是合理的,从而,(8)式右端所表示的函数确实是 ν 阶贝塞尔方程的解. 这个函数用 $J_\nu(x)$ 表示,它在 $(-\infty,+\infty)$ 上确定,称为第一类 ν 阶贝塞尔函数. 与三角函数一样,贝塞尔函数也有专门的函数表,可查它的函数值. 贝塞尔函数与三角函数有着密切的联系(详见下一节中关于贝塞尔函数的渐近展开式),对于某些特殊的 ν 值,它可以直接用三角函数和幂函数表示. 例如,在(8)式中令 $\nu=\frac{1}{2}$,不难算得(留给读者作练习)

$$J_{\frac{1}{2}}(x)=\sqrt{\frac{2}{\pi}}\frac{\sin x}{\sqrt{x}}.$$

2) 当 $\rho=-\nu$ $(\nu\geqslant0)$ 时,把上述级数解法稍作修改(这里从略),可以知道

$$J_{-\nu}(x)=\sum_{k=0}^{+\infty}(-1)^k\frac{1}{k!\,\Gamma(k-\nu+1)}\left(\frac{x}{2}\right)^{2k-\nu}\tag{9}$$

也是方程(1)的一个特解. $J_{-\nu}(x)$ 称为第一类 $-\nu$ 阶贝塞尔函数. 特别地,有

$$J_{-\frac{1}{2}}(x)=\sqrt{\frac{2}{\pi}}\frac{\cos x}{\sqrt{x}}.$$

(9)式中的 Γ 函数可能出现自变量为负值的情形,例如当 $\nu=\frac{3}{2}$, $k=0$ 时,就会出现 $\Gamma\left(-\frac{1}{2}\right)$,它的含义是什么呢? 我们在高等数学中所学的 Γ 函数是用含参变量积分定义的,即

258

$$\Gamma(x) = \int_0^{+\infty} \mathrm{e}^{-t} t^{x-1} \mathrm{d}t \ (x > 0),$$

并且满足递推关系 $\Gamma(x+1) = x\Gamma(x)$,即

$$\Gamma(x) = \frac{\Gamma(x+1)}{x}. \tag{10}$$

利用(10)式,可把 $\Gamma(x)$ 的的定义域扩大到除去零及负整数后的一切实数. 例如,由(10)式得

$$\Gamma\left(-\frac{1}{2}\right) = \frac{\Gamma\left(-\frac{1}{2}+1\right)}{-\frac{1}{2}} = -2\Gamma\left(\frac{1}{2}\right) = -2\sqrt{\pi},$$

$$\Gamma\left(-\frac{3}{2}\right) = \frac{\Gamma\left(-\frac{3}{2}+1\right)}{-\frac{3}{2}} = -\frac{2}{3}\Gamma\left(-\frac{1}{2}\right) = \frac{4}{3}\sqrt{\pi}.$$

而且由(10)式不难得到,当 $m = 0, -1, -2, \cdots$ 时,有

$$\lim_{x \to m} \Gamma(x) = \infty. \tag{11}$$

综合上述讨论,对于一切实数 ν,都有

$$J_\nu(x) = \sum_{k=0}^{+\infty} (-1)^k \frac{1}{k! \Gamma(k+\nu+1)} \left(\frac{x}{2}\right)^{2k+\nu}. \tag{12}$$

下面讨论贝塞尔方程(1)的通解. 当 ν 不是整数时,由(12)式可见,当 $x \to 0$ 时,有

$$J_\nu(x) \approx \frac{1}{\Gamma(\nu+1)} \left(\frac{x}{2}\right)^\nu \to 0,$$

$$J_{-\nu}(x) \approx \frac{1}{\Gamma(-\nu+1)} \left(\frac{x}{2}\right)^{-\nu} \to \infty,$$

从而 $J_\nu(x)$ 和 $J_{-\nu}(x)$ 线性无关. 所以,这时方程(1)的通解为

$$y(x) = C_1 J_\nu(x) + C_2 J_{-\nu}(x),$$

这里,C_1, C_2 为任意常数.

当 ν 是非负整数 n 时,由于当 $k = 0, 1, 2, \cdots, n-1$ 时,由(11)式有

$$\frac{1}{\Gamma(k-n+1)} = 0,$$

因而由(12)式得

$$J_{-n}(x) = \sum_{k=n}^{+\infty} (-1)^k \frac{1}{k!\Gamma(k-n+1)} \left(\frac{x}{2}\right)^{2k-n}$$

$$= \sum_{m=0}^{+\infty} (-1)^{n+m} \frac{1}{(n+m)!\Gamma(m+1)} \left(\frac{x}{2}\right)^{2m+n}$$

$$(\diamondsuit\ k-n=m)$$

$$= (-1)^n \sum_{m=0}^{+\infty} \frac{(-1)^m}{m!\Gamma(m+n+1)} \left(\frac{x}{2}\right)^{2m+n}$$

$$= (-1)^n J_n(x).$$

这就是说, $J_n(x)$ 和 $J_{-n}(x)$ 是线性相关的, 由它们不能构成方程(1)的通解. 这时, 为求得方程(1)的通解, 先设 ν 不是整数, 令

$$N_\nu(x) = \text{ctg}\nu\pi \cdot J_\nu(x) - \csc\nu\pi \cdot J_{-\nu}(x)$$

$$= \frac{J_\nu(x)\cos\nu\pi - J_{-\nu}(x)}{\sin\nu\pi}, \tag{13}$$

它称为第二类 ν 阶贝塞尔函数或诺伊曼函数. 显然, $N_\nu(x)$ 与 $J_\nu(x)$ 也是贝塞尔方程的两个线性无关解, 所以, 通解也可以表示为

$$y = C_1 J_\nu(x) + C_2 N_\nu(x).$$

而且, 由于 $\lim\limits_{x\to 0} J_{-\nu}(x) = \infty$, 可知

$$\lim_{x\to 0} N_\nu(x) = \infty.$$

当 ν 为整数 n 时, (13)式右端成为 "$\frac{0}{0}$" 型的不定式, 可以证明: 这个不定式的极限

$$N_n(x) = \lim_{\nu\to n} N_\nu(x) = \lim_{\nu\to n} \frac{J_\nu(x)\cos\nu\pi - J_{-\nu}(x)}{\sin\nu\pi}$$

存在, $N_n(x)$ 称为整阶(第 n 阶)诺伊曼函数. 再由洛必达法则, 可得

$$N_n(x) = \frac{1}{\pi\cos n\pi} \left[\frac{\partial}{\partial\nu} J_\nu(x) \Big|_{\nu=n} \cos n\pi - \frac{\partial}{\partial\nu} J_{-\nu}(x) \Big|_{\nu=n} \right]$$

$$= \frac{1}{\pi} \left[\frac{\partial}{\partial\nu} J_\nu(x) \Big|_{\nu=n} - (-1)^n \frac{\partial}{\partial\nu} J_{-\nu}(x) \Big|_{\nu=n} \right].$$

还可以证明: $J_n(x)$ 与 $N_n(x)$ 是 n 阶贝塞尔方程(1)的一对线性无关解, 而且有 $\lim\limits_{x\to 0} N_n(x) = \infty$(这一事实也可由第 2 章 2.3 节中引用的定理 1 得到).

总之,对一切 $\nu \geqslant 0$,方程(1)的通解为
$$y(x) = C_1 \mathrm{J}_\nu(x) + C_2 \mathrm{N}_\nu(x).$$

3.2 贝塞尔函数的性质

3.2.1 母函数和积分表示

在复变函数部分,我们利用洛朗级数证明了等式
$$\exp\left\{\frac{x}{2}(\zeta - \zeta^{-1})\right\} = \sum_{n=-\infty}^{+\infty} \mathrm{J}_n(x)\zeta^n \quad (0 < |\zeta| < +\infty), \quad (1)$$
上式左端的函数称为整阶贝塞尔函数列 $\{\mathrm{J}_n(x)\}$ 的母函数或生成函数. 在那里,还利用(1)式得到了 $\mathrm{J}_n(x)$ 的积分表示
$$\mathrm{J}_n(x) = \frac{1}{2\pi} \int_0^{2\pi} \cos(x\sin\theta - n\theta)\,\mathrm{d}\theta,$$
或写成
$$\mathrm{J}_n(x) = \frac{1}{2\pi} \int_{-\pi}^{\pi} \exp\{\mathrm{i}(x\sin\theta - n\theta)\}\,\mathrm{d}\theta.$$

利用母函数可以证明许多关于整阶贝塞尔函数的性质,例如加法公式
$$\mathrm{J}_n(x+y) = \sum_{k=-\infty}^{+\infty} \mathrm{J}_k(x)\mathrm{J}_{n-k}(y).$$
事实上,在(1)式中把 x 换成 $x+y$,有
$$\begin{aligned}
\sum_{n=-\infty}^{+\infty} \mathrm{J}_n(x+y)\zeta^n &= \exp\left\{\frac{x+y}{2}(\zeta - \zeta^{-1})\right\} \\
&= \exp\left\{\frac{x}{2}(\zeta - \zeta^{-1})\right\} \cdot \exp\left\{\frac{y}{2}(\zeta - \zeta^{-1})\right\} \\
&= \sum_{k=-\infty}^{+\infty} \mathrm{J}_k(x)\zeta^k \cdot \sum_{m=-\infty}^{+\infty} \mathrm{J}_m(y)\zeta^m \\
&= \sum_{k=-\infty}^{+\infty} \sum_{m=-\infty}^{+\infty} \mathrm{J}_k(x)\mathrm{J}_m(y)\zeta^{k+m} \\
&= \sum_{n=-\infty}^{+\infty} \left[\sum_{k=-\infty}^{+\infty} \mathrm{J}_k(x)\mathrm{J}_{n-k}(y)\right]\zeta^n \quad (\diamond m+k=n),
\end{aligned}$$

再比较上式两边的系数,即得加法公式.

3. 2. 2 微分关系和递推公式

对于贝塞尔函数,下列微分关系成立:

$$\frac{\mathrm{d}}{\mathrm{d}x}(x^\nu \mathrm{J}_\nu(x)) = x^\nu \mathrm{J}_{\nu-1}(x), \tag{2}$$

$$\frac{\mathrm{d}}{\mathrm{d}x}\left(\frac{\mathrm{J}_\nu(x)}{x^\nu}\right) = -\frac{\mathrm{J}_{\nu+1}(x)}{x^\nu}, \tag{3}$$

或

$$\mathrm{J}_\nu'(x) = \mathrm{J}_{\nu-1}(x) - \frac{\nu}{x}\mathrm{J}_\nu(x), \tag{4}$$

$$\mathrm{J}_\nu'(x) = \frac{\nu}{x}\mathrm{J}_\nu(x) - \mathrm{J}_{\nu+1}(x). \tag{5}$$

下面给出第一式的证明,第二式的证明留给读者. 由定义知

$$\mathrm{J}_\nu(x) = \sum_{k=0}^{+\infty}(-1)^k \frac{1}{k!\,\Gamma(k+\nu+1)}\left(\frac{x}{2}\right)^{2k+\nu},$$

所以

$$\frac{\mathrm{d}}{\mathrm{d}x}(x^\nu \mathrm{J}_\nu(x))$$

$$= \frac{\mathrm{d}}{\mathrm{d}x}\left[\sum_{k=0}^{+\infty}(-1)^k \frac{1}{k!\,\Gamma(\nu+k+1)} \cdot \frac{1}{2^{2k+\nu}} \cdot x^{2k+2\nu}\right]$$

$$= \sum_{k=0}^{+\infty}\left[\frac{(-1)^k}{k!\,\Gamma(\nu+k+1)} \cdot \frac{2(k+\nu)}{2^{2k+\nu}} \cdot x^{2k+2\nu-1}\right]$$

$$= x^\nu \sum_{k=0}^{+\infty}\left[\frac{(-1)^k}{k!\,\Gamma(\nu-1+k+1)} \cdot \left(\frac{x}{2}\right)^{2k+\nu-1}\right]$$

$$= x^\nu \mathrm{J}_{\nu-1}(x).$$

这两个公式表明,通过 ν 阶贝塞尔函数,可以求出低一阶或高一阶的贝塞尔函数. 特别地,当 $\nu=0$ 时,我们有

$$\mathrm{J}_0'(x) = \mathrm{J}_{-1}(x) = -\mathrm{J}_1(x),$$

由此可以断言 $\mathrm{J}_0(x)$ 的极值点就是 $\mathrm{J}_1(x)$ 的零点.

把(4),(5)两式分别相加或相减,可得到两个递推公式:

262

$$J_{\nu-1}(x) + J_{\nu+1}(x) = \frac{2\nu}{x} J_\nu(x), \qquad (6)$$

$$J_{\nu-1}(x) - J_{\nu+1}(x) = 2J_\nu{}'(x).$$

在(6)式中,取 ν 为整数 n 即得知,由两个相邻的整阶贝塞尔函数可以表示出更高一阶的贝塞尔函数. 例如

$$J_2(x) = \frac{2}{x} J_1(x) - J_0(x)$$

$$= -\frac{2}{x} J_0{}'(x) - J_0(x),$$

$$J_3(x) = \frac{4}{x} J_2(x) - J_1(x)$$

$$= \left(\frac{8}{x^2} - 1\right) J_1(x) - \frac{4}{x} J_0(x).$$

再注意到关系 $J_{-n}(x) = (-1)^n J_n(x)$,可知所有整数阶的贝塞尔函数 $J_n(x)$ 都可用 $J_0(x)$ 和 $J_1(x)$ 来表示. 这样,我们只要有了关于 $J_0(x)$,$J_1(x)$ 的函数表,就可以求出 $J_2(x)$,$J_3(x)$ 等的函数值.

当 ν 不是整数时,$N_\nu(x)$ 是 $J_\nu(x)$ 和 $J_{-\nu}(x)$ 的线性组合,故微分关系和递推公式对非整阶诺伊曼函数成立. 可以证明,它们对整阶诺伊曼函数也成立.

例 1 求证下列等式:

(1) $\cos(x\sin\theta) = J_0(x) + 2[J_2(x)\cos 2\theta + J_4(x)\cos 4\theta + \cdots]$;

(2) $\sin(x\sin\theta) = 2[J_1(x)\sin\theta + J_3(x)\sin 3\theta + \cdots]$.

证 在生成函数公式(1)中,令 $\zeta = e^{i\theta}$,并注意到 $J_{-n}(x) = (-1)^n J_n(x)$,得

$$e^{ix\sin\theta} = \exp\left\{\frac{x}{2}(e^{i\theta} - e^{-i\theta})\right\}$$

$$= \sum_{n=-\infty}^{+\infty} J_n(x) e^{in\theta}$$

$$= \sum_{n=-\infty}^{+\infty} J_n(x)(\cos n\theta + i\sin n\theta)$$

$$= J_0(x) + \sum_{n=1}^{+\infty} [J_n(x) + J_{-n}(x)]\cos n\theta$$

$$+ \mathrm{i}\sum_{n=1}^{+\infty}[\mathrm{J}_n(x) - \mathrm{J}_{-n}(x)]\sin n\theta$$

$$= \mathrm{J}_0(x) + 2\sum_{k=1}^{+\infty}\mathrm{J}_{2k}(x)\cos 2k\theta$$

$$+ 2\mathrm{i}\sum_{k=1}^{+\infty}\mathrm{J}_{2k-1}(x)\sin(2k-1)\theta.$$

上式两边的实部和虚部分别相等,即得要证的等式.

从傅里叶级数的观点来看,例 1 中的两个等式分别是函数(将 x 看作参数)$\cos(x\sin\theta)$ 的余弦展开及 $\sin(x\sin\theta)$ 的正弦展开.

利用积分表达式、微分关系及递推公式,可以计算某些含贝塞尔函数的积分.

例 2　计算积分 $I = \int_0^{+\infty}\mathrm{e}^{-ax}\mathrm{J}_0(bx)\mathrm{d}x$,这里,$a,b$ 是实数,且 $a > 0$. 并求拉普拉斯变换 $L[\mathrm{J}_0(t)]$,$L[\mathrm{J}_1(t)]$.

解　把 $\mathrm{J}_0(bx)$ 的积分表达式代入所给积分中,并交换积分次序,得

$$I = \frac{1}{2\pi}\int_0^{+\infty}\mathrm{e}^{-ax}\mathrm{d}x\int_{-\pi}^{\pi}\mathrm{e}^{\mathrm{i}bx\sin\theta}\mathrm{d}\theta$$

$$= \frac{1}{2\pi}\int_{-\pi}^{\pi}\mathrm{d}\theta\int_0^{+\infty}\exp\{-ax + \mathrm{i}bx\sin\theta\}\mathrm{d}x. \qquad (7)$$

因

$$\left|\int_0^{+\infty}\exp\{-ax + \mathrm{i}bx\sin\theta\}\mathrm{d}x\right| \leqslant \int_0^{+\infty}\mathrm{e}^{-ax}\mathrm{d}x,$$

故(7)式中的无穷积分对 $-\pi\leqslant\theta\leqslant\pi$ 一致收敛,从而在(7)式中交换积分次序是合理的. 于是

$$I = \frac{1}{2\pi}\int_{-\pi}^{\pi}\frac{1}{-a+\mathrm{i}b\sin\theta}\exp\{-ax+\mathrm{i}bx\sin\theta\}\bigg|_{x=0}^{+\infty}\mathrm{d}\theta$$

$$= \frac{1}{2\pi}\int_{-\pi}^{\pi}\frac{\mathrm{d}\theta}{a-\mathrm{i}b\sin\theta}$$

$$= \frac{1}{2\pi}\int_{-\pi}^{\pi}\frac{a+\mathrm{i}b\sin\theta}{a^2+b^2\sin^2\theta}\mathrm{d}\theta$$

$$= \frac{a}{2\pi}\int_{-\pi}^{\pi}\frac{1}{a^2+b^2\sin^2\theta}\mathrm{d}\theta$$

$$= \frac{1}{\sqrt{a^2+b^2}}.$$

上面最后一个积分不难利用留数定理计算.

当 $\mathrm{Re}p > 0$ 时,由定义知

$$L[\mathrm{J}_0(t)] = \int_0^{+\infty} \mathrm{J}_0(t)\mathrm{e}^{-\mu}\,\mathrm{d}t,$$

这个积分可用与上面一样的方法计算,即有

$$L[\mathrm{J}_0(t)] = \frac{1}{\sqrt{p^2+1}}.$$

又由分部积分法及 $\mathrm{J}_0{}'(x) = -\mathrm{J}_1(x)$,$\mathrm{J}_0(0) = 1$,得

$$L[\mathrm{J}_1(t)] = \int_0^{+\infty} \mathrm{J}_1(t)\mathrm{e}^{-\mu}\,\mathrm{d}t$$

$$= -\mathrm{J}_0(t)\mathrm{e}^{-\mu}\Big|_0^{+\infty} - p\int_0^{+\infty}\mathrm{J}_0(t)\mathrm{e}^{-\mu}\,\mathrm{d}t$$

$$= 1 - \frac{p}{\sqrt{p^2+1}}$$

$$= \frac{\sqrt{p^2+1}-p}{\sqrt{p^2+1}}.$$

例 3 计算积分 $\int x^3 \mathrm{J}_{-2}(x)\,\mathrm{d}x.$

解 由分部积分法及微分关系 $(x^\nu \mathrm{J}_\nu(x))' = x^\nu \mathrm{J}_{\nu-1}(x)$,得

$$\int x^3 \mathrm{J}_{-2}(x)\,\mathrm{d}x = \int x^4(x^{-1}\mathrm{J}_{-2}(x))\,\mathrm{d}x$$

$$= x^4(x^{-1}\mathrm{J}_{-1}(x)) - 4\int x^3(x^{-1}\mathrm{J}_{-1}(x))\,\mathrm{d}x$$

$$= x^3 \mathrm{J}_{-1}(x) - 4\int x^2 \mathrm{J}_{-1}(x)\,\mathrm{d}x$$

$$= -x^3 \mathrm{J}_1(x) - 4\int x^2 \mathrm{J}_0{}'(x)\,\mathrm{d}x$$

$$= -x^3 \mathrm{J}_1(x) - 4x^2 \mathrm{J}_0(x) + 8\int x\mathrm{J}_0(x)\,\mathrm{d}x$$

$$= (-x^3 + 8x)\mathrm{J}_1(x) - 4x^2 \mathrm{J}_0(x) + C.$$

例 4 证明:

$$\int x^2 \mathrm{J}_2(x)\,\mathrm{d}x = -x^2 \mathrm{J}_1(x) - 3x\mathrm{J}_0(x) + 3\int \mathrm{J}_0(x)\,\mathrm{d}x.$$

265

证 由分部积分法及微分关系 $(x^{-\nu}J_\nu(x))' = -x^{-\nu}J_{\nu+1}(x)$，得

$$\int x^2 J_2(x)\,dx = \int x^3 (x^{-1}J_2(x))\,dx$$

$$= x^3(-x^{-1}J_1(x)) + 3\int x^2(x^{-1}J_1(x))\,dx$$

$$= -x^2 J_1(x) - 3\int x J_0{}'(x)\,dx$$

$$= -x^2 J_1(x) - 3x J_0(x) + 3\int J_0(x)\,dx.$$

一般说来，对于形如 $\int x^p J_q(x)\,dx$ 的积分，若 p,q 为整数，$p+q \geqslant 0$，且 $p+q$ 为奇数，则这个积分可用 $J_0(x)$ 和 $J_1(x)$ 直接表示出来；若 $p+q$ 为偶数，则结果只能做到用 $\int J_0(x)\,dx$ 表示.

3.2.3 渐近公式、衰减振荡性和零点

对 ν 阶贝塞尔方程

$$x^2 y'' + xy' + (x^2 - \nu^2) = 0 \ (\nu \geqslant 0)$$

作因变量替换 $y = \dfrac{u}{\sqrt{x}}$，可得关于 u 的方程

$$u'' + \left(1 + \frac{\frac{1}{4} - \nu^2}{x^2}\right)u = 0.$$

当 $|x|$ 很大时，这个方程可近似简化成

$$u'' + u = 0.$$

它的通解为 $u = A\cos(x+\theta)$，A,θ 为任意常数. 通过进一步的推导（从略）确定出 A 和 θ 后，可以得到贝塞尔函数的渐近公式. 即当 $|x|$ 很大时，有

$$J_\nu(x) \approx \sqrt{\frac{2}{\pi x}}\cos\left(x - \frac{\nu\pi}{2} - \frac{\pi}{4}\right),$$

$$N_\nu(x) \approx \sqrt{\frac{2}{\pi x}}\sin\left(x - \frac{\nu\pi}{2} - \frac{\pi}{4}\right).$$

严格地说，应为

$$J_\nu(x) = \sqrt{\frac{2}{\pi x}} \cos\left(x - \frac{\nu\pi}{2} - \frac{\pi}{4}\right) + O(x^{-\frac{3}{2}}),$$

$$N_\nu(x) = \sqrt{\frac{2}{\pi x}} \sin\left(x - \frac{\nu\pi}{2} - \frac{\pi}{4}\right) + O(x^{-\frac{3}{2}}),$$

因此

$$\lim_{x \to +\infty} J_\nu(x) = \lim_{x \to +\infty} N_\nu(x) = 0.$$

由于余弦函数和正弦函数在 -1 到 1 之间振动无限多次,所以从这些渐近公式可以看出,$J_\nu(x)$ 和 $N_\nu(x)$ 的图像也在 x 轴上下来回振荡. 由于渐近公式中有一个衰减因子 $\sqrt{\dfrac{2}{\pi x}}$,因此它们都是衰减振荡函数. 图 3.1 即是 $J_0(x)$ 和 $J_1(x)$ 在右半平面的图像(注意,$J_0(x)$ 是偶函数,$J_1(x)$ 是奇函数).

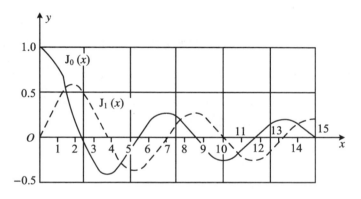

图 3.1

由渐近公式可知,$J_\nu(x)$ 有无穷多个实零点. 再由关系(这从 $J_\nu(x)$ 的级数表示即得)

$$J_\nu(-x) = (-1)^\nu J_\nu(x)$$

可知,$J_\nu(x)$ 的无穷多个实零点是关于原点对称分布的,因而 $J_\nu(x)$ 必有无穷多个正零点. 由余弦函数的零点公式,立即得到 $J_\nu(x)$ 的零点的近似公式

$$x_k \approx k\pi + \frac{\nu\pi}{2} + \frac{3\pi}{4} \quad (k \text{ 为整数}).$$

267

由 $J_\nu(x)$ 有无穷多个实零点及洛尔定理,即知 $J_\nu'(x)$ 也有无穷多个实零点.更一般地,还可以证明,方程

$$J_\nu(x) + hxJ_\nu'(x) = 0 \ (h \text{ 为常数})$$

有无穷多个实根.

3.3 贝塞尔方程的固有值问题

本节讨论贝塞尔方程的固有值问题

$$\begin{cases} x^2 y'' + xy' + (\lambda x^2 - \nu^2)y = 0 \ (0 < x < a, \nu \geqslant 0), \quad (1) \\ \alpha y(a) + \beta y'(a) = 0, \\ y(0) \text{ 有界,} \end{cases}$$

这里,α,β 是非负常数,且不全为零.方程(1)可化成施-刘型方程

$$\frac{\mathrm{d}}{\mathrm{d}x}(xy') + \left(\lambda x - \frac{\nu^2}{x}\right)y = 0,$$

与第 2 章 2.2 节中的一般施-刘型方程(4)相比较,各系数 $k(x) = x$
(因 $k(0) = 0$,故在端点 $x = 0$ 处加了有界性条件),$q(x) = \frac{\nu^2}{x}$,
$\rho(x) = x$,它们在 $(0, a)$ 上满足施-刘定理的条件.因 $\lambda \geqslant 0$,令 $\lambda = \omega^2$
($\omega \geqslant 0$),易知方程(1)的通解为

$$y(x) = AJ_\nu(\omega x) + BN_\nu(\omega x).$$

由 $y(0)$ 有界,得 $B = 0$,所以

$$y(x) = J_\nu(\omega x).$$

由 a 端的边界条件,得

$$\alpha J_\nu(\omega a) + \beta \omega J_\nu'(\omega a) = 0, \qquad (2)$$

由前节所述,这个方程有无穷多个正实零点,将它们分别依次记为

$$\omega_1, \omega_2, \omega_3, \cdots,$$

于是,固有值及固有函数分别为

$$\lambda_n = \omega_n^2 \ (n = 1, 2, \cdots),$$

$$y_n(x) = J_\nu(\omega_n x) \ (n = 1, 2, \cdots).$$

再由施-刘定理,对于 $\omega_m \neq \omega_n$,$J_\nu(\omega_m x)$ 和 $J_\nu(\omega_n x)$ 带权 $\rho(x)$ 正交,即

$$\int_0^a xJ_\nu(\omega_m x)J_\nu(\omega_n x)\mathrm{d}x = 0.$$

268

下面计算这个正交函数系的模的平方

$$N_\nu^2 = \int_0^a x J_\nu^2(\omega x)\,\mathrm{d}x.$$

记 $y(x) = J_\nu(\omega x)$,它满足方程(1),即

$$x(xy')' + (\omega^2 x^2 - \nu^2)y = 0.$$

两边同乘以 $2y'$,得

$$2xy'(xy')' + 2(\omega^2 x^2 - \nu^2)yy' = 0,$$

或

$$\mathrm{d}(xy')^2 + (\omega^2 x^2 - \nu^2)\mathrm{d}y^2 = 0.$$

把上式从 0 到 a 积分,并对第二项进行分部积分,得

$$(xy')^2 \Big|_0^a + (\omega^2 x^2 - \nu^2)y^2 \Big|_0^a = 2\omega^2 \int_0^a xy^2\,\mathrm{d}x$$
$$= 2\omega^2 N_\nu^2.$$

因 $\nu \neq 0$ 时,$y(0) = J_\nu(0) = 0$,故上式即(包括 $\nu = 0$ 时)

$$a^2 \omega^2 J_\nu'^2(\omega a) + (\omega^2 a^2 - \nu^2)J_\nu^2(\omega a) = 2\omega^2 N_\nu^2. \tag{3}$$

1)对于第一类边界条件:$J_\nu(\omega a) = 0$,由微分关系

$$J_\nu'(x) = \frac{\nu}{x}J_\nu(x) - J_{\nu+1}(x),$$

得

$$J_\nu'(\omega a) = -J_{\nu+1}(\omega a).$$

这样,由(3)式得

$$N_{\nu 1}^2 = \frac{a^2}{2}J_{\nu+1}^2(\omega a),$$

这里,为了说明是第一类边界条件下的模,特加了下标 1. 后面下标 2,3 的含义相同。

2)对于第二类边界条件:$J_\nu'^2(\omega a) = 0$,由(3)式得

$$N_{\nu 2}^2 = \frac{1}{2}\left[a^2 - \left(\frac{\nu}{\omega}\right)^2\right]J_\nu^2(\omega a).$$

3)对于第三类边界条件:$J_\nu'(\omega a) = -\dfrac{J_\nu(\omega a)}{\omega h}$ $\left(h = \dfrac{\alpha}{\beta}\right)$,由(3)式可得

$$N_{\nu 3}^2 = \frac{1}{2}\left[a^2 - \left(\frac{\nu}{\omega}\right)^2 + \left(\frac{a}{\omega h}\right)^2\right]J_\nu^2(\omega a).$$

由施-刘定理,函数系$\{J_\nu(\omega_n x)\}$是完备正交系. 因此,可把函数 $f(x)$展开成傅里叶-贝塞尔级数

$$f(x) = \sum_{n=1}^{+\infty} f_n J_\nu(\omega_n x),\tag{4}$$

这里

$$f_n = \frac{1}{N_\nu{}^2} \int_0^a x f(x) J_\nu(\omega_n x) \mathrm{d}x,\tag{5}$$

而模的平方$N_\nu{}^2$则由边界条件来选定. 关于傅里叶-贝塞尔级数的收敛定理,已一般地叙述于第2章2.2节的施-刘定理中,且可以证明下面应用范围更广的定理:

定理 设$f(x)$是定义在$(0,a)$内的逐段光滑的函数,积分 $\int_0^a \sqrt{x}\,|f(x)|\,\mathrm{d}x$ 具有有限值,且$f(x)$满足相应固有值的边界条件,那么傅里叶-贝塞尔级数(4)收敛于$\frac{1}{2}[f(x+0)+f(x-0)]$,级数(4)中的$\omega_n$是方程(2)的根.

例1 设ω_n ($n=1,2,\cdots$)是方程$J_0(x)=0$的所有正根,试将函数$f(x)=1-x^2$ $(0<x<1)$展开成贝塞尔函数$J_0(\omega_n x)$的级数.

解 按公式(4)和(5),设

$$1 - x^2 = \sum_{n=1}^{+\infty} C_n J_0(\omega_n x),$$

则

$$
\begin{aligned}
C_n &= \frac{1}{N_{01}{}^2} \int_0^1 (1-x^2) x J_0(\omega_n x)\,\mathrm{d}x \\
&= \frac{1}{N_{01}{}^2 \omega_n{}^2} \int_0^{\omega_n} t\left(1 - \frac{t^2}{\omega_n{}^2}\right) J_0(t)\,\mathrm{d}t \quad (\diamondsuit\ t = \omega_n x) \\
&= \frac{1}{N_{01}{}^2 \omega_n{}^2}\left[\left(1 - \frac{t^2}{\omega_n{}^2}\right) t J_1(t)\,\bigg|_0^{\omega_n} + \frac{2}{\omega_n{}^2} \int_0^{\omega_n} t^2 J_1(t)\,\mathrm{d}t\right] \\
&= \frac{2}{\omega_n{}^2 J_1{}^2(\omega_n)} \cdot \frac{2}{\omega_n{}^2} t^2 J_2(t)\,\bigg|_0^{\omega_n} \\
&= \frac{4 J_2(\omega_n)}{\omega_n{}^2 J_1{}^2(\omega_n)}.
\end{aligned}
$$

又由递推关系

$$J_2(x) = \frac{2}{x}J_1(x) - J_0(x)$$

及 $J_0(\omega_n) = 0$，得

$$J_2(\omega_n) = \frac{2J_1(\omega_n)}{\omega_n},$$

因而

$$C_n = \frac{8}{\omega_n{}^3 J_1(\omega_n)}.$$

所以

$$1 - x^2 = \sum_{n=1}^{+\infty} \frac{8}{\omega_n{}^3 J_1(\omega_n)} J_0(\omega_n x).$$

根据收敛定理，这个级数在 $[0,1]$ 上绝对一致收敛于 $1-x^2$.

例 2　有一均匀圆柱，半径为 a，柱高为 l，柱侧绝热，而上、下底温度保持为 $f_2(r)$ 和 $f_1(r)$，试求柱内的稳定温度分布.

解　采用柱坐标系，设柱内的稳定温度分布为 $u(r,\varphi,z)$，于是问题归结为定解问题

$$\begin{cases} \Delta u(r,\varphi,z) = \dfrac{\partial^2 u}{\partial r^2} + \dfrac{1}{r}\dfrac{\partial u}{\partial r} + \dfrac{1}{r^2}\dfrac{\partial^2 u}{\partial \varphi^2} + \dfrac{\partial^2 u}{\partial z^2} = 0 \text{（稳定温度）,} \\[2mm] \dfrac{\partial u}{\partial r}\bigg|_{r=a} = 0 \text{（柱侧绝热）,} \\[2mm] u(r,\varphi,0) = f_1(r), \\[2mm] u(r,\varphi,l) = f_2(r). \end{cases}$$

考虑到圆柱关于 φ 的对称性及上、下底与侧面的定解条件不依赖于 φ，所以问题的解也不依赖于 φ，即 $u = u(r,z)$. 设

$$u = R(r)Z(z),$$

进行变量分离后，得到

$$r^2 R'' + rR' + \lambda r^2 R = 0, \tag{6}$$

$$Z'' - \lambda Z = 0. \tag{7}$$

记 $\lambda = \omega^2$，则方程 (6) 的有界解为

$$R(r) = J_0(\omega r).$$

再由边界条件 $\dfrac{\partial u}{\partial r}\bigg|_{r=a} = 0$，可知 $R'(a) = 0$，即

$$J_1(\omega a) = 0.$$

记此方程的所有非负根为 $\omega_0 = 0, \omega_1, \omega_2, \cdots$，则固有值为
$$\lambda_0 = 0, \quad \lambda_n = \omega_n^2 \ (n = 1, 2, \cdots),$$
相应的固有函数为
$$J_0(\omega_0 r) = 1, \quad J_0(\omega_n r) \ (n = 1, 2, \cdots).$$

将 $\lambda = \omega_n^2 \ (n = 0, 1, 2, \cdots)$ 代入(7)式，得
$$Z_0(z) = C_0 + D_0 z,$$
$$Z_n(z) = C_n \operatorname{ch} \omega_n z + D_n \operatorname{sh} \omega_n z \ (n = 1, 2, \cdots).$$

根据叠加原理，即得到满足方程和侧面边界条件的解为
$$u(r, z) = C_0 + D_0 z + \sum_{n=1}^{+\infty} (C_n \operatorname{ch} \omega_n z + D_n \operatorname{sh} \omega_n z) J_0(\omega_n r). \quad (8)$$

再由圆柱底面的边界条件，有
$$f_1(r) = u(r, 0)$$
$$= C_0 + \sum_{n=1}^{+\infty} C_n J_0(\omega_n r) \quad (9)$$
及
$$f_2(r) = u(r, l)$$
$$= C_0 + D_0 l + \sum_{n=1}^{+\infty} (C_n \operatorname{ch} \omega_n l + D_n \operatorname{sh} \omega_n l) J_0(\omega_n r). \quad (10)$$

将 $f_1(r)$ 及 $f_2(r)$ 分别按 $\{J_0(\omega_n r), \ n = 0, 1, 2, \cdots\}$ 展开，并将各展开式的系数相应记为 f_{1n} 及 $f_{2n} \ (n = 0, 1, 2, \cdots)$，则由(9)式得(注意，这里要取第二类边界条件下的模)
$$C_0 = \frac{2}{a^2} \int_0^a f_1(r) r \mathrm{d}r = f_{10},$$
$$C_n = \frac{2}{a^2 J_0^2(\omega_n a)} \int_0^a J_0(\omega_n r) f_1(r) r \mathrm{d}r$$
$$= f_{1n} \ (n = 1, 2, \cdots).$$

由(10)式得
$$C_0 + D_0 l = \frac{2}{a^2} \int_0^a f_2(r) r \mathrm{d}r = f_{20},$$
$$C_n \operatorname{ch} \omega_n l + D_n \operatorname{sh} \omega_n l = \frac{2}{a^2 J_0^2(\omega_n a)} \int_0^a J_0(\omega_n r) f_2(r) r \mathrm{d}r$$

272

$$= f_{2n} \quad (n = 1, 2, \cdots).$$

解之得

$$D_0 = \frac{f_{20} - f_{10}}{l},$$

$$D_n = \frac{f_{2n} - f_{1n} \mathrm{ch}\omega_n l}{\mathrm{sh}\omega_n l} \quad (n = 1, 2, \cdots).$$

将以上求得的 C_n 及 D_n 代入(8)式,即得所求解.

* 例 3(圆柱体冷却问题) 设有一两端无限长的直圆柱体,半径为 b,已知初始温度为 $\varphi(x, y)$,表面温度为零,求圆柱体内温度的变化规律.

解 以 u 表示圆柱体内温度,由于初始温度不依赖于 z,所以问题归结为二维定解问题

$$\begin{cases} \dfrac{\partial u}{\partial t} = a^2 \left(\dfrac{\partial^2 u}{\partial x^2} + \dfrac{\partial^2 u}{\partial y^2} \right) \quad (x^2 + y^2 < b^2, \ t > 0), \\[2mm] u \big|_{t=0} = \varphi(x, y), \\[2mm] u \big|_{x^2 + y^2 = b^2} = 0. \end{cases}$$

如果采用极坐标系,问题就成为

$$\begin{cases} \dfrac{\partial u}{\partial t} = a^2 \left(\dfrac{\partial^2 u}{\partial r^2} + \dfrac{1}{r} \dfrac{\partial u}{\partial r} + \dfrac{1}{r^2} \dfrac{\partial^2 u}{\partial \theta^2} \right) \\[2mm] \qquad (r < b, \ 0 \leqslant \theta \leqslant 2\pi, \ t > 0), \\[2mm] u \big|_{t=0} = \varphi(x, y) = f(r, \theta), \\[2mm] u \big|_{r=b} = 0. \end{cases}$$

令

$$u = R(r)\Theta(\theta)T(t),$$

经分离变量后,得

$$T' + a^2 k^2 T = 0, \tag{11}$$

$$\Theta'' + \mu\Theta = 0, \tag{12}$$

$$\begin{cases} r^2 R'' + r R' + (k^2 r^2 - \mu)R = 0 \ (0 < r < b), \\ R(b) = 0, \ R(0) \ \text{有界}. \end{cases} \tag{13}$$

如同我们在解圆内狄氏问题时所说过的,Θ 应是以 2π 为周期的函

273

数. 所以, μ 只能取如下的值:

$$\mu_n = n^2 \quad (n = 0, 1, 2, \cdots),$$

因而

$$\Theta(\theta) = a_n \cos n\theta + b_n \sin n\theta.$$

把 $\mu = n^2$ 代入 (13) 式, 得其有界解为

$$R(r) = \mathrm{J}_n(kr).$$

再由边界条件, 得

$$\mathrm{J}_n(kb) = 0.$$

设 ω_{mn} $(m = 1, 2, \cdots)$ 是这个关于 k 的方程的所有正根, 则相应的固有函数为 $\mathrm{J}_n(\omega_{mn})$. 再由 (11) 式, 得

$$T(t) = \exp\{-a^2 \omega_{mn}^2 t\}.$$

这样, 就得到满足泛定方程和边界条件的级数解为

$$u = \sum_{m=1}^{+\infty} \sum_{n=0}^{+\infty} \mathrm{J}_n(\omega_{mn} r)(A_{mn} \cos n\theta + B_{mn} \sin n\theta) \exp\{-a^2 \omega_{mn}^2 t\}.$$

$$(14)$$

由初始条件得

$$f(r, \theta) = \sum_{m=1}^{+\infty} \sum_{n=0}^{+\infty} \mathrm{J}_n(\omega_{mn} r)(A_{mn} \cos n\theta + B_{mn} \sin n\theta),$$

这是二元函数 $f(r, \theta)$ 按函数系 $\{\mathrm{J}_n(\omega_{mn} r) \cos n\theta, \ \mathrm{J}_n(\omega_{mn} r) \sin n\theta\}$ 的二重傅里叶-贝塞尔展开, 其中

$$A_{mn} = \frac{\delta_n}{\pi b^2 \mathrm{J}_{n+1}^2(\omega_{mn} b)} \int_0^b \int_0^{2\pi} r f(r, \theta) \mathrm{J}_n(\omega_{mn} r) \cos n\theta \, \mathrm{d}r \mathrm{d}\theta$$

$$\left(\delta_n = \begin{cases} 1 & (n = 0) \\ 2 & (n \neq 0) \end{cases}\right),$$

$$B_{mn} = \frac{2}{\pi b^2 \mathrm{J}_{n+1}^2(\omega_{mn} b)} \int_0^b \int_0^{2\pi} r f(r, \theta) \mathrm{J}_n(\omega_{mn} r) \sin n\theta \, \mathrm{d}r \mathrm{d}\theta.$$

把 A_{mn}, B_{mn} 代入 (14) 式, 即得所求解.

3.4　勒让德方程的固有值问题

在解球形域上的三维稳态问题时, 常把拉普拉斯方程写成球

274

坐标形式

$$\Delta_3 u = \frac{1}{r^2}\frac{\partial}{\partial r}\left(r^2\frac{\partial u}{\partial r}\right) + \frac{1}{r^2\sin\theta}\frac{\partial}{\partial\theta}\left(\sin\theta\frac{\partial u}{\partial\theta}\right) + \frac{1}{r^2\sin^2\theta}\frac{\partial^2 u}{\partial\varphi^2} = 0$$

$$(0 \leqslant r \leqslant a, \ 0 \leqslant \theta \leqslant \pi, \ 0 \leqslant \varphi < 2\pi).$$

许多物理问题(特别是静电场中的问题)常具有轴对称性,这时解不依赖于 φ,即 $u = u(r,\theta)$. 于是,方程简化为

$$\frac{\partial}{\partial r}\left(r^2\frac{\partial u}{\partial r}\right) + \frac{1}{\sin\theta}\frac{\partial}{\partial\theta}\left(\sin\theta\frac{\partial u}{\partial\theta}\right) = 0.$$

设

$$u = R(r)\Theta(\theta),$$

代入上述方程,经分离变量后,得

$$\frac{1}{R}\frac{\mathrm{d}}{\mathrm{d}r}\left(r^2\frac{\mathrm{d}R}{\mathrm{d}r}\right) = \lambda, \tag{1}$$

$$\frac{1}{\Theta\sin\theta}\frac{\mathrm{d}}{\mathrm{d}\theta}\left(\sin\theta\frac{\mathrm{d}\Theta}{\mathrm{d}\theta}\right) = -\lambda.$$

把后一个方程改写成

$$\frac{\mathrm{d}^2\Theta}{\mathrm{d}\theta^2} + \mathrm{ctg}\theta\frac{\mathrm{d}\Theta}{\mathrm{d}\theta} + \lambda\Theta(\theta) = 0,$$

令 $x = \cos\theta$,并记 $\Theta(\theta) = y(x)$,则此方程成为勒让德方程

$$(1-x^2)y'' - 2xy' + \lambda y$$
$$= \frac{\mathrm{d}}{\mathrm{d}x}[(1-x^2)y'] + \lambda y = 0. \tag{2}$$

由于 $0 \leqslant \theta \leqslant \pi$,故 $-1 \leqslant x \leqslant 1$. 方程(2)是一般施-刘型方程中 $k(x) = 1-x^2, q(x) = 0, \rho(x) = 1$ 的情形,这些函数在 $[-1,1]$ 上满足施-刘定理的条件. 由于 $k(\pm 1) = 0$,故方程(2)在 $[-1,1]$ 上的固有值问题的提法为

$$\begin{cases} \text{方程(2)} \ (-1 < x < 1), \\ |y(\pm 1)| < +\infty. \end{cases}$$

关于这个固有值问题,有下述结论:

定理 记 $\lambda = l(l+1)$,则当 l 不是整数时,方程(2)在 $[-1,1]$ 上没有非零有界解(这部分证明从略);当 $l = n = 0,1,2,\cdots$ 时,固有值和固有函数分别为

$$\lambda_n = n(n+1),$$

$$y_n(x) = \frac{\mathrm{d}^n}{\mathrm{d}x^n}(x^2-1)^n.$$

证 首先注意,当 $l=-n$(n 为正整数)时,由于

$$-n(-n+1) = n(n-1) = (n-1)n,$$

故当 $l=-n$ 与 $l=n-1$ 时,方程(2)完全相同. 所以,当 l 为整数时,只需就 $l=n=0,1,2,\cdots$ 进行讨论.

下面证明 $y_n(x)$ 满足方程

$$(1-x^2)y'' - 2xy' + n(n+1) = 0.$$

令 $y=(x^2-1)^n$,则

$$y' = 2nx(x^2-1)^{n-1},$$

因而

$$(x^2-1)y' = 2nx(x^2-1)^n = 2nxy.$$

再在上式两端各取 $n+1$ 阶导数,并由计算高阶导数的莱布尼兹公式,得

$$(x^2-1)y^{(n+2)} + (n+1) \cdot 2xy^{(n+1)} + \frac{n(n+1)}{2} \cdot 2y^{(n)}$$
$$= 2nxy^{(n+1)} + (n+1) \cdot 2ny^{(n)},$$

即

$$(x^2-1)y^{(n+2)} + 2xy^{(n+1)} - n(n+1)y^{(n)} = 0,$$

亦即

$$(1-x^2)y_n'' - 2xy_n' + n(n+1)y_n = 0.$$

由于 $y_n(x)$ 是 n 次多项式,故满足 $|y(\pm 1)| < +\infty$.

通常对 $y_n(x)$ 添加一个常数因子,令

$$p_n(x) = \frac{1}{2^n \cdot n!} \frac{\mathrm{d}^n}{\mathrm{d}x^n}(x^2-1)^n, \tag{3}$$

称为勒让德多项式,它仍是前述固有值问题的非零解.

把 $\lambda_n = n(n+1)$ 代入关于 $R(r)$ 的欧拉方程(1),不难解得

$$R_n(r) = A_n r^n + B_n r^{-(n+1)}.$$

把特解 $u_n = R_n p_n(\cos\theta)$($n=0,1,2,\cdots$)叠加,即得在轴对称情况下 $\Delta_3 u = 0$ 的级数解为

$$u(r,\theta) = \sum_{n=0}^{+\infty} \left[A_n r^n + B_n r^{-(n+1)} \right] p_n(\cos\theta).$$

由二项式定理,有

$$(x^2 - 1)^n = \sum_{k=0}^{+\infty} \frac{(-1)^k n!}{k!(n-k)!} x^{2n-2k},$$

代入(3)式,得

$$p_n(x) = \sum_{k=0}^{M} \frac{(2n-2k)!}{2^n \cdot k!(n-k)!(n-2k)!} x^{n-2k},$$

这里,$M = \left[\dfrac{n}{2} \right]$(取整函数). 由此可见,当 n 为偶数时,$p_n(x)$ 是偶函数;当 n 为奇数时,$p_n(x)$ 是奇函数. 特别地,当 $n=0,1,2,3,4,5$ 时,有

$$p_0(x) = 1,$$

$$p_1(x) = x,$$

$$p_2(x) = \frac{1}{2}(3x^2 - 1),$$

$$p_3(x) = \frac{1}{2}(5x^3 - 3x),$$

$$p_4(x) = \frac{1}{8}(35x^4 - 30x^2 + 3),$$

$$p_5(x) = \frac{1}{8}(63x^5 - 70x^3 + 15x),$$

它们的图像如图 3.2 所示.

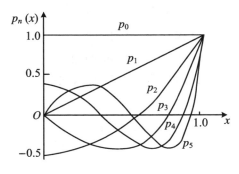

图 3.2

由施-刘定理,函数系 $\{p_n(x), n=0,1,2,\cdots\}$ 是区间 $[-1,1]$ 上的正交系(权 $\rho(x)=1$),即

$$\int_{-1}^{1} p_m(x) p_n(x) \mathrm{d}x = 0 \ (m \neq n).$$

在解半球形域上的定解问题时,还会遇到固有值问题

$$\begin{cases} 方程(2) \ (0 < x < 1), \\ y(0) = 0 \ (或 y'(0) = 0), \ |y(1)| < +\infty. \end{cases}$$

由于 $p_{2n+1}(x) \ (n=0,1,2,\cdots)$ 是奇函数,$p_{2n}(x)$ 是偶函数,故 $p_{2n+1}(0)=0$,$p_{2n}{}'(0)=0$,又 $p_{2n+1}{}'(0)\neq0$,$p_{2n}(0)\neq0$(见本章习题20). 所以,在边界条件为 $y(0)=0$ 时,这个固有值问题的固有值和固有函数分别为

$$\lambda_n = (2n+1)(2n+2),$$
$$y_n(x) = p_{2n+1}(x).$$

在 $y'(0)=0$ 时,则为

$$\lambda_n = 2n(2n+1),$$
$$y_n(x) = p_{2n}(x).$$

3.5   勒让德多项式的母函数和递推公式

先讨论母函数. 设 t 是复数,考虑复变数函数

$$w(x,t) = \frac{1}{\sqrt{1-2xt+t^2}} \ (|x| < 1),$$

这里,约定 $t=0$ 时上式中根式的值为 1. 由于关于 t 的二次方程 $t^2-2tx+1=0$(将 x 看作参数)的两根 $t_{1,2} = x \pm \sqrt{1-x^2}\,\mathrm{i}$,故 $|t_{1,2}|=1$. 于是,把 $w(x,t)$ 看成 t 的函数,它在 $|t|<1$ 内单值解析,因而可展成 t 的幂级数

$$w(x,t) = \sum_{n=0}^{+\infty} C_n(x) t^n,$$

这里

$$C_n(x) = \frac{1}{2\pi\mathrm{i}} \int_C \frac{(1-2xt+t^2)^{-\frac{1}{2}}}{t^{n+1}} \mathrm{d}t,$$

C 是 $|t|<1$ 内包含原点的任意闭路. 作变换

$$\sqrt{1-2xt+t^2}=1-tu,$$

则上述积分化为有理函数的积分

$$C_n(x)=\frac{1}{2\pi i}\int_C \frac{(u^2-1)^n}{2^n(u-x)^{n+1}}\mathrm{d}u, \tag{1}$$

这里, C' 是 C 在上述变换下的像, 它是一个包含点 $u=x$ 的闭路. 根据柯西积分公式, 便有

$$\begin{aligned} C_n(x)&=\frac{1}{2^n n!}\left[\frac{\mathrm{d}^n}{\mathrm{d}u^n}(u^2-1)^n\right]\Big|_{u=x}\\ &=p_n(x). \end{aligned}$$

因此

$$w(x,t)=(1-2xt+t^2)^{-\frac{1}{2}}=\sum_{n=0}^{+\infty}p_n(x)t^n. \tag{2}$$

函数 $w(x,t)$ 称为勒让德多项式的母函数或生成函数.(1)式是勒让德多项式的积分表达式, 称为席拉夫里(Schlafli)公式.

在(2)式中令 $x=1$, 不难得到对一切 n, $p_n(1)=1$. 还可以证明: 当 $|x|\leqslant 1$ 时, $|p_n(x)|\leqslant 1$ (参看图 3.2).

下面利用母函数证明以下四个递推公式 $(n\geqslant 1)$:

$$(n+1)p_{n+1}(x)-x(2n+1)p_n(x)+np_{n-1}(x)=0, \tag{3}$$

$$np_n(x)-xp_n{}'(x)+p_{n-1}{}'(x)=0, \tag{4}$$

$$np_{n-1}(x)-p_n{}'(x)+xp_{n-1}{}'(x)=0, \tag{5}$$

$$p_{n+1}{}'(x)-p_{n-1}{}'(x)=(2n+1)p_n(x). \tag{6}$$

先证公式(4). 为此, 在(2)式两边对 t 求导, 得

$$(x-t)(1-2xt+t^2)^{-\frac{3}{2}}=\sum_{n=0}^{+\infty}np_n(x)t^{n-1}. \tag{7}$$

再在(2)式两边对 x 求导, 得

$$t(1-2xt+t^2)^{-\frac{3}{2}}=\sum_{n=0}^{+\infty}p_n{}'(x)t^n. \tag{8}$$

将(7)式乘以 t, (8)式乘以 $x-t$, 可见两个等式的左端完全一样, 所以

$$t\sum_{n=0}^{+\infty}np_n(x)t^{n-1}=(x-t)\sum_{n=0}^{+\infty}p_n{}'(x)t^n.$$

因 $p_0{}'(x) \equiv 0$,上式可改写为

$$\sum_{n=1}^{+\infty} n p_n(x) t^n = \sum_{n=1}^{+\infty} x p_n{}'(x) t^n - \sum_{n=1}^{+\infty} p_n{}'(x) t^{n+1}$$
$$= \sum_{n=1}^{+\infty} \left[x p_n{}'(x) - p_{n-1}{}'(x) \right] t^n.$$

再比较两边的系数,即得公式(4).

如果用 $1 - 2xt + t^2$ 乘(7)式,再对左端用(2)式,即得

$$(x - t) \sum_{n=0}^{+\infty} p_n(x) t^n = (1 - 2xt + t^2) \sum_{n=0}^{+\infty} n p_n(x) t^{n-1}.$$

再把两边的级数整理一下,然后比较 t^n 的系数,就可以得到公式(3).

为了证明公式(5),先把(3)式微分,得

$$(n+1) p_{n+1}{}'(x) - (2n+1) p_n(x)$$
$$- x(2n+1) p_n{}'(x) + n p_{n-1}{}'(x) = 0. \tag{9}$$

再以 n 乘(4)式,得

$$n^2 p_n(x) - nx p_n{}'(x) + n p_{n-1}{}'(x) = 0. \tag{10}$$

由(10)式减去(9)式,并约去因子,得

$$(n+1) p_n(x) - p_{n+1}{}'(x) + x p_n{}'(x) = 0. \tag{11}$$

把此式中的 n 换为 $n-1$,即得公式(5).

最后,再把(11)式和(4)式相加,就得到公式(6).

例 1 设 $m \geqslant 1, n \geqslant 1$. 试证明:

$$(m+n+1) \int_0^1 x^m p_n(x) \mathrm{d}x = m \int_0^1 x^{m-1} p_{n-1}(x) \mathrm{d}x.$$

证 由递推公式(4),得

$$n \int_0^1 x^m p_n(x) \mathrm{d}x = \int_0^1 x^m \left[x p_n{}'(x) - p_{n-1}{}'(x) \right] \mathrm{d}x.$$

$$= x^{m+1} p_n(x) \Big|_0^1 - \int_0^1 (m+1) x^m p_n(x) \mathrm{d}x$$

$$- x^m p_{n-1}(x) \Big|_0^1 + \int_0^1 m x^{m-1} p_{n-1}(x) \mathrm{d}x$$

$$= -(m+1) \int_0^1 x^m p_n(x) \mathrm{d}x$$

$$+ m \int_0^1 x^{m-1} p_{n-1}(x) \mathrm{d}x,$$

移项即得所证等式.

把此等式左边的积分记作 $f(m,n)$, 再将等式变形, 可得计算这个积分的递推关系

$$f(m,n) = \frac{m}{m+n+1} f(m-1, n-1).$$

例 2 计算积分 $\int_0^1 p_n(x) \mathrm{d}x$, n 为偶数.

解 由递推公式(6), 得

$$\begin{aligned}
\int_0^1 p_n(x) \mathrm{d}x &= \frac{1}{2n+1} \int_0^1 \left[p_{n+1}{}'(x) - p_{n-1}{}'(x) \right] \mathrm{d}x \\
&= \frac{1}{2n+1} \left[p_{n+1}(x) - p_{n-1}(x) \right] \Big|_0^1 \\
&= \frac{1}{2n+1} \left[p_{n-1}(0) - p_{n+1}(0) \right].
\end{aligned}$$

因 n 为偶数, $n-1$ 及 $n+1$ 均为奇数, 所以 $p_{n-1}(x)$ 及 $p_{n+1}(x)$ 都是奇函数, 因而

$$p_{n-1}(0) = p_{n+1}(0) = 0,$$

故

$$\int_0^1 p_n(x) \mathrm{d}x = 0.$$

3.6 函数的傅里叶-勒让德展开

先求出完备正交函数系 $\{p_n(x)\}$ 的模. 为此, 把母函数

$$(1 - 2xt + t^2)^{-\frac{1}{2}} = \sum_{n=0}^{+\infty} p_n(x) t^n$$

两边平方后, 再对 x 从 -1 到 1 积分, 得

$$\int_{-1}^1 \frac{\mathrm{d}x}{1 - 2xt + t^2} = \sum_{m=0}^{+\infty} \sum_{n=0}^{+\infty} \left[\int_{-1}^1 p_m(x) p_n(x) \mathrm{d}x \right] t^{m+n}.$$

由正交性, 有

$$\sum_{n=0}^{+\infty}\left[\int_{-1}^{1}p_n{}^2(x)\mathrm{d}x\right]t^{2n} = -\frac{1}{2t}\ln(1-2xt+t^2)\Big|_{-1}^{1}$$

$$= \frac{1}{t}\big[\ln(1+t)-\ln(1-t)\big]$$

$$= \sum_{n=0}^{+\infty}\frac{2}{2n+1}t^{2n}.$$

比较两边的系数,得

$$\|p_n(x)\|^2 = \int_{-1}^{1}p_n{}^2(x)\mathrm{d}x = \frac{2}{2n+1}.$$

定理 设 $f(x)$ 是 $(-1,1)$ 内的任意实值函数,满足:

(1) $f(x)$ 在 $(-1,1)$ 内是分段光滑的;

(2) 积分 $\int_{-1}^{1}f^2(x)\mathrm{d}x$ 具有有限值,

那么 $f(x)$ 可以按勒让德多项式展开成无穷级数

$$f(x) = \sum_{n=0}^{+\infty}C_n p_n(x),$$

这里

$$C_n = \frac{1}{N_n{}^2}\int_{-1}^{1}f(x)p_n(x)\mathrm{d}x$$

$$= \frac{2n+1}{2}\int_{-1}^{1}f(x)p_n(x)\mathrm{d}x.$$

对于 $(-1,1)$ 内的每一点 x,此级数收敛于 $f(x)$ 在点 x 的左、右极限的平均值. 特别地,在 $f(x)$ 的连续点,级数收敛于 $f(x)$ 本身.

现在可以从另一个观点来看母函数. 把母函数公式改写成

$$(1-2xt+t^2)^{-\frac{1}{2}} = \sum_{n=0}^{+\infty}t^n p_n(x) \ (|t|<1), \tag{1}$$

把 t 看作参数,则上式可看成是 $(1-2xt+t^2)^{-\frac{1}{2}}$ 按 $\{p_n(x)\}$ 的展开式. 于是,由前述系数公式,有

$$t^n = \frac{2n+1}{2}\int_{-1}^{1}(1-2xt+t^2)^{-\frac{1}{2}}p_n(x)\mathrm{d}x \tag{2}$$

$$(|t|<1,\ n=0,1,2,\cdots).$$

当 $|t|>1$ 时,由于 $\left|\dfrac{1}{t}\right|<1$,故 (1) 式成为

$$\left(1 - 2x\,\frac{1}{t} + \frac{1}{t^2}\right)^{-\frac{1}{2}} = \sum_{n=0}^{+\infty} \frac{1}{t^n} p_n(x),$$

即

$$(1 - 2xt + t^2)^{-\frac{1}{2}} = \sum_{n=0}^{+\infty} \frac{1}{t^{n+1}} p_n(x).$$

所以

$$\frac{1}{t^{n+1}} = \frac{2n+1}{2} \int_{-1}^{1} (1 - 2xt + t^2)^{-\frac{1}{2}} p_n(x)\mathrm{d}x$$

$$(\,|\,t\,| > 1,\ n = 0,1,2,\cdots).$$

例 1 将函数

$$f(x) = \begin{cases} 0 & (-1 < x < \alpha) \\ \dfrac{1}{2} & (x = \alpha) \\ 1 & (\alpha < x < 1) \end{cases}$$

按勒让德多项式展开.

解 先计算系数,有

$$\begin{aligned} C_0 &= \frac{1}{2} \int_{-1}^{1} f(x) p_0(x)\mathrm{d}x \\ &= \frac{1}{2} \int_{\alpha}^{1} \mathrm{d}x \\ &= \frac{1}{2}(1 - \alpha), \end{aligned}$$

$$\begin{aligned} C_n &= \frac{2n+1}{2} \int_{-1}^{1} f(x) p_n(x)\mathrm{d}x \\ &= \frac{2n+1}{2} \int_{\alpha}^{1} p_n(x)\mathrm{d}x \\ &= \frac{1}{2} \int_{\alpha}^{1} \left[p_{n+1}{}'(x) - p_{n-1}{}'(x)\right]\mathrm{d}x \\ &= \frac{1}{2} \left[p_{n-1}(\alpha) - p_{n+1}(\alpha)\right] \quad (n \geqslant 1). \end{aligned}$$

所以

$$f(x) = \frac{1}{2}(1 - \alpha) + \frac{1}{2} \sum_{n=1}^{+\infty} \left[p_{n-1}(\alpha) - p_{n+1}(\alpha)\right] p_n(x).$$

例 2 将 $f(x) = x^2$ 按勒让德多项式展开.

解 由于当 $n > 2$ 时有

$$\int_{-1}^{1} x^2 p_n(x) \mathrm{d}x = 0$$

(见本章习题 3),所以我们可设

$$x^2 = C_0 p_0(x) + C_1 p_1(x) + C_2 p_2(x).$$

利用 $p_n(x)$ 的奇偶性,甚至可以更简单地设

$$x^2 = C_0 p_0(x) + C_2 p_2(x),$$

即

$$x^2 = C_0 + C_2 \frac{3x^2 - 1}{2}.$$

比较两边的系数,得

$$\begin{cases} \dfrac{3}{2} C_2 = 1, \\ C_0 - \dfrac{1}{2} C_2 = 0, \end{cases}$$

解得

$$C_0 = \frac{1}{3}, \quad C_2 = \frac{2}{3}.$$

所以

$$x^2 = \frac{1}{3} p_0(x) + \frac{2}{3} p_2(x).$$

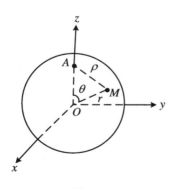

图 3.3

例 3 在半径为 a 的接地金属球面内设置一点电荷 $4\pi\varepsilon_0 q$ (ε_0 为真空介电常数),它与球心的距离为 b,求球内的电势.

解 选取球心为坐标原点,并使 z 轴通过电荷所在的点 A(图 3.3).由于静电感应,金属球面内的点电荷 $4\pi\varepsilon_0 q$ 会使球面内侧感应有一定分布密度的负电荷,其总电量为 $-4\pi\varepsilon_0 q$.由于球面接地,球面外侧

284

的感应正电荷将消失. 因此,这个静电场可以看成是两个电场的合成,即球内任一点 $M(r,\theta,\varphi)$ 的电势为

$$\varphi(r,\theta,\varphi) = \frac{q}{\rho} + u(r,\theta,\varphi),$$

这里,$\frac{q}{\rho}$ 是由点电荷 $4\pi\varepsilon_0 q$ 所产生的电势,u 为球面内侧感应电荷所产生的电势,且

$$\rho = r(A,M) = \sqrt{r^2 - 2br\cos\theta + b^2}.$$

因球面接地,故 $\varphi(a,\theta,\varphi) = 0$,所以

$$u(a,\theta,\varphi) = -\frac{q}{\sqrt{a^2 - 2ab\cos\theta + b^2}} = f(\theta).$$

于是,问题归结为解定解问题

$$\begin{cases} \Delta_3 u = 0 \ (0 \leqslant r < a,\ 0 \leqslant \theta \leqslant \pi,\ 0 \leqslant \varphi < 2\pi), \\ u(a,\theta,\varphi) = f(\theta). \end{cases}$$

由于定解条件与 φ 无关,所以解也与 φ 无关,因而可从 3.4 节中求得的级数解出发来解题,即

$$u(r,\theta) = \sum_{n=0}^{+\infty} \left[A_n r^n + B_n r^{-(n+1)} \right] p_n(\cos\theta).$$

由于是在球内解题,由 $u|_{r=0}$ 有界知此级数解中 $B_n = 0$. 为了方便,把解式写成

$$u(r,\theta) = \sum_{n=0}^{+\infty} A_n \left(\frac{r}{a} \right)^n p_n(\cos\theta).$$

由边界条件,得

$$f(\theta) = \sum_{n=0}^{+\infty} A_n p_n(\cos\theta). \tag{3}$$

令 $x = \cos\theta$,当 $m \neq n$ 时,有

$$\int_0^\pi p_m(\cos\theta) p_n(\cos\theta) \sin\theta d\theta = \int_{-1}^1 p_m(x) p_n(x) dx$$
$$= 0.$$

即函数系 $\{p_n(\cos\theta),\ n=0,1,2,\cdots\}$ 是 $[0,\pi]$ 上带权 $\sin\theta$ 的正交函数系,且

$$\| p_n(\cos\theta) \|^2 = \int_0^\pi p_n^2(\cos\theta) \sin\theta d\theta$$

$$= \int_{-1}^{1} p_n{}^2(x)\,\mathrm{d}x$$

$$= \frac{2}{2n+1}.$$

于是,由(3)式得

$$A_n = \frac{2n+1}{2}\int_0^\pi \frac{-q}{\sqrt{a^2-2ab\cos\theta+b^2}}\,p_n(\cos\theta)\sin\theta\mathrm{d}\theta$$

$$= -\frac{2n+1}{2}\int_{-1}^{1}\frac{q}{\sqrt{a^2-2abx+b^2}}\,p_n(x)\,\mathrm{d}x$$

$$= -q\frac{2n+1}{2a}\int_{-1}^{1}\left[1-2\left(\frac{b}{a}\right)x+\left(\frac{b}{a}\right)^2\right]^{-\frac{1}{2}}p_n(x)\,\mathrm{d}x.$$

由于 $0<\dfrac{b}{a}<1$,故由公式(2)得

$$A_n = -\frac{q}{a}\left(\frac{b}{a}\right)^n.$$

把 A_n 代入级数解,并利用(1)式(令 $x=\cos\theta$),得

$$u = -\frac{q}{a}\sum_{n=0}^{+\infty}\left(\frac{br}{a^2}\right)^n p_n(\cos\theta)$$

$$= -\frac{q}{a}\left[1-\frac{2br}{a^2}\cos\theta+\left(\frac{br}{a^2}\right)^2\right]^{-\frac{1}{2}}$$

$$= -\frac{aq}{b}\left[\left(\frac{a^2}{b}\right)^2-2\frac{a^2}{b}r\cos\theta+r^2\right]^{-\frac{1}{2}}$$

$$= \frac{q'}{\rho'},$$

这里

$$q' = -\frac{a}{b}q,$$

$$\rho' = \sqrt{\left(\frac{a^2}{b}\right)^2-2\frac{a^2}{b}r\cos\theta+r^2}.$$

所以

$$\varphi = \frac{q}{\rho}+\frac{q'}{\rho'}.$$

286

习 题

1. 在柱坐标系中对拉普拉斯方程进行变量分离,写出各常微分方程.

2. 计算:

(1) $\dfrac{\mathrm{d}}{\mathrm{d}x}\mathrm{J}_0(ax)$;

(2) $\dfrac{\mathrm{d}}{\mathrm{d}x}[x\mathrm{J}_1(ax)]$.

3. 用 $\mathrm{J}_0(x)$ 的级数表示证明:

$$\int_0^{\frac{\pi}{2}} \mathrm{J}_0(x\cos\theta)\cos\theta\mathrm{d}\theta = \frac{\sin x}{x}.$$

4. 证明 $\sqrt{x}\mathrm{J}_{\frac{3}{2}}(x)$ 是方程 $x^2y''+(x^2-2)y=0$ 的一个解.

5. 利用 3.2 节例 1 的结果证明:

(1) $1 = \mathrm{J}_0(x)+2\displaystyle\sum_{k=1}^{+\infty}\mathrm{J}_{2k}(x)$;

(2) $\sin x = 2\displaystyle\sum_{k=0}^{+\infty}(-1)^k\mathrm{J}_{2k+1}(x)$;

(3) $\cos x = \mathrm{J}_0(x)+2\displaystyle\sum_{k=1}^{+\infty}(-1)^k\mathrm{J}_{2k}(x)$.

6. 利用递推公式证明:

(1) $\mathrm{J}_2(x)=\mathrm{J}_0''(x)-\dfrac{1}{x}\mathrm{J}_0'(x)$;

(2) $\mathrm{J}_3(x)+3\mathrm{J}_0'(x)+4\mathrm{J}_0^{(3)}(x)=0$.

7. 证明:

(1) $\dfrac{\mathrm{d}}{\mathrm{d}x}[\mathrm{J}_\nu^2(x)]=\dfrac{x}{2\nu}[\mathrm{J}_{\nu-1}^2(x)-\mathrm{J}_{\nu+1}^2(x)]$;

(2) $\dfrac{\mathrm{d}}{\mathrm{d}x}[x\mathrm{J}_0(x)\mathrm{J}_1(x)]=x[\mathrm{J}_0^2(x)-\mathrm{J}_1^2(x)]$.

8. 证明:

$$\int_0^x x^n\mathrm{J}_0(x)\mathrm{d}x = x^n\mathrm{J}_1(x)+(n-1)x^{n-1}\mathrm{J}_0(x)$$

$$- (n-1)^2 \int_0^x x^{n-2} J_0(x) dx,$$

并计算：

(1) $\int_0^x x^3 J_0(x) dx$；

(2) $\int_0^x x^4 J_1(x) dx$.

9. 计算积分 $\int J_3(x) dx$.

10. 证明：

(1) $\int_0^x x^2 J_2(x) dx = -x^2 J_1(x) + 3\int x J_1(x) dx$；

(2) $\int_0^x x J_1(x) dx = -x J_0(x) + \int J_0(x) dx$.

11. 证明：

(1) $\int J_0(x) \sin x \, dx = x J_0(x) \sin x - x J_1(x) \cos x + C$；

(2) $\int J_0(x) \cos x \, dx = x J_0(x) \cos x + x J_1(x) \sin x + C$.

12. 设 ω_n 是 $J_0(2\omega) = 0$ 的正实根，把函数

$$f(x) = \begin{cases} 1 & (0 < x < 1) \\ \dfrac{1}{2} & (x = 1) \\ 0 & (1 < x < 2) \end{cases}$$

展开成贝塞尔函数 $J_0(\omega_n x)$ 的级数.

13. 设 ω_n 是 $J_1(x) = 0$ 的正实根，把 $f(x) = x \ (0 < x < 1)$ 展开成贝塞尔函数 $J_1(\omega_n x)$ 的级数.

14. 若

$$f(x) = \sum_{n=1}^{+\infty} A_n J_0(\omega_n x),$$

其中，$J_0(\omega_n) = 0$, $n = 1, 2, \cdots$. 证明：

$$\int_0^1 x f^2(x) dx = \frac{1}{2} \sum_{n=1}^{+\infty} A_n^2 J_1^2(\omega_n).$$

15. 利用等式

$$1 = \sum_{n=1}^{+\infty} \frac{2}{\omega_n J_1(\omega_n)} J_0(\omega_n x)$$

及上题,证明:

$$\sum_{n=1}^{+\infty} \frac{1}{\omega_n^2} = \frac{1}{4},$$

其中,ω_n 是 $J_0(x)=0$ 的正实根.

16. 半径为 R 的无限长圆柱体的侧表面保持一定的温度 u_0,柱内的初始温度为零,求柱内的温度分布.

17. 半径为 R 的半圆形薄膜,边缘固定,求其固有振动.

18. 解下列定解问题:

(1) $\begin{cases} u_{rr} + \dfrac{1}{r}u_r + u_{zz} = 0 \ (0 < r < a, \ 0 < z < l), \\ u(a,z) = 0, \\ u(r,0) = 0, \ u(r,l) = T_0 \ (常数); \end{cases}$

(2) $\begin{cases} u_{tt} + 2hu_t = a^2 \left(u_{rr} + \dfrac{1}{r}u_r \right) \ (h \ll 1), \\ u(0,t) = 有限, \ u_r(l,t) = 0, \\ u(r,0) = \varphi(r), \ u_t(r,0) = 0. \end{cases}$

19. 圆柱的半径为 R,高为 h,侧面在温度为零的空气中自由冷却,下底温度恒为零,上底温度为 $f(r)$,求柱内温度分布.

> **提示**:问题归结为定解问题
>
> $$\begin{cases} u_{rr} + \dfrac{1}{r}u_r + u_{zz} = 0, \\ u(0,z) = 有限, \ u_r(R,z) + ku(R,z) = 0, \\ u(r,0) = 0, \ u(r,h) = f(r). \end{cases}$$

20. 求 $p_n(0)$ 及 $p_n{'}(0)$ 的值.

21. 证明:

$$p_n{'}(x) = (2n-1)p_{n-1}(x) + (2n-5)p_{n-3}(x)$$
$$+ (2n-9)p_{n-5}(x) + \cdots.$$

22. 求下列积分:

(1) $\displaystyle\int_{-1}^{1} x^m p_n(x)\mathrm{d}x$ (分别考虑 $m < n$ 及 $m \geqslant n$ 两种情形);

(2) $\displaystyle\int_{-1}^{1} x p_m(x) p_n(x)\mathrm{d}x.$

23. 计算积分

$$\int_{-1}^{1} (1-x^2)\left[p_n{}'(x)\right]^2 \mathrm{d}x.$$

[提示：分部积分,并利用勒让德方程的施-刘形式.]

24. 把下列函数按勒让德函数系展开：

(1) $f(x)=x^3$;

(2) $f(x)=x^4$;

(3) $f(x)=|x|.$

25. 在半径为 a 的球内求调和函数 u,使

$$u\,|_{r=a} = \cos^2\theta.$$

26. 在半径为 1 的球内求调和函数 u,使

$$u\,|_{r=1} = 3\cos2\theta + 1.$$

27. 在半径为 1 的球的外部求调和函数 u,使

$$u\,|_{r=1} = \cos^2\theta.$$

28. 半球的球面保持一定的温度 u_0,分别在下列条件下,求这个半球内的稳定温度分布：

(1) 半球底面保持常温零度；

(2) 半球底面绝热.

29. 一个半径为 R、厚度为 $\dfrac{R}{2}$ 的半空心球,外球面和内球面上的温度始终保持为

$$f(\theta) = A\sin^2\frac{\theta}{2}\ \left(0\leqslant\theta\leqslant\frac{\pi}{2}\right),$$

而底面上的温度则保持为 $\dfrac{A}{2}$,求半空心球内部各点的定常温度.

第 4 章　积分变换方法

本章讨论如何用两种最常用的积分变换——傅里叶变换和拉普拉斯变换来求解定解问题. 这种方法的特点是通过积分变换,把原来函数的偏微分方程化成像函数的常微分方程.

4.1　用傅里叶变换解题

4.1.1　傅里叶变换

我们首先对后面将要用到的傅里叶变换知识作一概括性的复习.

设 $f(x)$ 在任何有限区间上逐段光滑,且在 $(-\infty, +\infty)$ 内绝对可积,即积分

$$\int_{-\infty}^{+\infty} |f(x)| \, \mathrm{d}x$$

存在,则函数

$$F(\lambda) = \int_{-\infty}^{+\infty} f(x) \mathrm{e}^{\mathrm{i}\lambda x} \, \mathrm{d}x$$

称为函数 $f(x)$ 的傅里叶变换,简记为 $F[f]$;而 $f(x)$ 则称为 $F(\lambda)$ 的反傅里叶变换,记为 $f(x) = F^{-1}[f(\lambda)]$. 且在前述条件下,有反演公式

$$\frac{1}{2}[f(x+0) + f(x-0)] = \frac{1}{2\pi}\int_{-\infty}^{+\infty} F(\lambda) \mathrm{e}^{-\mathrm{i}\lambda x} \, \mathrm{d}\lambda.$$

特别地,若 $f(x)$ 在 $(-\infty, +\infty)$ 内连续,则上式成为

$$f(x) = \frac{1}{2\pi}\int_{-\infty}^{+\infty} F(\lambda) \mathrm{e}^{-\mathrm{i}\lambda x} \, \mathrm{d}\lambda.$$

傅里叶变换具有下列重要性质:

1) 线性性质. 若 $F[f]$ 及 $F[g]$ 都存在,则对任意常数 C_1,

C_2,有

$$F[C_1 f + C_2 g] = C_1 F[f] + C_2 F[g].$$

2) 频移特性. 若 $F[f]$ 存在,则对任意实数 λ_0,有

$$F[f(x)\mathrm{e}^{\mathrm{i}\lambda_0 x}] = F(\lambda + \lambda_0),$$

这里,$F(\lambda) = F[f]$.

3) 微分关系. 若 $f(\pm\infty) = 0$,且 $F[f'(x)]$ 存在,则

$$F[f'(x)] = -\mathrm{i}\lambda F[f].$$

更一般地,若 $f(\pm\infty) = f'(\pm\infty) = \cdots = f^{(k+1)}(\pm\infty) = 0$,且 $F[f^{(k)}]$ 存在,则

$$F[f^{(k)}(x)] = (-\mathrm{i}\lambda)^k F[f],$$

即 k 阶导数的傅里叶变换等于原来函数的傅里叶变换乘以因子 $(-\mathrm{i}\lambda)^k$.

4) 卷积性质. 若 $f(x)$ 及 $g(x)$ 都在 $(-\infty, +\infty)$ 上绝对可积,则卷积函数

$$f * g = \int_{-\infty}^{+\infty} f(x-\xi) g(\xi) \mathrm{d}\xi$$

的傅里叶变换存在,且

$$F[f * g] = F[f] \cdot F[g].$$

以后常要用到这个公式的逆形式:

$$F^{-1}[F(\lambda)G(\lambda)] = F^{-1}[F(\lambda)] * F^{-1}[G(\lambda)],$$

即两个函数的乘积的反傅里叶变换等于它们各自的反傅里叶变换的卷积.

以后还要用到高维傅里叶变换,我们称函数

$$F(\lambda, \mu, \nu) = \iiint_{-\infty}^{+\infty} f(x, y, z) \exp\{\mathrm{i}(\lambda x + \mu y + \nu z)\} \mathrm{d}x \mathrm{d}y \mathrm{d}z$$

为函数 $f(x, y, z)$ 的傅里叶变换,仍记为 $F[f]$. 它有类似的反演公式

$$f(x, y, z)$$
$$= \frac{1}{(2\pi)^3} \iiint_{-\infty}^{+\infty} F(\lambda, \mu, \nu) \exp\{-\mathrm{i}(\lambda x + \mu y + \nu z)\} \mathrm{d}\lambda \mathrm{d}\mu \mathrm{d}\nu.$$

类似地,有下列微分性质:

$$F\left[\frac{\partial f}{\partial x}\right] = -\mathrm{i}\lambda F[f] \ (若\ f(\pm\infty,y,z) = 0),$$

$$F\left[\frac{\partial f}{\partial y}\right] = -\mathrm{i}\mu F[f] \ (若\ f(x,\pm\infty,z) = 0),$$

$$F\left[\frac{\partial f}{\partial z}\right] = -\mathrm{i}\nu F[f] \ (若\ f(x,y,\pm\infty) = 0);$$

$$F\left[\frac{\partial^2 f}{\partial x^2}\right] = (-\mathrm{i}\lambda)^2 F[f]$$

$$(若\ f(\pm\infty,y,z) = f_x(\pm\infty,y,z) = 0),$$

其余 $F\left[\dfrac{\partial^2 f}{\partial y^2}\right]$, $F\left[\dfrac{\partial^2 f}{\partial z^2}\right]$ 的公式类似. 特别地,有

$$F[\Delta_3 f] = -(\lambda^2 + \mu^2 + \nu^2)F[f].$$

4.1.2 解题举例

例 1 解初始问题

$$\begin{cases} \dfrac{\partial u}{\partial t} = a^2 \dfrac{\partial^2 u}{\partial x^2} \ (-\infty < x < +\infty,\ t > 0), \\ u(0,x) = \varphi(x). \end{cases}$$

解 作傅里叶变换

$$\bar{u}(t,\lambda) = \int_{-\infty}^{+\infty} u(t,x)\mathrm{e}^{\mathrm{i}\lambda x}\,\mathrm{d}x,$$

则(这里假设当 $|x| \to +\infty$ 时, $u,u_x \to 0$)

$$F\left[\frac{\partial^2 u}{\partial x^2}\right] = -\lambda^2 \bar{u},$$

$$F\left[\frac{\partial u}{\partial t}\right] = \int_{-\infty}^{+\infty} \frac{\partial u}{\partial t}\mathrm{e}^{\mathrm{i}\lambda x}\,\mathrm{d}x = \frac{\mathrm{d}\bar{u}}{\mathrm{d}t},$$

故方程变为

$$\frac{\mathrm{d}\bar{u}}{\mathrm{d}t} = -a^2\lambda^2\bar{u}.$$

而对 φ 作傅里叶变换,则初始条件变为

$$\bar{u}(0,\lambda) = \bar{\varphi}(\lambda) = \int_{-\infty}^{+\infty} \mathrm{e}^{\mathrm{i}\lambda x}\varphi(x)\,\mathrm{d}x.$$

这样,原来是偏微分方程的初始问题,现在变成了常微分方程的初始问题

$$\begin{cases} \dfrac{\mathrm{d}\bar{u}}{\mathrm{d}t} = -a^2\lambda^2\bar{u}, \\ \bar{u}(0,\lambda) = \bar{\varphi}(\lambda). \end{cases}$$

解之得

$$\bar{u} = A\exp\{-a^2\lambda^2 t\},$$

再由初始条件可得出 $A = \bar{\varphi}(\lambda)$，于是

$$\bar{u}(t,\lambda) = \bar{\varphi}(\lambda)\exp\{-a^2\lambda^2 t\}.$$

作反傅里叶变换，并利用卷积性质，得

$$\begin{aligned} u(t,x) &= F^{-1}\big[\bar{u}(t,\lambda)\big] \\ &= F^{-1}\big[\bar{\varphi}(\lambda)\exp\{-a^2\lambda^2 t\}\big] \\ &= F^{-1}\big[\bar{\varphi}(\lambda)\big] * F^{-1}\big[\exp\{-a^2\lambda^2 t\}\big]. \end{aligned}$$

由于

$$F^{-1}\big[\bar{\varphi}(\lambda)\big] = \varphi(x),$$

又由复变函数部分第 5 章 5.2 节例 7，有

$$\begin{aligned} F^{-1}\big[\exp\{-a^2\lambda^2 t\}\big] &= \frac{1}{2\pi}\int_{-\infty}^{+\infty}\exp\{-a^2\lambda^2 t\}\,\mathrm{e}^{-\mathrm{i}\lambda x}\,\mathrm{d}\lambda \\ &= \frac{1}{2\pi}\int_{-\infty}^{+\infty}\exp\{-a^2\lambda^2 t\}\cos\lambda x\,\mathrm{d}\lambda \\ &= \frac{1}{2a\sqrt{\pi t}}\exp\left\{-\frac{x^2}{4a^2 t}\right\}, \end{aligned}$$

所以

$$\begin{aligned} u(t,x) &= \varphi(x) * \frac{1}{2a\sqrt{\pi t}}\exp\left\{-\frac{x^2}{4a^2 t}\right\} \\ &= \frac{1}{2a\sqrt{\pi t}}\int_{-\infty}^{+\infty}\varphi(\xi)\exp\left\{-\frac{(x-\xi)^2}{4a^2 t}\right\}\mathrm{d}\xi. \end{aligned}$$

当然，以上所做的仍然只是分析工作，进行综合验证时，可以证明：如果 $\varphi(x)$ 是一个整个数轴上的连续函数且有界，即

$$|\varphi(x)| < M \ (-\infty < x < +\infty, \ M \text{ 为常数}),$$

上述公式就的确是一维热传导方程柯西问题的解.

通过这个例子可以看出，用傅里叶变换解题的步骤大致是：

1）选用偏微分方程中适当的自变量（要求这个自变量在整个数轴上变化）作积分变量，把泛定方程和定解条件都作傅里叶变

换,利用傅里叶变换的微分性质

$$F[f^{(n)}(x)] = (-\mathrm{i}\lambda)^n F(\lambda),$$

就能得到关于未知函数的像函数的常微分方程的定解问题.

2）解此常微分方程的定解问题，求出未知函数的像函数.

3）对所得像函数求逆变换（常可以查傅里叶变换表），就得到原定解问题的解.

例 2　解定解问题

$$\begin{cases} \dfrac{\partial^2 u}{\partial t^2} + a^2 \dfrac{\partial^4 u}{\partial x^4} = 0 \ (-\infty < x < +\infty,\ t > 0), \\ u(0,x) = \varphi(x),\ u_t(0,x) = 0. \end{cases}$$

解　取 x 为积分变量，对泛定方程和初始条件作傅里叶变换，得

$$\begin{cases} \dfrac{\mathrm{d}^2 \bar{u}}{\mathrm{d}t^2} + a^2 \lambda^4 \bar{u} = 0, \\ \bar{u}(0,\lambda) = \bar{\varphi}(\lambda),\ \bar{u}_t(0,\lambda) = 0. \end{cases}$$

于是可解得

$$\bar{u}(t,\lambda) = \bar{\varphi}(\lambda)\cos a\lambda^2 t.$$

从傅里叶变换表中可以查出 $F^{-1}[\cos a\lambda^2 t]$，不过，学会一些计算方法是有益的. 由反演公式，有

$$F^{-1}[\cos a\lambda^2] + \mathrm{i}F^{-1}[\sin a\lambda^2]$$

$$= F^{-1}[\exp\{\mathrm{i}a\lambda^2\}] \ (a > 0)$$

$$= \frac{1}{2\pi}\int_{-\infty}^{+\infty} \exp\{\mathrm{i}a\lambda^2 - \mathrm{i}\lambda x\}\,\mathrm{d}\lambda$$

$$= \frac{1}{2\pi}\exp\left\{-\mathrm{i}\frac{x^2}{4a}\right\}\int_{-\infty}^{+\infty} \exp\left\{\mathrm{i}a\left(\lambda - \frac{x}{2a}\right)^2\right\}\mathrm{d}\lambda$$

$$= \frac{1}{2\pi}\exp\left\{-\mathrm{i}\frac{x^2}{4a}\right\}\int_{-\infty}^{+\infty} \exp\{\mathrm{i}ay^2\}\,\mathrm{d}y$$

$$= \frac{1}{2\pi}\exp\left\{-\mathrm{i}\frac{x^2}{4a}\right\}\left[\int_{-\infty}^{+\infty}\cos ay^2\,\mathrm{d}y + \mathrm{i}\int_{-\infty}^{+\infty}\sin ay^2\,\mathrm{d}y\right]. \qquad (1)$$

前面用留数定理已求出

$$\int_{-\infty}^{+\infty}\cos x^2\,\mathrm{d}x = \int_{-\infty}^{+\infty}\sin x^2\,\mathrm{d}x = \sqrt{\frac{\pi}{2}},$$

故

$$\int_{-\infty}^{+\infty} \cos ax^2 \, dx = \int_{-\infty}^{+\infty} \sin ax^2 \, dx = \sqrt{\frac{\pi}{2a}}.$$

把这两个积分代入（1）式，再比较等式两端，得

$$F^{-1}[\cos a\lambda^2] = \frac{1}{2\sqrt{2a\pi}}\left(\cos\frac{x^2}{4a} + \sin\frac{x^2}{4a}\right),$$

所以

$$F^{-1}[\cos a\lambda^2 t] = \frac{1}{2\sqrt{2\pi at}}\left(\cos\frac{x^2}{4at} + \sin\frac{x^2}{4at}\right).$$

再由傅里叶变换的卷积性质，得

$$\begin{aligned}
u(t,x) &= F^{-1}[\bar{\varphi}(\lambda)] * F^{-1}[\cos a\lambda^2 t] \\
&= \frac{1}{\sqrt{2\pi}}\int_{-\infty}^{+\infty}\varphi(x-\xi)\frac{1}{2\sqrt{at}}\left(\cos\frac{\xi^2}{4at} + \sin\frac{\xi^2}{4at}\right)d\xi \\
&= \frac{1}{\sqrt{2\pi}}\int_{-\infty}^{+\infty}\varphi(x-2\sqrt{at}\,\eta)(\cos\eta^2 + \sin\eta^2)d\eta.
\end{aligned}$$

对于定义在 $[0,+\infty)$ 上的函数，可以施行正弦变换及余弦变换，它们的定义分别是

$$\overline{f}_s(\lambda) = \int_0^{+\infty} f(x)\sin\lambda x \, dx$$

及

$$\overline{f}_c(\lambda) = \int_0^{+\infty} f(x)\cos\lambda x \, dx,$$

且分别有反演公式

$$f(x) = \frac{2}{\pi}\int_0^{+\infty}\overline{f}_s(\lambda)\sin\lambda x \, d\lambda$$

及

$$f(x) = \frac{2}{\pi}\int_0^{+\infty}\overline{f}_c(\lambda)\cos\lambda x \, d\lambda.$$

正弦变换及余弦变换可用来解半直线上的定解问题.

例 3 用余弦变换解定题问题

$$\begin{cases}
u_t = a^2 u_{xx} & (x>0,\ t>0), \\
u(0,x) = 0,\ u_x(t,0) = Q\ (Q\ \text{为常数}), \\
u(t,+\infty) = u_x(t,+\infty) = 0.
\end{cases}$$

解 以 x 为积分变量,作余弦变换,即令

$$\bar{u}(t,\lambda) = \int_0^{+\infty} u(t,x)\cos\lambda x\,\mathrm{d}x,$$

于是

$$\bar{u}_{xx} = \int_0^{+\infty} u_{xx}(t,x)\cos\lambda x\,\mathrm{d}x$$

$$= u_x\cos\lambda x\Big|_0^{+\infty} + \lambda\int_0^{+\infty} u_x\sin\lambda x\,\mathrm{d}x$$

$$= -Q + \lambda u\sin\lambda x\Big|_0^{+\infty} - \lambda^2\int_0^{+\infty} u\cos\lambda x\,\mathrm{d}x$$

$$= -Q - \lambda^2\bar{u}.$$

因而,原定解问题成为常微分方程的初始问题

$$\begin{cases} \dfrac{\mathrm{d}\bar{u}}{\mathrm{d}t} + a^2\lambda^2\bar{u} = -a^2Q, \\[2mm] \bar{u}(\lambda,0) = 0. \end{cases}$$

易求得

$$\bar{u}(t,\lambda) = \frac{Q}{\lambda^2}\big[\exp\{-a^2\lambda^2 t\} - 1\big]$$

$$= -a^2Q\int_0^t \exp\{-a^2\lambda^2\tau\}\,\mathrm{d}\tau.$$

作反余弦变换,得

$$u(t,x) = \frac{2}{\pi}\int_0^{+\infty} \bar{u}(t,\lambda)\cos\lambda x\,\mathrm{d}\lambda$$

$$= -\frac{2a^2Q}{\pi}\int_0^t \mathrm{d}\tau\int_0^{+\infty} \exp\{-a^2\lambda^2\tau\}\cos\lambda x\,\mathrm{d}\lambda$$

$$= -\frac{2a^2Q}{\pi}\int_0^t \frac{1}{2a}\sqrt{\frac{\pi}{\tau}}\exp\left\{-\frac{x^2}{4a^2\tau}\right\}\mathrm{d}\tau$$

$$= -\frac{aQ}{\sqrt{\pi}}\int_0^t \frac{1}{\sqrt{\tau}}\exp\left\{-\frac{x^2}{4a^2\tau}\right\}\mathrm{d}\tau.$$

令 $y = \dfrac{x}{2a\sqrt{\tau}}$,则

$$\tau = \frac{x^2}{4a^2y^2},$$

$$\mathrm{d}\tau = -\frac{x^2}{2a^2y^3}\mathrm{d}y,$$

因而

$$u(t,x) = -\frac{aQ}{\sqrt{\pi}} \int_{+\infty}^{\frac{x}{2a\sqrt{t}}} \left(-\frac{x}{ay^2} e^{-y^2} \right) dy$$

$$= -\frac{Qx}{\sqrt{\pi}} \int_{\frac{x}{2a\sqrt{t}}}^{+\infty} \frac{1}{y^2} e^{-y^2} dy.$$

例 3 中的边界条件是非齐次的,现在用积分变换方法解题时,不需要把边界条件齐次化. 这是积分变换方法解题的一个优点.

4.2　用拉普拉斯变换解题

拉普拉斯变换的定义是

$$F(p) = L[f(t)] = \int_0^{+\infty} f(t) e^{-pt} dt,$$

这样,在用拉普拉斯变换解题时,必须选取方程中在 $(0, +\infty)$ 上变化的自变量(常是时间变量)作为积分变量,而且必须用到微分关系

$$L[f^{(n)}(t)] = p^n F(p) - p^{n-1} f(+0) - p^{n-2} f'(+0)$$
$$- \cdots - f^{(n-1)}(+0). \tag{1}$$

例 1　解混合问题

$$\begin{cases} \dfrac{\partial^2 u}{\partial t^2} = a^2 \dfrac{\partial^2 u}{\partial x^2} + f(t) \ (0 < x < +\infty, \ t > 0), \\ u \mid_{t=0} = 0, \ u_t \mid_{t=0} = 0, \\ u \mid_{x=0} = 0. \end{cases}$$

解　在这个问题中,自变量 x, t 的变化范围都是 $(0, +\infty)$,仅从这点看,对 x, t 都能取拉普拉斯变换. 但由于在 $x=0$ 处未给出 u_x 的值,而方程中却含有 u_{xx},因而如对 x 取拉普拉斯变换,则无法利用 (1) 式. 而对 t 来说,由于 $t=0$ 时 u_t 的值已知,故宜采用对 t 的拉普拉斯变换.

作拉普拉斯变换

$$U(p,x) = \int_0^{+\infty} u(t,x) e^{-pt} dt,$$

则

$$L[u_{tt}] = p^2 U - pu \mid_{t=0} - u_t \mid_{t=0}$$
$$= p^2 U,$$
$$L[u_{xx}] = \frac{\mathrm{d}^2 U}{\mathrm{d}x^2},$$
$$L[u \mid_{x=0}] = U \mid_{x=0} = 0.$$

又设 $L[f(t)] = F(p)$，即得

$$\begin{cases} a^2 \dfrac{\mathrm{d}^2 U}{\mathrm{d}x^2} - p^2 U + F(p) = 0, & (2) \\ U \mid_{x=0} = 0. & (3) \end{cases}$$

常微分方程(2)的通解为

$$U = C_1 \exp\left\{-\frac{p}{a}x\right\} + C_2 \exp\left\{\frac{p}{a}x\right\} + \frac{F(p)}{p^2}.$$

由于当 $x \to +\infty$ 时 $u(t,x)$ 应该有界，因而 $U(p,x)$ 对于某个固定的 p（$\mathrm{Re}\,p > c$，c 为 u 的增长指数）也应有界，特别取 $p > 0$，得到 $C_2 = 0$. 再由条件(3)，得 $C_1 = -\dfrac{F(p)}{p^2}$. 所以

$$U = \frac{F(p)}{p^2}\left(1 - \exp\left\{-\frac{x}{a}p\right\}\right).$$

因

$$L^{-1}[F(p)] = f(t),$$
$$L^{-1}\left[\frac{1}{p^2}\right] = t,$$

故由拉普拉斯变换的卷积定理，得

$$L^{-1}\left[\frac{F(p)}{p^2}\right] = t * f(t)$$
$$= \int_0^t (t-\xi) f(\xi) \mathrm{d}\xi$$
$$= g(t).$$

再由拉普拉斯变换的延迟定理，有

$$L^{-1}\left[\frac{F(p)}{p^2} \exp\left\{-\frac{x}{a}p\right\}\right] = g\left(t - \frac{x}{a}\right) h\left(t - \frac{x}{a}\right).$$

所以

$$u(t,x) = L^{-1}\left[\frac{F(p)}{p^2}\right] - L^{-1}\left[\frac{F(p)}{p^2}\exp\left\{-\frac{x}{a}p\right\}\right]$$

$$= g(t) - g\left(t - \frac{x}{a}\right)h\left(t - \frac{x}{a}\right)$$

$$= \begin{cases} g(t) & \left(t < \frac{x}{a}\right) \\ g(t) - g\left(t - \frac{x}{a}\right) & \left(t \geqslant \frac{x}{a}\right). \end{cases}$$

例 2 一条半无限长的杆,端点的温度变化已知,杆的初始温度为零,求杆上的温度分布规律.

解 所提问题归结为解定解问题

$$\begin{cases} \dfrac{\partial u}{\partial t} = a^2 \dfrac{\partial^2 u}{\partial x^2} \ (x > 0,\ t > 0), \\ u(0,x) = 0, \\ u(t,0) = f(t). \end{cases}$$

作拉普拉斯变换

$$U(p,x) = \int_0^{+\infty} u(t,x)\mathrm{e}^{-pt}\,\mathrm{d}t,$$

并令 $F(p) = L[f(t)]$,即得

$$\begin{cases} \dfrac{\mathrm{d}^2 U(p,x)}{\mathrm{d}x^2} - \dfrac{p}{a^2}U(p,x) = 0, \\ U(p,0) = F(p). \end{cases}$$

求出通解后,仿照例 1 的方法确定常数,最后得

$$U(p,x) = F(p)\exp\left\{-\frac{\sqrt{p}}{a}x\right\}.$$

故所求解为

$$u(t,x) = L^{-1}\left[F(p)\exp\left\{-\frac{\sqrt{p}}{a}x\right\}\right]$$

$$= L^{-1}[F(p)] * L^{-1}\left[\exp\left\{-\frac{\sqrt{p}}{a}x\right\}\right]$$

$$= f(t) * L^{-1}\left[\exp\left\{-\frac{\sqrt{p}}{a}x\right\}\right].$$

查拉普拉斯变换表(复变函数部分第 7 章附表 7.2 中公式

54),得

$$L^{-1}\left[\frac{1}{p}\exp\left\{-\frac{x}{a}\sqrt{p}\right\}\right]=\frac{2}{\sqrt{\pi}}\int_{\frac{x}{2a\sqrt{t}}}^{+\infty}e^{-y^2}\,\mathrm{d}y$$

$$=\operatorname{erfc}\left(\frac{x}{2a\sqrt{t}}\right).$$

关于误差函数(也称高斯函数)$\operatorname{erf}(x)$及余误差函数 $\operatorname{erfc}(x)$ 的定义,已在上述附表 7.2 中说明. 因

$$\lim_{t\to+0}\frac{2}{\sqrt{\pi}}\int_{\frac{x}{2a\sqrt{t}}}^{+\infty}e^{-y^2}\,\mathrm{d}y=0,$$

故由拉普拉斯变换的微分关系

$$L[f'(t)]=pF(p)-f(+0),$$

得

$$L^{-1}\left[\exp\left\{-\frac{x}{a}\sqrt{p}\right\}\right]=L^{-1}\left[p\cdot\frac{1}{p}\exp\left\{-\frac{x}{a}\sqrt{p}\right\}\right]$$

$$=\frac{\mathrm{d}}{\mathrm{d}t}\left[\frac{2}{\sqrt{\pi}}\int_{\frac{x}{2a\sqrt{t}}}^{+\infty}e^{-y^2}\,\mathrm{d}y\right]$$

$$=\frac{x}{2a\sqrt{\pi}t^{\frac{3}{2}}}\exp\left\{-\frac{x^2}{4a^2t}\right\}.$$

所以

$$u(t,x)=\frac{x}{2a\sqrt{\pi}}\int_0^t f(\tau)(t-\tau)^{-\frac{3}{2}}\exp\left\{-\frac{x^2}{4a^2(t-\tau)}\right\}\mathrm{d}\tau.$$

例3 解定解问题

$$\begin{cases}\dfrac{\partial^2 u}{\partial t^2}=a^2\dfrac{\partial^2 u}{\partial x^2}\ (0<x<l,\ t>0),\\ u(t,0)=0,\ u_x(t,l)=A\sin\omega t,\\ u(0,x)=0,\ u_t(0,x)=0,\end{cases}$$

这里,$\omega\neq\dfrac{2k-1}{2l}a\pi\ (k=1,2,3,\cdots)$.

解 令 $U(p,x)=L[u(t,x)]$,即得

$$\begin{cases}a^2\dfrac{\mathrm{d}^2U(p,x)}{\mathrm{d}x^2}=p^2U(p,x),\\ U(p,x)\Big|_{x=0}=0,\ \dfrac{\mathrm{d}U}{\mathrm{d}x}\Big|_{x=l}=A\dfrac{\omega}{p^2+\omega^2}.\end{cases}\tag{4}$$

方程的通解为

$$U = C_1 \operatorname{ch} \frac{px}{a} + C_2 \operatorname{sh} \frac{px}{a},$$

再由条件(4)定出常数后,即得特解

$$U(p,x) = \frac{Aa\omega \operatorname{sh} \dfrac{px}{a}}{p(p^2 + \omega^2) \operatorname{ch} \dfrac{pl}{a}}.$$

分母 $p(p^2 + \omega^2) \operatorname{ch} \dfrac{pl}{a}$ 关于 p 的零点为

$$p = 0, \ \pm\omega\mathrm{i}, \ \pm\frac{2k-1}{2l} a\pi\mathrm{i} \ (k = 1, 2, \cdots),$$

而且它们都是 1 级零点,在这些点中,除 $p = 0$ 是 $U(p,x)$ 的可去奇点外,其他的点都是 $U(p,x)$ 的 1 级极点. 于是由复变函数部分第 7 章 7.3 节定理 2(展开定理),得所求解为

$$u(t,x) = L^{-1}[U(p,x)]$$

$$= \sum \operatorname{Res} \left[\frac{Aa\omega \operatorname{sh} \dfrac{px}{a}}{p(p^2 + \omega^2) \operatorname{ch} \dfrac{pl}{a}} \mathrm{e}^{pt} \right],$$

这里,和式 $\sum$ 对所有极点求和. 可以利用复变函数中的公式计算在这些极点的留数,例如,有

$$\operatorname*{Res}_{\omega\mathrm{i}} + \operatorname*{Res}_{-\omega\mathrm{i}} = 2\operatorname{Re} \left[\frac{1}{(p^2 + \omega^2)'} \cdot \frac{Aa\omega \operatorname{sh} \dfrac{px}{a}}{p \operatorname{ch} \dfrac{pl}{a}} \mathrm{e}^{pt} \right] \Bigg|_{p=\omega\mathrm{i}}$$

$$= 2\operatorname{Re} \left[\frac{1}{2\mathrm{i}\omega} \cdot \frac{Aa\omega \operatorname{sh} \dfrac{\omega x \mathrm{i}}{a}}{\mathrm{i}\omega \operatorname{ch} \dfrac{\omega l \mathrm{i}}{a}} \mathrm{e}^{\mathrm{i}\omega t} \right]$$

$$= 2\operatorname{Re} \left[\frac{1}{2\mathrm{i}\omega} \cdot \frac{Aa\omega \mathrm{i} \sin \dfrac{\omega x}{a}}{\mathrm{i}\omega \cos \dfrac{\omega l}{a}} \mathrm{e}^{\mathrm{i}\omega t} \right]$$

$$= \frac{Aa}{\omega \cos \frac{\omega l}{a}} \sin \frac{\omega x}{a} \sin \omega t.$$

把这些留数计算出来后，就得到

$$u(t,x) = \frac{Aa}{\omega} \frac{1}{\cos \frac{\omega l}{a}} \sin \frac{\omega x}{a} \sin \omega t + \frac{16a\omega Al^2}{\pi}$$

$$\cdot \sum_{k=1}^{+\infty} (-1)^{k-1} \frac{\sin \frac{(2k-1)\pi x}{2l} \sin \frac{(2k-1)a\pi t}{2l}}{(2k-1)\left[4l^2\omega^2 - a^2(2k-1)^2\pi^2\right]}.$$

习　题

1. 用傅里叶变换解下列定解问题：

(1) $\begin{cases} \Delta_2 u = 0 \ (-\infty < x < +\infty, \ y > 0), \\ u(x,0) = f(x), \\ \text{当 } x^2 + y^2 \to +\infty \text{ 时}, u(x,y) \to 0; \end{cases}$

(2) $\begin{cases} u_t = a^2 u_{xx} + f(t,x) \ (t > 0, \ -\infty < x < +\infty), \\ u(0,x) = 0; \end{cases}$

(3) $\begin{cases} u_t = a^2 u_{xx} \ (0 < x < +\infty, \ t > 0), \\ u(t,0) = \varphi(t), \ u(0,x) = 0, \qquad \text{（用正弦变换）}. \\ u(t,+\infty) = u_x(t,+\infty) = 0 \end{cases}$

2. 用拉普拉斯变换解下列定解问题：

(1) $\begin{cases} \dfrac{\partial^2 u}{\partial x \partial y} = 1 \ (x > 0, \ y > 0), \\ u(0,y) = y+1, \ u(x,0) = 1; \end{cases}$

(2) $\begin{cases} u_t = a^2 u_{xx} \ (t > 0, \ 0 < x < l), \\ u_x(t,0) = 0, \ u(t,l) = u_0 \ \text{（常数）}, \\ u(0,x) = u_1 \ \text{（常数）}; \end{cases}$

(3) $\begin{cases} u_t = a^2 u_{xx} - hu \ (x > 0, \ t > 0, \ h > 0, h \text{ 为常数}), \\ u(0,x) = b \ \text{（常数）}, \ u(t,0) = 0, \\ \lim\limits_{x \to +\infty} u_x = 0; \end{cases}$

$$(4) \begin{cases} u_{tt} = a^2 u_{xx} \ (x>0,\ t>0), \\ u(0,x) = 0,\ u_t(0,x) = b, \\ u(t,0) = 0,\ \lim_{x \to +\infty} u_x = 0; \end{cases}$$

$$(5) \begin{cases} u_t = u_{xx} \ (t>0,\ 0<x<4), \\ u(t,0) = u(t,4) = 0, \\ u(0,x) = 6\sin\dfrac{\pi x}{2} + 3\sin\pi x; \end{cases}$$

$$(6) \begin{cases} u_t = u_{xx} \ (0<x<2), \\ u_x(t,0) = u_x(t,2) = 0, \\ u(0,x) = 4\cos\pi x - 2\cos 3\pi x; \end{cases}$$

$$(7) \begin{cases} u_{tt} = a^2 \Delta_3 u \ (t>0,\ r>0), \\ u|_{r=0} \text{有界},\ r = \sqrt{x^2+y^2+z^2}, \\ u|_{t=0} = 0,\ u_t|_{t=0} = (1+r^2)^{-2}. \end{cases}$$

[提示：利用在复变函数部分第 5 章中已求得的积分

$$\int_0^{+\infty} \frac{\cos\omega x}{1+x^2}\mathrm{d}x = \frac{\pi}{2}\mathrm{e}^{-\omega}.$$]

第 5 章　基本解和解的积分表达式

从物理的观点看,每个定解问题都是描述一种特定的场和产生这个场的场源之间的关系,泛定方程中的自由项、初始条件、边界条件等都是场源. 场源可分为点源(如点电荷、质点、集中力等)和连续分布源(如分布电荷、分布质量等)两种. 由于连续源可看作是无穷多个点源的叠加,因而只要求出点源的场后,利用积分形式的叠加原理,即可求得连续源的场,本章就是介绍这个方法——基本解方法.

5.1　δ 函　数

我们知道,力学和物理学中许多连续分布的量(如质量分布密度、电荷分布密度、热源强度等等)都是用密度函数(变化率)表示的. 设 $f(M)$ 是某物理量的密度函数,则分布在区域 V 上的该物理量的总值为

$$Q = \iiint\limits_{V} f(M)\,\mathrm{d}M.$$

δ 函数是一个描述点源的数学工具,下面用一些例子从物理的角度引进它.

例1　点电荷的线密度函数.

点电荷是一个理想化的概念,它可以看成是一种分布电荷的极限. 设在数轴上分布有电荷,其密度函数为

$$\rho_\varepsilon(x) = \begin{cases} \dfrac{1}{2\varepsilon} & (\,|\,x\,|<\varepsilon) \\ 0 & (\,|\,x\,|\geqslant\varepsilon), \end{cases}$$

这时数轴上的总电量为

$$Q = \int_{-\varepsilon}^{\varepsilon} \rho_\varepsilon(x)\,\mathrm{d}x = 1.$$

若 ε 减小, 即有电荷的区间 $(-\varepsilon, \varepsilon)$ 变小, 要使总电荷 Q 仍为 1, 就要让 $(-\varepsilon, \varepsilon)$ 上的密度 $\rho = \dfrac{1}{2\varepsilon}$ 变大. 若 $\varepsilon \ll 1$, 则 $\rho = \dfrac{1}{2\varepsilon} \gg 1$, 这时就可以近似地看成是一个单位点电荷. 若 $\varepsilon \to 0$, 上述分布电荷的极限状态就是放置在 $x = 0$ 处的单位点电荷了. 这样, 如果要在数学上用一个函数 $\delta(x)$ 来描述放置在原点处的单位点电荷的话, 它就要满足下述两个要求:

1) $\delta(x) = \begin{cases} 0 & (x \neq 0) \\ +\infty & (x = 0); \end{cases}$ \hfill (1)

2) $\displaystyle\int_{-\infty}^{+\infty} \delta(x)\,\mathrm{d}x = 1.$ \hfill (2)

通常把具有上述性质的函数称为 δ 函数. 于是, $\delta(x)$ 就是放置在原点的单位点电荷的(线)密度函数. 同样, $\delta(x)$ 也是放置在原点的单位质点的(线)密度函数.

例 2 设有一条紧张、静止、无穷长的弦, 其线密度 $\rho = 1$. 如果集中在点 $x = 0$, 在很短的时间内, 以力 F 敲它一下, 使获得冲量
$$F\Delta t = 1,$$
这时弦上的点将获得初速度 v. 如果 $x \neq 0$, 则由于扰动尚未传到, 所以 $v = 0$; 而在 $x = 0$ 处, 则有 $v = +\infty$. 此外, 由于敲打前弦是静止的, 所以弦上的动量就是 $F\Delta t = 1$, 即
$$\int_{-\infty}^{+\infty} \rho v(x)\,\mathrm{d}x = \int_{-\infty}^{+\infty} v(x)\,\mathrm{d}x = 1.$$
故初速度
$$v(x) = \delta(x).$$

例 3 设有一根温度为零的导热杆, 其线密度为 ρ, 比热为 c. 现在用一个火焰集中在点 $x = 0$ 烧它一下, 使传给杆的热量为 Q, 如果考虑开始一瞬间杆上的温度 $T(x)$ 的分布情况, 我们就有
$$T(x) = \begin{cases} 0 & (x \neq 0) \\ +\infty & (x = 0), \end{cases}$$
$$\int_{-\infty}^{+\infty} c\rho T(x)\,\mathrm{d}x = Q.$$

所以应有

306

$$T(x) = \frac{Q}{c\rho}\delta(x).$$

δ 函数定义中的(1)式和(2)式可以合并成下面的形式:对任意区间 (a,b),有

$$\int_a^b \delta(x)\mathrm{d}x = \begin{cases} 1 & (0 \in (a,b)) \\ 0 & (0 \overline{\in} [a,b]). \end{cases}$$

由 δ 函数的定义,可以得到它的一个重要性质:对于任何连续函数 $\varphi(x)$,有

$$\int_a^b \delta(x)\varphi(x)\mathrm{d}x = \varphi(0) \quad (0 \in (a,b)). \tag{3}$$

特别地,有

$$\int_{-\infty}^{+\infty} \delta(x)\varphi(x)\mathrm{d}x = \varphi(0). \tag{4}$$

事实上,因 $x \neq 0$ 时 $\delta(x) = 0$,故

$$\int_a^b \delta(x)\varphi(x)\mathrm{d}x = \int_a^b \delta(x)\varphi(0)\mathrm{d}x = \varphi(0).$$

类似地,如果集中量出现在点 $x = \xi$ 处,那么把它作为分布来描述时,就要用到 $\delta(x-\xi)$. 显然,有

$$\int_a^b \delta(x-\xi)\mathrm{d}x = \begin{cases} 1 & (\xi \in (a,b)) \\ 0 & (\xi \overline{\in} [a,b]) \end{cases}$$

及

$$\int_a^b \delta(x-\xi)\varphi(x)\mathrm{d}x = \begin{cases} \varphi(\xi) & (\xi \in (a,b)) \\ 0 & (\xi \overline{\in} [a,b]). \end{cases}$$

特别地,有

$$\int_{-\infty}^{+\infty} \delta(x-\xi)\varphi(x)\mathrm{d}x = \varphi(\xi).$$

δ 函数最初是由狄拉克(Dirac)根据物理学上的需要而引进的. δ 函数定义中的(1)式和(2)式有着鲜明的物理意义. (1)式表明全部物理量集中在一点 $x = 0$,(2)式则表明该物理量在整个数轴上的总量为 1. 不过,(1)式及(2)式从古典分析的角度来看是说不通的. 因此,δ 函数和另一些类似的奇异函数当初曾遭到很多纯数学家的非难,然而物理学家和工程师却乐于使用它们去卓有成效地

307

解决各种问题.直到 20 世纪 30 年代才建立了一种完整的理论,在这种理论的基础上,可以像普通函数一样对待它们,并通行无阻地进行各种代数运算和分析运算.这一理论称为广义函数论或分布论,本书不拟讨论.

由于 δ 函数不是古典的"一点对一点"的函数,而是一个算符,或者说是一种运算,它的运算性质就是比它的定义式(2)更为一般的关系式(3)或(4).因此,关于 δ 函数的一些性质就必须从(3)式或(4)式出发来理解.下面几个含 δ 函数的重要公式,就是利用(4)式来作形式的说明,而不给予严格的论述.

1) 对称性. $\delta(x) = \delta(-x)$,即 $\delta(x)$ 是偶函数.

形式地作变量代换 $x = -t$,对于任何连续函数 $\varphi(x)$,有

$$
\int_{-\infty}^{+\infty} \delta(-x)\varphi(x)\mathrm{d}x = \int_{-\infty}^{+\infty} \delta(t)\varphi(-t)\mathrm{d}t
$$
$$
= \varphi(-t)\,|_{t=0}
$$
$$
= \varphi(0),
$$

这就说明了等式 $\delta(x) = \delta(-x)$ 的合理性.

更一般地,有对称性

$$
\delta(x-\xi) = \delta(\xi-x),
$$

即对任何连续函数 $\varphi(x)$,有

$$
\int_{-\infty}^{+\infty} \delta(\xi-x)\varphi(x)\mathrm{d}x = \int_{-\infty}^{+\infty} \delta(x-\xi)\varphi(x)\mathrm{d}x = \varphi(\xi).
$$

把上式中的 x 与 ξ 变换位置,得

$$
\int_{-\infty}^{+\infty} \delta(x-\xi)\varphi(\xi)\mathrm{d}\xi = \varphi(x),
$$

即

$$
\delta(x) * \varphi(x) = \varphi(x).
$$

这意味着 δ 函数是卷积运算的单位函数,这是它的一个优美性质.

2) δ 函数的导数. 设 $f(x) \in C^1$,则由

$$
\int_{-\infty}^{+\infty} \delta'(x)f(x)\mathrm{d}x = -f'(0)
$$

定义的算符 $\delta'(x)$ 称为 δ 函数的导数. 这个定义的合理性可由下面形式地分部积分看出:

$$\int_{-\infty}^{+\infty}\delta'(x)f(x)\mathrm{d}x=\delta(x)f(x)\Big|_{-\infty}^{+\infty}-\int_{-\infty}^{+\infty}\delta(x)f'(x)\mathrm{d}x$$
$$=-f'(0).$$

更一般地,设 $f(x)\in C^n$,把由
$$\int_{-\infty}^{+\infty}\delta^{(n)}(x)f(x)\mathrm{d}x=(-1)^n f^{(n)}(0)$$

定义的算符 $\delta^{(n)}(x)$ 称为 $\delta(x)$ 的 n 阶导数. 由定义知,δ 函数是无穷可微的.

3) δ 函数的傅里叶变换. 依定义,有
$$F[\delta(x)]=\int_{-\infty}^{+\infty}\delta(x)\mathrm{e}^{\mathrm{i}\lambda x}\mathrm{d}x=\mathrm{e}^0=1.$$

这就是说,δ 函数的傅里叶变换为 1. 再作反变换,有
$$F^{-1}[1]=\delta(x),$$

即
$$\delta(x)=\frac{1}{2\pi}\int_{-\infty}^{+\infty}\mathrm{e}^{-\mathrm{i}\lambda x}\mathrm{d}\lambda.$$

形式地换元(令 $\lambda=-u$)后,上式也可以写成
$$\delta(x)=\frac{1}{2\pi}\int_{-\infty}^{+\infty}\mathrm{e}^{\mathrm{i}\lambda x}\mathrm{d}\lambda. \tag{5}$$

δ 函数的这个表达式在应用上很重要,但(5)式右端的积分在通常意义下是不存在的,对它也必须在运算(或算符)意义下理解. 设 $f(x)$ 是在任何有限区间上逐段光滑的连续函数,且在 $(-\infty,+\infty)$ 内绝对可积,则其傅里叶变换
$$F(\lambda)=\int_{-\infty}^{+\infty}f(\xi)\mathrm{e}^{\mathrm{i}\lambda\xi}\mathrm{d}\xi,$$

所以
$$f(x)=\frac{1}{2\pi}\int_{-\infty}^{+\infty}F(\lambda)\mathrm{e}^{-\mathrm{i}\lambda x}\mathrm{d}\lambda$$
$$=\frac{1}{2\pi}\int_{-\infty}^{+\infty}\left[\int_{-\infty}^{+\infty}f(\xi)\mathrm{e}^{\mathrm{i}\lambda(\xi-x)}\mathrm{d}\xi\right]\mathrm{d}\lambda.$$

令 $x=0$,并交换积分次序,得
$$f(0)=\frac{1}{2\pi}\int_{-\infty}^{+\infty}\left[\int_{-\infty}^{+\infty}f(\xi)\mathrm{e}^{\mathrm{i}\lambda\xi}\mathrm{d}\xi\right]\mathrm{d}\lambda$$

$$= \frac{1}{2\pi} \int_{-\infty}^{+\infty} \left[\int_{-\infty}^{+\infty} f(x) e^{i\lambda x} \, dx \right] d\lambda$$

$$= \frac{1}{2\pi} \int_{-\infty}^{+\infty} \left[\int_{-\infty}^{+\infty} e^{i\lambda x} \, d\lambda \right] f(x) \, dx.$$

又

$$\int_{-\infty}^{+\infty} \delta(x) f(x) \, dx = f(0),$$

故(5)式在运算意义下成立.(5)式还可以写成

$$\delta(x) = \frac{1}{2\pi} \int_{-\infty}^{+\infty} \cos\lambda x \, d\lambda.$$

利用一维 δ 函数,可以定义描述空间集中量(例如,在原点的单位点电荷的体密度函数)的三维 δ 函数为

$$\delta(x, y, z) = \delta(x)\delta(y)\delta(z).$$

因而

$$\delta(M) = \delta(x, y, z)$$

$$= \begin{cases} 0 & (x^2 + y^2 + z^2 \neq 0) \\ +\infty & (x^2 + y^2 + z^2 = 0), \end{cases} \tag{6}$$

$$\iiint_{-\infty}^{+\infty} \delta(x, y, z) \, dx \, dy \, dz = 1. \tag{7}$$

与一维 δ 函数相同,(6)式仅表示空间的某物理量全部集中在原点 $(0, 0, 0)$,(7)式则表示该物理量在全空间的总量为 1.(6)式和(7)式可合并写为

$$\iiint_V \delta(M) \, dM = \begin{cases} 1 & ((0,0,0) \in V) \\ 0 & ((0,0,0) \overline{\in} V). \end{cases}$$

以后,我们限于在真空中讨论静电场问题,以 ε_0 表示真空介电常数.这时,放置在点 $M_0(\xi, \eta, \zeta)$ 处的电量为 $-\varepsilon_0$ 的点电荷的场的势函数 $u(M)$ 满足泊松方程

$$\Delta u(M) = \delta(M - M_0).$$

类似于一维 δ 函数,三维 δ 函数也具有下列性质:

1) 运算性.设 $f(M) = f(x, y, z)$ 是连续函数,则

$$\iiint_{-\infty}^{+\infty} \delta(x - \xi, y - \eta, z - \zeta) f(x, y, z) \, dx \, dy \, dz = f(\xi, \eta, \zeta),$$

或

$$\iiint\limits_{\mathbf{R}^3} \delta(M-M_0)f(M)\,\mathrm{d}M = f(M_0).$$

更一般地,对任意区域 V,有

$$\iiint\limits_{V} \delta(M-M_0)f(M)\,\mathrm{d}M = \begin{cases} f(M_0) & (M_0 \in V) \\ 0 & (M_0 \overline{\in} V). \end{cases}$$

2)对称性. $\delta(M)=\delta(-M)$, $\delta(M-M_0)=\delta(M_0-M)$. 即

$$\iiint\limits_{\mathbf{R}^3} \delta(-M)f(M)\,\mathrm{d}M = \iiint\limits_{\mathbf{R}^3} \delta(M)f(M)\,\mathrm{d}M$$
$$= f(0,0,0),$$
$$\iiint\limits_{\mathbf{R}^3} \delta(M-M_0)f(M)\,\mathrm{d}M = \iiint\limits_{\mathbf{R}^3} \delta(M_0-M)f(M)\,\mathrm{d}M$$
$$= f(M_0).$$

在第二个式子中,交换 M, M_0 的位置,并使用卷积记号,得到

$$\delta(M) * f(M) = \iiint\limits_{\mathbf{R}^3} \delta(M_0-M)f(M_0)\,\mathrm{d}M_0$$
$$= \iiint\limits_{\mathbf{R}^3} \delta(M-M_0)f(M_0)\,\mathrm{d}M_0$$
$$= f(M),$$

或

$$\delta(x,y,z) * f(x,y,z)$$
$$= \iiint\limits_{-\infty}^{+\infty} \delta(x-\xi,y-\eta,z-\zeta)f(\xi,\eta,\zeta)\,\mathrm{d}\xi\mathrm{d}\eta\mathrm{d}\zeta$$
$$= f(x,y,z).$$

3)傅里叶变换. $F[\delta(M)]=1$. 这由定义即得.

例4 设有一条长为 $2l$、温度为零的均匀杆,其两端与侧面都绝热. 现在用一个火焰集中在杆的中点 $x=l$ 烧它一下,使传给杆的热量恰好等于 $c\rho$(设 c 为杆的比热,ρ 为线密度),求杆上的温度分布.

解 问题归结为解定解问题

$$\begin{cases} \dfrac{\partial u}{\partial t} = a^2 \dfrac{\partial^2 u}{\partial x^2} & (0 < x < 2l,\ t > 0), \\ u(0,x) = \delta(x-l), \\ u_x(t,0) = u_x(t,2l) = 0. \end{cases}$$

根据第二类边界条件的要求,它的固有值为 $\left(\dfrac{n\pi}{2l}\right)^2$,而相应的固有函数为

$$\cos\frac{n\pi x}{2l}\ (n = 0,1,2,\cdots).$$

于是,满足泛定方程和边界条件的级数解为

$$u(t,x) = \frac{a_0}{2} + \sum_{n=1}^{+\infty} a_n \exp\left\{-\left(\frac{n\pi a}{2l}\right)^2 t\right\}\cos\frac{n\pi x}{2l}.$$

由初始条件,得

$$u(0,x) = \frac{a_0}{2} + \sum_{n=1}^{+\infty} a_n \cos\frac{n\pi x}{2l} = \delta(x-l).$$

所以,a_n 是 $\delta(x-l)$ 在 $[0,2l]$ 上按 $\left\{\cos\dfrac{n\pi x}{2l}\right\}$ 展开的傅里叶系数,即

$$\begin{aligned} a_n &= \frac{2}{2l}\int_0^{2l} \delta(x-l)\cos\frac{n\pi x}{2l}\mathrm{d}x \\ &= \frac{1}{l}\cos\frac{n\pi x}{2l}\Big|_{x=l} \\ &= \frac{1}{l}\cos\frac{n\pi}{2} \\ &= \begin{cases} 0 & (n = 2k+1) \\ (-1)^k\dfrac{1}{l} & (n = 2k). \end{cases} \end{aligned}$$

这样,我们就得到了解

$$u(t,x) = \frac{1}{2l} + \sum_{k=1}^{+\infty}(-1)^k\frac{1}{l}\exp\left\{-\left(\frac{k\pi a}{2l}\right)^2 t\right\}\cos\frac{k\pi x}{l}.$$

这个结果,读者在做第 2 章的习题 6 时,曾经不依靠 δ 函数而得到过.

例 5 设 $f(t)$ 是已知连续函数,计算积分

$$I = \frac{2a}{\pi}\int_0^{+\infty}\mathrm{d}\lambda\int_0^t f(\tau)\sin\lambda x\sin a\lambda(t-\tau)\mathrm{d}\tau,$$

这里，a 为正常数，$at > x > 0$，并假定所给的累次积分可交换次序.

解　利用三角函数的积变和差公式及 δ 函数的积分表达式，得

$$\frac{2}{\pi} \int_0^{+\infty} \sin\lambda x \sin\lambda (t-\tau) \mathrm{d}\lambda$$

$$= \frac{1}{\pi} \int_0^{+\infty} \{\cos\lambda [x - a(t-\tau)] - \cos\lambda [x + a(t-\tau)]\} \mathrm{d}\lambda$$

$$= \delta[x - a(t-\tau)] - \delta[x + a(t-\tau)]$$

$$= \delta[x - a(t-\tau)].$$

最后一个等号成立是由于 $x + a(t-\tau) > 0$，故 $\delta[x + a(t-\tau)] = 0$. 于是，交换积分次序后得

$$I = a \int_0^t \delta[x - a(t-\tau)] f(\tau) \mathrm{d}\tau.$$

令 $s = x - a(t-\tau)$，得

$$I = \int_{x-at}^x \delta(s) f\left[\frac{1}{a}(s - x + at)\right] \mathrm{d}s.$$

因 $x - at < 0$，$x > 0$，故

$$I = f\left[\frac{1}{a}(s - x + at)\right] \Big|_{s=0}$$

$$= f\left(t - \frac{x}{a}\right).$$

5.2　场势方程的边值问题

5.2.1　$Lu = 0$ 型方程的基本解

我们已经知道，放置在坐标原点的电量为 $-\varepsilon_0$ 的点电荷的场的势函数 $u(M)$ 满足方程

$$\Delta_3 u(x, y, z) = \delta(x, y, z), \tag{1}$$

这个方程的解称为场势方程 $\Delta_3 u = f(x, y, z)$ 的基本解.

一般地，设 L 是关于自变量 x, y, z 的常系数线性偏微分算子，方程

$$Lu = \delta(M)$$

的解称为方程

$$Lu = f(M) \tag{2}$$

的基本解.

由线性齐次方程和与它相应的非齐次方程的解的关系,立即得知:若 U 是一个基本解,u 是相应齐次方程的任一解,则 $U+u$ 仍是基本解,而且方程(2)的全体基本解都可以表示成这种形式.

定理 1 若 $f(M)$ 是连续函数,$U(M)$ 满足方程(或定解条件)

$$Lu = \delta(M),$$

则卷积

$$U * f = \iiint\limits_{\mathbf{R}^3} U(M-M_0) f(M_0) \mathrm{d}M_0$$

满足非齐次方程(或定解条件)

$$Lu = f(M).$$

事实上,由 $LU(M) = \delta(M)$,有

$$LU(M-M_0) = \delta(M-M_0),$$

再交换微分和积分的次序,得

$$\begin{aligned}
L(U * f) &= \iiint\limits_{\mathbf{R}^3} LU(M-M_0) f(M_0) \mathrm{d}M_0 \\
&= \iiint\limits_{\mathbf{R}^3} \delta(M-M_0) f(M_0) \mathrm{d}M_0 \\
&= f(M).
\end{aligned}$$

我们知道,从物理的角度看,非齐次方程(2)的右端 $f(M)$ 是场源的强度(可能相差一个常数因子),$\delta(M)$ 则表示点源. 这条定理告诉我们,求得了点源的场,就可以求得任何连续分布源的场. 所以,基本解也称为点源函数.

下面用傅里叶变换方法求三维场势方程的基本解. 对方程(1)两边作傅里叶变换

$$\begin{aligned}
\bar{u}(\lambda, \mu, \nu) &= F[u] \\
&= \iiint_{-\infty}^{+\infty} u(x, y, z) \exp\{\mathrm{i}(\lambda x + \mu y + \nu z)\} \mathrm{d}x\mathrm{d}y\mathrm{d}z,
\end{aligned}$$

由于

314

$$F[\Delta u] = -(\lambda^2 + \mu^2 + \nu^2)\bar{u},$$
$$F[\delta(x, y, z)] = 1,$$

故

$$-(\lambda^2 + \mu^2 + \nu^2)\bar{u} = 1,$$

从而

$$\bar{u} = -\frac{1}{\rho^2} \quad (\rho^2 = \lambda^2 + \mu^2 + \nu^2).$$

再作反傅里叶变换,得

$$u = F^{-1}[\bar{u}]$$
$$= -\frac{1}{(2\pi)^3} \iiint_{-\infty}^{+\infty} \frac{1}{\rho^2} \exp\{-\mathrm{i}(\lambda x + \mu y + \nu z)\} \mathrm{d}\lambda \mathrm{d}\mu \mathrm{d}\nu.$$

由于对称性,不妨把 ν 轴的方向取为向径 $\boldsymbol{r} = (x, y, z)$ 的方向,记向量 $\boldsymbol{\rho} = (\lambda, \mu, \nu)$. 作球坐标变换

$$\begin{cases} \lambda = \rho\sin\theta\cos\varphi, \\ \mu = \rho\sin\theta\sin\varphi, \\ \nu = \rho\cos\theta, \end{cases}$$

因

$$\lambda x + \mu y + \nu z = \boldsymbol{\rho} \cdot \boldsymbol{r} = \rho r \cos\theta,$$

故得

$$u = -\frac{1}{(2\pi)^3} \int_0^{+\infty} \int_0^{\pi} \int_0^{2\pi} \exp\{-\mathrm{i}\rho r \cos\theta\} \sin\theta \mathrm{d}\rho \mathrm{d}\theta \mathrm{d}\varphi$$
$$= -\frac{1}{(2\pi)^2} \int_0^{+\infty} \frac{\exp\{-\mathrm{i}\rho r \cos\theta\}}{\mathrm{i}\rho r} \bigg|_0^{\pi} \mathrm{d}\rho$$
$$= -\frac{1}{2\pi^2 r} \int_0^{+\infty} \frac{\sin\rho r}{\rho} \mathrm{d}\rho$$
$$= -\frac{1}{4\pi r}.$$

利用这个基本解及定理 1,立即可求得 $\mathbf{R}^3$ 内密度为 $\rho(M)$ 的分布电荷的场的势函数为

$$u(M) = U * \left[-\frac{\rho(M)}{\varepsilon_0} \right]$$
$$= -\frac{1}{\varepsilon_0} \iiint_{\mathbf{R}^3} U(M - M_0) \rho(M_0) \mathrm{d}M_0$$

$$= \frac{1}{4\pi\varepsilon_0} \iiint\limits_{\mathbf{R}^3} \frac{\rho(M_0)}{r(M,M_0)} \mathrm{d}M_0,$$

这里

$$r(M,M_0) = \sqrt{(x-\xi)^2 + (y-\eta)^2 + (z-\zeta)^2}.$$

5.2.2 格林函数及其物理意义

设在空间区域 V 内有密度为 $\varepsilon_0 f(x,y,z)$ 的电荷分布,而且 V 的边界面 S 上的势函数已知为 $\varphi(x,y,z)$,则求这个静电场的势函数 $u(x,y,z)$ 的问题就归结为解三维泊松方程的第一边值问题

$$\mathrm{I}_1: \begin{cases} \Delta u = -f(x,y,z) & ((x,y,z) \in V), \\ u \mid_S = \varphi(x,y,z). \end{cases}$$

这是静电场的基本问题之一,为了求出它的解式,考虑相应点源在零边界条件下的场,即定解问题

$$\mathrm{I}_2: \begin{cases} \Delta G = -\delta(x-\xi, y-\eta, z-\zeta) & ((x,y,z) \in V), \\ G \mid_S = 0, \end{cases}$$

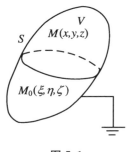

图 5.1

这里,$M_0(\xi, \eta, \zeta)$ 是区域内一定点. 问题 I_2 的解 $G(M;M_0) = G(x,y,z;\xi,\eta,\zeta)$ 称为泊松方程第一边值问题的基本解或格林函数. 至于怎样求出格林函数,以后再讨论. 下面讨论格林函数的物理意义.

我们把区域 V 的边界 S 想象为一个金属壳,并设金属壳接地(图 5.1). 然后在 V 内点 $M_0(\xi, \eta, \zeta)$ 处放置一电量为 ε_0 的点电荷,则这个场的势函数 G 满足方程

$$\Delta G = -\delta(x-\xi, y-\eta, z-\zeta) \quad ((x,y,z) \in V).$$

又由于边界接地,所以在边界上电势为零,即

$$G \mid_S = 0.$$

由此可见,格林函数就是这么一个电场的势函数. 从物理上看,由于在金属壳 S 内存在有点电荷 ε_0,则 S 面的内侧应有一定分布密度的负电荷,其总量为 $-\varepsilon_0$. 由于 S 面接地,其外侧相应的感应正电荷将消失. 因此,这个静电场可以看成是两个电场的合成,即

$$G = u_1 + u_2 , \tag{3}$$

其中, u_1 是点电荷 ε_0 的场的势函数, u_2 是内侧感应电荷的场的势函数. 我们知道, u_1 满足方程

$$\Delta u_1 = -\delta(x-\xi, y-\eta, z-\zeta),$$

而且

$$u_1 = \frac{1}{4\pi r(M,M_0)},$$

这里

$$r(M,M_0) = \overline{MM_0} = \sqrt{(x-\xi)^2 + (y-\eta)^2 + (z-\zeta)^2}.$$

把 $G = u_1 + u_2$ 代入它所满足的定解问题, 就得到 u_2 应满足的定解问题

$$\mathrm{I}_3 : \begin{cases} \Delta u_2 = 0, \\ u_2 \mid_S = (G - u_1) \mid_S = -\dfrac{1}{4\pi r(M,M_0)} \Big|_{M \in S}. \end{cases}$$

这样, 我们就得到了格林函数的一个重要性质: 格林函数可以分解为两个部分, 其一是

$$u_1 = \frac{1}{4\pi r(M,M_0)} \quad (M, M_0 \in V),$$

这一部分在 $M = M_0$ 处带有奇异性(即 $M \to M_0$ 时, $u_1 \to \infty$); 另一是正规部分 u_2, 它是一个调和函数(即拉普拉斯方程第一边值问题 I_3 的解).

格林函数的分解式(3)还提供了一个求格林函数的途径, 即只要找出问题 I_3 的解 u_2. 而这对于一些具体的情形, 前几章中已讲过许多方法. 如在第 3 章 3.6 节的例 3 中, 实际上已求出了球域上的格林函数, 只是在那里没有使用 δ 函数.

格林函数的另一个重要性质由下面的定理给出:

定理 2 格林函数具有对称性, 即

$$G(M_1 ; M_2) = G(M_2 ; M_1),$$

这里, M_i 是点 (ξ_i, η_i, ζ_i), $i = 1, 2$.

证 记点 (x, y, z) 为 M, 则有

$$\begin{cases} \Delta G(M; M_1) = -\delta(M - M_1) \ (M \in V), \\ G(M; M_1) = 0 \ (M \in S). \end{cases}$$

把 M_1 换成 M_2,得

$$\begin{cases} \Delta G(M;M_2) = -\delta(M-M_2) \ (M \in V), \\ G(M;M_2) = 0 \ (M \in S). \end{cases}$$

所以,由场论中讲过的第二格林公式*,得

$$\iiint\limits_V \left[G(M;M_1)\Delta G(M;M_2) - G(M;M_2)\Delta G(M;M_1) \right] dV$$

$$= \iint\limits_S \left[G(M;M_1) \frac{\partial G(M;M_2)}{\partial n} - G(M;M_2) \frac{\partial G(M;M_1)}{\partial n} \right] dS$$

$$= 0,$$

即

$$\iiint\limits_V G(M;M_1)\delta(M-M_2) dV = \iiint\limits_V G(M;M_2)\delta(M-M_1) dV,$$

亦即

$$G(M_2;M_1) = G(M_1;M_2).$$

由格林函数的物理意义可见,格林函数的对称性也有很重要的物理意义. 即位于点 M_1 的点源在一定的边界条件下在点 M_2 产生的场,等于位于点 M_2 的同样强度的点源在相同的边界条件下在点 M_1 产生的场. 这一事实从物理上看是显然的,物理上称为倒易性.

定理3 设 $f(M), \varphi(M)$ 都是连续函数,则边值问题 I_1 的解的积分表达式为

$$u(M) = -\iint\limits_S \varphi(M_0) \frac{\partial G}{\partial n} dS + \iiint\limits_V Gf(M_0) dM_0. \tag{4}$$

证 先求边值问题

$$\begin{cases} \Delta u = 0, \\ u \mid_S = \varphi(M) \end{cases}$$

的解. 由所设及第二格林公式,有

---

* 严格地说,这里及下面的定理3的证明中都不能直接利用格林公式,而应在 V 内挖去两个分别以 M_1 及 M_2 为中心、ε 为半径的小球体 V_1 及 V_2,在区域 $V-V_1-V_2$ 上利用格林公式,再令 $\varepsilon \to 0$ 取极限.

$$u(M) = \iiint\limits_V \delta(M - M_0) u(M_0) \mathrm{d}M_0$$

$$= -\iiint\limits_V u(M_0) \Delta G(M; M_0) \mathrm{d}M_0$$

$$= -\iint\limits_S \left(u \frac{\partial G}{\partial n} - G \frac{\partial u}{\partial n} \right) \mathrm{d}S - \iiint\limits_V G \Delta u \mathrm{d}M_0.$$

由于在 V 内有 $\Delta u = 0$，且

$$u \mid_S = \varphi(M_0),$$

$$G(M; M_0) \mid_{M_0 \in S} = G(M_0; M) \mid_{M_0 \in S} = 0,$$

所以

$$u(M) = -\iint\limits_S \varphi(M_0) \frac{\partial G}{\partial n} \mathrm{d}S.$$

记(4)式右端的第二个积分为 w，则

$$\Delta w = \Delta \iiint\limits_V G(M; M_0) f(M_0) \mathrm{d}M_0$$

$$= \iiint\limits_V \Delta G(M; M_0) f(M_0) \mathrm{d}M_0$$

$$= -\iiint\limits_V \delta(M - M_0) f(M_0) \mathrm{d}M_0$$

$$= -f(M),$$

$$w(M) \mid_S = \iiint\limits_V G(M; M_0) \mid_{M \in S} f(M_0) \mathrm{d}M_0$$

$$= 0.$$

再由叠加原理，即得(4)式是定解问题 I_1 的解.

为了符号上的方便，常把解式(4)中的 M, M_0 对调位置，由于格林函数 G 具有对称性，对于 V 内任一点 M_0，定解问题 I_1 的解为

$$u(M_0) = -\iint\limits_S \varphi(M) \frac{\partial G}{\partial n} \mathrm{d}S + \iiint\limits_V G f(M) \mathrm{d}M. \tag{5}$$

5.2.3 用镜像法求格林函数

前面，我们已经在原则上把求解一般定解问题 I_1 转化为求格

林函数. 格林函数所满足的边值问题虽然比较特殊, 对于一般的区域 V, 这个问题还是相当困难的, 然而, 这并不影响前面所解得的积分公式在理论上的意义. 同时, 对于某些特殊的区域, 用所谓的镜像法(又称电像法), 可以很容易地把格林函数求出, 下面举例说明.

1) 半空间的格林函数

半空间的格林函数就是边值问题

$$\begin{cases} \Delta G = -\delta(x-\xi, y-\eta, z-\zeta) \ (z > 0), & (6) \\ G\,|_{z=0} = 0 & (7) \end{cases}$$

的解, 这里, $M_0(\xi, \eta, \zeta)$ 为上半空间内任一点. 这个问题的背景是, 在上半空间内的点 $M_0(\xi, \eta, \zeta)$ 处有点电荷 ε_0, 而导体平面 $z=0$ 接地, 要求上半空间的势函数. 我们知道, 如果导体平面 $z=0$ 不存在, 那么点电荷的场的势函数

$$u_1 = \frac{1}{4\pi r(M, M_0)}$$

$$(r(M, M_0) = \sqrt{(x-\xi)^2 + (y-\eta)^2 + (z-\zeta)^2})$$

满足方程(6), 但它不满足边界条件(7). 为了求得满足边界条件(7)的解, 我们在点 $M_0(\xi, \eta, \zeta)$ 关于平面 $z=0$ 的对称点 $M_1(\xi, \eta, -\zeta)$ 处虚设一点电荷 $-\varepsilon_0$(图 5.2), 这个负电荷的场的势函数为

$$u_2 = -\frac{1}{4\pi r(M, M_1)}$$

$$(r(M, M_1) = \sqrt{(x-\xi)^2 + (y-\eta)^2 + (z+\zeta)^2}),$$

它满足方程

$$\Delta u_2 = \delta(M - M_1) = \delta(x-\xi, y-\eta, z+\zeta).$$

但当 (x, y, z) 在上半空间时, 这个方程变成

$$\Delta u_2 = 0 \ (z > 0).$$

于是, 函数

$$G = u_1 + u_2 = \frac{1}{4\pi} \left[\frac{1}{r(M, M_0)} - \frac{1}{r(M, M_1)} \right]$$

仍满足方程

$$\Delta G = -\delta(x-\xi, y-\eta, z-\zeta) \quad (z > 0).$$

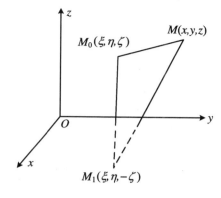

图 5.2

至于在平面 $z=0$ 上，$G=0$，这从物理上看是显然的. 事实上，有

$$G\mid_{z=0} = \frac{1}{4\pi}\left[\frac{1}{r(M, M_0)} - \frac{1}{r(M, M_1)}\right]\Bigg|_{z=0}$$

$$= \frac{1}{4\pi}\left[\frac{1}{\sqrt{(x-\xi)^2 + (y-\eta)^2 + \zeta^2}}\right.$$

$$\left. - \frac{1}{\sqrt{(x-\xi)^2 + (y-\eta)^2 + \zeta^2}}\right]$$

$$= 0.$$

下面利用格林函数及解的一般表达式(5)求定解问题

$$\begin{cases} \Delta u = 0 \ (z > 0), \\ u\mid_{z=0} = \varphi(x, y) \end{cases}$$

的解. 因平面 $z=0$ 相对于上半空间的外法线方向就是 z 轴的负方向，所以

$$\frac{\partial G}{\partial n} = -\frac{\partial G}{\partial z} = \frac{1}{4\pi}\left[\frac{z-\zeta}{r^3(M, M_0)} - \frac{z+\zeta}{r^3(M, M_1)}\right],$$

于是

$$\frac{\partial G}{\partial n}\Bigg|_{z=0} = -\frac{\zeta}{2\pi}\left[(x-\xi)^2 + (y-\eta)^2 + \zeta^2\right]^{-\frac{3}{2}}.$$

代入(5)式，得所求解为

321

$$u(\xi, \eta, \zeta) = -\iint\limits_{z=0} \varphi \frac{\partial G}{\partial n} dS$$

$$= -\frac{1}{2\pi} \int_{-\infty}^{+\infty} \int_{-\infty}^{+\infty} \frac{\varphi(x,y)\zeta}{[(x-\xi)^2 + (y-\eta)^2 + \zeta^2]^{\frac{3}{2}}} dx dy.$$

由上面的讨论可见,电像法的基本思想是用一个虚设在与点 $M_0(\xi, \eta, \zeta)$ 关于边界面 S 对称的点 M_1 处的负电荷,使在由原来的电荷和虚设的电荷产生的合成电场中,曲面 S 成为零等势面.善于联想的读者大概已经看出来了,这个虚设的电荷的场,等效于上一小节末讲到的由曲面 S 内侧的感应负电荷所形成的场.而原来电荷的场的势函数和虚设电荷的场的势函数,则分别是格林函数的奇异部分和正规部分.

2）球形域上的格林函数

球内的格林函数就是边值问题

$$\begin{cases} \Delta G = -\delta(x-\xi, y-\eta, z-\zeta) \ (x^2+y^2+z^2 < R^2), & (8) \\ G\,|_s = 0 \end{cases}$$

的解,这里,S 是球面 $x^2+y^2+z^2=R^2$,$M_0(\xi, \eta, \zeta)$ 是球内任一点.所谓点 M_0 关于球面 S 的对称点 M_1,是指这样一个点（图 5.3）,它满足以下两个条件:

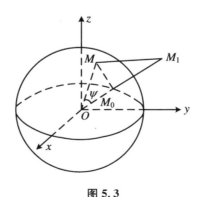

图 5.3

（1）M_0,M_1 位于自球心 O 发出的同一条射线上;

(2) $\rho_0 \cdot \rho_1 = R^2,$ \hfill (9)

式中，$\rho_0 = \overline{OM_0}$，$\rho_1 = \overline{OM_1}$. 显然，点 M_1 在球面 S 之外. 现在在点 M_0 和点 M_1 处各放置一点电荷，电量分别为 ε_0 和 $-q\varepsilon_0$（q 待定），则这两个点电荷产生的场的电势为

$$G(M) = \frac{1}{4\pi}\left[\frac{1}{r(M,M_0)} - \frac{q}{r(M,M_1)}\right],$$

它在球内满足方程(8). 事实上，当 M 在球内时，有

$$\Delta G(M) = \frac{1}{4\pi}\left[\Delta\left(\frac{1}{r(M,M_0)}\right) - \Delta\left(\frac{q}{r(M,M_1)}\right)\right]$$
$$= -\delta(M - M_0) + q\delta(M - M_1)$$
$$= -\delta(M - M_0).$$

下面求 q 的值，使 $G(M)$ 满足边界条件. 设 M 是球面 S 上任一点，考虑图 5.3 中的 $\triangle OMM_0$ 与 $\triangle OM_1M$. 由于在点 O 它们有公共角 ψ，且由(9)式知夹这角的两边成比例（$\rho_0 : R = R : \rho_1$），因此这两个三角形相似，从而有

$$\frac{r(M,M_1)}{r(M,M_0)} = \frac{R}{\rho_0}.$$

再由边界条件，当 $M \in S$ 时，有

$$G(M) = \frac{1}{4\pi}\left[\frac{1}{r(M,M_0)} - \frac{q}{r(M,M_1)}\right] = 0,$$

所以

$$q = \frac{R}{\rho_0}.$$

于是，球形域内的格林函数为

$$G(M) = \frac{1}{4\pi}\left[\frac{1}{r(M,M_0)} - \frac{R}{\rho_0}\frac{1}{r(M,M_1)}\right].$$

现在利用格林函数求球内狄氏问题

$$\begin{cases}\Delta u = 0 \ (x^2 + y^2 + z^2 < R^2), \\ u\mid_S = \varphi(x,y,z)\end{cases}$$

的解. 为此，要计算出 $\dfrac{\partial G}{\partial n}\Big|_S$，设动点 M 的坐标为 (r,θ,φ)，则有

$$r(M,M_0) = \sqrt{\rho_0{}^2 + r^2 - 2\rho_0 r\cos\psi},$$

$$r(M,M_1) = \sqrt{\rho_1{}^2 + r^2 - 2\rho_1 r\cos\psi},$$

这里, ψ 是 $\overrightarrow{OM_0}$ 与 $\overrightarrow{OM}$ 的夹角. 再注意到 $\rho_1 = \dfrac{R^2}{\rho_0}$, 得

$$G(M;M_0) = \frac{1}{4\pi}\left[\frac{1}{\sqrt{\rho_0{}^2 + r^2 - 2\rho_0 r\cos\psi}} \right.$$

$$\left. - \frac{R}{\sqrt{r^2\rho_0{}^2 + R^4 - 2R^2\rho_0 r\cos\psi}} \right].$$

在球面 S 上, 有

$$\left.\frac{\partial G}{\partial n}\right|_S = \left.\frac{\partial G}{\partial r}\right|_S$$

$$= -\frac{1}{4\pi}\left\{ \frac{r - \rho_0\cos\psi}{(r^2 + \rho_0{}^2 - 2\rho_0 r\cos\psi)^{\frac{3}{2}}} \right.$$

$$\left.\left. - \frac{(\rho_0{}^2 r - R^2\rho_0\cos\psi)R}{(r^2\rho_0{}^2 + R^4 - 2R^2\rho_0 r\cos\psi)^{\frac{3}{2}}} \right\}\right|_{r=R}$$

$$= -\frac{R^2 - \rho_0{}^2}{4\pi R(R^2 + \rho_0{}^2 - 2R\rho_0\cos\psi)^{\frac{3}{2}}},$$

代入解的表达式(5), 得

$$u(M_0) = -\iint\limits_S \frac{\partial G(M;M_0)}{\partial n}\varphi(M)\,\mathrm{d}S$$

$$= \frac{1}{4\pi R}\iint\limits_S \frac{R^2 - \rho_0{}^2}{(R^2 + \rho_0{}^2 - 2R\rho_0\cos\psi)^{\frac{3}{2}}}\varphi(M)\,\mathrm{d}S. \qquad (10)$$

或写成球坐标形式, 为

$$u(\rho_0,\theta_0,\varphi_0)$$

$$= \frac{R}{4\pi}\int_0^{2\pi}\int_0^{\pi} \frac{R^2 - \rho_0{}^2}{(R^2 + \rho_0{}^2 - 2R\rho_0\cos\psi)^{\frac{3}{2}}}\varphi(R,\theta,\varphi)\sin\theta\,\mathrm{d}\theta\,\mathrm{d}\varphi. \qquad (11)$$

这里, $(\rho_0,\theta_0,\varphi_0)$ 为点 M_0 的球坐标, (R,θ,φ) 是球面 S 上点的坐标, $\cos\psi$ 是 $\overrightarrow{OM_0}$ 与 $\overrightarrow{OM}$ 夹角的余弦. 因为

$$\frac{\overrightarrow{OM_0}}{|\overrightarrow{OM_0}|} = (\sin\theta_0\cos\varphi_0, \sin\theta_0\sin\varphi_0, \cos\theta_0),$$

$$\frac{\overrightarrow{OM}}{|\overrightarrow{OM}|} = (\sin\theta\cos\varphi, \sin\theta\sin\varphi, \cos\theta),$$

所以

$$\begin{aligned}
\cos\psi &= \frac{\overrightarrow{OM_0}}{|\overrightarrow{OM_0}|} \cdot \frac{\overrightarrow{OM}}{|\overrightarrow{OM}|} \\
&= \sin\theta\sin\theta_0(\cos\varphi\cos\varphi_0 + \sin\varphi\sin\varphi_0) + \cos\theta\cos\theta_0 \\
&= \sin\theta\sin\theta_0\cos(\varphi - \varphi_0) + \cos\theta\cos\theta_0.
\end{aligned}$$

公式(10)及(11)都称为泊松公式. 在公式(11)中,如果点 M_0 是球心,这时 $\rho_0 = 0$,于是

$$u(0,0,0) = \frac{1}{4\pi R^2}\iint\limits_S \varphi(M)\mathrm{d}S.$$

因 $4\pi R^2$ 是球面 S 的面积,故上式表明,函数 u 在球心的值等于它在球面上的值的平均.

5.2.4　二维情形

前面讨论了三维场势方程的第一边值问题,所得结果稍作修改,即适用于二维情形. 二维情形与三维情形最大的差异是基本解的形式完全不同,究其原因,是由于我们在讨论平面场问题时所指出的,所谓平面点电荷的场,实际上指的是空间一根均匀带电的无限长直导线的场. 而且二维情形的基本解很难求,下面只好用一个不严格的方法把它求出来. 这里的问题是求 $u(x,y)$,使满足

$$\Delta_2 u = \delta(x,y). \tag{12}$$

由于二维 δ 函数关于原点成圆对称,因此方程(12)的解也关于原点成圆对称. 于是,在极坐标系下,可设基本解为

$$u = u(r).$$

由于 $u(r)$ 不依赖于 θ,故当 $r > 0$ (这时 $\delta(r) = 0$)时,它满足方程

$$\frac{1}{r}\frac{\mathrm{d}}{\mathrm{d}r}\left(r\frac{\mathrm{d}u}{\mathrm{d}r}\right) = 0.$$

解之得

$$u = A + B\ln r.$$

取 $A=0$, 下面确定常数 B, 使 $u=B\ln r$ 满足方程(12). 记 D_ε 为以原点为圆心、ε 为半径的圆, C_ε 是它的圆周, 则由 δ 函数的运算性质, 有

$$\iint\limits_{D_\varepsilon} \Delta_2 u \, \mathrm{d}x\mathrm{d}y = 1.$$

又由格林公式, 得

$$\begin{aligned}
1 &= \iint\limits_{D_\varepsilon} \Delta_2 u \, \mathrm{d}x\mathrm{d}y \\
&= \int_{C_\varepsilon} \frac{\partial u}{\partial n} \mathrm{d}l \\
&= \int_{C_\varepsilon} \frac{\partial u}{\partial r} \mathrm{d}l \\
&= \int_{C_\varepsilon} \frac{B}{r} \mathrm{d}l \\
&= 2\pi B,
\end{aligned}$$

因而 $B=\dfrac{1}{2\pi}$. 故所求的基本解为

$$\begin{aligned}
u &= \frac{1}{2\pi}\ln r \\
&= -\frac{1}{2\pi}\ln\frac{1}{r}.
\end{aligned}$$

记点 (x,y) 为 M, 点 (ξ,η) 为 M_0. 设 D 为某个平面区域, l 为其边界, 则边值问题

$$\begin{cases} \Delta G = -\delta(M-M_0) \ (M \in D), \\ G\,|_l = 0 \end{cases}$$

的解称为二维泊松方程第一边值问题

$$\mathrm{I}_4 : \begin{cases} \Delta u = -f(x,y) \ ((x,y) \in D), \\ u\,|_l = \varphi(x,y) \end{cases}$$

的基本解或格林函数.

由于第二格林公式完全适用于二维情形, 所以, 凭借这个公式

326

在前面导出的格林函数的对称性及解的表达式适用于二维情形. 即问题 I_4 的解为

$$u(\xi,\eta) = -\int_l \varphi(M) \frac{\partial G(M;M_0)}{\partial n} dl + \iint_D G(M;M_0) f(M) dA.$$

$$(13)$$

格林函数的可分解性及求格林函数的电像法仍然适用. 例如, 上半平面的格林函数, 即定解问题

$$\begin{cases} \Delta G = -\delta(x-\xi, y-\eta) \ (y>0), \\ G\mid_{y=0} = 0 \end{cases}$$

的解, 就是在关于直线 $y=0$ 对称的两点 $M_0(\xi,\eta)$ 和 $M_1(\xi,-\eta)$ 各放置电量分别为 ε_0 和 $-\varepsilon_0$ 的平面点电荷所形成的场的电势

$$\begin{aligned} G(M;M_0) &= \frac{1}{2\pi}\left[\ln\frac{1}{r(M,M_0)} - \ln\frac{1}{r(M,M_1)}\right] \\ &= \frac{1}{2\pi}\ln\frac{r(M,M_1)}{r(M,M_0)} \\ &= \frac{1}{4\pi}\ln\frac{(x-\xi)^2+(y+\eta)^2}{(x-\xi)^2+(y-\eta)^2}. \end{aligned}$$

又

$$\frac{\partial G}{\partial n}\Big|_{y=0} = -\frac{\partial G}{\partial y}\Big|_{y=0} = -\frac{1}{\pi}\frac{\eta}{(x-\xi)^2+\eta^2},$$

所以, 由(13)式可知, 定解问题

$$\begin{cases} \Delta u = -f(x,y) \ (y>0), \\ u\mid_{y=0} = \varphi(x) \end{cases}$$

的解为

$$\begin{aligned} u(\xi,\eta) = &\frac{1}{4\pi}\int_0^{+\infty}\int_{-\infty}^{+\infty} f(x,y)\ln\frac{(x-\xi)^2+(y+\eta)^2}{(x-\xi)^2+(y-\eta)^2}dxdy \\ &+ \frac{1}{\pi}\int_{-\infty}^{+\infty}\frac{\eta\varphi(x)}{(x-\xi)^2+\eta^2}dx. \end{aligned}$$

又如, 求圆内的格林函数, 即解定解问题

$$\begin{cases} \Delta_2 G = -\delta(x-\xi, y-\eta) \ (r^2 = x^2+y^2 < R^2), \\ G\mid_{r=R} = 0, \end{cases}$$

这里, $M_0(\xi,\eta)$ 为圆内任一点. 在关于圆周对称的两点 M_0 和 M_1 处

分别放置点电荷 ε_0 和 $-\varepsilon_0$（图 5.4），这两个点电荷的场的势函数为

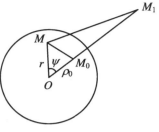

图 5.4

$$G(M;M_0) = \frac{1}{2\pi}\Big[\ln\frac{1}{r(M,M_0)} - \ln\frac{1}{r(M,M_1)}\Big] + C,$$

这里，C 为常数，G 满足方程

$$\Delta_2 G = -\delta(M-M_0).$$

又当 M 位于圆周上时，有

$$\frac{r(M,M_1)}{r(M,M_0)} = \frac{R}{\rho_0}.$$

再由边界条件，得

$$G(M;M_0)\,|_{r=R} = \frac{1}{2\pi}\ln\frac{R}{\rho_0} + C = 0,$$

故

$$C = -\frac{1}{2\pi}\ln\frac{R}{\rho_0}.$$

于是，所求的格林函数应为

$$G(M;M_0) = \frac{1}{2\pi}\Big[\ln\frac{1}{r(M,M_0)} - \ln\Big(\frac{R}{\rho_0}\,\frac{1}{r(M,M_1)}\Big)\Big]$$

$$= \frac{1}{4\pi}\ln\frac{\rho_0{}^2(r^2+\rho_1{}^2-2\rho_1 r\cos\psi)}{R^2(r^2+\rho_0{}^2-2\rho_0 r\cos\psi)},$$

式中，$\rho_1 = \overline{OM_1} = \dfrac{R^2}{\rho_0}$，$\psi$ 为 $\overrightarrow{OM_0}$ 和 $\overrightarrow{OM}$ 的夹角. 把 ρ_1 代入上式，又得

$$G(M;M_0) = \frac{1}{4\pi}\ln\frac{R^4+r^2\rho_0{}^2-2R^2\rho_0 r\cos\psi}{R^2(r^2+\rho_0{}^2-2\rho_0 r\cos\psi)}.$$

再把 $\dfrac{\partial G}{\partial n}\Big|_{r=R} = \dfrac{\partial G}{\partial r}\Big|_{r=R}$ 计算出来，然后代入解的表达式（13），就可以

328

得到圆内狄氏问题

$$\begin{cases} \Delta u = 0 \ (x^2 + y^2 < R^2), \\ u \mid_{x^2+y^2=R^2} = f(\theta) \end{cases}$$

的解为

$$u(r,\theta) = \frac{1}{2\pi} \int_0^{2\pi} \frac{R^2 - r^2}{r^2 + R^2 - 2Rr\cos(\theta-\varphi)} f(\varphi) \mathrm{d}\varphi.$$

这个公式我们以前曾建立过.

分离变量法也是求格林函数的重要方法,下面举例说明.

例 求矩形域 D:$0<x<a$,$0<y<b$ 内狄氏问题的格林函数,即解定解问题

$$\begin{cases} \Delta_2 G = -\delta(x-\xi, y-\eta) \ ((x,y) \in D, \ (\xi,\eta) \in D), \\ G \mid_{x=0} = G \mid_{x=a} = G \mid_{y=0} = G \mid_{y=b} = 0. \end{cases}$$

解 考虑齐次定解问题

$$\begin{cases} \Delta_2 \varphi + \lambda \varphi = 0, \\ \varphi(0,y) = \varphi(a,y) = 0, \\ \varphi(x,0) = \varphi(x,b) = 0. \end{cases}$$

令 $\varphi = X(x)Y(y)$,经分离变量后,得固有值问题

$$\begin{cases} X'' + \mu X = 0, \\ X(0) = X(a) = 0 \end{cases}$$

及

$$\begin{cases} Y'' + \nu Y = 0, \\ Y(0) = Y(b) = 0, \end{cases}$$

且 $\lambda = \mu + \nu$. 解上述两个方程,得固有值及相应的固有函数分别为

$$\mu_m = \left(\frac{m\pi}{a}\right)^2 \ (m = 1, 2, \cdots),$$

$$X_m(x) = \sin\frac{m\pi x}{a} \ (m = 1, 2, \cdots);$$

$$\nu_n = \left(\frac{n\pi}{b}\right)^2 \ (n = 1, 2, \cdots),$$

$$Y_n(y) = \sin\frac{n\pi y}{b} \ (n = 1, 2, \cdots).$$

故

$$\lambda_{mn} = \mu_m + \nu_n = \pi^2 \left(\frac{m^2}{a^2} + \frac{n^2}{b^2} \right),$$

$$\varphi_{mn} = \sin \frac{m\pi x}{a} \sin \frac{n\pi y}{b}.$$

令

$$G = \sum_{m=1}^{+\infty} \sum_{n=1}^{+\infty} a_{mn} \varphi_{mn},\tag{14}$$

代入原方程,得

$$\Delta_2 G = \sum_{m=1}^{+\infty} \sum_{n=1}^{+\infty} a_{mn} \Delta_2 \varphi_{mn}$$

$$= -\sum_{m=1}^{+\infty} \sum_{n=1}^{+\infty} a_{mn} \lambda_{mn} \varphi_{mn}$$

$$= -\delta(x-\xi)\delta(y-\eta).$$

故

$$a_{mn} = \frac{1}{\lambda_{mn} \parallel \varphi_{mn} \parallel^2} \int_0^a \int_0^b \delta(x-\xi)\delta(y-\eta) \sin \frac{m\pi x}{a} \sin \frac{n\pi y}{b} \mathrm{d}x \mathrm{d}y$$

$$= \frac{4ab}{\pi^2 (m^2 b^2 + n^2 a^2)} \sin \frac{m\pi \xi}{a} \sin \frac{n\pi \eta}{b}.$$

把 a_{mn} 代入(14)式,即得 D 内的格林函数

$$G(x,y;\xi,\eta) = \frac{4ab}{\pi^2} \sum_{m=1}^{+\infty} \sum_{n=1}^{+\infty} \frac{1}{m^2 b^2 + n^2 a^2} \sin \frac{m\pi \xi}{a} \sin \frac{n\pi \eta}{b} \varphi_{mn}.$$

5.3 $u_t = Lu$ 型方程柯西问题的基本解

设有一根无限长的均匀导热杆(横截面积为 1),在时刻 $t=0$ 用一个集中火焰在原点处把导热杆烧一下,使传到杆上的热量为 $c\rho$. 由 δ 函数的意义,杆内的温度分布 $U(t,x)$ 满足定解问题

$$\begin{cases} \dfrac{\partial u}{\partial t} = a^2 \dfrac{\partial^2 u}{\partial x^2} & (t>0, -\infty < x < +\infty), \\ u(0,x) = \delta(x). \end{cases}$$

我们称 $U(t,x)$ 为一维热传导方程柯西问题的基本解. 一般地,设 L 是关于 x,y,z 的常系数线性偏微分算子,称定解问题

$$\text{II}_1: \begin{cases} \dfrac{\partial u}{\partial t} = Lu \ (t > 0, \ -\infty < x, y, z < +\infty), \\ u(0, x, y, z) = \delta(x, y, z) \end{cases}$$

的解 $U(t, x, y, z)$ 为柯西问题

$$\text{II}_2: \begin{cases} \dfrac{\partial u}{\partial t} = Lu + f(t, x, y, z), \\ u(0, x, y, z) = \varphi(x, y, z) \end{cases}$$

的基本解. 如果把定解问题 II_1 中的初始扰动由原点移到点 $M_0(\xi, \eta, \zeta)$，则得到定解问题

$$\begin{cases} \dfrac{\partial u}{\partial t} = Lu, \\ u(0, x, y, z) = \delta(x - \xi, y - \eta, z - \zeta), \end{cases}$$

它的解 $\widetilde{U}$ 称为影响函数或点源函数. 显然，影响函数和基本解之间有平移关系

$$\widetilde{U} = U(t, M - M_0) = U(t, x - \xi, y - \eta, z - \zeta).$$

定理 设 $\varphi(M), f(t, M)$ 是连续函数，且 $U(t, M) * \varphi(M)$，$U(t, M) * f(t, M)$ 存在，则定解问题 II_2 的解为

$$u(t, x, y, z)$$

$$= U(t, M) * \varphi(M) + \int_0^t U(t - \tau, M) * f(\tau, M) \, \mathrm{d}\tau$$

$$= \iiint_{-\infty}^{+\infty} U(t, x - \xi, y - \eta, z - \zeta) \varphi(\xi, \eta, \zeta) \, \mathrm{d}\xi \mathrm{d}\eta \mathrm{d}\zeta$$

$$+ \int_0^t \Big[\iiint_{-\infty}^{+\infty} U(t - \tau, x - \xi, y - \eta, z - \zeta)$$

$$\cdot f(\tau, \xi, \eta, \zeta) \, \mathrm{d}\xi \mathrm{d}\eta \mathrm{d}\zeta \Big] \mathrm{d}\tau.$$

证 先证 $v = U(t, M) * \varphi(M)$ 满足定解问题

$$\begin{cases} \dfrac{\partial v}{\partial t} = Lv, \\ v \big|_{t=0} = \varphi(M). \end{cases}$$

事实上，交换微分和积分的次序，有

$$\frac{\partial v}{\partial t} = \frac{\partial}{\partial t} [U(t, M) * \varphi(M)]$$

331

$$= \left[\frac{\partial}{\partial t} U(t,M) \right] * \varphi(M)$$
$$= LU(t,M) * \varphi(M)$$
$$= L[U(t,M) * \varphi(M)]$$
$$= Lv,$$

且

$$v\mid_{t=0} = U(0,M) * \varphi(M)$$
$$= \delta(M) * \varphi(M)$$
$$= \varphi(M).$$

再对时间作平移 τ,由已知结论,知
$$w(t,M) = U(t-\tau,M) * f(\tau,M)$$

满足定解问题

$$\begin{cases} \dfrac{\partial w}{\partial t} = Lw \ (t > \tau), \\ w\mid_{t=\tau} = f(\tau,M). \end{cases}$$

于是,由齐次化原理,定解问题

$$\begin{cases} \dfrac{\partial u}{\partial t} = Lu + f(t,M), \\ u\mid_{t=0} = 0 \end{cases}$$

的解为

$$u = \int_0^t U(t-\tau,M) * f(\tau,M)\,\mathrm{d}\tau.$$

综合上述讨论,由叠加原理,定理得证.

例 求三维热传导方程柯西问题的基本解,即解定解问题
$$\begin{cases} U_t = a^2 \Delta U \ (t > 0, \ -\infty < x,y,z < +\infty), \\ U(0,x,y,z) = \delta(x,y,z). \end{cases}$$

解 对空间坐标 x,y,z 作 U 和 δ 的傅里叶变换,得
$$\overline{U}(t,\lambda,\mu,\nu) = F[U(t,x,y,z)]$$
$$= \iiint_{-\infty}^{+\infty} U(t,\xi,\eta,\zeta)\exp\{\mathrm{i}(\lambda\xi + \mu\eta + \nu\zeta)\}\,\mathrm{d}\xi\mathrm{d}\eta\mathrm{d}\zeta.$$

假定当 $\xi^2 + \eta^2 + \zeta^2 \to +\infty$ 时,$U,U_\xi,U_\eta,U_\zeta \to 0$,则由傅里叶变换的性质,得下面常微分方程的初始问题

332

$$\begin{cases} \dfrac{\mathrm{d}\overline{U}}{\mathrm{d}t} = a^2 \big[(-\mathrm{i}\lambda)^2 + (-\mathrm{i}\mu)^2 + (-\mathrm{i}\nu)^2\big]\overline{U} = -a^2\rho^2\overline{U}, \\ \overline{U}\,|_{t=0} = 1, \end{cases}$$

这里

$$\rho^2 = \lambda^2 + \mu^2 + \nu^2.$$

易求得这个初始问题的解为

$$\overline{U}(t,\lambda,\mu,\nu) = \exp\{-a^2\rho^2 t\}.$$

作反傅里叶变换,即得所求的解为

$$U(t,x,y,z)$$
$$= \frac{1}{(2\pi)^3}\iiint_{-\infty}^{+\infty}\overline{U}\exp\{-\mathrm{i}(\lambda x + \mu y + \nu z)\}\mathrm{d}\lambda\mathrm{d}\mu\mathrm{d}\nu$$
$$= \frac{1}{(2\pi)^3}\iiint_{-\infty}^{+\infty}\exp\{-a^2\rho^2 t - \mathrm{i}(\lambda x + \mu y + \nu z)\}\mathrm{d}\lambda\mathrm{d}\mu\mathrm{d}\nu$$
$$= \frac{1}{(2\pi)^3}\int_{-\infty}^{+\infty}\exp\{-a^2\lambda^2 t - \mathrm{i}\lambda x\}\mathrm{d}\lambda$$
$$\cdot \int_{-\infty}^{+\infty}\exp\{-a^2\mu^2 t - \mathrm{i}\mu y\}\mathrm{d}\mu$$
$$\cdot \int_{-\infty}^{+\infty}\exp\{-a^2\nu^2 t - \mathrm{i}\nu z\}\mathrm{d}\nu.$$

在第 4 章 4.1 节中已求得

$$\frac{1}{2\pi}\int_{-\infty}^{+\infty}\exp\{-a^2\lambda^2 t - \mathrm{i}\lambda x\}\mathrm{d}\lambda = \frac{1}{2a\sqrt{\pi t}}\exp\left\{-\frac{x^2}{4a^2 t}\right\},$$

于是,就得到所求的解为

$$U(t,x,y,z) = \left(\frac{1}{2a\sqrt{\pi t}}\right)^3 \exp\left\{-\frac{x^2 + y^2 + z^2}{4a^2 t}\right\}.$$

一维、二维及三维热传导方程的基本解的形式是统一的. 由上例的推导,易知一维热传导方程柯西问题的基本解为

$$\overline{U}(t,x) = \frac{1}{2a\sqrt{\pi t}}\exp\left\{-\frac{x^2}{4a^2 t}\right\}. \tag{1}$$

由基本解及本节定理中的公式,立即可以写出三维热传导方程柯西问题 II_2(这时,L 成为 Δ_3)的解为

$$u(t,x,y,z) = \left(\frac{1}{2a\sqrt{\pi t}}\right)^3 \iiint_{-\infty}^{+\infty}\varphi(\xi,\eta,\zeta)\exp\left\{-\frac{r_1^2}{4a^2 t}\right\}\mathrm{d}\xi\mathrm{d}\eta\mathrm{d}\zeta$$

$$+ \left(\frac{1}{2a\sqrt{\pi}} \right)^3 \int_0^t \frac{1}{(t-\tau)^{\frac{3}{2}}} \left[\iiint_{-\infty}^{+\infty} f(\tau, \xi, \eta, \zeta) \right.$$

$$\left. \cdot \exp\left\{ -\frac{r_1^2}{4a^2(t-\tau)} \right\} \mathrm{d}\xi \mathrm{d}\eta \mathrm{d}\zeta \right] \mathrm{d}\tau,$$

这里

$$r_1^2 = (x-\xi)^2 + (y-\eta)^2 + (z-\zeta)^2.$$

下面讨论由(1)式给出的一维热传导方程的基本解 $U(t,x)$ 所描述的热传导过程.

如图 5.5,对于不同的时刻 $t_1 < t_2 < t_3 < \cdots$,把这样的温度分布

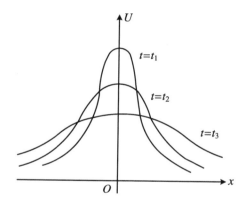

图 5.5 ($t_1 < t_2 < t_3$)

函数 $U(t_i, x)$ $(i=1,2,\cdots)$ 描在 Ux 平面上,就得到一系列的温度分布曲线. 从图中可以看到,当 t 越小时,在 $x=0$ 附近曲线耸得越高;当 t 越大时,曲线就越平. 作为两个极端的情况,当 $t \to +\infty$ 时,各点的温度均趋于零;当 $t \to 0$ 时,温度分布就趋于 $\delta(x)$. 但是,不论 t 取什么值,曲线下的面积总是 1,即

$$\int_{-\infty}^{+\infty} U(t,x)\mathrm{d}x = 1.$$

它表示在杆的热平衡过程中,其总热量总是保持不变的,即保持开始一瞬间给予杆的热量 $Q=c\rho$.

根据基本解的表达式,类似于上面关于温度分布曲线的分析,

可以看到,对于同一个时刻 t,当 $a=\sqrt{\dfrac{k}{c\rho}}$ 越大时,温度分布曲线越平,这表明温度的平衡过程进行得越快. 也就是说,当热传导系数 k 越大,比热 c 和密度 ρ 越小时,温度的平衡过程越快. 这是符合实际情况的.

从这个基本解还可以看出,在开始一瞬间集中在点 $x=0$ 传给杆一定的热量后,在以后的任意一个时刻,杆上的各点均受到此初始状态的影响,即热的传导速度等于无穷大. 这不符合实际情况,它说明我们的数学模型并不能完全反映客观的传热过程. 但从基本解可以表明,过程的时间进行得越长,杆上各点受到初始状态的影响就越小.

5.4 $u_{tt}=Lu$ 型方程柯西问题的基本解

5.4.1 柯西问题解的积分表示

定义 定解问题
$$\begin{cases} \dfrac{\partial^2 u}{\partial t^2} = Lu \ (-\infty < x,y,z < +\infty,\ t>0), \\ u(0,M)=0,\ u_t(0,M)=\delta(M) \end{cases}$$
的解 $U(t,M)$ 称为柯西问题
$$\text{III}_1: \begin{cases} \dfrac{\partial^2 u}{\partial t^2} = Lu + f(t,M) \ (t>0,\ M \in \mathbf{R}^3), \\ u(0,M)=\varphi(M),\ u_t(0,M)=\psi(M) \end{cases}$$
的基本解.

定理 设 $\varphi(M),\psi(M),f(t,M)$ 都是连续函数,$U*\varphi,U*\psi$,$U*f$ 都存在,则柯西问题 III_1 的解为
$$u(t,M) = \frac{\partial}{\partial t}[U(t,M)*\varphi(M)] + U(t,M)*\psi(M)$$
$$+ \int_0^t U(t-\tau,M)*f(\tau,M)\mathrm{d}\tau.$$

证 分别记上式右端的三项为 u_1,u_2,u_3,证明分三步进行:

1) 先证

$$\begin{cases} \dfrac{\partial^2 u_1}{\partial t^2} = L u_1, \\ u_1(0,M) = \varphi(M), \quad \dfrac{\partial u_1}{\partial t}\bigg|_{t=0} = 0. \end{cases}$$

事实上,有

$$\begin{aligned} \frac{\partial^2 u_1}{\partial t^2} &= \frac{\partial^3}{\partial t^3}\big[U(t,M) * \varphi(M)\big] \\ &= \frac{\partial}{\partial t}\bigg[\frac{\partial^2 U(t,M)}{\partial t^2} * \varphi(M)\bigg] \\ &= \frac{\partial}{\partial t}\big[LU(t,M) * \varphi(M)\big] \\ &= L\bigg[\frac{\partial}{\partial t}U(t,M) * \varphi(M)\bigg] \\ &= L u_1, \end{aligned}$$

$$\begin{aligned} u_1(0,M) &= \frac{\partial U}{\partial t}\bigg|_{t=0} * \varphi(M) \\ &= \delta(M) * \varphi(M) \\ &= \varphi(M), \end{aligned}$$

$$\begin{aligned} \frac{\partial u_1}{\partial t}\bigg|_{t=0} &= \frac{\partial^2 U(t,M)}{\partial t^2}\bigg|_{t=0} * \varphi(M) \\ &= LU|_{t=0} * \varphi \\ &= L[U|_{t=0} * \varphi] \\ &= 0. \end{aligned}$$

2) 同理可证,$u_2 = U(t,M) * \psi(M)$ 满足

$$\begin{cases} \dfrac{\partial^2 u_2}{\partial t^2} = L u_2, \\ u_2(0,M) = 0, \quad \dfrac{\partial u_2}{\partial t}\bigg|_{t=0} = \psi(M). \end{cases}$$

3) 利用 2)中已证的结论及齐次化原理,与 5.3 节中定理的证明完全一样,可证

$$\begin{cases} \dfrac{\partial^2 u_3}{\partial t^2} = L u_3 + f(t,M), \\ u_3|_{t=0} = 0, \quad \dfrac{\partial u_3}{\partial t}\bigg|_{t=0} = 0. \end{cases}$$

综合以上三步,由叠加原理即得要证结论.

例 1 求三维波动方程柯西问题的基本解,即解定解问题

$$\begin{cases} \dfrac{\partial^2 U}{\partial t^2} = a^2 \Delta U \ (t > 0, \ -\infty < x, y, z < +\infty), \\ U(0, x, y, z) = 0, \\ U_t(0, x, y, z) = \delta(x, y, z). \end{cases}$$

解 作傅里叶变换

$$\overline{U}(t, \lambda, \mu, \nu) = \iiint_{-\infty}^{+\infty} U(t, \xi, \eta, \zeta) \exp\{i(\lambda\xi + \mu\eta + \nu\zeta)\} d\xi d\eta d\zeta,$$

假定当 $\xi^2 + \eta^2 + \zeta^2 \to +\infty$ 时,$U, U_\xi, U_\eta, U_\zeta \to 0$,则由傅里叶变换的性质,得常微分方程的初始问题

$$\begin{cases} \dfrac{d^2 \overline{U}}{d t^2} = -a^2 \rho^2 \overline{U} \ (\rho^2 = \lambda^2 + \mu^2 + \nu^2), \\ \overline{U}(0, \lambda, \mu, \nu) = 0, \ \overline{U}_t(0, \lambda, \mu, \nu) = 1. \end{cases}$$

解之得

$$\overline{U} = \frac{\sin a\rho t}{a\rho}. \tag{1}$$

再作反傅里叶变换,就可以得到所给定解问题的解

$$\begin{aligned} U(t, x, y, z) &= \frac{1}{(2\pi)^3} \iiint_{-\infty}^{+\infty} \overline{U} \exp\{-i(\lambda x + \mu y + \nu z)\} d\lambda d\mu d\nu \\ &= \left(\frac{1}{2\pi}\right)^3 \iiint_{-\infty}^{+\infty} \frac{\sin a\rho t}{a\rho} \exp\{-i(\lambda x + \mu y + \nu z)\} d\lambda d\mu d\nu. \end{aligned}$$

由对称性,不妨把 ν 轴的方向取为向径 $\boldsymbol{r} = (x, y, z)$ 的方向,记向量 $\boldsymbol{\rho} = (\lambda, \mu, \nu)$.作球坐标变换

$$\begin{cases} \lambda = \rho \sin\theta \cos\varphi, \\ \mu = \rho \sin\theta \sin\varphi, \\ \nu = \rho \cos\theta, \end{cases}$$

因

$$\lambda x + \mu y + \nu z = \boldsymbol{\rho} \cdot \boldsymbol{r} = \rho r \cos\theta,$$

故

$$U(t,x,y,z)$$

$$= \left(\frac{1}{2\pi}\right)^3 \int_0^{+\infty} \frac{\sin a\rho t}{a\rho}\rho^2 \mathrm{d}\rho \int_0^{2\pi}\mathrm{d}\varphi\int_0^{\pi}\exp\{-\mathrm{i}\rho r\cos\theta\}\sin\theta\mathrm{d}\theta$$

$$= \frac{1}{4\pi^2 a}\int_0^{+\infty}\sin a\rho t\,\cdot\,\frac{\exp\{-\mathrm{i}\rho r\cos\theta\}}{\mathrm{i}r}\bigg|_0^{\pi}\mathrm{d}\rho$$

$$= \frac{1}{2\pi^2 ar}\int_0^{+\infty}\sin\rho r\sin a\rho t\,\mathrm{d}\rho$$

$$= \frac{1}{8\pi^2 ar}\int_{-\infty}^{+\infty}[\cos\rho(r-at)-\cos\rho(r+at)]\mathrm{d}\rho.$$

再利用 5.1 节中的公式(5),即得

$$U(t,x,y,z) = \frac{1}{4\pi ar}[\delta(r-at)-\delta(r+at)].$$

因 $r\geqslant0,t>0$,故 $r+at>0$,从而 $\delta(r+at)=0$. 于是

$$U(t,x,y,z) = \frac{1}{4\pi ar}\delta(r-at),$$

这里

$$r = \sqrt{x^2+y^2+z^2}.$$

下面利用基本解求出三维自由波动方程柯西问题

$$\begin{cases} u_{tt} = a^2\Delta u \ (t>0,\ -\infty<x,y,z<+\infty), \\ u(0,x,y,z) = \varphi(x,y,z),\ u_t(0,x,y,z) = \psi(x,y,z) \end{cases}$$

的解的积分表示. 由本节定理,这个定解问题的解为

$$u(t,x,y,z) = \frac{\partial}{\partial t}[U(t,M)*\varphi(M)]+U(t,M)*\psi(M). \quad (2)$$

上式右端的第二项为

$$U(t,M)*\psi(M)$$

$$= \iiint_{-\infty}^{+\infty}U(t,x-\xi,y-\eta,z-\zeta)\psi(\xi,\eta,\zeta)\mathrm{d}\xi\mathrm{d}\eta\mathrm{d}\zeta$$

$$= \frac{1}{4\pi a}\iiint_{-\infty}^{+\infty}\frac{\delta(r-at)}{r}\psi(\xi,\eta,\zeta)\mathrm{d}\xi\mathrm{d}\eta\mathrm{d}\zeta,$$

这里

$$r = \sqrt{(x-\xi)^2+(y-\eta)^2+(z-\zeta)^2}.$$

用 S_r 表示以点 $M(x,y,z)$ 为中心、r 为半径的球面. 当点 $(\xi,\eta,\zeta)\in S_r$ 时,有

$$\begin{cases} \xi = x + r\sin\theta\cos\varphi, \\ \eta = y + r\sin\theta\sin\varphi, \\ \zeta = z + r\cos\theta. \end{cases}$$

记

$$F(r) = \iint\limits_{S_r} \psi(\xi, \eta, \zeta)\,\mathrm{d}S$$

$$= \int_0^{2\pi}\mathrm{d}\varphi\int_0^\pi \psi(\xi, \eta, \zeta) r^2 \sin\theta\,\mathrm{d}\theta,$$

则

$$U(t, M) * \psi(M) = \frac{1}{4\pi a}\int_0^{+\infty}\frac{\delta(r - at)}{r}\left[\iint\limits_{S_r}\psi(\xi, \eta, \zeta)\,\mathrm{d}S\right]\mathrm{d}r$$

$$= \frac{1}{4\pi a}\int_0^{+\infty}\delta(r - at)\frac{F(r)}{r}\,\mathrm{d}r$$

$$= \frac{F(r)}{4\pi a r}\bigg|_{r = at}$$

$$= \frac{F(at)}{4\pi a^2 t}$$

$$= t\left[\frac{1}{4\pi(at)^2}\iint\limits_{S_{at}}\psi(\xi, \eta, \zeta)\,\mathrm{d}S\right].$$

上式中,最后一个等号后的方括号内恰是函数 ψ 在球面 S_{at} 上的平均值,记为 $M_{at}(\psi)$,因而

$$U(t, M) * \psi(M) = tM_{at}(\psi).$$

同理

$$\frac{\partial}{\partial t}\big[U(t, M) * \varphi\big] = \frac{\partial}{\partial t}\big[tM_{at}(\varphi)\big].$$

将以上结果代入(2)式,得到三维自由波动方程柯西问题的解为

$$u(t, x, y, z) = tM_{at}(\psi) + \frac{\partial}{\partial t}\big[tM_{at}(\varphi)\big]. \qquad (3)$$

这个公式通常称为泊松公式.

由(1)式可见(取 $\rho = \lambda$),对一维波动方程,有

$$\overline{U}(t, \lambda) = F[U(t, x)] = \frac{\sin at\lambda}{a\lambda},$$

339

故它的初始问题的基本解为

$$U(t,x) = F^{-1}\left[\frac{\sin at\lambda}{a\lambda}\right].$$

查傅里叶变换表,有(这个公式显然不难计算)

$$F[h(a-\mid x\mid)] = \frac{2\sin a\lambda}{\lambda},$$

所以

$$U(t,x) = \frac{1}{2a}h(at-\mid x\mid)$$

$$= \frac{1}{2a}h(a^2t^2-x^2).$$

利用这个基本解及本节定理,可以再算出达朗贝尔公式及第1章1.5节中例2的结果.至于二维波动方程的基本解,将在下一小节中用另外的方法算出.

5.4.2 降维法

为求解二维波动方程的柯西问题

$$\text{III}_2:\begin{cases} \dfrac{\partial^2 u}{\partial t^2} = a^2\left(\dfrac{\partial^2 u}{\partial x^2} + \dfrac{\partial^2 u}{\partial y^2}\right)\ (-\infty < x,y < +\infty,\ t>0),\\ u(0,x,y) = \varphi(x,y),\\ u_t(0,x,y) = \psi(x,y), \end{cases}$$

我们转而考虑一个特殊初始条件下的三维波动方程的柯西问题

$$\text{III}_3:\begin{cases} \dfrac{\partial^2 u}{\partial t^2} = a^2\left(\dfrac{\partial^2 u}{\partial x^2} + \dfrac{\partial^2 u}{\partial y^2} + \dfrac{\partial^2 u}{\partial z^2}\right),\\ u\mid_{t=0} = \varphi(x,y),\ u_t\mid_{t=0} = \psi(x,y). \end{cases}$$

显然,III_2 的解 $u(x,y)$ 是 III_3 的解(因为这时有 $u_{zz}=0$),再由解的唯一性,知问题 III_2 与问题 III_3 等价.因此,可利用上一小节中得到的泊松公式来求解问题 III_2.为此,先计算第一型曲面积分

$$\int_{S_{at}} \psi(\xi,\eta)\mathrm{d}S.$$

由于 S_{at} 是以点 (x,y,z) 为中心、at 为半径的球面

$$(\xi-x)^2 + (\eta-y)^2 + (\zeta-z)^2 = a^2t^2,$$

所以球面面积元素

$$dS = \sqrt{1 + \left(\frac{\partial \zeta}{\partial \xi}\right)^2 + \left(\frac{\partial \zeta}{\partial \eta}\right)^2} \, d\sigma$$

$$= \frac{at \, d\sigma}{\sqrt{a^2 t^2 - (\xi - x)^2 - (\eta - y)^2}},$$

这里,$d\sigma$ 是 dS 在 $\xi\eta$ 平面上的投影. 由于 $\psi(\xi, \eta)$ 不依赖于 ζ,故在球面 S_{at} 的上半球面和下半球面上的积分相等,于是

$$\iint\limits_{S_{at}} \psi(\xi, \eta) \, dS = 2at \iint\limits_{D_{at}} \frac{\psi(\xi, \eta) \, d\sigma}{\sqrt{a^2 t^2 - (\xi - x)^2 - (\eta - y)^2}},$$

这里,D_{at} 是 S_{at} 在 $\xi\eta$ 平面上的投影区域:

$$(\xi - x)^2 + (\eta - y)^2 \leqslant a^2 t^2.$$

所以

$$M_{at}(\psi) = \frac{1}{4\pi a^2 t^2} \iint\limits_{S_{at}} \psi(\xi, \eta) \, dS$$

$$= \frac{1}{2\pi at} \iint\limits_{D_{at}} \frac{\psi(\xi, \eta)}{\sqrt{a^2 t^2 - (\xi - x)^2 - (\eta - y)^2}} \, d\xi d\eta.$$

这样,我们就得到了二维波动方程初始问题解的公式:

$$u(t, x, y) = \frac{\partial}{\partial t} \left[t M_{at}(\varphi) \right] + t M_{at}(\psi)$$

$$= \frac{1}{2\pi a} \frac{\partial}{\partial t} \iint\limits_{D_{at}} \frac{\varphi(\xi, \eta)}{\sqrt{a^2 t^2 - (\xi - x)^2 - (\eta - y)^2}} \, d\xi d\eta$$

$$+ \frac{1}{2\pi a} \iint\limits_{D_{at}} \frac{\psi(\xi, \eta)}{\sqrt{a^2 t^2 - (\xi - x)^2 - (\eta - y)^2}} \, d\xi d\eta. \quad (4)$$

这种根据三维问题的解得出二维问题的解的方法称为降格方法或降维法.

在公式(4)中,令 $\varphi = 0, \psi(x, y) = \delta(x, y)$,即得二维波动方程初始问题的基本解为

$$U(t, x, y) = \begin{cases} \dfrac{1}{2\pi a} \dfrac{1}{\sqrt{a^2 t^2 - x^2 - y^2}} & (x^2 + y^2 \leqslant a^2 t^2) \\ 0 & (x^2 + y^2 > a^2 t^2). \end{cases}$$

例 2 已知二维波动的初速度为零,初位移集中在单位圆内为

1,即

$$u(0,x,y) = \varphi(x,y)$$
$$= \begin{cases} 1 & (x^2 + y^2 \leqslant 1) \\ 0 & (x^2 + y^2 > 1), \end{cases}$$

求 $u(t,0,0)$ 的值.

解 采用极坐标计算公式(4)中的积分,分两种情形计算:

1) 当 $at \leqslant 1$,即 $t \leqslant \dfrac{1}{a}$ 时,区域 D_{at}: $\xi^2 + \eta^2 \leqslant a^2 t^2$ 在单位圆内,

这时 $\varphi(\xi,\eta) = 1$. 于是,由(4)式有

$$\begin{aligned}
u(t,0,0) &= \frac{1}{2\pi a} \frac{\partial}{\partial t} \iint\limits_{D_{at}} \frac{\varphi(\xi,\eta)}{\sqrt{a^2 t^2 - \xi^2 - \eta^2}} \mathrm{d}\xi \mathrm{d}\eta \\
&= \frac{1}{2\pi a} \frac{\partial}{\partial t} \int_0^{2\pi} \mathrm{d}\theta \int_0^{at} \frac{1}{\sqrt{a^2 t^2 - r^2}} r \mathrm{d}r \\
&= \frac{1}{2\pi a} \cdot 2\pi \cdot \frac{\partial}{\partial t} \left(-\sqrt{a^2 t^2 - r^2} \right) \Big|_0^{at} \\
&= \frac{1}{a} \frac{\partial}{\partial t} at \\
&= 1.
\end{aligned}$$

2) 当 $at > 1$,即 $t > \dfrac{1}{a}$ 时,有

$$\begin{aligned}
u(t,0,0) &= \frac{1}{2\pi a} \frac{\partial}{\partial t} \int_0^{2\pi} \mathrm{d}\theta \int_0^1 \frac{r \mathrm{d}r}{\sqrt{a^2 t^2 - r^2}} \\
&= -\frac{1}{a} \frac{\partial}{\partial t} \sqrt{a^2 t^2 - r^2} \Big|_0^1 \\
&= \frac{1}{a} \frac{\partial}{\partial t} (at - \sqrt{a^2 t^2 - 1}) \\
&= 1 - \frac{at}{\sqrt{a^2 t^2 - 1}}.
\end{aligned}$$

这说明此波动有后效(详见 5.4.3 节),且当 $t \to +\infty$ 时,$u(t,0,0)$ $\to 0$.

* 5.4.3 自由波的传播

由于三维空间和二维空间中波的传播过程有着重大的原则差

别,所以下面分别讨论.

1) 球面波

我们先分析三维波动方程的影响函数

$$U(t,x,y,z;\xi,\eta,\zeta) = \frac{\delta(r - at)}{4\pi ar},$$

这里

$$r = \sqrt{(x-\xi)^2 + (y-\eta)^2 + (z-\zeta)^2}.$$

如图 5.6 所示,从影响函数可以看到,在时刻 t,集中在点 (ξ,η,ζ) 的初始扰动只影响到以 (ξ,η,ζ) 为中心、以 at 为半径的球面(这个球面常称为源点 (ξ,η,ζ) 的影响区域)上的各点,离中心更远的点因还未受到初始扰动的影响而保持静止状态,离中心更近的点受初始扰动的影响的时刻已经过去,此时又恢复到原来的静止状态. 所以,初始扰动以速度 a 向空间各个方向传播,扰动的这种传播过程

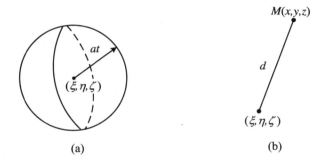

图 5.6

称为球面波. 如果我们来观察空间一点 $M(x,y,z)$ 的状态,设点 M 到点 (ξ,η,ζ) 的距离为 d,那么,当 $t < \frac{d}{a}$ 时,初始扰动还未影响到 M 点;当 $t = \frac{d}{a}$ 时,初始扰动影响到 M 点,它处于受扰动状态;当 $t > \frac{d}{a}$ 时,初始扰动传到了离中心点 (ξ,η,ζ) 更远的地方,M 点恢复到原来的静止状态.

现在再考虑初始扰动只连续分布在空间某一有界区域 T_0 内的情形,即设

$$u(0,x,y,z) = \begin{cases} \varphi(x,y,z) & ((x,y,z) \in T_0) \\ 0 & ((x,y,z)\overline{\in} T_0), \end{cases}$$

$$u_t(0,x,y,z) = \begin{cases} \psi(x,y,z) & ((x,y,z) \in T_0) \\ 0 & ((x,y,z)\overline{\in} T_0), \end{cases}$$

研究在 T_0 外一点 $M(x,y,z)$ 的状态 $u(t,x,y,z)$ 随时间 t 的变化规律. 由泊松公式知道, $u(t,x,y,z)$ 的值完全决定于初始条件 φ 和 ψ 在以点 M 为中心、以 at 为半径的球面(这个球面常称为场点 (x,y,z) 的依赖区域) S_{at} 上的平均值, 显然, 只有当球面 S_{at} 与区域 T_0 相交时, $u(t,x,y,z)$ 才有可能不为零.

现在如果令 d_1 和 d_2 分别表示由点 M 到区域 T_0 的最近点和

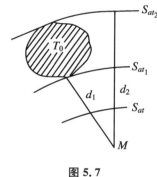

图 5.7

最远点的距离(图 5.7), 那么, 当 t 很小时 $\left(\text{例如 } t < \dfrac{d_1}{a} \text{ 时}\right)$, S_{at} 和 T_0 不相交. 因而公式(3)中的那两个积分等于零, 所以

$$u(t,x,y,z) = 0.$$

也就是说, 在这样的时刻, 集中在区域 T_0 内的初始扰动还来不及传到 M 点.

从时刻 $t_1 = \dfrac{d_1}{a}$ 到时刻 $t_2 = \dfrac{d_2}{a}$ 这段时间内, 球面 S_{at} 和区域 T_0 相交. 因而, 在这段时间内, $u(t,x,y,z)$ 的值一般不为零. 也就是说, 点 $M(x,y,z)$ 进入受扰状态.

当 t 再增大时, 球面 S_{at} 把区域 T_0 完全包在自己内部, $u(t,x,y,z)$ 的值又恢复为零, 即点 $M(x,y,z)$ 处的状态又恢复原状.

如果把集中在区域 T_0 内的初始扰动 φ 和 ψ 看作是从 T_0 内发出的信号的话, 那么对于一个站在 M 点上的观察者来说, 他会发现这样的情况:

(a) 当 $t < \dfrac{d_1}{a}$ 时, 信号尚未传到;

(b) 当 $t = \dfrac{d_1}{a}$ 时, 信号前锋 (即区域 T_0 中离 M 点最近的点的初始扰动) 到达, 观察点上扰动开始;

(c) 当 $\dfrac{d_1}{a} < t < \dfrac{d_2}{a}$ 时, 观察点上的状态随着时间变化;

(d) 当 $t = \dfrac{d_2}{a}$ 时, 信号后锋到达, 扰动开始结束;

(e) 当 $t > \dfrac{d_2}{a}$ 时, 信号过去, 观察点 M 又恢复到原来的静止状态.

以上讨论的是空间中一个固定点上的状态随时间变化的情况, 现在让我们看一看在一个固定时刻 $t = t_0$ 空间各部分受扰的情况. 为简单起见, 我们假定初始扰动集中在一个半径为 R_0 的球 T_0 内. 很容易看出, 如果在时刻 t_0 某个点 M 是处于受扰状态的, 那么以 M 为中心、以 at_0 为半径的球面应和 T_0 相交. 由此可知, 在时刻 t_0 处于受扰状态的点, 就是和 T_0 同心而半径分别为 $at_0 + R_0$ 与 $at_0 - R_0$ 的两个球面 1 和 2 之间的那些点 (图 5.8), 球面 1 称为波的前锋 (或前阵面), 球面 2 称为波的后锋 (或后阵面).

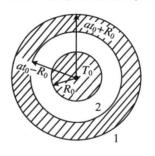

图 5.8

由此可见, 在三维情形下, 如果初始扰动只连续分布在空间中某一个区域内的话, 那么, 波的传播有着清晰的前阵面和后阵面, 这些阵面的法线方向的前进速度为 a.

2) 柱面波

由在前一小节中已求出的二维波动方程初始问题的基本解, 经坐标平移后即得影响函数

$$U(t, x-\xi, y-\eta) = \begin{cases} \dfrac{1}{2\pi a} \dfrac{1}{\sqrt{a^2 t^2 - r^2}} & (r \leqslant at) \\ 0 & (r > at), \end{cases}$$

这里

$$r = \sqrt{(x-\xi)^2 + (y-\eta)^2}.$$

从影响函数可以看到,在时刻 t,集中在点 (ξ,η) 的初始扰动只影响到以 (ξ,η) 为中心、以 at 为半径的圆域(影响区域)上各点的状态,而离圆心更远的点(即圆外各点)因还未受到初始扰动的影响而保持静止状态. 所以,受初始扰动影响的区域的半径以速度 a 不断扩大,扰动的这种过程称为柱面波. 这是因为二维的波运动并不就是在平面上传播的波,而是说函数 $u(t,x,y,z)$ 在每一条平行于 z 轴的直线上是常数,因而图 5.9 中的圆域上各点的状态,实际上

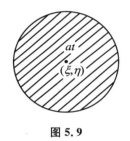

图 5.9

就代表了以此圆为截面、中心轴线平行于 z 轴的两端无限长的圆柱体上各点的状态. 如果我们来观察平面上一点 $M(x,y)$ 的状态,设点 $M(x,y)$ 到点 (ξ,η) 的距离为 d,那么从基本解可知,当 $t < \dfrac{d}{a}$ 时,初始扰动的影响还未传到 M 点,点 M 处于静止状态;当 $t = \dfrac{d}{a}$ 时,初始扰动的影响传到 M 点,使它开始进入受扰动状态;当 $t > \dfrac{d}{a}$ 时,初始扰动仍影响着 M 点,使它继续处于受扰动状态,但随着时间 t 的不断增加,初始扰动对点 $M(x,y)$ 的影响不断减弱.

如果初始扰动连续分布在平面上的一个有界区域 T_0 内,即设

$$u(0,x,y) = \begin{cases} \varphi(x,y) & ((x,y) \in T_0) \\ 0 & ((x,y) \overline{\in} T_0), \end{cases}$$

$$u_t(0,x,y) = \begin{cases} \psi(x,y) & ((x,y) \in T_0) \\ 0 & ((x,y) \overline{\in} T_0), \end{cases}$$

研究在 T_0 外一点 $M(x,y)$ 的状态 $u(t,x,y)$ 随时间的变化规律. 由解的公式(4)可知,$u(t,x,y)$ 的值是由两个二重积分确定的,这两个积分都展布在以 $M(x,y)$ 为中心、以 at 为半径的圆域(依赖区域)D_{at} 上,记观察点 $M(x,y)$ 到 T_0 上各点的距离的最大值和最小值分别为 d_2 和 d_1,那么

(a) 当 $t < \dfrac{d_1}{a}$ 时,圆域 D_{at} 与域 T_0 不相交,在整个积分区域上

346

$\varphi\equiv0,\psi\equiv0$，所以 $u(t,x,y)=0$. 这就是说，由 T_0 内发出的信号尚未到达 M 点；

（b）当 $t=\dfrac{d_1}{a}$ 时，点 M 开始进入受扰状态；

（c）当 $\dfrac{d_1}{a}<t<\dfrac{d_2}{a}$ 时，圆域 D_{at} 和 T_0 相交于区域 T_1（图 5.10），这时，公式（4）中的两个积分实际上就是在 T_1 上进行的. 因而，$u(t,x,y)$ 一般不为零，即 M 点进入了受扰状态；

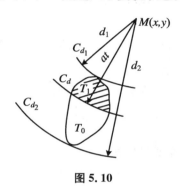

图 5.10

（d）当 $t\geqslant\dfrac{d_2}{a}$ 时，T_0 完全落在圆域 D_{at} 内，这时两个积分都是在 T_0 上进行的. 因而，$u(t,x,y)$ 一般不为零，而是继续随着时间变动，但随着时间不断地增加，初始扰动的影响就不断地减弱.

由上述讨论可知，三维空间和二维空间中波的传播过程有着本质上的重大差别. 在三维的情形，集中扰动的传播有清晰的前阵面和后阵面，也就是说，对站在一点 M 的观察者来说，在 $t=\dfrac{d_1}{a}$ 时开始接到信号，在 $t=\dfrac{d_2}{a}$ 时信号结束. 球面波的这一性质在物理上称为惠更斯（Huygens）原理或无后效现象，它在通信中起着重要的作用. 而二维的情形却不同，柱面波虽有明晰的前阵面，但无明晰的后阵面. 也就是说，一旦某一点受到初始扰动的影响以后，它就一直受到初始扰动的影响而不能恢复到原来的状态，这一现象在物理上称为有后效现象或波的弥散. 因此, 柱面波是不能用于在通信中传递信号的. 在一维情形, 自由波的传播一般也有弥散现象, 建议读者自己用达朗贝尔公式分析.

5.4.4　推迟势公式

由本节定理, 定解问题
$$\begin{cases} u_{tt} = a^2 \Delta u + f(t,x,y,z) \quad (t>0, -\infty < x,y,z < +\infty), \\ u(0,x,y,z) = u_t(0,x,y,z) = 0 \end{cases}$$
的解为
$$u(t,x,y,z) = \int_0^t U(t-\tau,M) * f(\tau,M) \mathrm{d}\tau. \tag{5}$$
由前面的计算结果, 有
$$U(t-\tau,M) * f(\tau,M) = (t-\tau) M_{a(t-\tau)}(f)$$
$$= \frac{1}{4\pi a^2(t-\tau)} \iint_{S_{a(t-\tau)}} f(\tau,\xi,\eta,\zeta) \mathrm{d}S.$$
把它代入 (5) 式, 并作变量代换
$$r = a(t-\tau),$$
得
$$u = \frac{1}{4\pi a^2} \int_0^{at} \iint_{S_r} \frac{f\left(t-\dfrac{r}{a},\xi,\eta,\zeta\right)}{r} \mathrm{d}S \mathrm{d}r.$$
用 V_{at} 表示球面 S_{at} 包围的球体, 上式右端的累次积分正好是在 V_{at} 上的三重积分, 即
$$u(t,x,y,z) = \frac{1}{4\pi a^2} \iiint_{V_{at}} \frac{f\left(t-\dfrac{r}{a},\xi,\eta,\zeta\right)}{r} \mathrm{d}\xi \mathrm{d}\eta \mathrm{d}\zeta. \tag{6}$$

这样一个解有什么物理意义呢? 它告诉我们, 在有外力作用而无初始扰动的情况下, 要求时刻 t 某点 (x,y,z) 上的扰动, 即 $u(t,x,y,z)$ 的值, 必须在一个以 (x,y,z) 为中心、以 at 为半径的球体上求函数
$$\frac{f\left(t-\dfrac{r}{a},\xi,\eta,\zeta\right)}{r}$$

的积分. 但有一个地方必须特别注意, 就是求积分的时候, 不是取外力分布函数 f 在时刻 t 的值, 而是取在这个时刻之前的时刻 $t-\dfrac{r}{a}$ 的值. 时刻 $t-\dfrac{r}{a}$ 比时刻 t 早一个时程 $\dfrac{r}{a}$, 这个时程刚好就是在一个离点 (x,y,z) 的距离为 r 的点上外力的影响传到点 (x,y,z) 所需的时间. 因此, 公式 (6) 中的积分其实就是把刚好在时刻 t 到达点 (x,y,z) 的影响加起来, 以确定 $u(t,x,y,z)$ 的值. 这样, 公式 (6) 常称为三维波动方程的推迟势 (或推后势) 公式.

习　题

1. 证明下列公式：

(1) $x\delta(x)=0$；

(2) $f(x)\delta(x-a)=f(a)\delta(x-a)$；

(3) $\delta(ax)=\dfrac{\delta(x)}{|a|}$ $(a\neq 0)$；

(4) $\delta'(-x)=-\delta'(x)$；

(5) $x\delta'(x)=-\delta(x)$.

2. 设有坐标变换式 $\begin{cases} x=x(\xi,\eta), \\ y=y(\xi,\eta), \end{cases}$ 证明：

$$\delta(x-x_0,y-y_0)=\frac{1}{|J|}\delta(\xi-\xi_0,\eta-\eta_0),$$

其中, J 是雅可比行列式, (x_0,y_0) 与 (ξ_0,η_0) 是相对应的点. 特别地, 证明在极坐标的情形下, 有

$$\delta(x-x_0,y-y_0)=\frac{1}{r}\delta(r-r_0,\theta-\theta_0).$$

3. 解下列定解问题：

(1) $\begin{cases} u_t=a^2 u_{xx} \ (0<x<l,\ t>0), \\ u(t,0)=u(t,l)=0, \\ u(0,x)=\delta(x-\xi) \ (0<\xi<l); \end{cases}$

(2) $\begin{cases} u_{tt}=a^2 u_{xx} \ (0<x<l,\ t>0), \\ u_x(t,0)=u_x(t,l)=0, \\ u(0,x)=0,\ u_t(0,x)=\delta(x-\xi) \ (0<\xi<l). \end{cases}$

4. 利用拉普拉斯方程的基本解,求下列方程的基本解:

(1) $u_{xx} + \beta^2 u_{yy} = 0$ ($\beta > 0$, β 为常数);

(2) $\Delta_2 \Delta_2 u = 0$ (二维双调和方程);

(3) $\Delta_3 \Delta_3 u = 0$ (三维双调和方程).

5. 利用傅里叶变换,求三维亥姆霍兹(Helmhotz)方程
$$\Delta_3 u + k^2 u = 0$$
的基本解.

6. 求下列空间区域内第一边值问题的格林函数:

(1) 四分之一空间: $x > 0$, $y > 0$;

(2) 上半球内: $x^2 + y^2 + z^2 < a^2$, $z > 0$;

(3) 层状空间: $0 < z < H$.

7. 求下列平面区域内第一边值问题的格林函数:

(1) 四分之一平面: $x > 0$, $y > 0$;

(2) 二分之一单位圆内: $x^2 + y^2 < 1$, $y > 0$.

8. 求方程 $u_t = a^2 u_{xx} + bu$ 的柯西问题的基本解.

9. 用基本解方法求解下列柯西问题:

(1) $\begin{cases} u_t + a u_x = f(t, x) \ (t > 0, \ -\infty < x < +\infty), \\ u|_{t=0} = \varphi(x); \end{cases}$

(2) $\begin{cases} \dfrac{\partial^2 u}{\partial t^2} = a^2 \dfrac{\partial^2 u}{\partial x^2} - 2 \dfrac{\partial u}{\partial t} - 2u \ (t > 0, \ -\infty < x < +\infty, \ a > 0), \\ u|_{t=0} = 0, \ \dfrac{\partial u}{\partial t}\bigg|_{t=0} = \psi(x). \end{cases}$

[提示: 要用到
$$F^{-1}\left[\frac{\sin a\sqrt{\lambda^2 + b}}{\sqrt{\lambda^2 + b}} \right] = \frac{1}{2} J_0(b\sqrt{a^2 - x^2}) h(a - |x|).$$]

10. 试写出定解问题
$$\begin{cases} u_{tt} = a^2 (u_{xx} + u_{yy}) + f(t, x, y), \\ u(0, x, y) = 0, \ u_t(0, x, y) = 0 \end{cases}$$
的解的积分表达式.

11. 利用降格方法推出达朗贝尔公式.

12. 根据已知的公式直接求下列问题的解:

(1) $\begin{cases} u_t = a^2 u_{xx}, \\ u(0,x) = \exp\{-x^2\}; \end{cases}$

(2) $\begin{cases} u_{tt} = a^2 \Delta_2 u, \\ u(0,x,y) = x^2(x+y), \ u_t(0,x,y) = 0; \end{cases}$

(3) $\begin{cases} u_{tt} = a^2 \Delta_2 u + x + y, \\ u\big|_{t=0} = 0, \\ u_t\big|_{t=0} = x + y; \end{cases}$

(4) $\begin{cases} u_t = a^2 \Delta_3 u + x + y + z, \\ u\big|_{t=0} = x + y + z, \\ u_t\big|_{t=0} = x + y + z. \end{cases}$

习 题 答 案

复 变 函 数

第 1 章

1. (1) 12;

(2) $-(x^2+2y)-\mathrm{i}x\sqrt{y}$;

(3) $-\mathrm{i}$;

(4) $-\sqrt{3}+\sqrt{2}\mathrm{i}$.

2. (1) $2\sqrt{2}\mathrm{e}^{-\frac{\pi}{4}\mathrm{i}}$, $\mathrm{Arg}z=-\dfrac{\pi}{4}+2k\pi$ $(k=0,\pm 1,\pm 2,\cdots)$;

(2) $\sqrt{3}\mathrm{e}^{-\frac{\pi}{2}\mathrm{i}}$, $\mathrm{Arg}z=-\dfrac{\pi}{2}+2k\pi$ $(k=0,\pm 1,\pm 2,\cdots)$;

(3) $\dfrac{\sqrt{13}}{2}\mathrm{e}^{\mathrm{i}(-\pi+\mathrm{arctg}2\sqrt{3})}$, $\mathrm{Arg}z=(2k-1)\pi+\mathrm{arctg}2\sqrt{3}$ $(k=0,\pm 1,\pm 2,\cdots)$;

(4) 若 $\theta=2k\pi$, k 是某一整数, 则 $z=0$, 辐角无意义;

若 $\theta=\theta_0+2n\pi$, n 是某一整数, 且 $0<\theta_0<2\pi$, 则

$$z=2\sin\frac{\theta_0}{2}\mathrm{e}^{\frac{1}{2}(\pi-\theta_0)\mathrm{i}},$$

$$\mathrm{Arg}z=\frac{\pi-\theta_0}{2}+2k\pi\ (k=0,\pm 1,\pm 2,\cdots).$$

3. (1) $4\mathrm{e}^{\frac{\pi}{3}\mathrm{i}}$;

(2) $-\dfrac{\mathrm{i}}{8}$;

(3) $\sqrt[6]{2}\left[\cos\dfrac{\frac{\pi}{4}+2k\pi}{3}+\mathrm{i}\sin\dfrac{\frac{\pi}{4}+2k\pi}{3}\right]$ $(k=0,1,2)$.

4. (1) $\sqrt[3]{2}\left[\cos\dfrac{\frac{2\pi}{3}+2k\pi}{3}+\mathrm{i}\sin\dfrac{\frac{2\pi}{3}+2k\pi}{3}\right]$ $(k=0,1,2)$;

(2) $\cos\dfrac{-\frac{\pi}{2}+2k\pi}{3}+\mathrm{i}\sin\dfrac{-\frac{\pi}{2}+2k\pi}{3}$ $(k=0,1,2)$;

(3) $z=\cos\dfrac{\pi+2k\pi}{4}+\mathrm{i}\sin\dfrac{\pi+2k\pi}{4}$ $(k=0,1,2,3)$,即

$$z_1=\frac{\sqrt{2}}{2}(1+\mathrm{i}),\quad z_2=\frac{\sqrt{2}}{2}(-1+\mathrm{i}),$$

$$z_3=-\frac{\sqrt{2}}{2}(1+\mathrm{i}),\quad z_4=\frac{\sqrt{2}}{2}(1-\mathrm{i}).$$

6. $x=\pm\sqrt{\dfrac{\sqrt{a^2+b^2}+a}{2}}$, $y=\pm\sqrt{\dfrac{\sqrt{a^2+b^2}-a}{2}}$.

x,y 的符号决定于 b,若 $b>0$,则应取同号;若 $b<0$,则应取异号.

9. $1+|a|$ $\left(\text{当 } z=\exp\left\{\dfrac{\arg a}{n}\mathrm{i}\right\}\text{ 时取得}\right)$.

15. $\begin{cases} a+\mathrm{i}(b-a),\\ b+\mathrm{i}(b-a);\end{cases}$

$\begin{cases} a-\mathrm{i}(b-a),\\ b-\mathrm{i}(b-a);\end{cases}$

$\begin{cases} a+\dfrac{b-a}{\sqrt{2}}\exp\left\{-\dfrac{\pi}{4}\mathrm{i}\right\},\\ a+\dfrac{b-a}{\sqrt{2}}\exp\left\{\dfrac{\pi}{4}\mathrm{i}\right\}.\end{cases}$

16. (1) 0;

(2) 0;

(3) 无极限.

18. (1) 点 a,b 连线的垂直平分线;

(2) 焦点为 a,b 的椭圆；

(3) 与 Oy 轴相切于原点的圆族及 Oy 轴(均不包括原点)；

(4) 经过点 $(\pm 1,0)$ 的圆族及 Ox 轴(均不包括点 $(1,0)$ 和点 $(-1,0)$)；

(5) 以点 $(\pm 1,0)$ 为对称点的圆族及 Oy 轴.

21. (1) $y=x$；

(2) $\dfrac{x^2}{a^2}+\dfrac{y^2}{b^2}=1$；

(3) $y=\dfrac{1}{x}$；

(4) $y=\dfrac{1}{x}$ 的一支.

22. $z\bar{z}+z+\bar{z}=1$，即 $|z+1|=\sqrt{2}$.

第 2 章

1. (1) 以点 $\left(\dfrac{1}{2},0\right)$ 为圆心、以 $\dfrac{1}{2}$ 为半径的圆周；

(2) u 轴；

(3) 直线 $u=-v$；

(4) 以原点为圆心、以 $\dfrac{1}{2}$ 为半径的圆周；

(5) 以 $\left(-\dfrac{1}{4},0\right)$ 为圆心、以 $\dfrac{\sqrt{5}}{4}$ 为半径的圆周.

6. (1) 在全平面上不解析；

(2) 在 $|z|>1$ 内解析.

7. (1) z^2；

(2) $\mathrm{e}^z(1+z)$；

(3) $-\sin z$.

11. (1),(2),(3)都不存在.

12. 沿所有射线方向都有 $z+\mathrm{e}^z\to\infty$.

13. (1) $\left(2k+\dfrac{1}{2}\right)\pi-\mathrm{i}\ln(2+\sqrt{3})$；

(2) $i\left(k+\dfrac{1}{2}\right)\pi$;

(3) $\ln|A|+i(\arg A+2k\pi)$ $(k=0,\pm1,\pm2,\cdots)$.

14. (1) $z\neq i(2k+1)\pi$ $(k=0,\pm1,\pm2,\cdots)$, $-\dfrac{e^z}{(1+e^z)^2}$;

(2) $z\neq\left(2k+\dfrac{1}{2}\right)\pi-i\ln(2\pm\sqrt{3})$ $(k=0,\pm1,\pm2,\cdots)$,

$\quad -\dfrac{\cos z}{(\sin z-2)^2}$;

(3) $z\neq1$, $\exp\left\{\dfrac{1}{z-1}\right\}\left[1-\dfrac{z}{(z-1)^2}\right]$.

16. 实轴及直线族：$\operatorname{Re}z=n\pi$ $(n=0,\pm1,\pm2,\cdots)$.

17. 本题各答案中，$k=0,\pm1,\pm2,\cdots$.

(1) $i(2k+1)\pi$, $i\pi$; $i\left(2k+\dfrac{1}{2}\right)\pi$, $i\dfrac{\pi}{2}$;

$\quad \ln\sqrt{13}+i\left[\operatorname{arctg}\left(-\dfrac{2}{3}\right)+2k\pi\right]$,

$\quad \ln\sqrt{13}+i\left[\pi+\operatorname{arctg}\left(-\dfrac{2}{3}\right)\right]$;

(2) $\exp\{i2\sqrt{2}k\pi\}$, $\sqrt{2}\exp\{\ln2+i(2k+1)\pi\}$,

$\quad \exp\{-2k\pi+i\ln2\}$, $\exp\left\{\left[\ln5-\operatorname{arctg}\left(-\dfrac{4}{3}\right)-2k\pi\right]\right.$

$\quad \left.+i\left[\ln5+\operatorname{arctg}\left(-\dfrac{4}{3}\right)+2k\pi\right]\right\}$;

(3) $\operatorname{ch}1\cos2-i\operatorname{sh}1\sin2$, $i\operatorname{sh}2$, $\dfrac{8+15i}{7}$, $\dfrac{\operatorname{sh}4-i\sin2}{2(\operatorname{sh}^2 2+\sin^2 1)}$;

(4) $\begin{cases}2k\pi-i\ln(\sqrt{2}-1),\\ (2k+1)\pi-i\ln(\sqrt{2}+1),\end{cases}$

$\quad 2k\pi-i\ln(2\pm\sqrt{3})$,

$\quad \left(k+\dfrac{1}{2}\right)\pi-\dfrac{1}{2}\operatorname{arctg}\dfrac{1}{2}+\dfrac{i}{4}\ln5$,

$\quad \begin{cases}\ln(\sqrt{5}+2)+i\left(2k+\dfrac{1}{2}\right)\pi,\\ \ln(\sqrt{5}-2)+i\left(2k-\dfrac{1}{2}\right)\pi.\end{cases}$

第 3 章

1. (1) $8+\mathrm{i}3\pi$；

(2) $8-\mathrm{i}3\pi$；

(3) $-\mathrm{i}6\pi$.

2. (1) i；

(2) 2i；

(3) 2i.

6. (1) 2ch1；

(2) $1+\mathrm{i}$；

(3) -2.

9. $2\pi\mathrm{i}$.

10. (1) $\pi\mathrm{e}^{\mathrm{i}}$；

(2) $-\pi\mathrm{e}^{-\mathrm{i}}$；

(3) $\mathrm{i}2\pi\sin1$.

11. 0.

12. (1) $\dfrac{\pi}{5}$；

(2) 0.

14. $\dfrac{\pi}{2}$.

17. $c=-3a$，$b=-3d$.

19. (1) 不是调和函数；

(2) $f(u)=au+b$ （a,b 是常数）.

20. (1) $f(z)=z^3(1+2\mathrm{i})$；

(2) $f(z)=z\mathrm{e}^z$；

(3) $f(z)=\dfrac{z+2}{z+1}$.

23. 在原点放置电荷 $2q$,在 z_1,z_2,z_3,z_4 各放置电荷$-q$ 的电场,这里,z_n ($n=1,2,3,4$)是 $1+z^4=0$ 的四个根.

2. (1) $\displaystyle\sum_{n=0}^{+\infty}\left(1+\frac{1}{n!}\right)z^n$, $|z|<1$;

(2) $\displaystyle\sum_{n=0}^{+\infty}\frac{(1+n-n^2)\cos\frac{n\pi}{2}-n\sin\frac{n\pi}{2}}{n!}z^n$, $|z|<+\infty$;

(3) $\displaystyle\frac{1}{2}\sum_{n=1}^{+\infty}(-1)^{n-1}\frac{(2z)^{2n}}{(2n)!}$, $|z|<+\infty$;

(4) $\displaystyle\sum_{n=0}^{+\infty}\left(1-\frac{1}{2^{n+1}}\right)z^n$, $|z|<1$;

(5) $z+\dfrac{1}{3}z^3+\cdots$, $|z|<\dfrac{\pi}{2}$;

(6) $\displaystyle\sum_{n=1}^{+\infty}nz^n$, $|z|<1$;

(7) $\displaystyle\sum_{n=0}^{+\infty}\frac{z^{2n+1}}{(2n+1)\cdot n!}$, $|z|<+\infty$;

(8) $\displaystyle\sum_{n=0}^{+\infty}\frac{(-1)^n}{(2n+1)\cdot(2n+1)!}z^{2n+1}$, $|z|<+\infty$.

3. (1) $\displaystyle\sum_{n=1}^{+\infty}(-1)^{n-1}\frac{(z-1)^n}{2^n}$, $R=2$;

(2) $\displaystyle\sum_{n=0}^{+\infty}(-1)^n\left(\frac{1}{2^{2n+1}}-\frac{1}{3^{n+1}}\right)(z-2)^n$, $R=3$;

(3) $\displaystyle\sum_{n=0}^{+\infty}(n+1)(z+1)^n$, $R=1$;

(4) $\displaystyle\sum_{n=0}^{+\infty}\frac{3^n}{(1-3\mathrm{i})^{n+1}}[z-(1+\mathrm{i})]^n$, $R=\dfrac{\sqrt{10}}{3}$.

9. (1) 有 $m+n$ 级零点;

(2) 当 $m>n$ 时,有 n 级零点;当 $m=n$ 时,有不低于 n 级的零点;

(3) 当 $m>n$ 时,有 $m-n$ 级零点;当 $m=n$ 时,是可去奇点.

10. (1) $\displaystyle\sum_{n=-2}^{+\infty}z^n$;

(2) $\displaystyle\sum_{n=-\infty}^{2}\frac{z^n}{(2-n)!}$.

11. (1) $\displaystyle\frac{1}{b-a}\sum_{n=0}^{+\infty}\left(\frac{1}{a^{n+1}}-\frac{1}{b^{n+1}}\right)z^n$;

(2) $\displaystyle\frac{1}{a-b}\left(\sum_{n=0}^{+\infty}\frac{z^n}{b^{n+1}}+\sum_{n=1}^{+\infty}\frac{a^{n-1}}{z^n}\right)$;

(3) $\displaystyle\frac{1}{a-b}\sum_{n=1}^{+\infty}\frac{a^{n-1}-b^{n-1}}{z^n}$;

(4) $\displaystyle-\sum_{n=-1}^{+\infty}\frac{(z-a)^n}{(b-a)^{n+2}}$;

(5) $\displaystyle\sum_{n=-\infty}^{-2}\frac{(z-a)^n}{(b-a)^{n+2}}$;

(6) $\displaystyle-\sum_{n=-1}^{+\infty}\frac{(z-b)^n}{(a-b)^{n+2}}$;

(7) $\displaystyle\sum_{n=-\infty}^{-2}\frac{(z-b)^n}{(a-b)^{n+2}}$.

12. (1) 设 $a=a_1$, 若 a_1 为可去奇点, 展开式为 $\displaystyle\sum_{n=0}^{+\infty}c_n(z-a_1)^n$, $|z-a_1|<r$; 若 a_1 为 m 级极点, 展开式为 $\displaystyle\sum_{n=-m}^{+\infty}c_n(z-a_1)^n$, $c_{-m}\neq 0$, $0<|z-a_1|<r$; 若 a_1 为本性奇点, 展开式为 $\displaystyle\sum_{n=-\infty}^{+\infty}c_n(z-a)^n$, c_{-n} ($n>0$) 中有无穷多个不为零, $0<|z-a_1|<r$. 以上 $r=\min\{|a_1-a_2|,|a_1-a_3|\}$. 当 $a=a_2,a_3$ 或 ∞ 时, 类似讨论;

(2) $f(z)$ 可在 a 点附近展开成幂级数 $\displaystyle\sum_{n=0}^{+\infty}a_n(z-a)^n$, 收敛半径 $R=\min(|a-a_1|,|a-a_2|,|a-a_3|)$.

13. (1) $2i,-2i$, 均为 1 级极点;

(2) $\left(n+\dfrac{1}{2}\right)\pi$ ($n=0,\pm1,\pm2,\cdots$), 均为 1 级极点;

(3) 1,本性奇点;

(4) $2k\pi\mathrm{i}\ (k=0,\pm1,\pm2,\cdots)$,均为 1 级极点;

(5) 0,本性奇点;

(6) 1,本性奇点;0,可去奇点;$2k\pi\mathrm{i}\ (k=\pm1,\pm2,\cdots)$,均为 1
级极点;

(7) 3,2 级极点;0,1 级极点;-1,3 级极点;

(8) $z_n=2n\pi+a$ 及 $z_n{}'=(2n+1)\pi-a\ (n=0,\pm1,\pm2,\cdots)$,
分两种情况:1) 若 $a\neq m\pi+\dfrac{\pi}{2}\ (m=0,\pm1,\pm2,\cdots)$, z_n

及 $z_n{}'$ 都是 1 级极点;2) 若 $a=m\pi+\dfrac{\pi}{2}$,z_n 及 $z_n{}'$ 都是 2

级极点;

(9) 分两种情况:1) 若 $n>2$,0 是 $n-2$ 级极点;2) 若 $n\leqslant2$,
0 是可去奇点.

14. (1) 可去奇点;

(2) 本性奇点;

(3) 可去奇点;

(4) 本性奇点;

(5) 3 级极点;

(6) 可去奇点;

(7) 可去奇点;

(8) 非孤立奇点;

(9) 本性奇点.

第 5 章

1. (1) 在 $z=\mathrm{i}$ 的留数是 ch1;

(2) 在 $z_k=\exp\left\{\dfrac{\mathrm{i}(2k+1)\pi}{n}\right\}$ 的留数是 $\dfrac{1}{2n}\exp\left\{\dfrac{\mathrm{i}(2k+1)\pi}{n}\right\}$
$(k=0,1,2,\cdots,2n-1)$;

(3) 在 $z_k=2k\pi\mathrm{i}\ (k=0,\pm1,\pm2,\cdots)$ 的留数是 1;

(4) 在 $z=0$ 的留数是 $-\dfrac{4}{3}$;

(5) 在 $z=i$ 及 $-i$ 的留数分别为 $-\dfrac{3i}{16}$ 及 $\dfrac{3i}{16}$;

(6) 在 $z=1$ 的留数是 $\dfrac{(2n)!}{(n-1)!(n+1)!}$;

(7) 在 $z=z_1$ 的留数是 $\dfrac{(-1)^{m-1}n(n+1)\cdots(n+m-2)}{(m-1)!(z_1-z_2)^{m+n-1}}$;

在 $z=z_2$ 的留数是 $\dfrac{(-1)^{n-1}m(m+1)\cdots(m+n-2)}{(n-1)!(z_2-z_1)^{m+n-1}}$;

(8) 在 $z=0$ 的留数是 n; 在 $z=-1$ 的留数是 $-n$.

2. (3) $-\mathrm{ch}1$; 0; -1; -1.

3. (1) $-\dfrac{1}{2}\pi i$;

(2) $-\dfrac{\sqrt{2}}{2}\pi i$;

(3) 0;

(4) 0;

(5) $\dfrac{3}{64}\pi i$.

4. (1) $\dfrac{2\pi}{\sqrt{a^2-1}}$;

(2) $|r|<1$ 时, 0; $|r|>1$ 时, $\dfrac{2\pi}{r}$;

(3) $\dfrac{\pi}{2a\sqrt{1+a^2}}$;

(4) $a>0$ 时, πi; $a<0$ 时, $-\pi i$.

5. (1) $\dfrac{\pi}{2a}$;

(2) $\dfrac{\pi}{ab(a+b)}$;

(3) $\dfrac{\sqrt{2}}{2}\pi$.

6. (1) $\dfrac{\pi}{2}\exp\{-ab\}$;

(2) $\dfrac{\pi}{2b^2}(1-\mathrm{e}^{-ab})$;

(3) $\pi\left(\mathrm{e}^{-a}-\dfrac{1}{2}\right)$;

(4) $\pi(b-a)$;

(5) $\dfrac{3}{8}\pi$.

7. (1) 0;

(2) $\dfrac{1}{8}$.

8. (1) 当 $p\neq1$ 时，$\dfrac{(1-p)\pi}{4\cos\dfrac{p\pi}{2}}$；当 $p=1$ 时，$\dfrac{1}{2}$；

(2) $-\dfrac{1}{2}$；

(3) $\dfrac{\pi}{8|a|}(\pi^2+4\ln^2|a|.)$

9. (1) 0;

(2) 5;

(3) n.

第 6 章

1. (1) 0, 3;

(2) 0, $\dfrac{3}{4}$;

(3) $\dfrac{\pi}{2}$, 6;

(4) $-\dfrac{\pi}{3}$, 12.

4. $\dfrac{8}{3}$.

5. 缺了半圆的半条形.

6. (1) $w=\dfrac{z+2+\mathrm{i}}{z+2-\mathrm{i}}$；

(2) $w = \dfrac{iz+2+i}{z+1}$;

(3) $w = \dfrac{1-i}{2}(z+1)$.

7. $w = \dfrac{z-i}{z+i}$.

8. $w = \dfrac{2z-1}{2-z}$.

9. $\dfrac{w-\bar{a}}{w-a} = i\,\dfrac{z-a}{z-\bar{a}}$.

10. 结果不唯一,下面给出的是一个解答:

(1) $w = -\left[\dfrac{z-(-\sqrt{3}+i)}{z-(\sqrt{3}+i)}\right]^3$;

(2) $w = -\left(\dfrac{z-\sqrt{2}-\sqrt{2}i}{z-\sqrt{2}+\sqrt{2}i}\right)^4$;

(3) $w = -\left(\dfrac{2z-\sqrt{3}+i}{2z+\sqrt{3}+i}\right)^{\frac{3}{2}}$;

(4) $w = \exp\left\{\dfrac{2}{3}\pi i\,\dfrac{z-4}{z-2}\right\}$;

(5) $w = \exp\left\{\dfrac{4\pi i}{z-2}\right\}$.

11. (1) (不唯一) $w = \dfrac{(\zeta+1)^2-i(\zeta-1)^2}{(\zeta+1)^2+i(\zeta-1)^2}$,其中,$\zeta = z^{\frac{\pi}{a}}$;

(2) $w = \dfrac{1}{\pi}\ln\left(i\,\dfrac{1+z}{1-z}\right)$;

(3) $w = \dfrac{2z^2+1}{1-z^2}$;

(4) (不唯一) $w = \left(\dfrac{\sqrt{z}+1}{\sqrt{z}-1}\right)^2$;

(5) (不唯一) $w = \sqrt{z^4+4}$.

第 7 章

1. (1) $\dfrac{1}{p^2+4} + \dfrac{p}{p^2+9}$;

(2) $\dfrac{5}{(p+2)(p-3)}$;

(3) $-\dfrac{a}{p(p-a)}$;

(4) $\dfrac{p}{(p-a)(p-b)}$;

(5) $\dfrac{1}{b^2-a^2}\left(\dfrac{p}{p^2+a^2}-\dfrac{b}{p^2+b^2}\right)$;

(6) $\dfrac{1}{p^2(p^2+a^2)}$;

(7) $\dfrac{5}{(p+2)^2+5^2}$;

(8) $\dfrac{p+3-4\mathrm{i}}{(p+3)^2+4^2}$;

(9) $\dfrac{1}{(p-5)^2}$;

(10) $\dfrac{p}{p^2-\omega^2}$;

(11) $\dfrac{(p+a)\cos\varphi-\omega\sin\varphi}{(p+a)^2+\omega^2}$;

(12) $\dfrac{p^2\omega}{(p+a)^2+\omega^2}-\omega$;

(13) $\dfrac{2}{(p-1)^3}$;

(14) $\dfrac{1}{p(p-2)^2}$;

(15) $\dfrac{6}{(p^2-9)(p^2+4)}$;

(16) $\dfrac{n!}{(p+a)^n[(p+a)^2+\omega^2]}$;

(17) $\dfrac{p}{p^2+\omega^2}\mathrm{e}^{-p\varphi}$;

(18) $\dfrac{p\cos\omega\varphi-\omega\sin\omega\varphi}{p^2+\omega^2}\mathrm{e}^{-2p}$.

2. (1) $\dfrac{\omega\cos\omega\varphi-p\sin\omega\varphi}{p^2+\omega^2}$;

(2) $\dfrac{\omega\cos\varphi-p\sin\varphi}{p^2+\omega^2}$;

(3) $\dfrac{\omega\cos\omega\varphi+p\sin\omega\varphi}{p^2+\omega^2}\mathrm{e}^{-p\varphi}$;

(4) $\dfrac{\omega}{p^2+\omega^2}\mathrm{e}^{-p\varphi}$.

3. (1) $\dfrac{1}{p^2}-\dfrac{\mathrm{e}^{-p}}{p(1-\mathrm{e}^{-p})}$;

(2) $\dfrac{1}{p(1-\mathrm{e}^{-p})}-\dfrac{1}{p^2}$.

4. (1) $-\dfrac{2E}{T}t+E$, 周期为 T, $\dfrac{E}{p}\dfrac{1+\mathrm{e}^{-pT}}{1-\mathrm{e}^{-pT}}-\dfrac{2E}{p^2T}$;

(2) $\left[h(t)-h\left(t-\dfrac{\pi}{\omega}\right)\right]\sin\omega t$, 周期为 $\dfrac{2\pi}{\omega}$, $\dfrac{A\omega}{(p^2+\omega^2)(1-\mathrm{e}^{-\frac{\pi p}{\omega}})}$.

6. (1) $\dfrac{1}{2}(\mathrm{e}^{-t}-\mathrm{e}^{-3t})$;

(2) $\mathrm{e}^{-t}-\cos t$;

(3) $\mathrm{e}^{-2t}\cos t$;

(4) $\dfrac{1}{a}(1-\mathrm{e}^{-at})$;

(5) $\dfrac{1}{2}-\mathrm{e}^t+\dfrac{1}{2}\mathrm{e}^{3t}$;

(6) $\dfrac{1}{2}\sin t-\dfrac{\sqrt{3}}{6}\sin\sqrt{3}t$;

(7) $-\dfrac{1}{2}+\dfrac{\mathrm{e}^{2t}}{10}+\dfrac{2}{5}\cos t-\dfrac{1}{5}\sin t$;

(8) $\dfrac{1}{4}+\left(\dfrac{t}{2}-\dfrac{1}{4}\right)\mathrm{e}^{2t}$;

(9) $\dfrac{\mathrm{e}^{-t}}{3}(2-2\cos\sqrt{3}t+\sqrt{3}\sin\sqrt{3}t)$;

(10) $\dfrac{1}{5}(\mathrm{ch}t-\cos 2t)$;

(11) $-1+\mathrm{e}^t\left(1-t+\dfrac{1}{2}t^2\right)$;

364

(12) $\sin\dfrac{a}{\sqrt{2}}t \cdot \operatorname{sh}\dfrac{a}{\sqrt{2}}t$;

(13) $\cos\dfrac{a}{\sqrt{2}}t \cdot \operatorname{ch}\dfrac{a}{\sqrt{2}}t$;

(14) $\dfrac{t^3}{6}e^{-t}$;

(15) $\dfrac{t}{2}e^t\sin t$;

(16) $\left(3\cos at+\dfrac{4}{a}\sin at\right)e^{-t}$;

(17) $[\cos(t-1)+2\sin(t-1)]h(t-1)$;

(18) $[e^{-(t-10)}-\cos(t-10)]h(t-10)$;

(19) $h(t)-h(t-3)$;

(20) $\displaystyle\sum_{n=0}^{+\infty}\cos(t-n\pi)h(t-n\pi)$.

7. (1) $t-1+e^{-t}$;

(2) $1-e^t+te^t$;

(3) $\dfrac{1}{a-b}(e^{at}-e^{bt})$;

(4) $\dfrac{1}{6}t^3e^t$;

(5) $-\cos 2t-2\sin t$;

(6) $\operatorname{sh}t-t-\operatorname{sh}(t-1)h(t-1)+(t-1)h(t-1)$;

(7) t^3e^{-t};

(8) $\begin{cases} x(t)=t^2+\dfrac{3}{2}t+\dfrac{1}{4}+\left(b-\dfrac{1}{4}\right)e^{2t}+(a-b)te^{2t}, \\ y(t)=\dfrac{1}{2}t+\dfrac{1}{4}+\left(a-\dfrac{1}{4}\right)e^{2t}+(a-b)te^{2t}; \end{cases}$

(9) $\begin{cases} x(t)=\dfrac{2}{3}\sin t+\dfrac{1}{3}(1-\cos t), \\ y(t)=\dfrac{1}{3}(\sin t+\cos t)+\dfrac{2}{3}; \end{cases}$

$$(10) \begin{cases} x(t)=\dfrac{1}{2}t+\dfrac{1}{4}t^2, \\[2mm] y(t)=\dfrac{1}{2}t+\dfrac{1}{4}t^2, \\[2mm] z(t)=\dfrac{1}{2}t-\dfrac{1}{4}t^2. \end{cases}$$

9. $\dfrac{ab}{\sqrt{b^2-bc}}\sin\sqrt{b^2-bc}\,t.$

数学物理方程

第 1 章

1. (1) $C_1+C_2\ln r$，C_1,C_2 为任意常数；

(2) $\dfrac{1}{r}(C_1\mathrm{e}^{\mathrm{i}kr}+C_2\mathrm{e}^{-\mathrm{i}kr})$ 或 $\dfrac{1}{r}(C_1\cos kr+C_2\sin kr)$，$C_1,C_2$ 为任意常数.

4. $\alpha=\dfrac{1}{4}.$

6. (1) $f(x)\exp\left\{-\displaystyle\int a(x,y)\mathrm{d}y\right\}$，$f(x)$ 为任意函数；

(2) $f(y)\mathrm{e}^{-x}+g(x)$，f,g 为任意函数；

(3) $f(x-at)+g(x+at)+x^3.$

7. $\dfrac{\partial u}{\partial t}=a^2\dfrac{\partial^2 u}{\partial x^2}$，$u(0,x)=\varphi(x)$，边界条件分别为：

(1) $u_x(t,0)=0$，$u(t,l)=u_0$；

(2) $-ku_x(t,0)=q_1$，$ku_x(t,l)=q_2$；

(3) $u\big|_{x=0}=\mu(t)$，$(ku_x+hu)\big|_{x=l}=h(l)\theta(t).$

8. $\begin{cases} u_{tt}=a^2u_{xx}, \\[2mm] u(0,x)=\begin{cases} \dfrac{2h}{l}x & \left(0\leqslant x\leqslant\dfrac{l}{2}\right) \\[3mm] \dfrac{2h}{l}(l-x) & \left(\dfrac{l}{2}<x\leqslant l\right), \end{cases} \\[6mm] u_t(0,x)=0,\ u(t,0)=u(t,l)=0. \end{cases}$

9. (1) $x^2(t+1)$;

(2) $\dfrac{(r-at)\varphi(r-at)+(r+at)\varphi(r+at)}{2r}+\dfrac{1}{2ar}\displaystyle\int_{x-at}^{x+at}\rho\psi(\rho)\,\mathrm{d}\rho$;

(3) $[x^2+(y+2)^2+z^2]^{-\frac{1}{2}}$;

(4) $\psi\left(\dfrac{x+t}{2}\right)+\varphi\left(\dfrac{x-t}{2}\right)-\varphi(0)$.

10. $\varphi(x-at)+\displaystyle\int_0^t f[\tau,x-a(t-\tau)]\,\mathrm{d}\tau$.

第 2 章

1. (1) $\lambda_n=\left(\dfrac{2n+1}{2l}\pi\right)^2$, $y_n(x)=\cos\dfrac{(2n+1)\pi x}{2l}$ $(n=0,1,$

   $2,\cdots)$;

(2) λ_n 是 $\mathrm{tg}\sqrt{\lambda}l=-\dfrac{\sqrt{\lambda}}{h}$ 的正根，$y_n(x)=\sin\sqrt{\lambda_n}x$ $(n=1,2,$

   $\cdots)$;

(3) λ_n 是 $\mathrm{ctg}\sqrt{\lambda}l=\dfrac{1}{h+k}\left(\sqrt{\lambda}-\dfrac{hk}{\sqrt{\lambda}}\right)$ 的正根，$y_n(x)=$

   $\sqrt{\lambda_n}\cos\sqrt{\lambda_n}x+k\sin\sqrt{\lambda_n}x$ $(n=1,2,\cdots)$.

2. (1) $\lambda_n=a^2+(n\pi)^2$, $y_n(x)=\mathrm{e}^{ax}\sin n\pi x$ $(n=1,2,\cdots)$;

(2) $\lambda_n=\left(\dfrac{n\pi}{a}\right)^2$, $R_n(r)=\dfrac{1}{r}\sin\dfrac{n\pi r}{a}$ $(n=1,2,\cdots)$;

(3) $\lambda_n=-\left(\dfrac{n\pi}{l}\right)^4$, $y_n(x)=\sin\dfrac{n\pi x}{l}$ $(n=1,2,\cdots)$.

3. $\dfrac{32}{\pi^3}h\displaystyle\sum_{n=0}^{+\infty}\dfrac{\cos\dfrac{(2n+1)\pi at}{l}}{(2n+1)^3}\sin\dfrac{(2n+1)\pi x}{l}$.

4. (1) $u=A$;

(2) $u=\dfrac{A}{a}r\cos\varphi$;

(3) $u=\dfrac{A}{2}r^2\sin 2\varphi$;

(4) $u=\dfrac{1}{2}\left[\dfrac{r}{a}\sin\varphi+\left(\dfrac{r}{a}\right)^3\sin 3\varphi\right]$;

(5) $u = \dfrac{A+B}{2} + \dfrac{B-A}{2}\left(\dfrac{r}{a}\right)^2 \cos 2\varphi.$

5. (1) $\dfrac{16l^2}{a\pi^3} \sum\limits_{n=0}^{+\infty} \dfrac{(-1)^n}{(2n+1)^3} \sin\dfrac{(2n+1)\pi at}{2l}\sin\dfrac{(2n+1)\pi x}{2l}$;

(2) $\dfrac{8l^2}{\pi^3} \sum\limits_{n=0}^{+\infty} \dfrac{1}{(2n+1)^3}\exp\left\{-\left(\dfrac{2n+1}{2l}a\pi\right)^2 t\right\}\sin\dfrac{(2n+1)\pi x}{2l}$;

(3) $\sum\limits_{n=0}^{+\infty} e^{-ht}(a_n\cos\omega_n t + b_n\sin\omega_n t)\sin\dfrac{n\pi x}{l}$，这里

$$\omega_n = \sqrt{\left(\dfrac{n\pi a}{l}\right)^2 - h^2},$$

$$a_n = \dfrac{2}{l}\int_0^l \varphi(x)\sin\dfrac{n\pi x}{l}\mathrm{d}x,$$

$$b_n = \dfrac{a_n}{\omega_n}h + \dfrac{2}{\omega_n l}\int_0^l \varphi(x)\sin\dfrac{n\pi x}{l}\mathrm{d}x;$$

(4) $\sum\limits_{n=1}^{+\infty}(a_n\cos\omega_n at + b_n\sin\omega_n at)\cos\omega_n x$，这里，$\omega_n{}^2 = \lambda_n$（$n = 1,2,\cdots$），$\lambda_n$ 是 $\lambda\,\mathrm{tg}\lambda l = h$ 的正实根，且

$$a_n = \dfrac{1}{\|X_n\|^2}\int_0^l \varphi(x)\cos\omega_n x\,\mathrm{d}x,$$

$$b_n = \dfrac{1}{\|X_n\|^2 a\lambda_n}\int_0^l \psi(x)\cos\omega_n x\,\mathrm{d}x,$$

$$\|X_n\|^2 = \dfrac{1}{2}\left[l + \dfrac{h}{l(\omega_n{}^2 + h^2)}\right].$$

(5) $\dfrac{a_0}{2} + \sum\limits_{n=1}^{+\infty} r^n(a_n\cos n\theta + b_n\sin n\theta)$，这里

$$a_0 = -\dfrac{1}{h\pi}\int_0^{2\pi} f(\theta)\mathrm{d}\theta,$$

$$a_n = \dfrac{1}{(na^{n-1} - ha^n)\pi}\int_0^{2\pi} f(\theta)\cos n\theta\,\mathrm{d}\theta,$$

$$b_n = \dfrac{1}{(na^{n-1} - ha^n)\pi}\int_0^{2\pi} f(\theta)\sin n\theta\,\mathrm{d}\theta.$$

特别地

$$u = \dfrac{r^2\cos 2\varphi}{2a(2 - ha)} - \dfrac{1}{2h};$$

(6) $\dfrac{\ln r - \ln b}{\ln a - \ln b}$;

(7) $\displaystyle\sum_{n=1}^{+\infty}\left[\dfrac{2}{a}\int_0^a f(\theta)\sin\dfrac{n\pi\theta}{a}\mathrm{d}\theta\right]\left(\dfrac{r}{a}\right)^{\frac{n\pi}{a}}\sin\dfrac{n\pi\theta}{a}$.

6. $u=\dfrac{1}{2l}+\dfrac{1}{\pi A}\displaystyle\sum_{k=1}^{+\infty}\dfrac{(-1)^k}{k}\sin\dfrac{k\pi a}{l}\exp\left\{-\left(\dfrac{k\pi a}{l}\right)^2 t\right\}\cos\dfrac{k\pi x}{l}$,

$\displaystyle\lim_{t\to+\infty}u=\dfrac{1}{2l}$（各处温度均匀）；

$\displaystyle\lim_{A\to 0}u=\dfrac{1}{2l}+\dfrac{1}{l}\sum_{k=1}^{+\infty}(-1)^k\exp\left\{-\left(\dfrac{k\pi a}{l}\right)^2 t\right\}\cos\dfrac{k\pi x}{l}$.

7. (1) $\dfrac{2}{Rr}\displaystyle\sum_{n=1}^{+\infty}\mathrm{e}^{-kt}\sin\dfrac{n\pi r}{R}\int_0^R\rho f(\rho)\sin\dfrac{n\pi\rho}{R}\mathrm{d}\rho$, 这里, $k=\left(\dfrac{n\pi a}{R}\right)^2$;

(2) $\dfrac{8l^2}{\pi^3}\displaystyle\sum_{k=0}^{+\infty}\dfrac{1}{(2k+1)^3}\mathrm{ch}\dfrac{(2k+1)^2\pi^2 at}{l^2}\sin\dfrac{(2k+1)\pi x}{l}$.

8. $\dfrac{8T}{\pi}\displaystyle\sum_{k=1}^{+\infty}\dfrac{1}{(2k+1)^3}\left(\dfrac{r}{a}\right)^{2k+1}\sin(2k+1)\theta$.

9. $C\exp\{-kx+k^2 y\}$, 这里, $k>0,C$ 为任意常数.

10. (1) $u_0+\displaystyle\sum_{n=0}^{+\infty}C_n\exp\{-a^2\omega_n^2 t\}\sin\omega_n x$, 这里

$\omega_n=\dfrac{(2n+1)\pi}{2l}$,

$C_n=\dfrac{2}{l}\displaystyle\int_0^l\varphi(x)\sin\omega_n x\,\mathrm{d}x-\dfrac{4u_0}{(2n+1)\pi}$;

(2) $-\dfrac{q}{k}x+\displaystyle\sum_{n=0}^{+\infty}\exp\{-\omega_n^2 a^2 t\}\sin\omega_n x$, 这里

$\omega_n=\dfrac{(2n+1)\pi}{2l}$,

$C_n=\dfrac{4u_0}{(2n+1)\pi}+\dfrac{(-1)^n 8ql}{k\left[(2n+1)\pi\right]^2}$;

$\displaystyle\lim_{t\to+\infty}u(t,x)=-\dfrac{q}{k}x$;

(3) $-\dfrac{A}{4}\left[\mathrm{e}^{-2x}-\dfrac{x}{l}(\mathrm{e}^{-2t}-1)-1\right]$

$$+ \sum_{n=1}^{+\infty} b_n \exp\left\{-\left(\frac{n\pi}{la}\right)^2 t\right\} \sin\frac{n\pi x}{l}, \ \text{这里}$$

$$b_n = \frac{2T_0}{n\pi}\left[1-(-1)^n\right] - \frac{2Al^2\left[1-(-1)^n e^{-2t}\right]}{n\pi(4l^2+n^2\pi^2)};$$

(4) $\dfrac{b\,\mathrm{sh}l}{la^2}x - \dfrac{b}{a^2}\mathrm{sh}x$

$$+ \frac{2bl^2\,\mathrm{sh}l}{a^2}\sum_{n=1}^{+\infty}\frac{(-1)^n}{n\pi(n^2\pi^2+l^2)}\cos\frac{n\pi at}{l}\sin\frac{n\pi x}{l};$$

(5) $Ex + glx - \dfrac{1}{2}gx^2$

$$- \frac{16gl^2}{\pi^3}\sum_{n=0}^{+\infty}\frac{1}{(2n+1)^3}\sin\frac{(2n+1)\pi x}{2l}\cos\frac{(2n+1)\pi t}{2l};$$

(6) $c + \dfrac{a}{4}(r^2-R^2)^2 + \dfrac{b}{12}r^2(r^2-R^2)\cos 2\varphi.$

11. (1) $u_2 + \dfrac{A}{4}(r^2-b^2) + \dfrac{u_1 - u_2 + \dfrac{A}{4}(b^2-a^2)}{\ln b - \ln a}\cdot(\ln b - \ln r);$

(2) $u_1 + \dfrac{A}{4}(r^2-b^2) + b\left(u_2 - \dfrac{Ab}{2}\right)\ln\dfrac{r}{a}.$

12. (1) $\displaystyle\sum_{n=1}^{+\infty}f_n(y)\sin\frac{n\pi x}{a} + \varphi_1(y) + \frac{\varphi_2(y)-\varphi_1(y)}{a}x, \ \ f_n(y)$

由下列常微分方程的边值问题确定:

$$\begin{cases} f_n{}''(y) - \dfrac{n^2\pi^2}{a^2}f_n(y) \\[2mm] \quad = \dfrac{2}{a}\displaystyle\int_0^a\left[f(x,y)-\varphi_1{}''(y)+\frac{\varphi_1{}''(y)-\varphi_2{}''(y)}{a}x\right]\sin\frac{n\pi x}{a}\mathrm{d}x, \\[3mm] f_n(0) = \dfrac{2}{a}\displaystyle\int_0^a\left[\psi_1(x)-\varphi_1(0)+\frac{\varphi_1(0)-\varphi_2(0)}{a}x\right]\sin\frac{n\pi x}{a}\mathrm{d}x, \\[3mm] f_n(b) = \dfrac{2}{a}\displaystyle\int_0^a\left[\psi_2(x)-\varphi_1(b)+\frac{\varphi_1(b)-\varphi_2(b)}{a}x\right]\sin\frac{n\pi x}{a}\mathrm{d}x; \end{cases}$$

(2) $\displaystyle\sum_{m,n=1}^{+\infty}C_{mn}\sin\frac{m\pi x}{l_1}\sin\frac{n\pi y}{l_2}\cos\sqrt{\left(\frac{m}{l_1}\right)^2+\left(\frac{n}{l_2}\right)^2}\pi at,$ 这里

$$C_{mn} = \frac{16l_1{}^2 l_2{}^2}{\pi^6 m^3 n^3}\left[1-(-1)^m\right]\left[1-(-1)^n\right];$$

(3) $\displaystyle\sum_{m,n=1}^{+\infty} A_{mn}\exp\{-(a\omega_{mn})^2 t\}\sin\frac{m\pi x}{l_1}\sin\frac{n\pi y}{l_2}$，这里

$$\omega_{mn}^2=\left(\frac{m\pi}{l_1}\right)^2+\left(\frac{n\pi}{l_2}\right)^2,$$

$$A_{mn}=\frac{4}{l_1 l_2}\int_0^{l_1}\int_0^{l_2}\varphi(x,y)\sin\frac{m\pi x}{l_1}\sin\frac{n\pi y}{l_2}\,\mathrm{d}x\mathrm{d}y.$$

第 3 章

1. $Z''-\lambda Z=0$,
   $\Theta''+m^2\Theta=0$,
   $r^2 R''+rR'+(\lambda r^2-m^2)R=0$.

2. (1) $-a\mathrm{J}_1(ax)$；

(2) $ax\mathrm{J}_0(ax)$.

8. (1) $2x^2\mathrm{J}_0(x)+(x^3-4x)\mathrm{J}_1(x)$；

(2) $x^2(8-x^2)\mathrm{J}_0(x)+4x(x^2-4)\mathrm{J}_1(x)$.

9. $\mathrm{J}_0(x)-4x^{-1}\mathrm{J}_1(x)+C$.

12. $\displaystyle\sum_{n=1}^{+\infty}\frac{\mathrm{J}_1(\omega_n)}{2\mathrm{J}_1^2(2\omega_n)\omega_n}\mathrm{J}_0(\omega_n x)$.

13. $\displaystyle\sum_{n=1}^{+\infty}\frac{2}{\omega_n\mathrm{J}_2(\omega_n)}\mathrm{J}_1(\omega_n x)$.

16. $\displaystyle u_0-2u_0\sum_{n=1}^{+\infty}\frac{1}{\omega_n\mathrm{J}_1(\omega_n)}\mathrm{J}_0\left(\frac{\omega_n r}{R}\right)\exp\left\{-\left(\frac{a\omega_n}{R}\right)^2 t\right\}$，这里，$\omega_n$
    是 $\mathrm{J}_0(\omega)=0$ 的正实根.

17. $\mathrm{J}_m(\omega_{mn}r)\sin m\varphi(A_{mn}\cos a\omega_{mn}t+B_{mn}\sin a\omega_{mn}t)$，这里，$\omega_{mn}$是
    方程 $\mathrm{J}_m(\omega R)=0$ 的所有正实根 $(m,n=1,2,\cdots)$.

18. (1) $\displaystyle 2T_0\sum_{n=1}^{+\infty}\frac{1}{a\omega_n\mathrm{sh}\omega_n l}\mathrm{sh}\omega_n z\mathrm{J}_0(\omega_n r)$，这里，$\omega_n$ 是 $\mathrm{J}_0(a\omega)=0$
    的所有正实根；

(2) $\displaystyle C_0+D_0\mathrm{e}^{-2ht}+\sum_{m=1}^{+\infty}\mathrm{e}^{-ht}(C_n\cos q_n t+D_n\sin q_n t)\mathrm{J}_0(\omega_0 r)$，这里，
    ω_n 是 $\mathrm{J}_1(\omega l)=0$ 的所有正实根（注意，本题的固有值可为
    零），而

$$q_n = \sqrt{a^2\omega_n{}^2 - h^2},$$

$$C_0 = \frac{2}{l^2}\int_0^l \varphi(r)r\,\mathrm{d}r,$$

$$C_n = \frac{2}{\mathrm{J}_0{}^2(\omega_n l)l^2}\int_0^l r\varphi(r)\mathrm{J}_0(\omega_n r)\,\mathrm{d}r \ (n=1,2,\cdots),$$

$$D_0 = 0,$$

$$D_n = \frac{h}{q_n}C_n \ (n=1,2,\cdots).$$

19. $\dfrac{2}{R^2}\displaystyle\sum_{n=1}^{+\infty}\dfrac{\mathrm{J}_0(\omega_n r)}{\left(1+\dfrac{k}{\omega_n{}^2}\right)\mathrm{J}_0{}^2(\omega_n R)}\dfrac{\mathrm{sh}\omega_n z}{\mathrm{sh}\omega_n h}\displaystyle\int_0^R rf(r)\mathrm{J}_0(\omega_n r)\,\mathrm{d}r$，这里，

ω_n 是 $k\mathrm{J}_0(\omega R)-\omega\mathrm{J}_1(\omega R)=0$ 的所有正实根.

20. $p_0(0)=1,$

$$p_n(0)=\begin{cases}0 & (n=2k+1)\\[2mm]\dfrac{(-1)^k(2k-1)!!}{(2k)!!} & (n=2k)\end{cases} \quad (k=1,2,\cdots),$$

$$p_n{}'(0)=\begin{cases}0 & (n=2k)\\[2mm]\dfrac{(-1)^k(2k+1)!!}{(2k)!!} & (n=2k+1)\end{cases} \quad (k=0,1,2,\cdots).$$

22. (1) $\displaystyle\int_{-1}^1 x^m p_n(x)\,\mathrm{d}x$

$$=\begin{cases}0 & (m<n)\\[2mm]\dfrac{m!\,[1+(-1)^{m-n}]}{(m-n)!!\,(m+n+1)!!} & (m\geqslant n)\end{cases};$$

(2) $\displaystyle\int_{-1}^1 xp_m(x)p_n(x)\,\mathrm{d}x$

$$=\begin{cases}\dfrac{2n}{4n^2-1} & (m=n-1)\\[3mm]\dfrac{2(n+1)}{(2n+1)(2n+3)} & (m=n+1)\\[3mm]0 & (m-n\neq\pm1).\end{cases}$$

23. $\dfrac{2n(n+1)}{2n+1}.$

24. (1) $\dfrac{3}{5}p_1(x)+\dfrac{2}{5}p_3(x)$；

(2) $\dfrac{8}{35}p_4(x)+\dfrac{4}{7}p_2(x)+\dfrac{1}{5}p_0(x)$；

(3) $\dfrac{1}{2}+\displaystyle\sum_{n=1}^{+\infty}\dfrac{(-1)^{n+1}(4n+1)}{2^{2n}(n-1)!}\dfrac{(2n-2)!}{(n+1)!}p_{2n}(x)$.

25. $\dfrac{1}{3}+\dfrac{2}{3}\dfrac{r^2}{a^2}p_2(\cos\theta)$.

26. $2r^2(3\cos^2\theta-1)$.

27. $\dfrac{1}{3}r^{-1}+r^{-3}\cos^2\theta-\dfrac{1}{3}r^{-3}$.

28. (1) $\dfrac{3}{2a}u_0\cos\theta+u_0\displaystyle\sum_{n=1}^{+\infty}\Big[(-1)^n\dfrac{(2n-1)!!(4n+3)}{(2n+2)!!}$

$\qquad\cdot\ p_{2n+1}(\cos\theta)\Big(\dfrac{r}{a}\Big)^{2n+1}\Big]$；

(2) u_0.

29. $\dfrac{A}{2}-\Big(\dfrac{3r}{7R}+\dfrac{R^2}{14r^2}\Big)A\cos\theta$.

第 4 章

1. (1) $\dfrac{y}{\pi}\displaystyle\int_{-\infty}^{+\infty}\dfrac{f(\xi)}{(x-\xi)^2+y^2}\mathrm{d}\xi$；

(2) $\dfrac{1}{2a\sqrt{\pi}}\displaystyle\int_0^t\int_{-\infty}^{+\infty}\dfrac{f(\xi,\tau)}{\sqrt{t-\tau}}\exp\Big\{-\dfrac{(x-\xi)^2}{4a^2(t-\tau)}\Big\}\mathrm{d}\xi\mathrm{d}\tau$；

(3) $\dfrac{x}{2a\sqrt{\pi}}\displaystyle\int_0^t(t-\tau)^{-\frac{3}{2}}\exp\Big\{-\dfrac{x^2}{4a^2(t-\tau)}\Big\}\varphi(\tau)\mathrm{d}\tau$.

2. (1) $xy+y+1$；

(2) $u_0+\dfrac{4}{\pi}(u_1-u_0)\displaystyle\sum_{n=0}^{+\infty}\Big[\dfrac{(-1)^n}{2n+1}\exp\Big\{-\Big(\dfrac{(2n+1)\pi a}{2l}\Big)^2 t\Big\}$

$\qquad\cdot\cos\dfrac{(2n+1)\pi x}{2l}\Big]$；

(3) $be^{-ht}\Big[1-\mathrm{erfc}\Big(\dfrac{x}{2a\sqrt{t}}\Big)\Big]$；

(4) $bt - b\left(t - \dfrac{x}{a}\right)h\left(t - \dfrac{x}{a}\right)$，这里，$h(x)$ 为单位函数；

(5) $6\exp\left\{-\dfrac{\pi^2 t}{4}\right\}\sin\dfrac{\pi}{2}x + 3\exp\{-\pi^2 t\}\sin\pi x$；

(6) $4\exp\{-\pi^2 t\}\cos\pi x - 2\exp\{-9\pi^2 t\}\cos 3\pi x$；

(7) $\dfrac{t}{[1+(r-at)^2][1+(r+at)^2]}$.

第 5 章

3. (1) $\dfrac{2}{l}\displaystyle\sum_{n=1}^{+\infty}\sin\dfrac{n\pi\xi}{l}\sin\dfrac{n\pi x}{l}\exp\left\{-\left(\dfrac{n\pi a}{l}\right)^2 t\right\}$；

(2) $\dfrac{t}{l} + \dfrac{2}{\pi a}\displaystyle\sum_{n=1}^{+\infty}\dfrac{1}{n}\cos\dfrac{n\pi\xi}{l}\sin\dfrac{n\pi at}{l}\sin\dfrac{n\pi x}{l}$.

4. (1) $\dfrac{1}{4\pi\beta}\ln(\beta^2 x^2 + y^2)$；

(2) $\dfrac{1}{8\pi}r^2\ln r$；

(3) $-\dfrac{r}{8\pi}$.

5. $-\dfrac{\cos kr}{4\pi r}$.

6. (1) $\dfrac{1}{4\pi}\left(\dfrac{1}{r} - \dfrac{1}{r_1} - \dfrac{1}{r_2} + \dfrac{1}{r_3}\right)$，这里

$$r = \sqrt{(x-\xi)^2 + (y-\eta)^2 + (z-\zeta)^2},$$
$$r_1 = \sqrt{(x+\xi)^2 + (y-\eta)^2 + (z-\zeta)^2},$$
$$r_2 = \sqrt{(x-\xi)^2 + (y+\eta)^2 + (z-\zeta)^2},$$
$$r_3 = \sqrt{(x+\xi)^2 + (y+\eta)^2 + (z-\zeta)^2};$$

(2) $\dfrac{1}{4\pi}\left[\dfrac{1}{r(M,M_0)} - \dfrac{a}{\rho_0}\dfrac{1}{r(M,M_1)} - \dfrac{1}{r(M,M_2)} + \dfrac{a}{\rho_0}\dfrac{1}{r(M,M_3)}\right]$，

这里，$M=(x,y,z)$，$M_0=(\xi,\eta,\zeta)$，M_1 是 M_0 关于球面的对称点，M_2 是 M_0 关于平面 $z=0$ 的对称点，M_3 是 M_1 关于平面 $z=0$ 的对称点；

(3) 平面 $z=0$ 和平面 $z=H$ 好比两面镜子反复反射,造成无限多电像,所有点 $(\xi,\eta,2nH+\zeta)$ 处都放置正电荷,所有点 $(\xi,\eta,2nH-\zeta)$ 处都放置负电荷 $(n=\cdots,-2,-1,0,1,2,\cdots)$. 于是

$$G=\frac{1}{4\pi}\sum_{n=-\infty}^{+\infty}\left(\frac{1}{r_n}-\frac{1}{r_n{}'}\right),$$

$$r_n=\sqrt{(x-\xi)^2+(y-\eta)^2+(z-2nH-\zeta)^2},$$

$$r_n{}'=\sqrt{(x-\xi)^2+(y-\eta)^2+(z-2nH+\zeta)^2}.$$

7. (1) $\dfrac{1}{2\pi}\ln\dfrac{r_1 r_3}{r_0 r_2}$,这里,$r_i=\overline{MM_i}$ $(i=0,1,2,3)$,$M(x,y)$, $M_0(\xi,\eta)$,$M_1(\xi,-\eta)$,$M_2(-\xi,-\eta)$,$M_3(-\xi,\eta)$;

(2) $\dfrac{1}{2\pi}\left(\ln\dfrac{1}{r_0}-\ln\dfrac{1}{\rho_0 r_1}+\ln\dfrac{1}{\rho_0 r_2}-\ln\dfrac{1}{r_3}\right)$,这里,$r_i=\overline{MM_i}$ $(i=0,1,2,3)$,$M(x,y)$,$M_0(\xi,\eta)$,$\rho_0=\sqrt{\xi^2+\eta^2}$, $M_1\left(\dfrac{\xi}{\rho_0{}^2},\dfrac{\eta}{\rho_0{}^2}\right)$,$M_2\left(-\dfrac{\xi}{\rho_0{}^2},-\dfrac{\eta}{\rho_0{}^2}\right)$,$M_3(-\xi,-\eta)$.

8. $\dfrac{1}{2a\sqrt{\pi t}}\exp\left\{-\dfrac{x^2}{4a^2 t}+bt\right\}.$

9. (1) $\varphi(x-at)+\displaystyle\int_0^t f(\tau,x-a(t-\tau))\mathrm{d}\tau.$

(2) $\dfrac{\mathrm{e}^{-t}}{2a}\displaystyle\int_{-at}^{at}\mathrm{J}_0\left(\dfrac{1}{a}\sqrt{a^2 t^2-\xi^2}\right)\psi(x-\xi)\mathrm{d}\xi.$

10. $\dfrac{1}{2a\pi}\displaystyle\int_0^t\mathrm{d}\tau\iint\limits_{D}\dfrac{f(\tau,\xi,\eta)}{\sqrt{a^2(t-\tau)^2-r^2}}\mathrm{d}\xi\mathrm{d}\eta$,这里,$D$ 是区域 $r\leqslant a(t-\tau)$,$r=\sqrt{(x-\xi)^2+(y-\eta)^2}$.

12. (1) $\dfrac{1}{\sqrt{4a^2 t+1}}\exp\left\{-\dfrac{x^2}{4a^2 t+1}\right\}$;

(2) $x^2(x+y)+a^2 t^2(3x+y)$;

(3) $(x+y)\left(\dfrac{t^2}{2}+t\right)$;

(4) $(x+y+z)\left(\dfrac{t^2}{2}+t+1\right).$